U0298523

清華

开发者书库

Principle and C Language Applications Examples of 51 Single Chip Microcomputer

51单片机原理及C语言实例详解

（全程视频教学）

郭学提◎编著

Guo Xueti

清華大學出版社

北京

内容简介

单片机(也称为微控制器)是芯片级嵌入式系统的典型代表,最早是为工业控制目的而设计,目前已经渗透到我们生活的各个领域。

本书共18章,分为3篇。第一篇为基础篇,逐步介绍单片机系统开发环境,详细讲解C51的语法基础等内容;第二篇为应用篇,以单片机的资源为线索,由浅入深地介绍单片机内部资源、外部资源及常见外围器件的使用等内容;第三篇为项目篇,通过通用流水线控制系统、便携式移动冰箱等实例讲解单片机应用开发流程、方法等知识。

本书是单片机系统开发与设计的参考用书,知识全面,随查随用。读者通过学习,能够根据不同型号单片机的资料和单片机系统开发要求,独立完成单片机系统开发。本书配套资源丰富,可作为工科电类相关专业学生的学习用书,也可作为51单片机项目开发人员的有益参考。

图书在版编目(CIP)数据

51单片机原理及C语言实例详解:全程视频教学/郭学提编著.—北京:清华大学出版社,2020.7(2020.12 重印)

(清华开发者书库)

ISBN 978-7-302-55336-6

Ⅰ. ①5… Ⅱ. ①郭… Ⅲ. ①单片微型计算机—C语言—程序设计 Ⅳ. ①TP368.1 ②TP312.8

中国版本图书馆CIP数据核字(2020)第062809号

责任编辑:曾　珊
封面设计:李召霞
责任校对:梁　毅
责任印制:吴佳雯

出版发行:清华大学出版社
网　　址:http://www.tup.com.cn,http://www.wqbook.com
地　　址:北京清华大学学研大厦A座　　邮　　编:100084
社 总 机:010-62770175　　邮　　购:010-83470235
投稿与读者服务:010-62776969,c-service@tup.tsinghua.edu.cn
质量反馈:010-62772015,zhiliang@tup.tsinghua.edu.cn
课件下载:http://www.tup.com.cn,010-83470236
印 装 者:三河市龙大印装有限公司
经　　销:全国新华书店
开　　本:185mm×260mm　　印　　张:28.75　　字　　数:718千字
版　　次:2020年8月第1版　　印　　次:2020年12月第2次印刷
印　　数:1501～2500
定　　价:88.00元

产品编号:083018-01

推荐语

本书较为详细地介绍了单片机的开发方法和步骤，讲解了开发工具的使用及基于单片机开发的C语言基础知识，解读了51单片机软硬件资源的应用，归纳总结了单片机资源的通用方法。通过本书的学习，读者可以快速掌握单片机资源综合运用的能力。作者具有良好的专业背景和资深的开发经验。本书既可作为专业教材，也可作为一线开发工程师的参考资料。

深圳大学电子科学与技术学院综合教育部主任
深圳市计算机行业协会副会长
深圳市信息技术专家委员会副主任

本书由浅入深，逐步讲解了如何在单片机系统开发环境中编写程序、编译程序、调试程序，以及如何利用开发工具来改正错误、修正有缺陷的代码，并通过大量实例讲述如何运用所学知识点，使读者不再停留在理论层面而转向实践。通过实例的讲解，能让读者站在开发者的角度来思考单片机资源的使用方法及单片机在系统中所担任的角色。本书适合作为单片机初学者的入门教材。相信本书一定会让初学单片机的你快速入门。

华东交通大学
机电与工程学院

本书从单片机基础及开发工具入手讲解了开发单片机系统的必要条件。以单片机资源为线索，由内向外讲解了其软硬件资源的使用方法与技巧，并介绍了如何使用单片机模拟各类总线操作、资源扩展、显示驱动等方法。最后以项目方式讲解了单片机系统开发的基本思路与开发流程，让读者很容易将前面所讲的内容融合、应用。本书适合作为单片机项目开发者的参考资料。

江西科技师范大学
数学与计算机科学学院副院长

本书作者对单片机相关知识的表述严谨，逻辑推理严密，语言精练，并围绕单片机项目开发进行讲解，详细解析了单片机项目开发的各个模块和原理，梳理了单片机系统开发的流程和方法。通过本书的学习，读者对单片机项目开发会有更加清晰的思路。本书既适合作为教材，也适合作为单片机爱好者的参考书。

杭州电子科技大学
通信工程学院信息与信号处理研究所

本书全面讲解了单片机系统开发的方法和步骤。首先讲解了开发工具的使用和用

推荐语

于单片机开发的C语言基础知识；随后详细地讲解了51单片机的软硬件资源的原理及应用，归纳了针对单片机资源使用的通用步骤和方法。通过本书的学习，读者可以快速获得对单片机资源综合运用的能力。本书适合作为单片机开发工程师的参考资料。

立创商城执行董事　杨林杰

推荐序

在工业互联网、物联网技术普及和蓬勃发展的今天，单片机系统这一“古老”的技术不仅没有被淘汰和遗忘，反而随着芯片技术的发展在不断地渗透到我们生活和工作的各个角落。单片机系统的设计与开发是一个技术性、系统性和实践性很强的过程，涉及的知识点多、技术相关性强，使用的开发工具和编程语言也各不相同、各有特色。本书选用结构简单、功能较完整的51单片机为示例对象，并选用C语言作为单片机系统开发语言进行讲解，书中的大部分程序只需做些小改动即可移植到读者日后编写的不同的单片机或嵌入式系统中。本书以理论与实践紧密联系、理论围绕实践的方式编写，每个知识点都配有与之对应的实例教程。本书通过实例教程的讲解，可使读者在实践过程中了解理论、学习理论，同时通过理论对实践的指导来不断巩固和深化理论，最终把理论融入实践中去，转化为自己的理论知识。这也是本书的主要特色。

本书分为3篇共18章。

第一篇(基础篇)从单片机开发工具和编程基础入手，由浅入深地讲解如何在单片机系统开发环境中编写程序、编译程序、调试程序，以及如何利用开发工具来改正错误、修正有缺陷的代码；并通过实例同读者一道从无到有建立项目，实现项目功能，并调试项目。

第二篇(应用篇)以单片机的资源为线索，由内到外，由基础到深入地讲解单片机各种资源的使用“套路”，并讲解如何扩展I/O资源、中断资源、各类总线的模拟方法等知识。通过不同的“套路”来应对不同的资源，读者在项目开发时无论使用哪款单片机、哪些资源都能做到心中有“路”可寻，使得项目开发效率大为提高。在实际开发过程中往往会选用性价比比较高的单片机，而厂家为了突显性价比高而对其资源进行了裁减，因此这些单片机的I/O资源比较稀缺，通用总线也比较匮乏。例如，它们可能没有ADC、DAC、SPI总线、I^2C总线，甚至没有串行通信总线，但是实际项目又需要使用各种资源或使用各类总线进行数据通信。在这种情况下，可参考本书第二篇相关章节来解决开发中的需求问题。

第三篇(项目篇)以项目的形式向读者展示如何将单片机系统的软件资源、硬件资源、开发环境等知识串联起来。通过对项目的分解来逐一还原项目开发的真相和步骤，使读者能快速掌握单片机应用开发的流程、方法等知识。

相信本书一定能在帮助读者快速掌握单片机开发流程、方法等方面发挥应有的作用。

中国人民解放军战略支援部队航天工程大学高级工程师、硕士生导师

蒋心晓

前言

单片微型计算机(Single Chip Microcomputer,SCM)简称为单片机,也被称作微控制器(Micro Control Unit,MCU),是芯片级嵌入式系统的典型代表。单片机最早是为工业控制目的而设计,目前已经渗透到我们生活的各个领域,几乎每一个领域都有单片机的"踪迹"。例如,导弹的导航装置,飞机上各种仪表的控制,计算机的网络通信与数据传输,工业自动化过程的实时控制和数据处理,广泛使用的各种智能IC卡,民用豪华轿车的安全保障系统,录像机、摄像机、全自动洗衣机,以及程控玩具、电子宠物,等等,都离不开单片机,更不用说自动控制领域的机器人、智能仪表、医疗器械了。因此,单片机的学习、开发与应用将造就一批计算机应用与智能化控制的科学家和工程师。

单片机系统设计与开发是一项系统性很强的现代电子应用技术,涉及的知识点较多,而且单片机种类繁多,其汇编语言也不尽相同。本书选用C51作为单片机系统开发语言进行讲解,使读者通过本书的学习能根据不同型号单片机的资料和单片机系统开发要求,独立完成单片机系统开发。同时,本书着重培养读者系统设计的技巧及方法,使读者通过本书的学习能直接从事相关行业的工作,如物联网、车联网、智能家居、半智能化产品设计、测控系统设计、玩具、家电控制系统、节能系统设计以及机电维修等。

本书分为3篇共18章。第一篇为基础篇,逐步介绍单片机系统开发环境,详细讲解C51语言的语法基础等内容;第二篇为应用篇,以单片机的资源为线索,由浅入深地介绍单片机内部资源、外部资源及常见外围器件的使用等内容;第三篇为项目篇,通过通用流水线控制系统、便携式移动冰箱等项目进行讲解,力求让读者快速掌握单片机应用开发流程、方法等知识。

本书以单片机系统开发与设计为主要内容,知识全面,随查随用。本书具有如下特色:

(1) 内容全面。本书对于单片机系统开发的各个知识点进行了细致的介绍,剖析每个概念,让读者对单片机系统开发有全面的认识。

(2) 实例丰富。为了帮助读者快速掌握单片机开发技术,本书对每一个知识点都安排了相应的项目实例代码和实验电路,让读者通过各项目实例掌握关键知识。读者只需将代码输入计算机进行调试,即可轻松掌握相关知识。

(3) 实用性强。本书讲述单片机系统应用程序常用的知识点,并结合项目实例进行讲解,力求让读者在实际项目开发中能够快速上手,同时也方便读者对程序进一步扩展。

在本书的编著过程中,编者参阅和借鉴了许多书籍、资料和文献,得到许多学者、专家、同行、亲人和朋友的大力支持和鼓励,尤其是中国人民解放军战略支援部队航天工程大学高级工程师、硕士生导师蒋心晓教授,江西科技师范大学万佩真、王国辉、熊筱芳、胡淑红,江西电子信息技师学院罗国强、彭青霞等老师以及高级工程师文金辉、郭学鸿、张林玲,在此表示由衷的感谢!

单片机应用技术所包含的内容很丰富,涉及的知识面也很广泛,由于编者学识水平和经验有限,书中的缺点和不足之处在所难免,希望广大读者提出批评和建议,在此对大家的支持表示感谢。

学习建议

本书定位

本书可作为计算机技术、电子信息工程、机械自动化类相关专业的教材，也可供单片机系统开发自学者、爱好者及相关研究人员、工程技术人员阅读参考。

建议授课学时

如果将本书作为教材使用，建议将课程的教学分为课堂讲授和实训（学生自主上机）两个层次。课堂讲授建议 48～60 学时，实训 18～24 学时。教师可以根据不同的对象或教学大纲要求安排学时和教学内容。

教学内容、重点和难点提示、课时分配

序号	教学内容	教 学 重 点	教 学 难 点	课时分配
第 1 章	单片机 C 语言	单片机 C 语言概述、单片机 C 语言与汇编语言的区别、单片机 C 语言的学习方法	如何学好单片机 C 语言	2 学时
第 2 章	单片机集成开发环境（视频）	认识 Keil μVision5、Source Insight3.5 程序编辑器、使用 Keil μVision5 和 Source Insight 3.5 创建工程	Keil μVision5 的使用、Source Insight 3.5 的使用	2 学时
第 3 章	C51 基本语法	数据类型、运算符和表达式、特殊功能寄存器	理解特殊功能寄存器	2 学时
第 4 章	语句	表达式语句和复合语句、分支程序、循环程序	编写分支程序、编写循环程序	2 学时
第 5 章	C51 储存结构	51 系列单片机的存储器结构、数据存储类型	存储器结构、特殊功能寄存器、C51 的存储器指针	4 学时
第 6 章	C51 函数（视频）	函数的定义、函数的调用、数组作为函数参数、局部变量和全局变量、变量的存储类别、中断函数定义与使用	数组作为函数参数、中断函数	2 学时
第 7 章	数组（视频）	一维数组的定义和引用、字符数组的定义	一维数组的定义和引用	2 学时
第 8 章	指针（视频）	指针的基本概念、指针与数组、指针与函数	指针型函数与函数指针	2 学时
第 9 章	结构体与联合体（视频）	结构体的定义、联合类型、枚举类型	结构体的定义与使用	4 学时
第 10 章	预处理命令	宏定义、文件包含、条件编译	宏定义、条件编译的应用	2 学时

续表

序号	教学内容	教 学 重 点	教 学 难 点	课时分配
第 11 章	基本 I/O 口驱动(视频)	单片机 I/O 口概述、C51 操作单片机 I/O 口的方法、I/O 口操作实例、继电器驱动、数码管驱动、键盘接口技术、按键控制 LED、按键控制数码管显示	单片机 I/O 口的原理及应用	6 学时
第 12 章	定时器、中断使用(视频)	定时器结构、定时器的工作模式、定时器的使用、单片机发声、中断、单片机外部中断的触发方式、外中断扩展	定时器的使用、外中断的使用	6 学时
第 13 章	串行接口应用(视频)	串行接口结构、通信方式、串行接口的工作方式、串行接口应用、单片机模拟串行接口	串行接口的应用、单片机模拟串口	4 学时
第 14 章	单片机外部接口技术(视频)	单总线的结构原理、I^2C 总线、SPI 总线、D/A 和 A/D 转换器概述、单片机驱动接口总线应用举例	单总线、I^2C 总线、SPI 总线的应用、单片机驱动接口总线的方法	4 学时
第 15 章	显示器接口(视频)	LED 显示屏驱动、LCD 显示驱动	LED 点阵屏驱动、LCD 屏驱动	2 学时
第 16 章	电机驱动	直流电动机结构原理、步进电动机结构原理、单片机驱动直流电动机、单片机驱动步进电动机	单片机驱动直流电动机、单片机驱动步进电动机	2 学时
第 17 章	通用流水线控制系统(视频)	通用流水线控制系统设计思路、电路原理图、程序流程图	通用流水线控制系统设计思路、电路原理图、程序流程图	4 学时
第 18 章	便携式移动冰箱(视频)	便携式移动冰箱系统设计思路、电路原理图、程序流程图	便携式移动冰箱控制系统设计思路、电路原理图、程序流程图	4 学时

配套资源

请到清华大学出版社网站本书页面下载配套资源；同时，通过扫描书中的二维码，可以观看相应内容的视频讲解。

目录

第一篇 基 础 篇

第1章 单片机C语言 …… 3

1.1 什么是单片机C语言 …… 3

1.1.1 什么是单片机 …… 3

1.1.2 C语言概述 …… 3

1.1.3 单片机C语言 …… 3

1.1.4 C语言的特点 …… 4

1.1.5 C51的特点 …… 4

1.1.6 C51和标准C的比较 …… 5

1.2 单片机C语言与汇编语言 …… 5

1.2.1 汇编语言概述 …… 5

1.2.2 汇编语言特点 …… 6

1.2.3 指令系统 …… 6

1.2.4 C51语言与汇编语言的比较 …… 6

1.3 单片机C语言的学习方法 …… 8

1.3.1 学会看C语言程序 …… 8

1.3.2 编写C语言程序的一般步骤 …… 9

1.3.3 通过编程、仿真学习C语言程序设计 …… 10

1.3.4 通过实例学习C51语言程序设计 …… 10

1.4 本章小结 …… 11

1.5 习题 …… 11

第2章 单片机集成开发环境(视频) …… 12

2.1 μVision5集成开发环境 …… 12

2.1.1 μVision5开发环境 …… 12

2.1.2 μVision5用户界面 …… 14

2.1.3 μVision5创建应用程序 …… 22

2.1.4 μVision5调试工程 …… 29

2.1.5 案例1：创建Hello World项目 …… 31

2.2 Source Insight 3.5 …… 32

2.2.1 Source Insight 3.5功能特点 …… 32

2.2.2 Source Insight 3.5用户界面 …… 33

2.2.3 Source Insight 3.5项目 …… 35

目录

2.3 案例 2：两位数码管的计数器项目 …… 38

2.3.1 在 Source Insight 中创建项目 …… 38

2.3.2 在 Source Insight 中编写代码 …… 40

2.3.3 在 μVision5 中创建项目 …… 41

2.3.4 在 μVision5 中调试代码 …… 41

2.4 小结 …… 42

2.5 习题 …… 42

第 3 章 C51 基础语法 …… 44

3.1 数据类型 …… 44

3.1.1 常量 …… 44

3.1.2 变量 …… 44

3.1.3 整型数据 …… 45

3.2 实型数据 …… 48

3.2.1 实型常量 …… 48

3.2.2 实型变量 …… 48

3.3 字符型数据 …… 49

3.3.1 字符常量 …… 49

3.3.2 转义字符 …… 49

3.3.3 字符串常量 …… 50

3.3.4 符号常量 …… 50

3.3.5 变量赋值 …… 51

3.3.6 复合赋值 …… 52

3.4 运算符和表达式 …… 52

3.4.1 运算符优先级和结合性 …… 52

3.4.2 算术运算符和算术表达式 …… 53

3.4.3 逗号运算符和逗号表达式 …… 54

3.4.4 关系运算 …… 55

3.4.5 关系表达式 …… 55

3.4.6 逻辑运算符 …… 56

3.4.7 逻辑表达式 …… 57

3.4.8 条件运算符和条件表达式 …… 57

3.4.9 强制类型运算符与表达式 …… 57

3.5 特殊功能寄存器 …… 58

3.5.1 特殊功能寄存器 …… 58

3.5.2 可按位寻址操作 …… 61

目录

3.6　本章小结 …… 61
3.7　习题 …… 61
第 4 章　语句 …… 63
4.1　表达式语句与复合语句 …… 63
4.1.1　表达式语句 …… 63
4.1.2　空语句 …… 63
4.1.3　复合语句 …… 64
4.2　分支程序 …… 65
4.2.1　if 语句 …… 65
4.2.2　使用 if 语句需要注意的事项 …… 67
4.2.3　if 语句的嵌套 …… 68
4.2.4　switch/case 语句 …… 70
4.2.5　案例 1：分支程序应用 …… 73
4.3　循环程序 …… 74
4.3.1　goto 语句构成循环 …… 74
4.3.2　while 语句 …… 75
4.3.3　do-while 语句 …… 76
4.3.4　for 语句 …… 77
4.3.5　break 和 continue 语句 …… 79
4.3.6　案例 2：循环程序应用 …… 80
4.4　本章小结 …… 82
4.5　习题 …… 82
第 5 章　C51 储存结构 …… 84
5.1　AT89S51 系列单片机的存储结构 …… 84
5.1.1　存储器结构 …… 84
5.1.2　存储器特点 …… 85
5.1.3　存储器地址分配 …… 85
5.1.4　寄存器 …… 86
5.1.5　位寻址空间 …… 86
5.1.6　堆栈和数据缓冲区 …… 87
5.1.7　特殊功能寄存器 …… 87
5.2　数据存储类型 …… 88
5.2.1　C51 的存储类型 …… 88
5.2.2　绝对地址访问 …… 89
5.2.3　C51 的扩展数据类型 …… 89

目录

5.2.4 C51 变量的存储模式 …… 94
5.2.5 C51 的存储器指针 …… 95
5.3 本章小结 …… 95
5.4 习题 …… 96
第 6 章 C51 函数(视频) …… 97
6.1 函数概述 …… 97
6.2 函数定义的一般形式 …… 100
6.2.1 C51 无参函数的一般形式 …… 100
6.2.2 C51 有参函数的一般形式 …… 100
6.3 函数的形式参数和实际参数 …… 103
6.3.1 形式参数 …… 103
6.3.2 实际参数 …… 103
6.3.3 函数的返回值 …… 104
6.3.4 函数的形参和实参的特点 …… 105
6.4 函数的调用 …… 106
6.4.1 函数调用的一般形式 …… 106
6.4.2 函数调用需要注意的事项 …… 106
6.4.3 函数的嵌套调用 …… 107
6.5 数组作为函数参数 …… 110
6.5.1 用数组元素作实参 …… 110
6.5.2 用数组名作实参 …… 111
6.5.3 用数组名作实参应注意的事项 …… 111
6.6 局部变量和全局变量 …… 111
6.6.1 局部变量 …… 112
6.6.2 局部变量作用域 …… 112
6.6.3 全局变量 …… 113
6.6.4 使用全局变量应注意的事项 …… 115
6.7 变量的存储类型 …… 116
6.7.1 静态局部变量 …… 116
6.7.2 静态全局变量 …… 117
6.7.3 register 变量 …… 117
6.7.4 外部变量 …… 118
6.8 中断函数定义与使用 …… 118
6.8.1 中断函数的定义 …… 119
6.8.2 使用中断函数应注意的事项 …… 119

目录

6.9　本章小结 …… 119
6.10　习题 …… 120
第 7 章　数组(视频) …… 122
7.1　一维数组的定义和引用 …… 122
7.1.1　一维数组的定义形式 …… 122
7.1.2　一维数组元素的引用 …… 124
7.1.3　一维数组的初始化 …… 124
7.1.4　案例 1：秒表程序 …… 126
7.2　字符数组 …… 127
7.2.1　字符数组的定义 …… 127
7.2.2　字符数组的初始化 …… 128
7.2.3　字符数组的引用 …… 128
7.2.4　字符串和字符串结束标志 …… 128
7.2.5　字符串处理函数 …… 129
7.3　本章小结 …… 131
7.4　习题 …… 131
第 8 章　指针(视频) …… 132
8.1　指针的基本概念 …… 132
8.1.1　什么是指针 …… 132
8.1.2　指针变量的类型说明 …… 133
8.1.3　指针变量的赋值 …… 133
8.1.4　指针变量的运算 …… 134
8.2　指针与数组 …… 139
8.2.1　一维数组与指针 …… 139
8.2.2　指针数组 …… 141
8.3　指针与函数 …… 141
8.3.1　函数指针 …… 141
8.3.2　指针型函数 …… 142
8.4　字符指针 …… 144
8.5　本章小结 …… 145
8.6　习题 …… 145
第 9 章　结构体与联合体(视频) …… 147
9.1　结构变量 …… 147
9.1.1　结构体的定义 …… 147
9.1.2　结构类型变量的说明 …… 149

目录

9.1.3 结构变量成员的表示 …… 150
9.1.4 结构变量的赋值 …… 151
9.1.5 结构变量的初始化 …… 151
9.2 结构指针变量的说明和使用 …… 154
9.2.1 结构指针变量概述 …… 154
9.2.2 结构体指针变量的定义 …… 154
9.2.3 结构体指针变量的引用 …… 155
9.3 联合类型 …… 156
9.3.1 联合体的定义 …… 156
9.3.2 联合体的使用 …… 158
9.4 枚举类型 …… 158
9.4.1 枚举类型声明 …… 158
9.4.2 枚举变量的定义 …… 159
9.4.3 枚举变量应用举例 …… 159
9.5 自定义类型 …… 160
9.6 本章小结 …… 160
9.7 习题 …… 160
第 10 章 预处理命令 …… 162
10.1 预处理概述 …… 162
10.2 宏定义 …… 162
10.2.1 无参宏定义 …… 162
10.2.2 带参宏定义 …… 166
10.3 文件包含 …… 170
10.3.1 文件包含命令行的一般形式 …… 170
10.3.2 使用文件包含命令行应注意的事项 …… 170
10.4 条件编译 …… 171
10.5 本章小结 …… 174
10.6 习题 …… 174

第二篇 应 用 篇

第 11 章 基本 I/O 口驱动(视频) …… 179
11.1 单片机 I/O 口概述 …… 179
11.1.1 P0 口概述 …… 179
11.1.2 P1 口概述 …… 180
11.1.3 P2 口概述 …… 180

目录

11.1.4　P3 口概述 …………………………………………………………… 181
11.2　C51 操作单片机 I/O 口的方法 ……………………………………………… 181
11.2.1　51 单片机引脚及逻辑图 …………………………………………… 181
11.2.2　51 单片机 I/O 口定义 ……………………………………………… 182
11.2.3　利用 reg51.h 访问 I/O 口 ………………………………………… 183
11.2.4　案例 1：I/O 口的输入输出 ……………………………………… 183
11.3　LED 驱动 ……………………………………………………………… 185
11.3.1　案例 2：单个 I/O 口驱动单个 LED ……………………………… 185
11.3.2　案例 3：8 个 LED 流水灯式点亮(数组)方式 …………………… 186
11.3.3　案例 4：驱动"电子协会"招牌 ……………………………………… 189
11.4　继电器驱动 ……………………………………………………………… 191
11.4.1　继电器原理 ……………………………………………………… 191
11.4.2　案例 5：三极管驱动继电器 ……………………………………… 192
11.4.3　案例 6：集成块驱动继电器 ……………………………………… 194
11.5　数码管驱动 ……………………………………………………………… 195
11.5.1　数码管分类 ……………………………………………………… 195
11.5.2　数码管驱动方式 ………………………………………………… 196
11.5.3　数码管字符编码 ………………………………………………… 197
11.5.4　案例 7：单数码管静态依次显示 0～9 ………………………… 199
11.5.5　案例 8：两位数码管静态显示 …………………………………… 200
11.5.6　案例 9：四位数码管动态显示(译码器驱动)方式 ……………… 201
11.5.7　案例 10：八位数码管动态驱动 ………………………………… 202
11.6　键盘接口技术 …………………………………………………………… 203
11.6.1　独立式开关按键 ………………………………………………… 203
11.6.2　按键开关的去抖动措施 ………………………………………… 203
11.6.3　案例 11：按键检测(短按)功能 ………………………………… 204
11.6.4　案例 12：按键检测(长按)功能 ………………………………… 207
11.6.5　案例 13：一键多功能技术 ……………………………………… 209
11.6.6　矩阵键盘原理 …………………………………………………… 210
11.6.7　案例 14：矩阵键盘检测 ………………………………………… 210
11.7　按键控制数码管显示 …………………………………………………… 213
11.7.1　案例 15：按键有效击键计数 …………………………………… 213
11.7.2　案例 16：双按键组合加减 ……………………………………… 215
11.7.3　案例 17：八路智力竞赛抢答器制作 …………………………… 218
11.8　本章小结 ………………………………………………………………… 221

目录

11.9 习题…… 221

第 12 章 定时器、中断使用(视频)…… 222

12.1 定时器…… 222

12.1.1 定时器概述…… 222

12.1.2 定时器结构…… 223

12.1.3 与定时器控制相关的寄存器…… 224

12.2 定时器的工作模式…… 226

12.2.1 工作模式 0…… 226

12.2.2 案例 1：输出占空比为 1∶1 的方波信号…… 227

12.2.3 案例 2：基于 CD4511 的两位数显脉冲计数器…… 228

12.2.4 工作模式 1…… 232

12.2.5 案例 3：输出长周期的方波…… 232

12.2.6 工作模式 2…… 237

12.2.7 工作模式 3…… 237

12.2.8 案例 4：1kHz 方波发生器…… 238

12.3 定时器的使用…… 240

12.3.1 定时器使用方法…… 240

12.3.2 案例 5：秒脉冲发生器及 99s 倒计时…… 240

12.4 单片机发声…… 244

12.4.1 单片机发声技术…… 244

12.4.2 音调与节拍…… 245

12.4.3 案例 6：单片机产生音调…… 245

12.4.4 案例 7：单片机产生节拍…… 248

12.5 中断…… 249

12.5.1 单片机中断概述…… 249

12.5.2 中断结构…… 252

12.5.3 和中断相关的寄存器…… 252

12.5.4 中断的使用方法…… 255

12.6 单片机外部中断的触发方式…… 256

12.6.1 低电平触发…… 256

12.6.2 边沿触发…… 257

12.6.3 两种触发方式比较…… 257

12.7 综合应用…… 257

12.7.1 案例 8：报警器的制作…… 257

12.7.2 案例 9：多功能数字显示器…… 261

12.8 外中断扩展………… 265
12.8.1 外中断扩展概述………… 265
12.8.2 案例 10：使用定时器扩展外中断 ………… 266
12.9 本章小结………… 267
12.10 习题 ………… 267
第 13 章 串行接口应用(视频) ………… 270
13.1 单片机串行口………… 270
13.1.1 串行口概述………… 270
13.1.2 串行口结构………… 271
13.1.3 与串行口相关的寄存器………… 271
13.1.4 串行口的使用方法………… 273
13.1.5 波特率………… 273
13.2 通信方式………… 275
13.2.1 异步通信………… 275
13.2.2 同步通信………… 276
13.2.3 通信方向………… 276
13.3 串行口的工作方式………… 276
13.3.1 工作方式 0 ………… 276
13.3.2 案例 1：串口扩展输入 I/O 口 ………… 278
13.3.3 工作方式 1 ………… 281
13.3.4 工作方式 2、3 ………… 281
13.4 RS-232 串行通信 ………… 281
13.4.1 RS-232C 标准介绍 ………… 282
13.4.2 RS-232C 电气特性 ………… 282
13.4.3 RS-232C 机械连接器及引脚定义 ………… 282
13.4.4 RS-232 电平转换芯片及电路 ………… 283
13.5 串口应用………… 285
13.5.1 案例 2：串口驱动 4 位数码管 ………… 285
13.5.2 案例 3：双单片机通信方式 ………… 288
13.5.3 案例 4：多单片机通信 ………… 296
13.5.4 案例 5：单片机与 PC 通信 ………… 306
13.6 本章小结………… 310
13.7 习题………… 310
第 14 章 单片机外部接口技术(视频) ………… 311
14.1 单总线………… 311

目录

14.1.1 单总线的结构原理…… 311
14.1.2 DS18B20 芯片概述…… 312
14.2 I²C 总线…… 317
14.2.1 I²C 总线特点…… 317
14.2.2 I²C 总线的工作原理…… 318
14.2.3 I²C 总线基本操作…… 318
14.2.4 AT24C 系列概述…… 319
14.2.5 Watchdog Timer…… 323
14.3 SPI 总线…… 324
14.3.1 SPI 总线的结构原理…… 324
14.3.2 SPI 总线的数据传送…… 325
14.3.3 SPI 总线的接口…… 325
14.3.4 X25045 芯片概述…… 326
14.4 A/D 和 D/A 转换器概述…… 331
14.4.1 A/D 转换器的工作原理…… 331
14.4.2 A/D 转换器的性能指标…… 332
14.4.3 ADC0832 芯片概述…… 333
14.4.4 D/A 转换器工作原理及技术指标…… 336
14.4.5 DAC0832 芯片概述…… 338
14.5 单片机驱动接口总线应用举例…… 341
14.5.1 案例 1：DS18B20 驱动程序…… 341
14.5.2 案例 2：AT24C04 驱动程序…… 344
14.5.3 案例 3：X25045 驱动程序…… 351
14.6 本章小结…… 356
14.7 习题…… 356
第 15 章 显示器接口(视频)…… 358
15.1 LED 显示屏驱动…… 358
15.1.1 LED 点阵模组概述…… 358
15.1.2 案例 1：单片机驱动 16×16LED 点阵…… 359
15.1.3 案例 2：LED 点阵滚屏显示…… 362
15.2 LCD 显示驱动…… 364
15.2.1 LCD 显示器介绍…… 365
15.2.2 HD44780 概述…… 365
15.2.3 案例 3：LCD 数字时钟…… 370
15.3 本章小结…… 376

15.4 习题…… 376
第 16 章 电机驱动 …… 377
16.1 直流电机…… 377
16.1.1 直流电机结构原理…… 377
16.1.2 直流电机的分类…… 379
16.1.3 案例 1：单片机控制直流电机综合应用 …… 380
16.2 步进电机…… 387
16.2.1 步进电机结构原理…… 387
16.2.2 案例 2：单片机驱动步进电机 …… 389
16.3 本章小结…… 393
16.4 习题…… 393

第三篇 项 目 篇

第 17 章 通用流水线控制系统(视频) …… 397
17.1 系统分析…… 397
17.1.1 概述…… 397
17.1.2 设计思路…… 397
17.1.3 系统构成框图…… 399
17.2 硬件设计…… 400
17.2.1 主要芯片介绍…… 400
17.2.2 主控电路…… 406
17.2.3 显示电路…… 407
17.2.4 信号输入电路…… 408
17.2.5 信号输出电路…… 408
17.2.6 电源电路…… 410
17.2.7 串行接口电路…… 410
17.2.8 看门狗电路…… 411
17.3 程序设计…… 411
17.3.1 程序流程图…… 411
17.3.2 主函数…… 413
17.3.3 定时器 T1 中断服务函数 …… 414
17.3.4 定时器 T0 中断服务函数 …… 415
17.3.5 串行接口函数…… 415
17.3.6 看门狗函数…… 417
17.4 小结…… 417

目录

第 18 章　便携式移动冰箱(视频) …… 418
18.1　概述 …… 418
18.2　硬件设计 …… 418
18.2.1　硬件架构 …… 418
18.2.2　主控单元 …… 418
18.2.3　电源管理 …… 419
18.2.4　温度控制 …… 422
18.2.5　人机交互 …… 424
18.2.6　声音提示电路 …… 426
18.2.7　电路打样及器件采购 …… 426
18.3　软件设计 …… 427
18.3.1　软件架构 …… 427
18.3.2　系统初始化 …… 428
18.3.3　电源管理 …… 428
18.3.4　温度调控 …… 429
18.3.5　人机交互 …… 430
18.3.6　声音提示 …… 430
18.3.7　工作模式 …… 430
18.4　外设接口驱动 …… 431
18.4.1　ADC0832 数据读取 …… 431
18.4.2　数码管驱动 …… 433
18.4.3　DS18B20 温度读取 …… 434
18.4.4　AT24C04 读写 …… 434
18.5　小结 …… 435
附录 …… 436
参考文献 …… 437

第一篇　基础篇

本篇介绍单片机的基本概念、单片机系统开发常用编程语言及其比较。单片机集成开发环境因单片机芯片而异,种类繁多,但基本操作方法类似。本篇介绍两款单片机常用开发环境及程序调试技巧等。通过学习这些内容,读者能在短期内掌握各类单片机开发环境的使用。使用C语言编程能使整个单片机应用系统程序具有结构清晰、便于维护、易读等特点。本篇着重介绍C51语言的语法基础、C51语言编程的基本方法、程序调试技巧等。

第1章 单片机C语言

视频讲解

本章介绍单片机的基本概念、单片机C语言概念、单片机C语言学习方法等内容。这些内容是单片机系统开发所必备的基础知识。

1.1 什么是单片机C语言

C语言是一种接近自然语言的计算机编程语言，因为它具备高级语言的程序思想与设计方法，又具备低级语言能对硬件操作的能力，所以它也被称为"中级语言"。专门为开发单片机系统而使用的C语言称为单片机C语言。本节介绍单片机、C语言、单片机C语言等内容。

1.1.1 什么是单片机

采用超大规模集成电路技术把具有数据处理能力的中央处理器(Central Processing Unit，CPU)、存储器(Random Access Memory，RAM；Read Only Memory，ROM)、多种I/O口和中断系统、定时器/计时器等功能集成到一块硅片上构成单片微型计算机(Single Chip Microcomputer，SCM)，简称单片机。

1.1.2 C语言概述

C语言是Combined Language(组合语言)的简称，是一种计算机程序设计语言。它既具有高级语言的特点，又具有汇编语言的特点。可以用它编写操作系统，也可以用它编写系统应用程序，还可以用它编写不依赖计算机硬件的应用程序。因此，它的应用范围极其广泛，不仅应用于软件开发，而且应用于各类科研，例如单片机以及嵌入式系统开发等。

1.1.3 单片机C语言

基于C语言基础，专门为开发单片机系统所使用的C语言称为单片机 C 语言。例如,开发 51 系列单片机系统所使用的 C 语言,称为 C51 语言。

1.1.4 C语言的特点

C 语言的特点主要体现在以下几个方面。

1) C 语言是“中级语言”

结合了高级语言的基本结构和语句与低级语言的实用性。C 语言可以像汇编语言那样对位、字节和地址进行操作,而这三者是计算机最基本的工作单元。

2) C 语言是结构化语言

结构化语言的显著特点是代码及数据的分隔化,即程序的各部分除了必要的信息交流外彼此独立。这种结构化方式可使程序层次清晰,便于使用、维护以及调试。C 语言是以函数形式提供给用户的,这些函数方便调用,并具有多种循环、条件语句控制程序流向,从而使程序完全结构化。

3) C 语言功能齐全

具有各种各样的数据类型,并引入指针概念,可使程序效率更高。另外,C 语言也具有强大的图形功能,支持多种显示器和驱动器,而且计算功能、逻辑判断功能也比较强大。

4) C 语言适用范围大

适合于多种操作系统,如 Windows、DOS、UNIX 等。也适用于多种机型。

5) C 语言能方便操作硬件

在编程过程中需要对硬件进行操作的场合,C 语言明显优于其他解释型高级语言。一些大型应用软件也是用 C 语言编写的。

1.1.5 C51 的特点

使用单片机 C 语言编写单片机系统程序的特点主要体现在以下几个方面。

(1) 无须了解机器硬件及其指令系统,以及单片机复杂的硬件结构。

(2) C51 语言能够方便地管理内部寄存器的分配、不同存储器的寻址和数据类型等细节问题,但对硬件的控制能力有限。

(3) C51 语言在较大的应用程序中执行效率高,但是在较小的应用程序中产生的代码量大,执行速度慢。

(4) C51 语言程序由若干函数组成,具有良好的模块化结构。

(5) C51 语言程序具有良好的可读性和可维护性,因此用 C51 语言编写的程序便于阅读、修改和升级、维护操作等。

(6) C51 语言具有丰富的库函数,减少了编程人员的工作量,缩短了编程时间,提高了软件开发效率。

(7) 因为 C51 语言和具体的硬件结构无关,所以用 C51 语言编写的程序具有良好的移植性。

1.1.6 C51 和标准 C 的比较

C51 是针对 51 系列单片机的硬件进行编程的语言，是对标准 C 语言的一种补充。其扩展功能大致可分为 8 类：存储模式、存储器类型、位变量、特殊功能寄存器、C51 指针、中断函数的声明、寄存器组的定义、可重入函数的声明等。其不同点主要体现在以下几个方面。

1）C51 语言中的库函数和标准 C 语言定义的库函数不同

C51 语言中的库函数是按照 51 系列单片机的应用情况定义的，而标准 C 语言定义的库函数则是按照通用微型计算机来定义的。

2）C51 语言中的数据类型和标准 C 语言的数据类型也有一定的区别

在 C51 语言中增添了几种针对 51 系列单片机特有的数据类型。例如，51 系列单片机中具有按位寻址功能和丰富的位操作指令等。

3）C51 语言中变量的存储模式与标准 C 语言中变量的存储模式不一样

C51 语言中变量的存储模式与 51 系列单片机的存储器紧密相关。而标准 C 语言对存储模式要求不高。

4）C51 语言与标准 C 语言的输入/输出处理不一样

C51 语言中的输入/输出是通过 51 系列单片机的串行口来完成的。因此，在执行输入/输出指令前，必须初始化串行口。

5）C51 语言与标准 C 语言在函数调用过程中有一定的不同

在对一个函数进行几次不同的调用过程中，标准 C 语言一般会把函数的参数和所使用的局部变量入栈保护，而在 C51 语言中，一个函数中的部分形参（有时还有部分局部变量）会被分配到工作寄存器组中。另外，C51 语言中有专门的中断函数。

1.2 单片机 C 语言与汇编语言

开发单片机系统时，不论使用 C 语言还是汇编语言编写的源程序，最终都需要生成单片机能直接识别执行的机器语言。使用 C 语言编写的源程序经过 C 编译器编译为汇编语言，再由汇编程序将其翻译为机器语言。

1.2.1 汇编语言概述

汇编语言（Assembly Language）是面向机器的程序设计语言。它用助记符（Memoni）代替操作码；用地址符号（Symbol）或标号（Label）代替地址码。用符号代替机器语言的二进制码，就把机器语言变成了汇编语言。于是汇编语言也称为符号语言。

使用汇编语言编写的程序，机器并不能直接识别，而是需要一种程序将汇编语言翻译成机器语言。这种起翻译作用的程序称为汇编程序，它是系统软件中语言处理系统软件。汇编语言把汇编程序翻译成机器语言的过程称为汇编。

1.2.2 汇编语言特点

汇编语言比机器语言易于读写、调试和修改，同时也具有机器语言执行速度快、占用内存空间少等优点，但在编写复杂程序时具有明显的局限性——依赖于具体的机型，不能通用，也不能在不同机型之间移植。它的特点主要体现在以下几个方面。

(1) 面向机器的低级语言，通常是为特定的计算机或系列计算机专门设计的。

(2) 保持了机器语言的优点，具有直接和简捷的特点。

(3) 可有效地访问、控制计算机的各种硬件设备，如磁盘、存储器、CPU、I/O 端口等。

(4) 目标代码简短，占用内存少，执行速度快，是高效的程序设计语言。

(5) 经常与高级语言配合使用，应用十分广泛。

1.2.3 指令系统

一台计算机所能执行的各种类型指令的总和称为指令系统，即一台计算机所能执行的全部操作。不同计算机的指令系统所包含的指令种类和数目不同，一般包含算术运算型、逻辑运算型、数据传送型、判定和控制型、输入和输出型等指令。指令系统是表征一台计算机性能的重要因素，它的格式与功能不仅直接影响机器的硬件结构，而且也直接影响系统软件以及机器的适用范围。

1.2.4 C51 语言与汇编语言的比较

1. 两种语言的编程方式比较

在汇编语言中，程序的实现要通过每条指令的组合来实现，无论是算术运算还是逻辑运算。使用这些指令的同时就要求程序员必须熟悉硬件的结构，才能编制出有效的程序。而在 C 语言中，数据的运算只需要通过运算符来操作，而不需要考虑数据的存储方式以及寻址方式。

【例 1-1】 求两个数的和。

如果用汇编语言，需要先将两个数赋值给两个寄存器，然后再做相加。指令如下：

```
MOV    A  ,  #1  ；将立即数 1 赋值给寄存器 A
MOV    B  ,  #2  ；将立即数 2 赋值给寄存器 B
ADD    A  ,  B   ；寄存器 A 中的内容和寄存器 B 中的内容相加，然后将结果保存于 A 中
```

A、B 为寄存器，把 1 和 2 分别保存于这两个寄存器中，然后相加，并将结果保存在寄存器 A 中。

而用 C 语言时，则不需要考虑把数据保存在哪个寄存器中或内存的哪个数据块中，只需定义一个变量，然后用运算符来操作数据。语句如下：

```
int   a    ;   //定义一个整型数据变量a
a = 1+2    ;   //将1+2的结果保存在变量a中
```

a是一个整型变量,它是系统在内存开辟的一个空间,并没有具体指定在内存中的位置,因而不需要程序员来考虑。

2. 两种语言的编程效率比较

汇编语言的指令系统决定了它和硬件的关系,汇编语言依赖于硬件。它的每一条指令都直接控制硬件的动作,用这种方式编写的程序执行效率高。但用汇编语言编写一些复杂的功能,就不容易实现,即便简单的输入/输出也需要多行指令来实现。而在C语言中包含了许多系统函数,程序员可以直接调用系统函数来实现常用功能。

【例1-2】 通过AT89S51单片机串口输出一个字符串"Hello world!"。

用汇编语言实现如下:

```
        ORG     0000H
        LJMP    L043FH
L0003H:
        MOV     A, 17H
        ADD     A, #0BH
        MOV     R0, A
L0008H:
        MOV     A, @R0
        INC     17H
L000BH:
        RET
L000CH:
        MOV     R0, #08H
L000EH:
        DB      30H
        INC     @R1
L0010H:
        LJMP    780BH
L0013H:
        CLR     A
L0014H:
        MOV     B, #01H
        LCALL   L03B7H
        LJMP    L035FH
        JB      00H, L000BH
        MOV     R7, #2EH
        SETB    00H
        SJMP    L003EH
        MOV     A, R7
L0027H:
        ANL     A, #0FH
        ADD     A, #90H
```

```
        DA      A
        ADDC    A, #40H
        DA      A
L002FH:
        MOV     R7, A
        JNB     04H, L003EH
        MOV     A, R7
        ADD     A, #0BFH
        CJNE    A, #1AH, L0039H
L0039H:
        JNC     L003EH
        ADD     A, #61H
        MOV     R7, A
……………………………………
此处省略多行汇编代码
……………………………………
END
```

用C语言实现其代码如下：

```
void main(void)
{
    SerialComInit();                //串口初始化
    printf("Hello world !\n");      //输出 Hello word !
}
```

通过上述实例可知,使用C语言编写的程序要比使用汇编语言编写的程序简洁得多,而且在结构上更加清晰明了。另外,用C语言编写的程序还具有良好的可读性、可维护性等特点。

1.3 单片机C语言的学习方法

单片机C语言是一种计算机语言,它是开发单片机系统的工具。所以学习的时候要抓住它的应用性,多实践,多看别人编好的C语言程序。听一百遍、看一百遍都不如自己做一遍。建议读者在学习单片机C语言时,多动手、动脑,在实践中掌握关键知识点。

1.3.1 学会看C语言程序

较好的C语言程序一般都会有函数说明信息和关键程序的注释。在阅读这些程序时可以先通过说明文档对整个程序所要完成的任务或程序功能做一个大致的了解。通过程序注释,我们可以知道为什么要用这条语句以及这条语句能做什么事情,能完成什么样的任务等。因为C语言是一种结构化的语言,阅读程序的时候可以根据结构来判断这些函数或语句的功能。因此,即便我们不理解或不知道某条语句的含义,但是这也不影响我们理解整个程序的功能。

当我们在阅读程序例 1-3 时，通过阅读函数说明信息可以知道，这段程序的版权信息是 2015—2018，yltxjs.com。它当前的版本是 V1.0，原始作者是 yltxjs，最后的修改者是 yltxjs，创建日期是 2018 年 5 月 10 日，修改日期无。它的程序名是 PWM227Initial()、函数功能是对 W79E227 单片机的 PWM 功能初始化操作、入口参数为空、没有输出、无返回等。根据 PWM227Initial()函数内部分程序语句后面的注释，我们可以很清晰地知道这些语句的作用，因而可以大致明白这个函数的编写目的、改动记录，以及函数的功能和具体的实现方法。

【例 1-3】 下面是一段完成 PWM 初始化操作的程序。

```
/*************************************************************************
 * Copyright (C), 2015 - 2018,yltxjs. com
 * Version          :  V1.0
 * Original Author  :  yltxjs
 * Last Author      :  yltxjs
 * Create Date      :  2018.5.10
 * Revise Date      :  None
 * Name             :  PWM227Initial()
 * Description      :  227PWM 驱动模块初始化操作
 * Input            :  None
 * Output           :  None
 * Return           :  None
 * Others           :  www.yltxjs.com
*************************************************************************/
void PWM227Initial(void)
{
    PIO = 0x3F;          //PWM 选通 PWM 6,7 使能 PWM 输出,其他口为通用 I/O
    PWMCON4 = 0x30;      //PWM6,7 脉冲输出允许
    PWMEN = 0xC0;        //enable PWM 输出功能
    PWMCON2 = 0X9C;      //enable PWM break 功能——脉冲停止输出,I/O 口为低
    PWMPH |= 0X0F;
    PWMPL = 0XFF;
    PWMCON1 = 0X08;      //LOAD RUN    PWM6I = 1(输出翻转)
}
```

1.3.2 编写 C 语言程序的一般步骤

C 语言是一种高级程序设计语言，其提供了十分完备的规范化流程控制结构。在使用 C 语言设计单片机应用系统程序时，应尽可能采用结构化的程序设计方法。这样会使得整个应用系统程序有清晰的结构，以便于程序的调试和维护。对于较大的应用程序，应将整个程序按功能分成若干子模块，不同的子模块完成不同的功能。各个子模块可以分别编写，甚至还可以由不同的程序员编写。分解后的子模块的功能相对系统功能来说会比较单一，因此子模块的设计和调试也就相对比较容易。

在 C 语言中，一个函数就可以被认为一个模块。程序模块化不仅是要将整个程序划分成若干功能模块，更重要的是，还应该注意保持各个模块之间变量的相对独立性，即保

持模块的独立性,尽量少地使用全局变量等。对于一些常用的功能模块,还可以封装为一个应用程序库,以便需要时直接调用。C51 语言的编程步骤如下。

(1) 将整个系统要完成的任务按功能划分为多个子模块,如初始化、按键扫描、LCD 显示驱动等。

(2) 分别编写和调试各个子模块需要完成的功能。

(3) 将各个子模块整合到一个工程项目中,根据系统整体功能进行综合调试。

以设计一个具有校时功能的 LCD 数字钟为例,在设计这个系统时,首先要分析它的功能。根据要求,它的功能主要有显示时间、校正时间、时钟功能等。根据这些功能可以将系统的功能图绘制出来,如图 1.1 所示。然后分别根据功能模块编写 LCD 显示函数、校时函数、时钟函数等。最后将这些功能模块进行整合,综合调试。

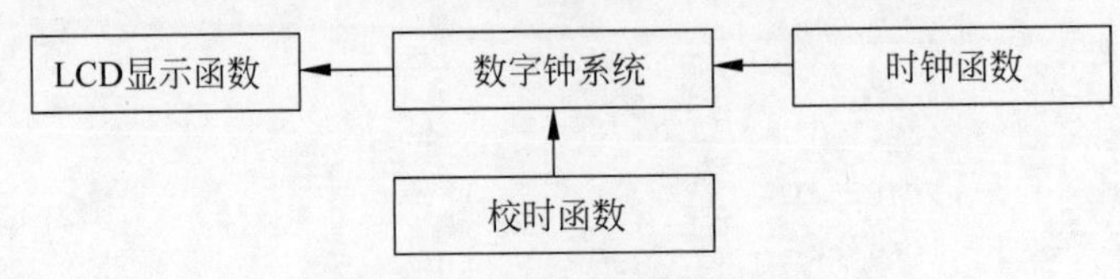

图 1.1　LCD 数字钟功能图

1.3.3　通过编程、仿真学习 C 语言程序设计

单片机系统设计的最终目的是完成系统的功能。这些功能是通过编程来实现的,因此在学习 C51 语言的时候,可以通过实例编程和借助编程软件、仿真软件来分析程序。例如,在学习 C51 扩展数据类型相关内容时,可以使用 C51 编写一个点亮 LED 操作的程序,然后通过软件仿真来看它能不能完成这个操作。有关软件仿真的内容将在第 2 章讲解。另外,还可以将编写好的这个程序编译为单片机可执行的文件(BIN 或 HEX 格式文件),并将这些文件通过工具写入单片仿真板或实验板,然后观察它的运行情况。根据运行情况再来分析所编写的程序能否完成所需的功能。

【例 1-4】 用单片机的 P1.0 点亮 1 个 LED。

由于功能比较单一,所以无须进行功能分析,可直接编写其代码:

```
sfr  P1      =  0x90;   //定义 P1 口的地址
sbit  P1_0   =  P1^0;   //将 P1_0 定义为 P1.0
void  main(void)
{
    P1_0 = 0 ;             //点亮 LED,低电平有效,如果把 LED 反过来接,那么就是高电平有效
}
```

1.3.4　通过实例学习 C51 语言程序设计

在掌握知识点之前可以通过模仿已有的程序代码来完成一些功能设计。在模仿的过程中,慢慢理解这些知识点,例如编程格式、程序结构等。本书的每个知识点都附有 1

个或多个实例程序，读者在学习的时候可以参考这些实例程序进行编程。例如要编写2ms延时程序，只需要修改例1-5中的j<125为j<250，即可实现延时2ms的功能。

【例1-5】 延时1ms子函数。

```
/*****************************************************************************
 * Copyright (C), 2008 - 2010, www.yltxjs.com
 * Name        :  Delay1ms
 * Description:  简单延时 1ms
*****************************************************************************/
void Delay1ms(void)
{
    unsigned char j;
    for(j = 0; j < 125; j++)
    {; }
}
```

1.4 本章小结

本章主要介绍了单片机开发时使用的语言工具，以及常见编程语言的基本概念。另外，本章还介绍了C语言与汇编语言的特点，并对它们进行了比较。C51是单片机开发时使用比较多的一种程序编写语言，在学习C51时，建议读者多看程序，多编程序，多动脑筋。

1.5 习题

(1) 什么是单片机？

(2) 什么是汇编语言？

(3) 汇编语言与C语言各有什么特点？

(4) 什么是C51语言？

(5) 用单片机设计1个简单的8路抢答器(用作LED抢答成功状态指示)时，它可以由哪些功能模块构成？

第2章 单片机集成开发环境(视频)

视频讲解

“工欲善其事,必先利其器”。本章讲解单片机开发常用工具 μVision5、Source Insight3.5 的功能及其使用方法。集成开发环境(Integrated Develop Environment,IDE)是用于提供程序开发环境的应用程序,包括代码编辑器、编译器、调试器和图形用户界面的开发工具,它集成了代码编写功能、分析功能、编译功能、调试功能等。每一款单片机都有适合它自己的开发环境。

代码编辑工具 Source Insight 是一个面向项目开发的程序编辑器和代码浏览器,它拥有内置的对 C/C++、C#和 Java 等程序的分析功能。

2.1 μVision5 集成开发环境

μVision5 IDE 是基于 Windows 平台的集成开发软件,它包含了对源程序的编辑、工程项目管理、编译、调试。它支持 C 语言、汇编语言、宏定义的编译,并能产生十六进制格式的机器代码 HEX,μVision5 能加速嵌入式应用程序的开发。AT89S51 可以使用 Keil C51 工具进行软件开发。Keil C51 即 PK51,是 Keil 公司开发的基于 μVision IDE,支持绝大部分 8051 内核的微控制器开发工具。本节将全面介绍 μVision5 IDE 的软件界面、操作方法,并通过实例讲述使用 μVision5 IDE 开发应用程序的步骤。

2.1.1 μVision5 开发环境

μVision5 IDE 是基于 Windows 的开发平台,开发人员可以用 μVision5 编辑器或其他编辑器编辑 C 语言或汇编语言源程序文件,然后分别由 C51 语言和 A51 语言编译生成目标文件(.OBJ)。目标文件可由 LIB51 创建生成库文件(.LIB),也可与库文件一起,经 L51 链接定位生成绝对目标文件(.ABS)。绝对目标文件由 OH51 置换成标准的 HEX 文件,以供调试器进行源代码级调试,也可由仿真器直接对目标板调试,或直接写入程序存储器(如 EPROM、Flash 中)进行验证。

μVision5 软件支持命令模式和工具条操作，一个工具条内有多个命令按钮，源文件以窗口的形式编辑。它有对话框、信息显示等，其人机界面友好、操作方便、易学易用。

1. μVision5 的特点

μVision5 的特点如下。

(1) 全功能原始代码编辑。

(2) 开发工具配置及选择相应芯片的数据库。

(3) 通过工程管理可以很方便地创建和管理工程。

(4) 集成了源程序的编译、连接、生成机器代码等，用户可以很方便地得到 HEX 格式文件。

(5) 对所有开发工具的配置都是基于窗口或对话框的图形界面的。

(6) 集成了高速 CPU 及对单片机外围器件的模拟，另外还有信号发生及信号分析等。

(7) 高级的 GDI 接口在目标硬件的软件调试的连接和与 Keil ULINK 的连接，即可用于硬件仿真。

(8) 支持下载 Flash 程序。

(9) 可通过网站下载最新的工具及芯片的数据库和用户操作手册。

2. μVision5 的工作模式

μVision5 IDE 提供了许多功能，能加快开发速度，有助于成功开发嵌入式应用程序。由于这些功能(工具)易于使用，因而能保证实现设计目标。μVision5 集成开发环境有编译模式和调试模式两种操作模式。

1) 编译模式

编译模式可以编辑源程序和编译项目中的源文件并产生应用程序。图 2.1 所示为 μVision5 编译模式界面。

2) 调试模式

调试模式用来验证程序的结果，并能与外部 Keil ULINK USB-JTAG 适配器进行连接，构成硬件仿真系统，还可将应用程序下载到目标系统的 Flash ROM 中。图 2.2 所示为 μVision5 调试模式界面。

3. 停靠窗口

窗口可以停靠到另一个窗口、多个文档接口(MDI)，甚至可以浮动到另一个屏幕。只要拖动一个窗口，就会显示几个停靠符号。图 2.3 所示为窗口拖动截图。这适用于从菜单视图和项目窗口中选择的大多数窗口。但是，源代码文件必须驻留在文本编辑器窗口中。

移动窗口到另外一个位置的步骤如下。

(1) 单击窗口的标题栏或页面/目标名。

(2) 拖动窗口到停靠标记。

(3) 松开鼠标按扭。

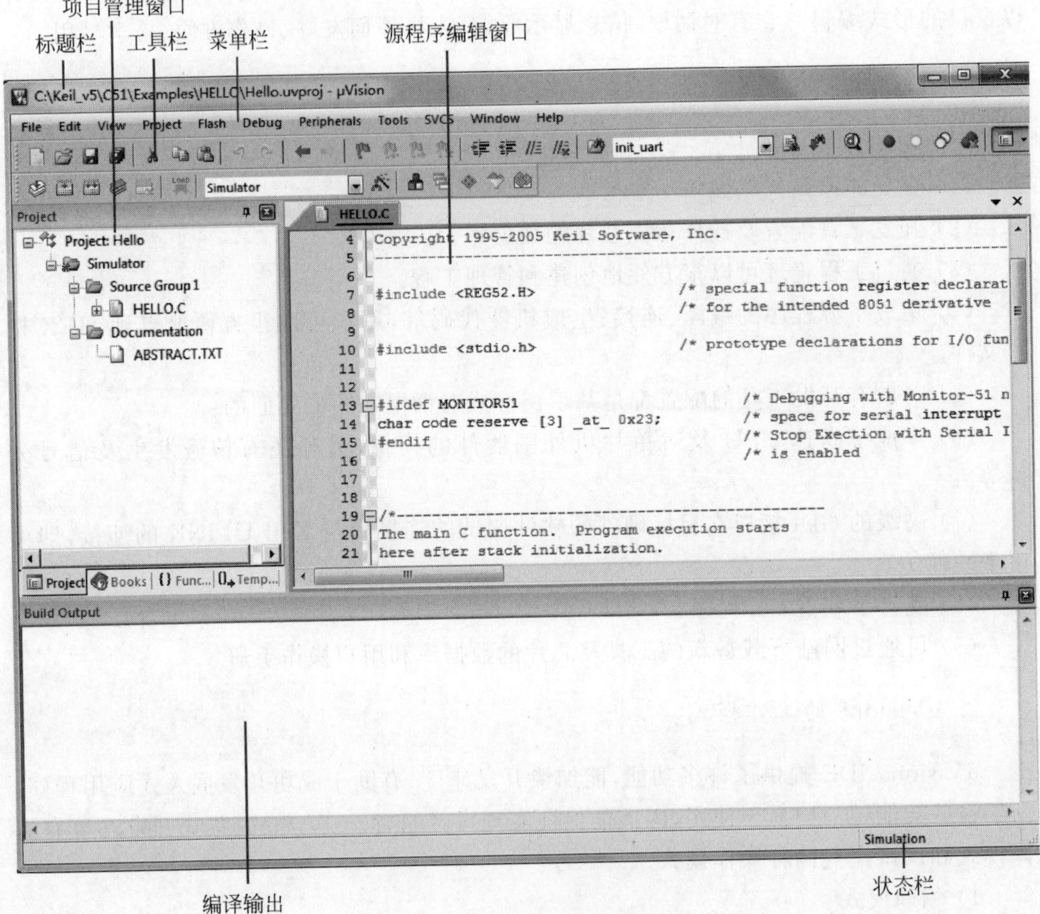

图 2.1 μVision5 编译模式界面

2.1.2 μVision5 用户界面

μVision5 用户界面包括菜单、工具栏按钮、键盘快捷键、对话框和窗口。菜单栏上提供菜单编辑器操作、项目维护、开发工具选项设置、程序调试、外部工具控制、窗口选择和联机帮助。

通过工具栏按钮可以快速执行 μVision5 的命令。状态栏提供编辑器和调试器信息。各种工具栏和状态栏可以启用或禁用视图菜单的命令。

键盘快捷方式提供快速访问 μVision5 命令，并可通过菜单命令编辑快捷键。表 2.1～表 2.7 列出了常用菜单命令、工具栏按钮、μVision5 命令和键盘快捷方式。μVision5 的命令主要基于菜单栏进行分组。

1. 文件菜单(File)

文件菜单项的命令、工具条图标、默认的快捷键及功能描述如表 2.1 所示。

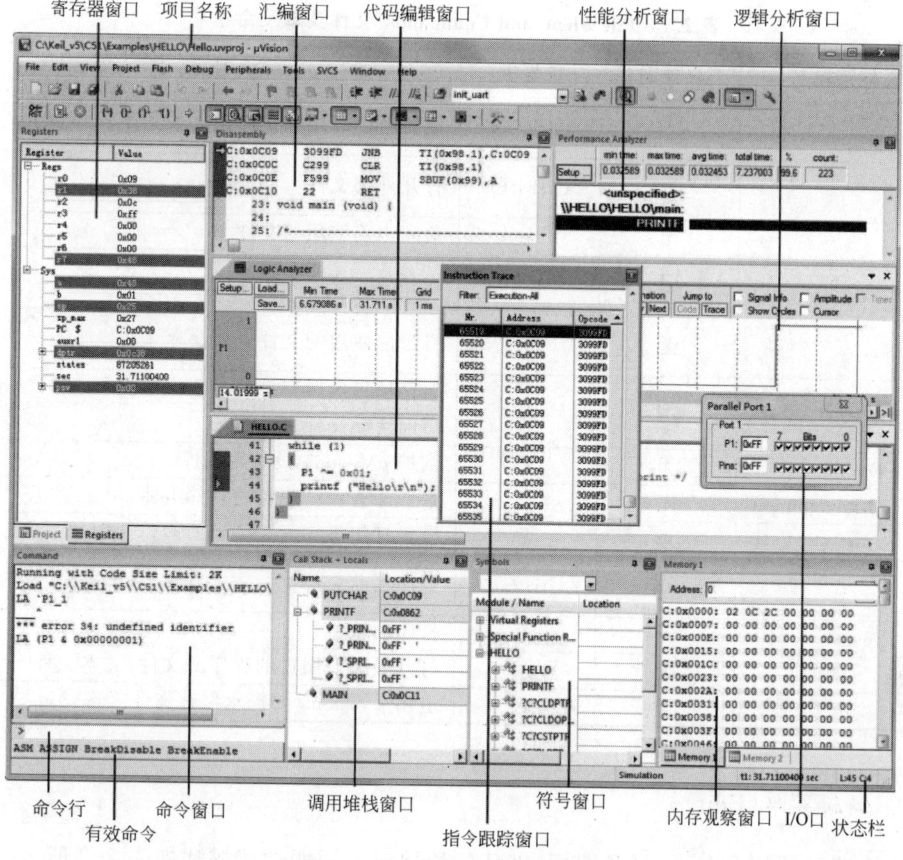

图 2.2　μVision5 调试模式界面

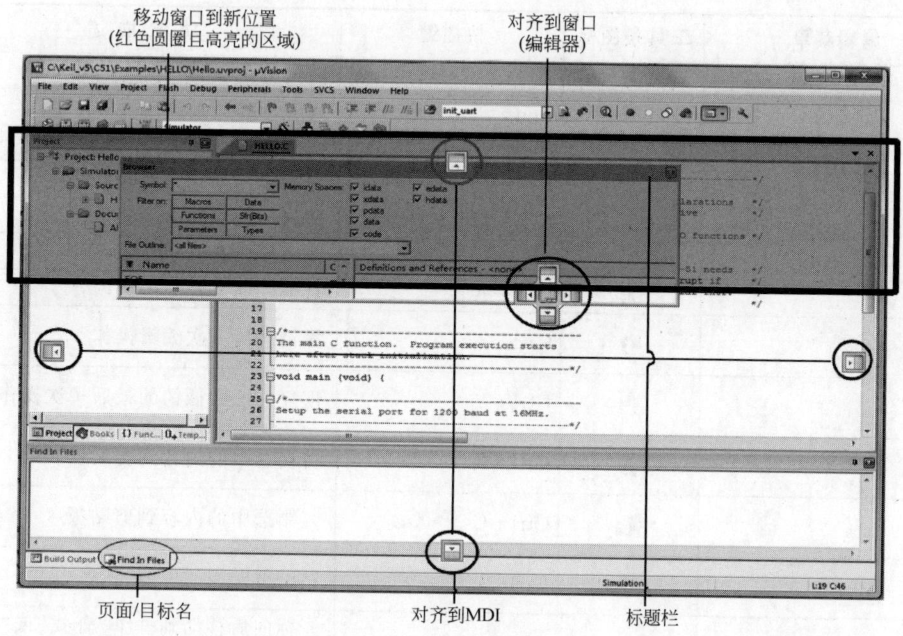

图 2.3　窗口拖动截图

表 2.1　File Menu and Commands(文件菜单及命令)

文件菜单	工具条图标	快捷键	功 能 描 述
New…		Ctrl+N	创建新的程序源文件或文本文件
Open		Ctrl+O	打开外部文件
Close	无	无	关闭当前使用的文件
Save		Ctrl+S	保存当前使用的文件
Save as…	无	无	将当前使用的文件更名保存
Save All		无	保存项目内所有打开的程序源文件、文本文件和当前活动文件
Device Database	无	无	维护 μVision5 设备数据库
License Management	无	无	维护并查看已安装的软件组件
Print Setup…	无	无	设置打印机
Print		Ctrl+P	打印当前文件
Print Preview	无	无	打印预览
1 .. 10	无	无	打开最近使用过的程序源文件、文本文件
Exit	无	无	退出 μVision5 并提示保存文件

2. 编辑菜单(Edit)

编辑菜单项的命令、工具条图标、默认的快捷键及说明功能描述如表 2.2 所示。

表 2.2　Edit Menu and Commands(编程菜单及命令)

编辑菜单	工具条图标	快捷键	功 能 描 述
无	无	Home	将光标移动到当前行的开头
无	无	End	将光标移动到当前行的尾部
无	无	Ctrl+Home	将光标移动到文件的开头
无	无	Ctrl+End	将光标移动到文件的尾部
无	无	Ctrl+Left Arrow	将光标向左移动一个单词
无	无	Ctrl+Right Arrow	将光标向右移动一个单词
无	无	Ctrl+A	选择当前文件的所有内容
Undo		Ctrl+Z	撤销最后一次编辑操作
Redo		Ctrl+Y	恢复上一次撤销的最后一次操作
Cut		Ctrl+X	剪切选中的内容到剪贴板
Copy		Ctrl+C	复制选中的内容到剪贴板
Paste		Ctrl+V	粘贴剪贴板的内容
Navigate Backwards		Ctrl+−	光标向后移动到一个“查找”或“跳到行”的命令

续表

编辑菜单	工具条图标	快捷键	功能描述
Navigate Forwards	➡	Ctrl+Shift+-	光标向前移动到一个“查找”或“跳到行”的命令
Insert/Remove Bookmark		Ctrl+F2	在当前行插入/移除书签
Goto Next Bookmark		F2	将光标移动到下一书签
Goto Previous Bookmark		Shift+F2	将光标移动到上一书签
Clear All Bookmarks		Ctrl+Shift+F2	清除当前文件内的所有书签
Find		Ctrl+F	在当前文件中搜索文本
无	无	F3	重复向前搜索文本
无	无	Shift+F3	重复向后搜索文本
无	无	Ctrl+F3	在光标下的搜索词
Replace	无	Ctrl+H	替换指定的文本
Find in Files...		Shift+Ctrl+F	在多个文件中搜索文本
Incremental Find		Ctrl+I	按输入的字符的字母进行查找
Outlining	无	无	有关源代码的命令
Advanced	无	无	高级的编辑器命令
Configuration		无	改变颜色、字体、快捷键、编辑操作

3. 编辑→高级菜单(Edit→Advanced)

编辑菜单项的高级菜单命令、工具条图标、默认的快捷键及说明功能描述如表2.3所示。

表2.3 Advanced Menu(高级菜单)

高级菜单	工具条图标	快捷键	功能描述
Goto Line	无	Ctrl+G	将光标定位到当前源文件中的指定行号
Goto Matching Brace	无	Ctrl+E	查找匹配的大括号、圆括号或方括号(要使用此命令,请将光标置于大括号、圆括号或方括号之前)
Tabify Selection	无	无	将选定文本中的空格替换为制表符
Untabify Selection	无	无	将所选文本中的制表符替换为空格
Make Uppercase	无	Ctrl+Shift+U	将选定的文本转换为大写字母
Make Lowercase	无	Ctrl+U	将选定的文本转换为小写字母
Comment Selection Comment Button	//≡	无	将选定的行转换为注释

续表

高级菜单	工具条图标	快捷键	功能描述
Uncomment Selection Uncomment Buttonction		无	将注释行转换为代码文本
Indent Selection Indent Button		无	用一个制表符增加每一行的缩进
Unindent Selection Unindent Button		无	用一个制表符减少每一行的缩进
Indent Selection with Text…	无	无	用指定的文本增加每一行的缩进
Unindent Selection with Text…	无	无	用指定的文本减少每一行的缩进
Delete Trailing White Space	无	无	删除选定文本中的每个尾随选项卡或尾随空间
Delete Horizontal White Space	无	无	删除选定文本中的每个选项卡或空格
Cut Current Line	无	Ctrl+L	当前行到剪贴板的文本

4. 视图菜单(View)

视图菜单项的命令、工具条图标及默认的快捷键功能描述如表 2.4 所示。

表 2.4　View Menu(视图菜单)

视图菜单	工具条图标	快捷键	功能描述
Status Bar	无	无	显示或隐藏状态栏
Toolbars	无	无	显示或隐藏工具栏。文件工具栏总是可用的。构建工具栏和调试工具栏仅在各自的模式下可用
Project Window		无	显示或隐藏项目窗口
Books Window		无	显示或隐藏书签窗口
Functions Window	{}	无	显示或隐藏函数窗口
Templates Window		无	显示或隐藏模板窗口
Source Browser Window		无	显示或隐藏浏览器窗口
Build Output Window		无	显示或隐藏构建输出窗口
Error List Window	无	无	显示或隐藏一个窗口,该窗口显示错误和警告。请参阅动态语法检查
Find in Files Window		无	显示或隐藏"在文件中查找"窗口
调试模式下的附加项			
Command Window		无	显示或隐藏命令窗口

续表

视图菜单	工具条图标	快捷键	功能描述
Disassembly Window		无	显示或隐藏汇编窗口
Symbols Window		无	显示或隐藏符号窗口
Registers Window		无	显示或隐藏寄存器窗口
Call Stack Window		无	显示或隐藏调用堆栈窗口
Watch Windows		无	打开一个子菜单,可以访问监视和变量窗口
Memory Windows		无	打开一个访问内存窗口的子菜单
Serial Windows		无	打开一个子菜单访问串行窗口 UART #1..UART #3 和 Debug (printf)查看器
Analysis Windows	无	无	打开访问逻辑分析器、性能分析器和代码覆盖率窗口的子菜单
Trace	无	无	打开一个子菜单,可以访问指令历史窗口。从这里启用/禁用跟踪记录
System Viewer	无	无	显示或隐藏外设窗口
Toolbox Window		无	显示或隐藏工具箱
Periodic Window Update	无	无	使 μVision 定期更新内容的窗口。如果未设置此选项,请使用工具箱手动更新窗口

5. 项目菜单和项目命令

菜单项目包括在项目或目标级别上操作的命令。通过多项目工作区管理多个项目。详细菜单命令、工具条、图标、默认的快捷键及功能描述如表 2.5 所示。

表 2.5 Project Menu and Commands(项目菜单及命令)

项目菜单	工具条图标	快捷键	功能描述
New μVision Project...	无	无	创建一个新项目文件
New Multi-Project Workspace...	无	无	创建一个新的多项目文件
Open Project...	无	无	打开一个现有项目或多个项目。关闭并保存当前项目
Close Project	无	无	关闭并保存当前项目
Export	无	无	导出活动项目,或当前的多项目,使用 μVision3 格式。限制适用于使用 MDK 版本 5 创建的项目
Manage	无	无	维护项目项,如项目目标、组、文件、文件夹和文件扩展名,设置编译器的使用,或定义与项目相关的书籍。包含调用包安装程序和运行时环境的菜单点

续表

项 目 菜 单	工具条图标	快捷键	功 能 描 述
Select Device for Target name...	无	无	打开"为目标选择芯片"对话框以更改目标芯片
Removeobject	无	无	删除窗口项目中选择的文件或组
Options for object...		Alt+F7	更改目标、组或文件的工具选项
Clean target	无	无	删除项目目标的中间文件(参见注释)
Build target		F7	编译修改后的文件并构建应用程序
Rebuild all target files		无	重新编译所有源文件并构建应用程序
Batch Build...		无	在多项目的选定项目目标上执行构建命令
Translatefile		Ctrl+F7	编译当前活动文件
Stop build		无	停止构建过程
1 .. 10	无	无	列出最近使用的项目文件

6. 调试菜单(Debug)

调试菜单项的命令、工具条图标、默认的快捷键及功能描述如表 2.6 所示。

表 2.6 Debug Menu and Commands(调试菜单及命令)

调 试 菜 单	工具条图标	快捷键	功 能 描 述
Start/Stop Debug Session		Ctrl+F5	启动或停止调试会话
Reset CPU		无	设置 CPU 重置状态
Run		F5	继续执行程序,直到到达下一个活动断点
Stop		无	立即停止程序执行
Step		F11	对函数执行单步执行;执行当前指令行
Step Over		F10	对函数执行单步执行
Step Out		Ctrl+F11	完成当前函数的执行,然后停止
Run to Cursor Line		Ctrl+F10	执行程序,直到到达当前光标行
Show Next Statement		无	显示下一条可执行语句/指令
Breakpoints	无	Ctrl+B	打开对话框断点

续表

调 试 菜 单	工具条图标	快捷键	功 能 描 述
Insert/ Remove Breakpoint	●	F9	切换当前行上的断点
Enable/ Disable Breakpoint	○	Ctrl+F9	启用/禁用当前行上的断点
Disable All Breakpoints		无	禁用程序中的所有断点
Kill All Breakpoints		Ctrl+Shift+F9	删除程序中的所有断点
OS Support	无	无	打开子菜单,可以访问事件查看器、RTX 任务和系统信息
Execution Profiling	无	无	打开带有配置选项的子菜单。显示时间或调用信息
Memory Map	无	无	打开配置对话框内存映射
Inline Assembly	无	无	打开内联汇编程序对话框
Function Editor (Open Ini File)	无	无	打开编辑器窗口以修改调试函数
Debug Settings	无	无	打开一个对话框,用于在调试会话期间设置调试和跟踪事件。屏幕选项取决于调试环境

7. 外围设备菜单(Peripherals)

外围设备菜单包括用于查看和更改片上外围设备设置的对话框。裁剪此菜单的内容以显示为应用程序选择的 CPU 的特定外围设备。此菜单仅在调试模式下是活动的。外围设备菜单及功能描述如表 2.7 所示。

表 2.7 Peripherals Menu(外围设备菜单)

菜 单	功 能 项
Interrupts	中断控制器
I/O Ports	I/O 端口
Serial	串行端口
Timer	定时器/计数器
Watchdog	看门狗定时器
A/D Converter	模数转换器
D/A Converter	数模转换器
I^2C Controller	I^2C 控制器
CAN Controller	CAN 控制器

注:芯片外围设备对话框取决于设定的设备数据库及所选的单片机数据库。

2.1.3 μVision5 创建应用程序

创建应用程序是通过窗口及菜单进行操作的，通过工程管理可能很容易地设计基于单片机的应用程序。创建应用程序主要包括：创建项目文件并选择 CPU、创建新的源程序、添加源程序到项目中、创建文件组、设置工具选项等。下面依次进行讲解。

1. 创建项目文件并选择 CPU

(1) 选择 Project→New μVision Project...菜单命令，打开输入新项目名及保存路径对话框(如图 2.4 所示)，读者可根据项目特点对项目进行命名。另外还可以使用 Create New Folder 图标创建新的文件夹，用于保存新建的项目。

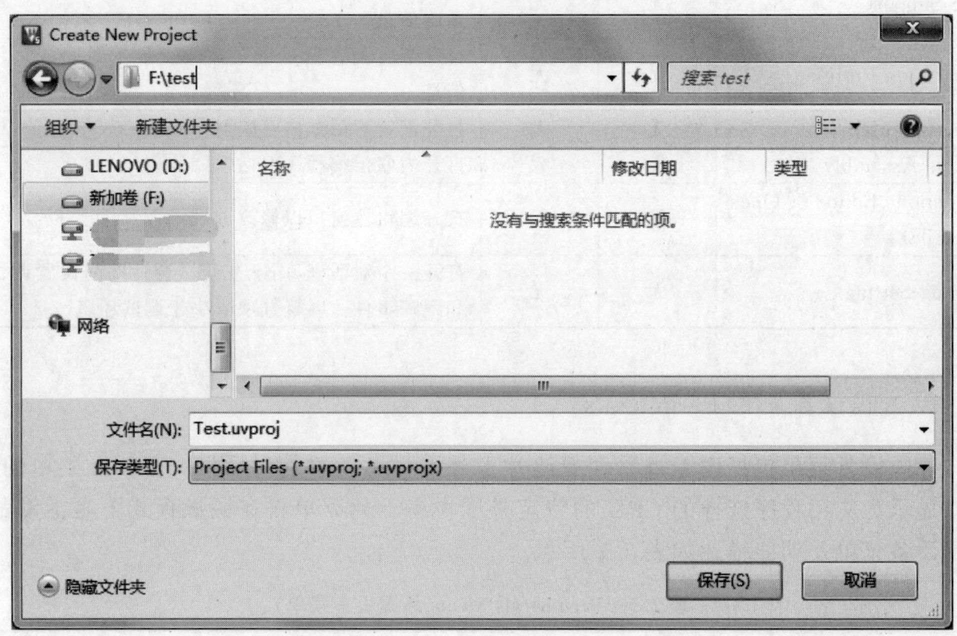

图 2.4　新建项目

(2) 完成第(1)步操作后，会弹出选择 CPU 对话框，如图 2.5 所示。展开 Atmel 选项，选择 AT89S51。

(3) 完成第(2)步操作后，会弹出复制并添加 CPU 启动代码对话框，如图 2.6 所示。选择“是”就会自动生成 CPU 启动代码，也可以选择“否”，这并不影响调试单片机程序。但建议读者按默认操作——选择“是”将 CPU 启动代码添加到工程。

2. 创建新的源程序

通过新建命令图标或选择 File→New 菜单命令，创建一个新的源程序文件，打开一个空的编辑窗口，这个窗口用来输入程序的源代码。使用保存文件对话框中的 File→Save As...菜单命令保存该文件，并将其命名为. c(如果是汇编源程序请使用. asm)文件。以下示例的文件名为 main. c。

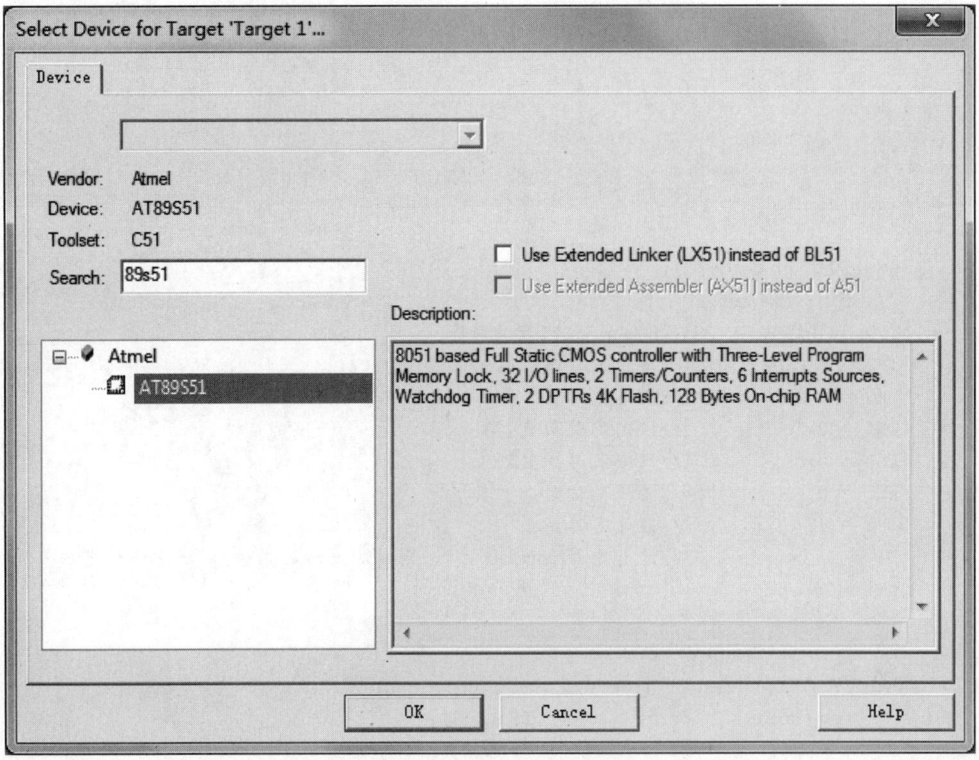

图 2.5　选择 CPU 对话框

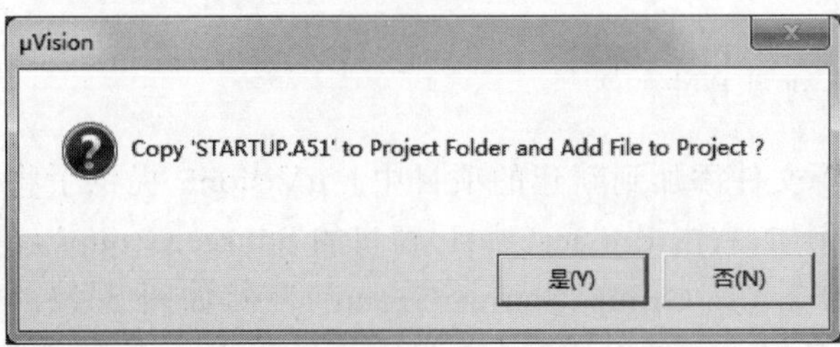

图 2.6　复制并添加 CPU 启动代码

【例 2-1】 创建源程序文件。

```
#include "stdio.h"
#include "reg51.h"      //包含 51 单片机头文件

/*****************************************************************************
 * Function:        main
 *
 * author:          gxt
 *
 * date:            2018.03.06
 *
 * Description:
```

```
*               Test 工程的主函数
* Parameters:
*               NONE
* Return:
*               NONE
******************************************************************************/
void main(void)
{
    unsigned int delay;
    // Initialize serial interface
    SCON = 0x50;          //8 位数据,可变波特率
    TMOD &= 0x0F;         //清除定时器 1 模式位
    TMOD |= 0x20;         //设定定时器 1 为 8 位自动重装方式
    TL1 = 0xFD;           //设定定时初值
    TH1 = 0xFD;           //设定定时器重装值
    ET1 = 0;              //禁止定时器 1 中断
    TR1 = 1;              //启动定时器 1
    TI = 1;               //没有重写 putchar 函数,则首次发送数据时,发送中断标志位要置 1
    while(1)
    {
        printf("Test By Gxt\n");
        // simple delay - it is mcu clock dependent !
        for (delay = 0; delay < 10000; delay++)
        ;
    }
}
```

3. 添加源程序到项目中

将刚才创建的源文件添加到新建的项目中。μVision5 提供了将源代码文件添加到项目的多种方法。例如,右击 Project(项目)窗口的 Source Group1,在弹出的快捷菜单中选择 Add Existing Files to Group"Source Group 1"…,如图 2.7(a)所示。之后弹出如图 2.7(b)所示的对话框。在该对话框中选择刚才创建的 main.c 文件,然后单击 Add 按钮就可以把 main.c 添加到项目中了。也可以使用 Project→Manage→Project Items 菜单命令打开管理项目项对话框进行添加(详见"4. 创建文件组")。

4. 创建文件组

创建文件组,将代码文件结构修改为逻辑块,以简化维护。使用项目窗口的上下文菜单,右击目标名称并选择 Add Group,可以将文件拖放到组名上以重新排列顺序或添加文件。使用 Project→Manage→Project Items 菜单命令打开管理项目项对话框,如图 2.8 所示。

在 Files 栏中可以单击 Add Files...按钮,将文件增加到选中的组中,也可以使用鼠标单击拖放来重新排列该组中的源文件顺序。

项目窗口显示项目名称、活动目标名称以及所有组和文件。在 Project 窗口双击某个文件,可以打开该文件进行编辑。例如,打开 main.c 文件下的 reg51.h 只需要在如

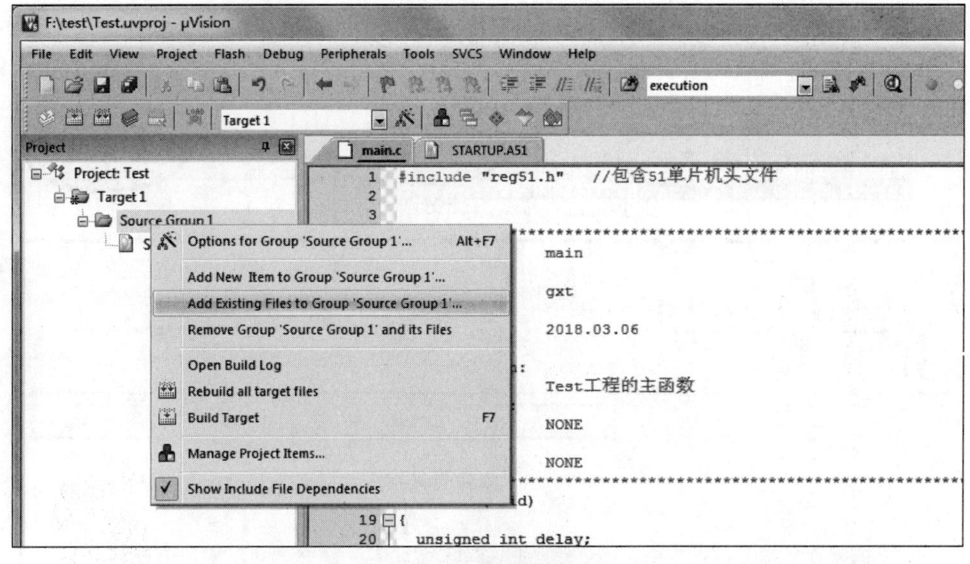

(a) Project添加文件

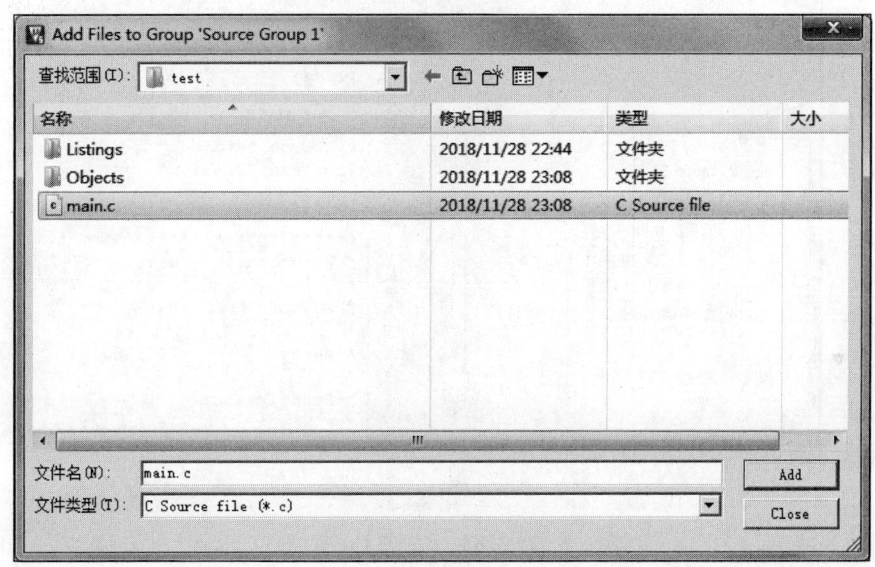

(b) 添加文件对话框

图 2.7　添加源程序到项目中

图 2.9 所示的界面双击 reg51.h 即可。

5. 设置工具选项

μVision5 允许配置开发环境。通过工具栏图标或通过 Project→Options for Target 'Target 1'菜单命令可以打开选择目标对话框。在目标选项卡中指定目标硬件所有相关参数和所选设备的芯片组件，如图 2.10 所示。

- Device(设备)：为项目选择单片机。
- Target(目标)：指定目标硬件参数。

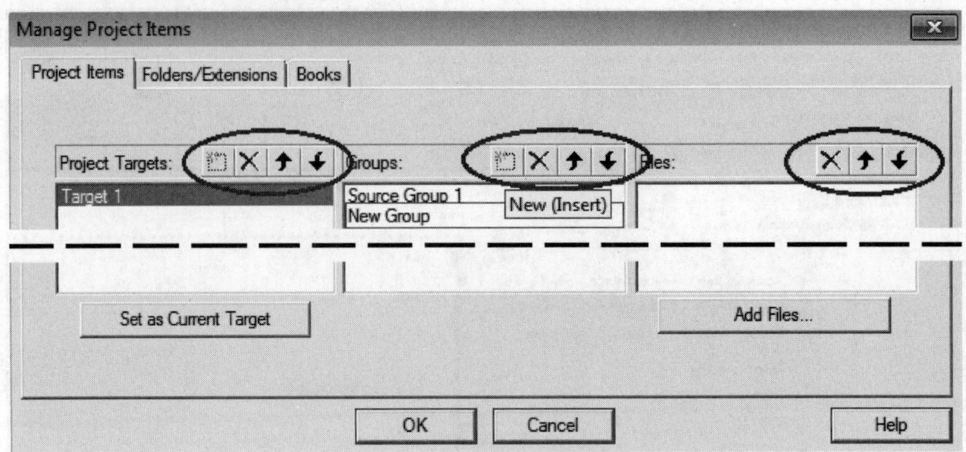

图 2.8　创建文件组

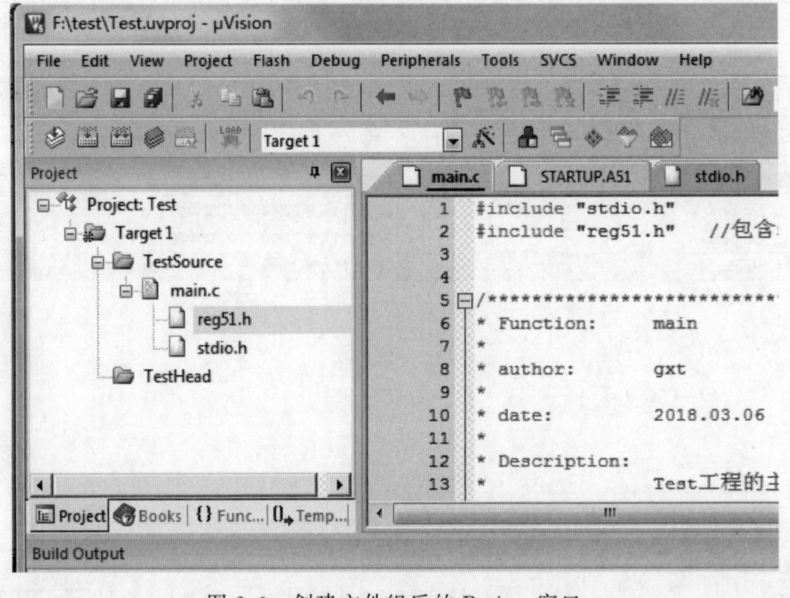

图 2.9　创建文件组后的 Project 窗口

- Output(输出)：配置可执行文件、库文件输出和 Intel 十六进制文件输出。
- Listing(清单)：配置清单文件。
- User(用户)：配置预构建和后构建活动。
- C51(或 CX51)：配置编译器选项。
- A51(或 AX51)(在设备下启用时)：配置汇编器选项。
- BL51(或 LX51 Locate)(在设备下启用时)：指定链接器/定位器内存位置指令。
- BL51 Misc(或 LX51 Misc)(在设备下启用时)：输入其他链接器/定位器指令。
- Debug(调试)：配置 μVision 调试器/模拟器。
- Utilities(实用程序)：配置 Flash 下载实用程序。

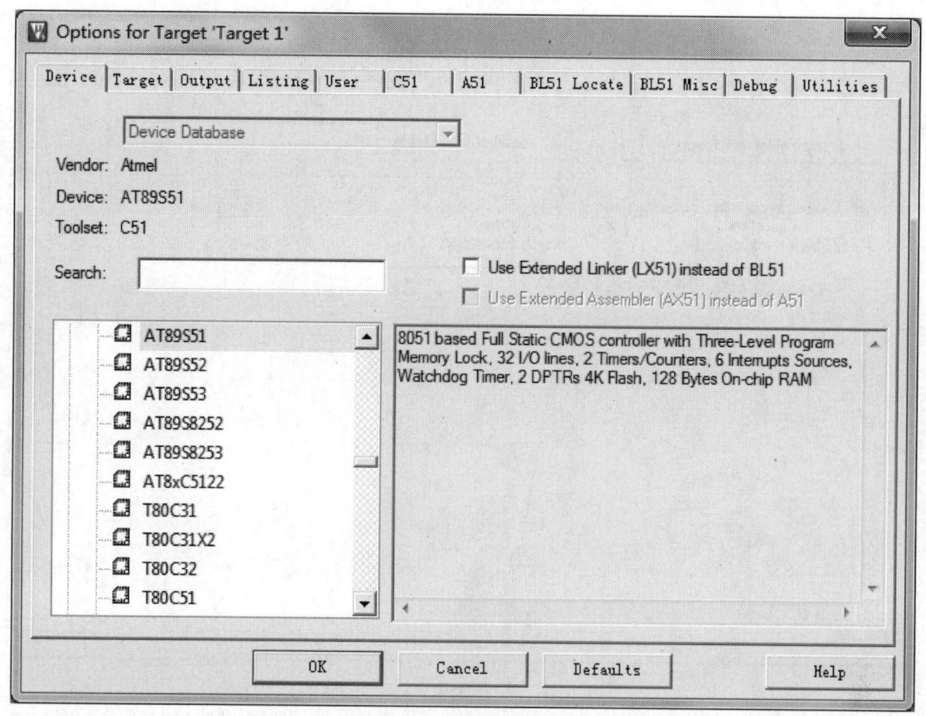

图 2.10　目标选项

6. 编译项目并生成应用程序代码

通过编译工具对源程序进行编译，编译工具如图 2.11 所示。4 个编译工具的区别请参阅表 2.5。

图 2.11　编译工具

7. 生成 HEX 文件或 PROM 程序

打开 Options for Target ‘Target 1’对话框后，选择 Output 选项，其界面如图 2.12 所示。可以通过选项 Select Folder for Objects...选择生成的 HEX 文件保存路径。“Name of Executable：”右边为生成的 HEX 文件的名称。需要生成 HEX 文件时，还必须将 Create HEX File 复选框选中。选中“Create Library. . \abc. LIB”可以生成 abc. LIB 库文件。选中 Create Batch File 复选框可创建批处理文件。

8. 查找和浏览源程序

在编辑源程序或调试时，单击工具栏中的图标可在多个文件中查找命令，快速定位程序。在文件中查找的界面如图 2.13 所示，单击 Find All 按钮后，查找的结果如图 2.14 所示。

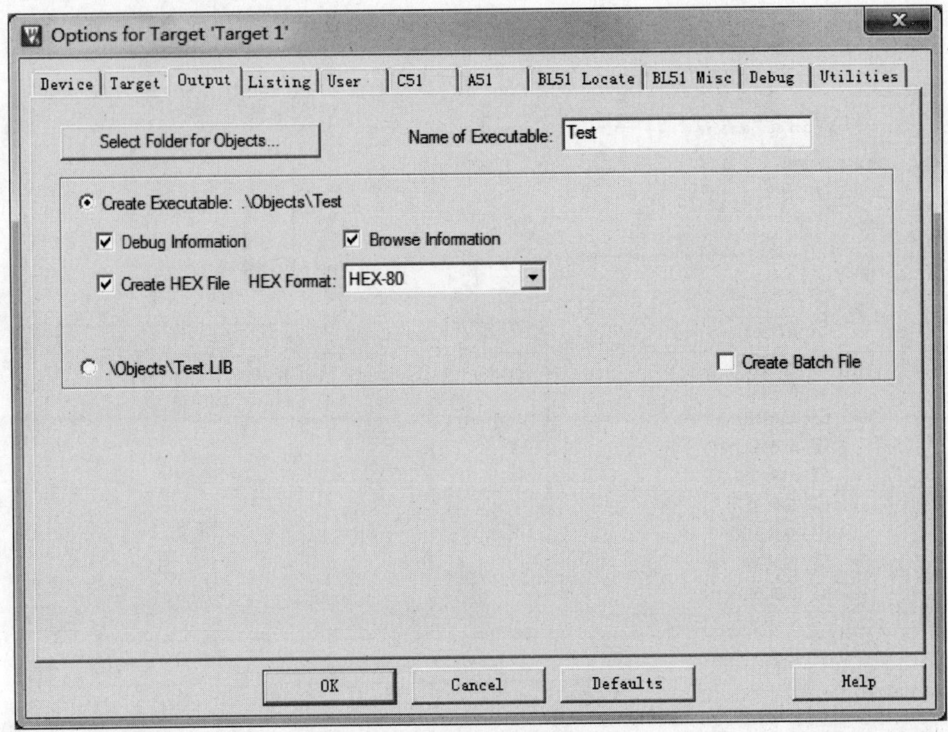

图 2.12　生成 HEX 文件设置界面

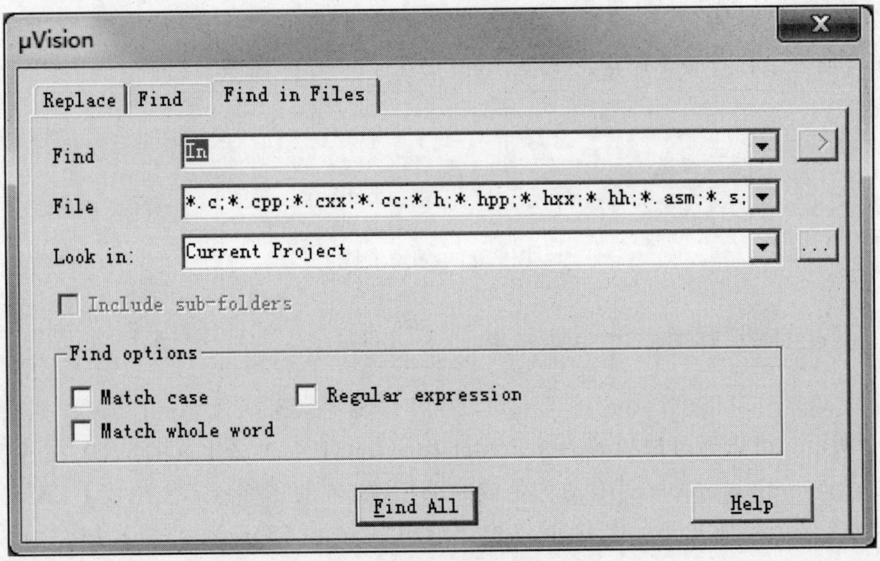

图 2.13　文件中查找界面

在选择项目对话框中(图 2.12),选择 Output(输出)选项卡,选中 Browser information 复选框,打开浏览器对话框,其中包括浏览器、编译器及对象文件的信息,如图 2.15 所示。使用 View(查看)→Source Browser Window(源程序浏览器)菜单命令,也可打开浏览器对话框。

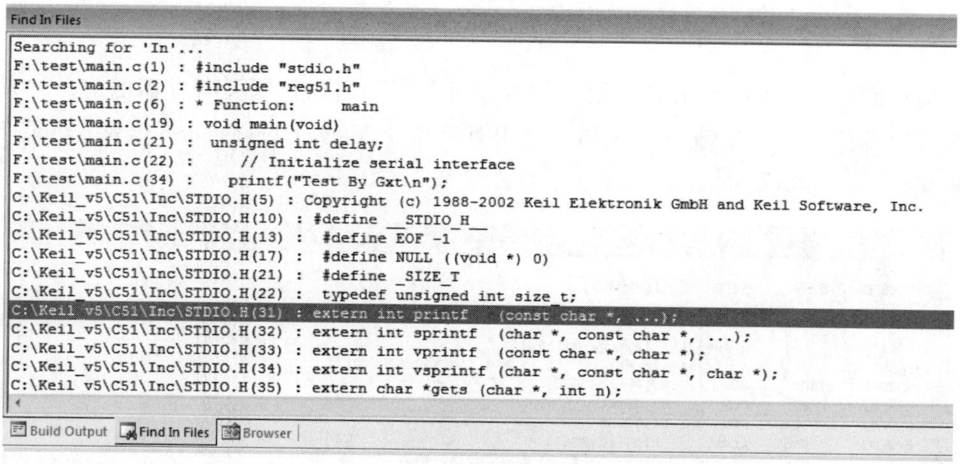

Find In Files
Searching for 'In'...
F:\test\main.c(1) : #include "stdio.h"
F:\test\main.c(2) : #include "reg51.h"
F:\test\main.c(6) : * Function: main
F:\test\main.c(19) : void main(void)
F:\test\main.c(21) : unsigned int delay;
F:\test\main.c(22) : // Initialize serial interface
F:\test\main.c(34) : printf("Test By Gxt\n");
C:\Keil_v5\C51\Inc\STDIO.H(5) : Copyright (c) 1988-2002 Keil Elektronik GmbH and Keil Software, Inc.
C:\Keil_v5\C51\Inc\STDIO.H(10) : #define __STDIO_H__
C:\Keil_v5\C51\Inc\STDIO.H(13) : #define EOF -1
C:\Keil_v5\C51\Inc\STDIO.H(17) : #define NULL ((void *) 0)
C:\Keil_v5\C51\Inc\STDIO.H(21) : #define _SIZE_T
C:\Keil_v5\C51\Inc\STDIO.H(22) : typedef unsigned int size_t;
C:\Keil_v5\C51\Inc\STDIO.H(31) : extern int printf (const char *, ...);
C:\Keil_v5\C51\Inc\STDIO.H(32) : extern int sprintf (char *, const char *, ...);
C:\Keil_v5\C51\Inc\STDIO.H(33) : extern int vprintf (const char *, char *);
C:\Keil_v5\C51\Inc\STDIO.H(34) : extern int vsprintf (char *, const char *, char *);
C:\Keil_v5\C51\Inc\STDIO.H(35) : extern char *gets (char *, int n);
Build Output
Find In Files
Browser

图 2.14 查找结果界面

Browser
Symbol: *
Memory Spaces:
idata
xdata
pdata
data
code
edata
hdata
Filter on:
Macros
Data
Functions
Sfr(Bits)
Parameters
Types
File Outline: <all files>
Name
Class
Type
Space
Uses
TL1 data (sfr) uchar data 2
TMOD data (sfr) uchar data 3
TR1 data (sfrbit) bit data 2
_SIZE_T macro none 1
_REG51_H_ macro none 1
_STDIO_H_ macro none 1
delay data uint data 2
main function function code 1
n data int data 1
printf function function code 2
size_t typedef uint 1
Definitions and References - TR1
C:\Keil_v5\C51\Inc\reg51.h
[D] Line 48
F:\test\main.c
[R] Line 29 [w]

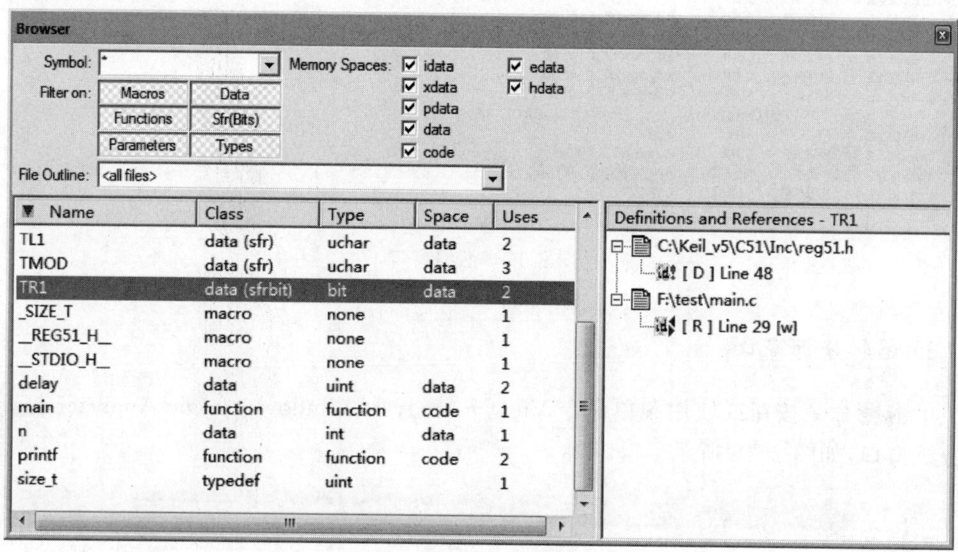

图 2.15 浏览器对话框

2.1.4 μVision5 调试工程

1. 进入调试模式

单击命令按钮，或通过菜单命令 Debug→Start/Stop Debug Session，或快捷键 Ctrl+F5 可进入调试模式。在调试模式下仍可对程序源文件进行编辑。调试工具如图 2.16 所示。

RST

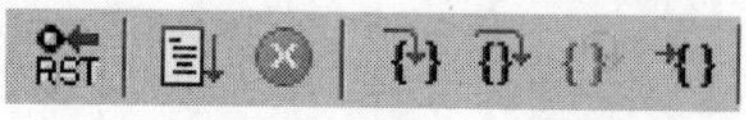

图 2.16 调试工具

调试工具从左至右依次为：CPU 复位、全速执行、停止执行、单步进被调模块内执行、单步不进被调模块内执行、单步跳出被调模块内部执行、执行到光标所在行。

2. 汇编窗口

通过汇编窗口可以看出C51语言被翻译成的汇编语句及相关寄存器的值。打开汇编窗口的方法是:单击命令按钮或使用菜单命令 View→Disassembly Window 打开汇编窗口,如图2.17所示。

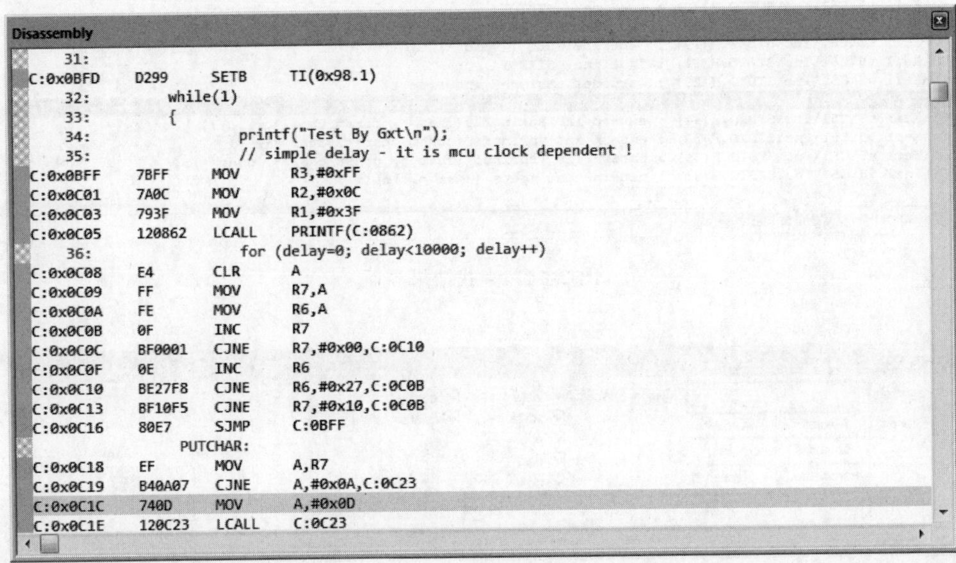

图2.17 汇编窗口

3. 逻辑分析窗口

单击命令按钮或使用菜单命令 View→Analysis Window→Logic Analyzer 打开逻辑分析窗口,如图2.18所示。

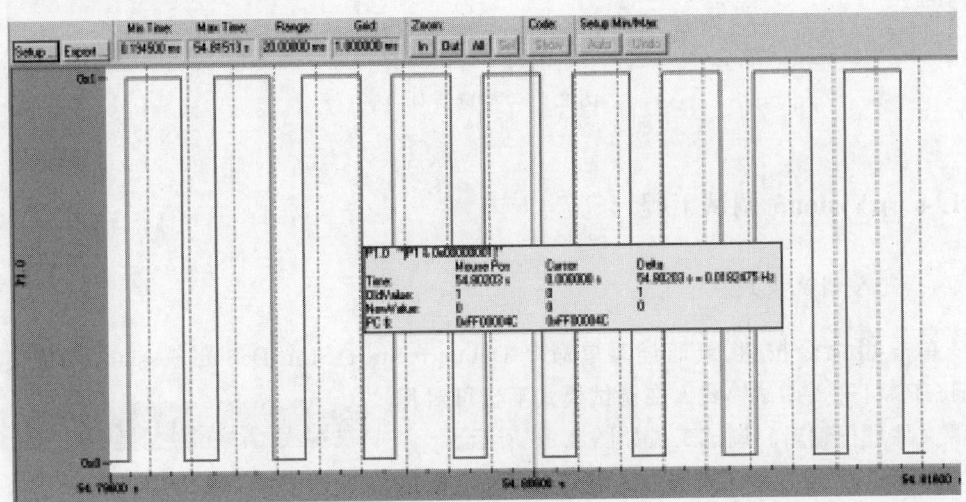

图2.18 逻辑分析窗口

2.1.5 案例1：创建 Hello World 项目

读者可在 Keil51 安装目录\Examples\Hello 文件夹中打开 Hello 实例进行学习，也可使用下述步骤建立一个新的项目进行学习。

步骤 1：新建源程序文件

使用 File→New 菜单命令或快捷图标或按下 Ctrl＋N 组合键，新建一个源程序文件，并保存为 D:\Keil51\test\Hello.c。输入下列程序后再次保存。

```
#include <REG52.H>                /* special function register declarations */
#include <stdio.h>                /* prototype declarations for I/O functions */
void main(void)
{
    SCON = 0x50;                  /* SCON: mode 1, 8-bit UART, enable rcvr */
    TMOD |= 0x20;                 /* TMOD: timer 1, mode 2, 8-bit reload */
    TH1 = 221;                    /* TH1: reload value for 1200 baud @ 16MHz */
    TR1 = 1;                      /* TR1: timer 1 run */
    TI = 1;                       /* TI: set TI to send first char of UART */
    while (1)
    {
        P1 ^= 0x01;               /* Toggle P1.0 each time we print */
        printf ("Hello World\n"); /* Print "Hello World" */
    }
}
```

步骤 2：新建项目

使用 Project→New Project...菜单命令或其快捷图标，新建一个项目，保存为 D:\Keil51\test\test，并将步骤 1 中的源程序文件添加到项目中。

步骤 3：项目设置

使用 Project→Options for Target 'Simulator'菜单命令或其快捷图标打开 Target 'Simulator'配置窗口，选择 Device 选项卡并选择好 CPU 数据库，如图 2.10 所示。参照 2.1.3 节相关内容配置好其他相关参数。

步骤 4：项目编译调试

参照 2.1.3 节相关内容编译好项目，并进入调试界面，全速运行后，读者可观察结果，如图 2.19 所示。

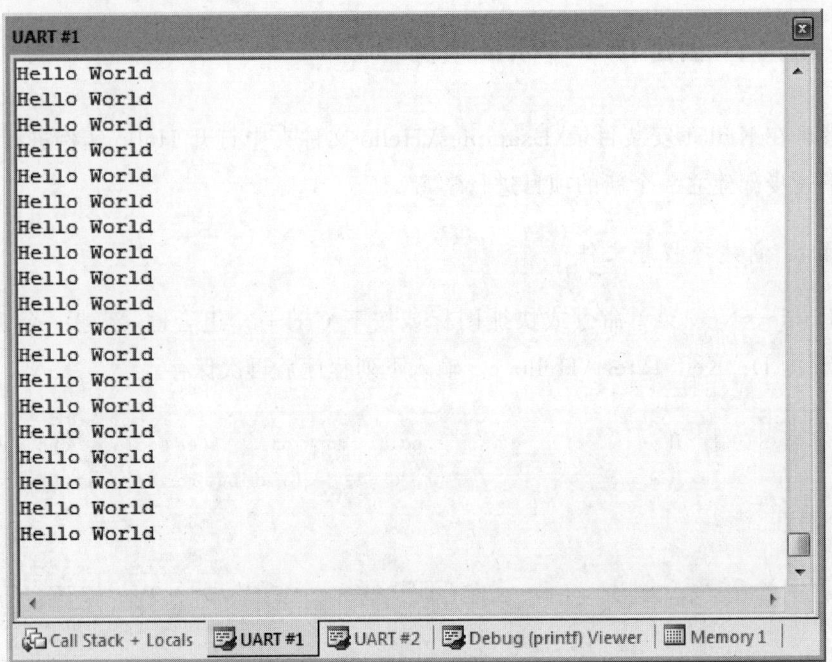

图 2.19　Hello Word 程序运行结果

2.2　Source Insight 3.5

视频讲解

一个项目一般包含许多散布在各处的源文件，有时候必须处理别人写的函数，因此需要知道这些代码的工作流程，并了解它们被哪个函数调用或者都调用了哪些函数。然而这些代码并不是你写的，也不是你之前写的。若无法找到程序的所有被调用的或调用的部分，则无法将精力集中在代码上，那么效率肯定不是最高的。本节介绍 Source Insight 3.5 的一些常用功能，以及如何使用它来提高软件开发效率。

2.2.1　Source Insight 3.5 功能特点

Source Insight 能够增强开发人员理解和修改程序的能力。通过源代码的梳理，以一种有用的方式显示信息，并允许程序员在大型、复杂的项目中修改软件，从而提高编程团队的工作效率。

将程序的源代码看作一个免费的信息数据库。它不仅包含类、成员和函数，而且还有许多重要的注释。很多项目的源代码都是有一定的历史的。实际上，许多大型程序的生命周期很长，其中包括许多程序员多年来的贡献。有些代码虽不漂亮，但必须接受它。

Source Insight 充当项目源代码的信息服务器，可以用来立即访问程序中的符号和文本信息。

2.2.2 Source Insight 3.5 用户界面

Source Insight 的用户界面主要包括顶部的菜单栏和工具栏区域、编辑文件的源文件窗口、工具窗口（可以停靠或浮动）等。

1. Source Insight 应用程序窗口

Source Insight 是一个多文档接口（Multiple Document Interface，MDI）应用程序。打开的每个源文件都有自己的子窗口，该子窗口包含在 Source Insight 应用程序窗口中。Source Insight 应用程序窗口在顶部，包含主要的工具栏。Source Insight 应用程序窗口如图 2.20 所示。

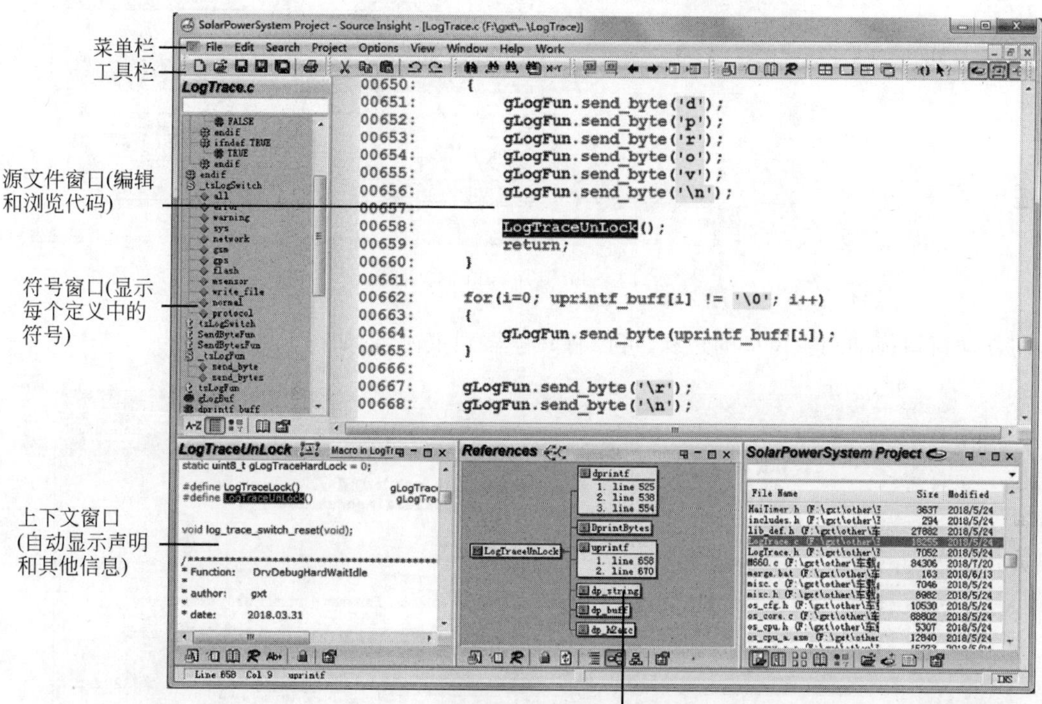

图 2.20 Source Insight 应用程序窗口

2. 源文件窗口

在 Source Insight 中，打开的每个文件将显示在一个单独的源文件窗口中。Source Insight 是一个多文档接口（MDI）应用程序。每个源文件窗口的左边都有一个符号窗口。这个窗口可以隐藏，如图 2.21 所示。

3. 浮动工具窗口

浮动工具窗口可以浮动在主应用程序窗口的前面，也可以停靠在窗口的边缘。通过

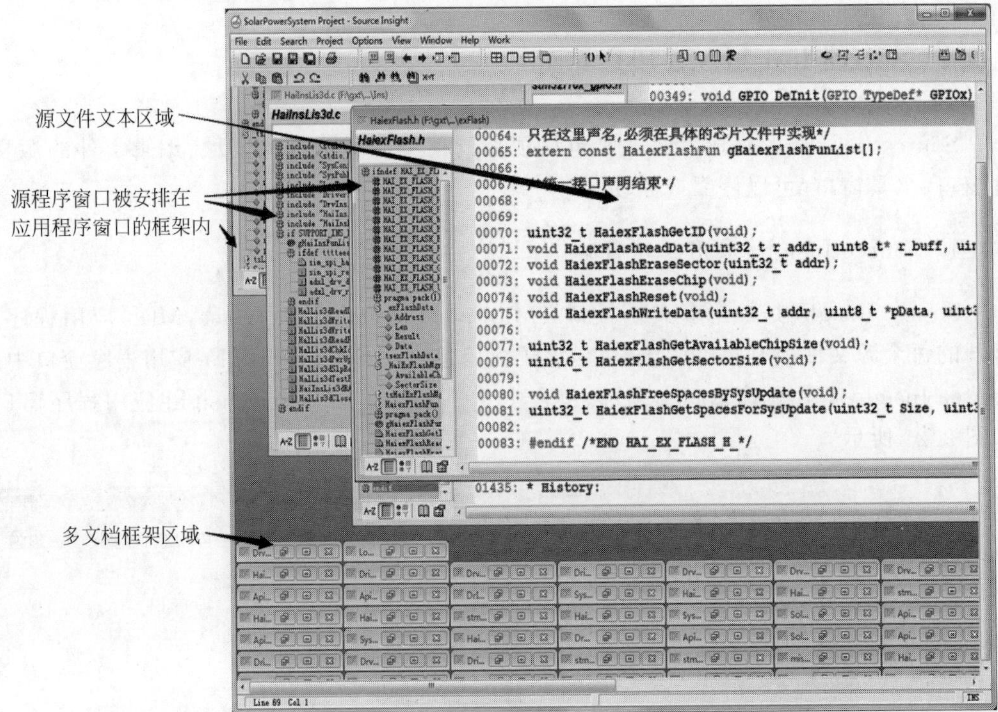

图 2.21 Source Insight 源文件窗口

将浮动窗口拖动到主窗口的边缘,可以将其停靠到主窗口,如图 2.22 所示。

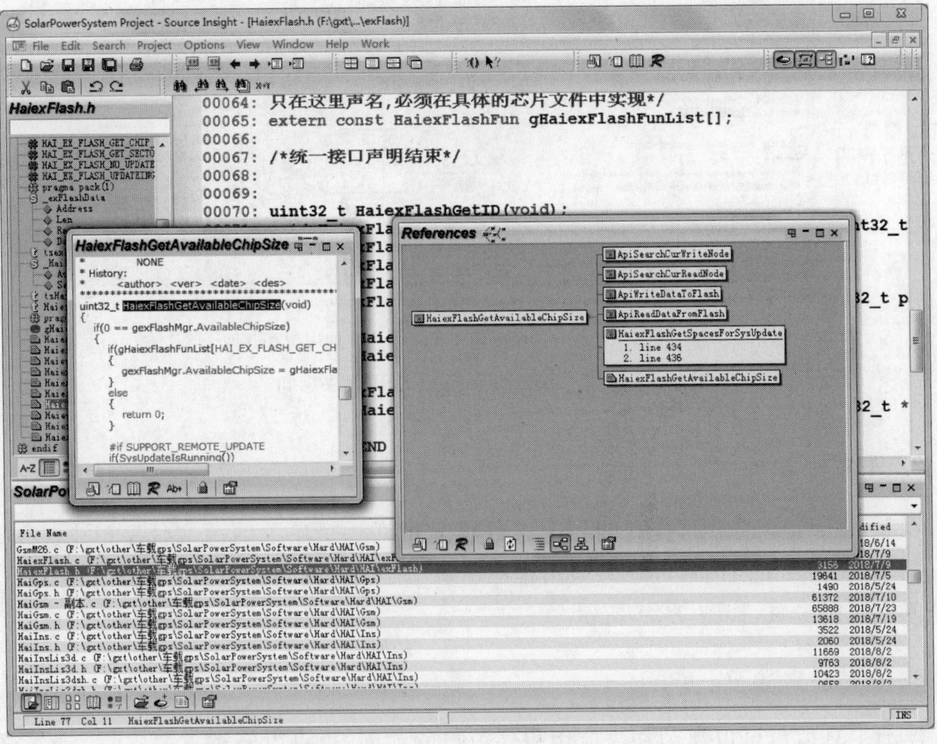

图 2.22 Source Insight 浮动窗口

4. 项目窗口

运行 Open 命令或运行 Project Window 命令（View 菜单）时，将出现 Project 窗口。项目窗口列出项目中所有的文件和符号，无论它们在哪个目录中，都可以快速打开文件，如图 2.23 所示。

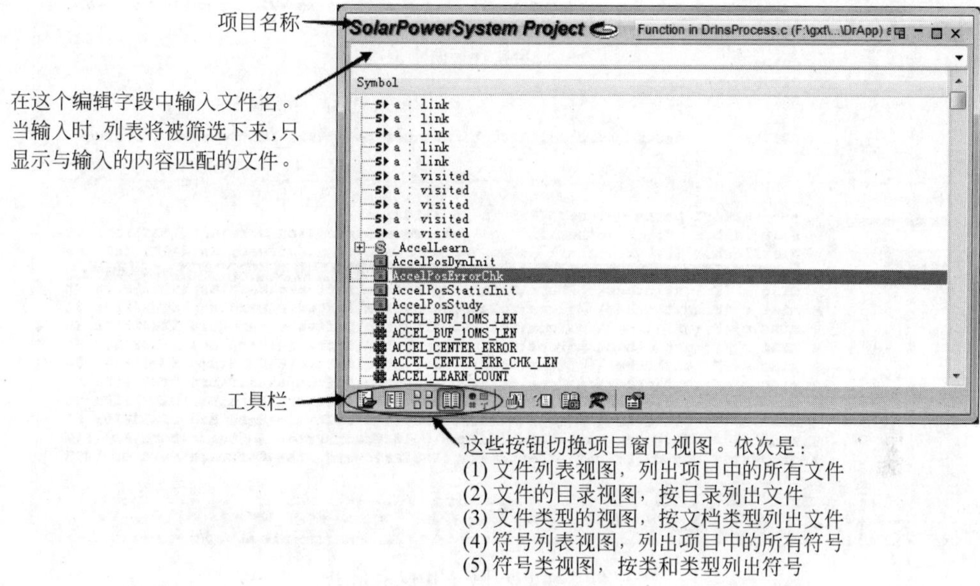

图 2.23　Source Insight 项目窗口

5. 搜索结果窗口

运行搜索文件或查找引用命令时，将创建搜索结果窗口。搜索结果窗口中的每一行对应于某个文件中某个行号的匹配。搜索结果窗口中所列出的匹配项包含源链接，这些源链接是指向找到匹配项位置的类似于超文本的链接，如图 2.24 所示。

2.2.3　Source Insight 3.5 项目

Source Insight 是围绕项目构建的。项目是源文件的集合，Source Insight 通过为项目保存一个简单的文件数据库来记录项目中的文件。

在创建新文件时，可以在保存时将它们添加到项目中。如果源目录或子目录中出现了新文件，还可以通过运行 Synchronize Files 命令或让 Source Insight 在后台自动同步，将它们自动添加到项目中。当项目打开时，Source Insight 的一些操作会更改或增强。例如，项目窗口列出项目中的所有文件，而不论它们在哪个目录中。项目自动包含一个由 Source Insight 维护的符号数据库，其项目组件如图 2.25 所示。

每个项目都有会话工作区。工作区包含会话信息，例如打开的文件列表和窗口位置。每个项目可以有自己的配置设置，也可以使用单个全局配置。

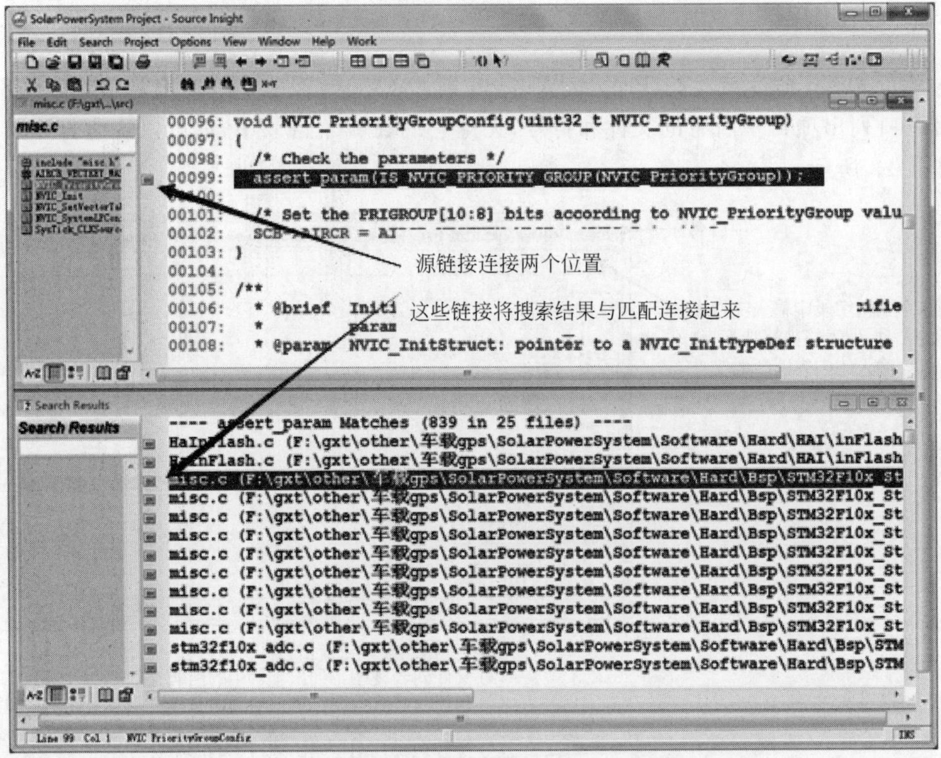

图 2.24　Source Insight 搜索结果

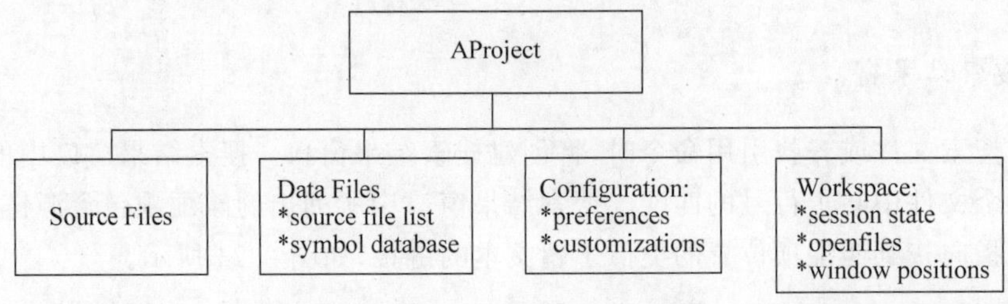

图 2.25　Source Insight 项目组件

1. 当前项目

打开的项目(如果存在)称为当前项目。一个实例只能打开一个项目,但是可以运行不同的 Source Insight 实例;每一个实例可以打开一个不同的项目。

2. 项目的特性

Source Insight 项目有几个重要的特性。

(1) 项目对相关文件进行逻辑分组。

(2) 指定要打开的文件时,无须指定文件的驱动器或目录。

(3) Source Insight 维护一个符号数据库,其中包含项目中所有符号声明的数据。

(4) Source Insight 可以显示项目中的符号关系,例如调用树、引用树和类层次结构。

(5) Source Insight 维护一个引用索引，大大加快了项目范围内对符号引用的搜索。

(6) 每个项目都有自己的会话工作区。

(7) 每个项目都可以有自己的配置文件。

3. 创建一个项目

使用 Project→New Project 菜单命令创建一个新项目，必须为项目命名，并指定源 Insight 存储项目数据的位置。

4. 项目目录

创建项目时，必须为每个项目指定两个目录。

5. 规范化的文件名

当 Source Insight 显示文件名且该文件是项目的一部分时，它安排文件名和路径，以便更容易看到和选择基本文件名，而不会妨碍所有目录路径——这个过程称为规范化文件名。这是一个重要的特性，因为许多项目的文件分布在多个子目录中；“扁平化”目录树使输入和选择文件名中最重要的部分变得容易。规范化文件名后面是圆括号中的目录路径。此外，显示的目录路径相对于项目的源目录，除非文件在不同的驱动器上。如果文件在不同的驱动器上，或者不是项目源目录树的一部分，那么完整的路径将在括号中显示。如果不希望在项目窗口中看到规范化的文件名，可以使用项目窗口属性命令关闭它，并检查 File Directory 对话框，将目录名的单独一列添加到列表中。

6. 项目列表

在创建项目时，Source Insight 会在项目列表中跟踪它们。项目列表只有一个，它是在第一次运行 Source Insight 时创建的。文件的名称是 Projects. db3，它是在“我的文档\Source Insight\Projects”目录下创建的。项目列表是存储在计算机上创建或打开的所有项目的名称，包括创建它们的目录。

7. 向项目添加文件

创建项目并打开之后，需要向项目添加源文件。有以下两种情况。

(1) 如果在 Source Insight 中创建了一个新文件并首次保存它，那么 Source Insight 将询问是否希望将该文件添加到当前项目中。如果经常编写新代码并创建新源文件，这将是添加文件的最自然的方法。

(2) 如果已经有了现有的源文件，并且希望将它们添加到当前项目中，请使用 Add and Remove Project Files 命令。该命令允许将磁盘上任何位置的任何现有文件(包括整个目录树)添加到当前项目。

8. 从项目中删除文件

要从当前项目的文件列表中删除文件，请使用 Project→Add and Remove Project files 菜单命令。从项目中删除文件时，将从项目的符号数据库中删除在该文件中找到的所有符号。Source Insight 实际上不会从磁盘中删除文件。

9. 关闭项目

要关闭当前项目,请使用 Close Project 命令。Source Insight 会询问是否希望保存已打开并更改的每个文件,然后关闭所有文件。Source Insight 并没有真正退出,只是没有打开的项目。

10. 打开项目

要打开不同的项目,请使用 Project→Open Project 菜单命令。Source Insight 只允许一次打开一个项目,所以如果已经打开了一个项目,它将询问是否确定要关闭当前项目。假设关闭了当前项目,Open Project 命令将显示一个现有项目的列表框,从中进行选择。当打开项目时,将加载项目的配置文件和工作区文件,这意味着显示、菜单和键盘设置可能会更改,在与项目的前一个会话中打开的文件将重新被打开。

11. 删除一个项目

要删除项目,请使用 Remove Project 命令。此命令删除 Source Insight 创建的并与项目关联的所有项目的数据文件,但没有删除源文件。

2.3 案例 2:两位数码管的计数器项目

本节介绍如何使用代码编辑工具 Source Insight 3.5 创建源文件管理项目、编辑源程序和在集成开发环境 μVision5 中创建单片机项目、编译项目、调试项目等方法。

2.3.1 在 Source Insight 中创建项目

在 F 盘新建名称为 DigitalCounter 的文件夹,并在该文件夹中新建名称为 SI 的文件夹(具体路径和文件夹名称请读者根据实际情况设置)。然后打开 Source Insight 3.5,使用 Project→New Project 菜单命令创建一个新项目。将 New project name 名改为 DigitalCounter,存储路径为 F:\DigitalCounter\SI,如图 2.26 所示。

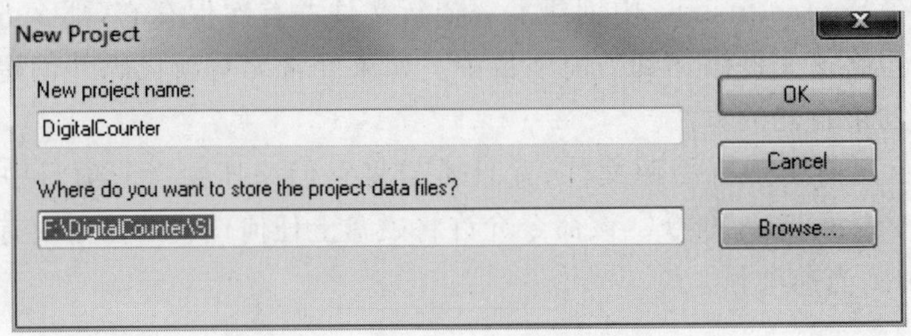

图 2.26 Source Insight 创建新项目

在如图 2.26 所示的对话框中单击 OK 按钮后,弹出新项目设置对话框,如图 2.27 所示。

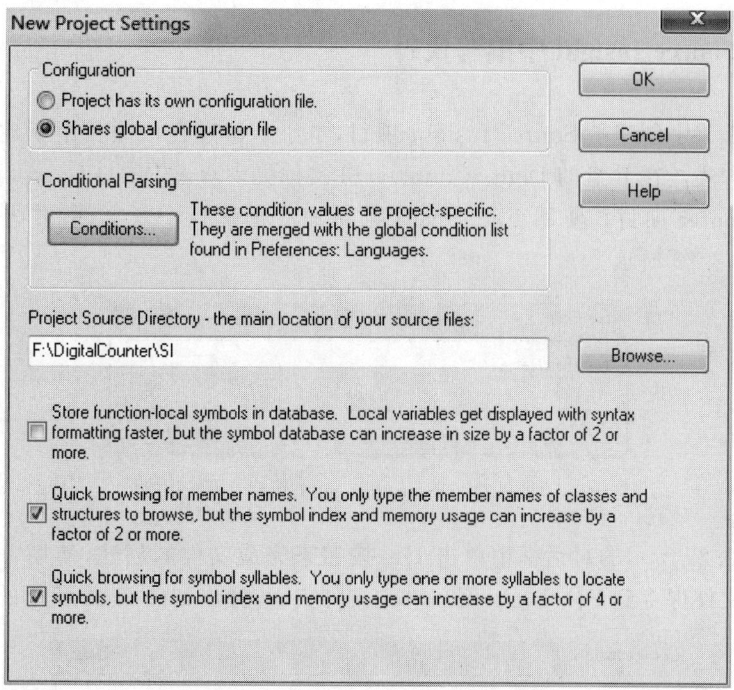

图 2.27　Source Insight 新项目设置

在如图 2.27 所示的对话框中单击 OK 按钮后，弹出如图 2.28 所示的对话框。因为是新项目，还没有任何源文件，所以在如图 2.28 所示的对话框中单击 Close 按钮来添加或移除项目文件。

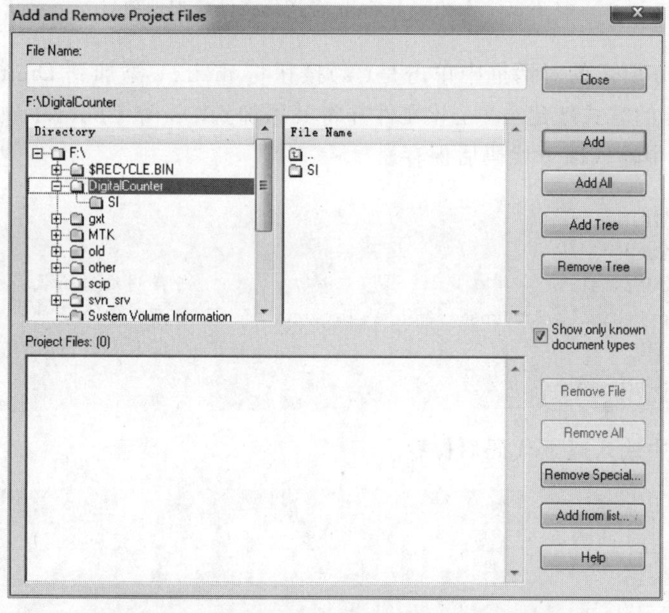

图 2.28　Source Insight 添加或移除项目文件

2.3.2 在 Source Insight 中编写代码

在 2.3.1 节中创建了 Source Insight 项目，本小节讲述在该项目中新建文件并编辑文件的操作方法。在 F 盘的 DigitalCounter/SI 文件夹中双击 DigitalCounter.PR 文件打开 DigitalCounter 项目。使用 File→New 菜单命令创建一个新文件，并将文件名改为 main.c，如图 2.29 所示。

图 2.29 Source Insight 新建文件

在如图 2.29 所示的对话框中单击 OK 按钮来完成文件的创建，使用 File→Save 菜单命令将该文件保存到 F:\ DigitalCounter 文件夹下，弹出如图 2.30 所示的对话框。

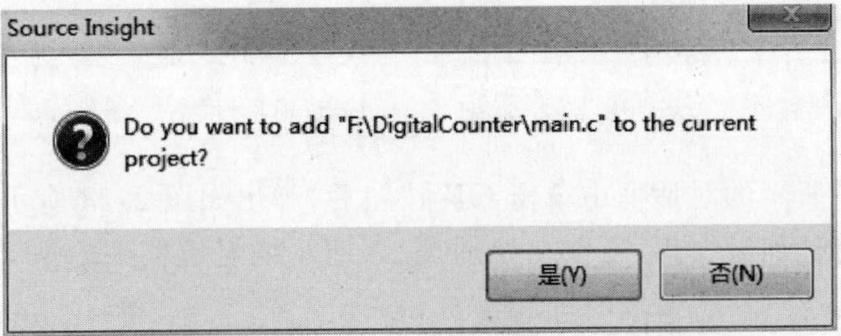

图 2.30 Source Insight 将当前文件添加到项目

在如图 2.30 所示的对话框中单击是(Y)按钮将 main.c 添加到 DigitalCounter 项目中。然后以同样的方式新建 main.h 文件并将其添加到 DigitalCounter 项目中。

在 main.h 中输入以下代码后保存。

```
#ifndef _MAIN_H_
#define _MAIN_H_
void Delay(int time);                                  //声明延时函数
unsigned char DecimalToBcd(unsigned char Decimal);     //声明组合函数
sfr  LED = 0xA0;                                       //定义 LED 为 P2 口地址
#endif/* end of _MAIN_H_ */
```

在 main.c 中输入以下代码后保存。

```
#include <reg51.h>
#include "main.h"
void  main(void)
{
    unsigned char i = 0;
    while(1)
```

```
    {
            for(i = 0;i < 100;i++)
            {
                LED = DecimalToBcd(i); //根据 i 的值调用组合函数返回组合编码并送至 P2 口
                Delay(1000);           //延时 1s
            }
    }
}
unsigned char DecimalToBcd(unsigned char Decimal)
{
   unsigned char x,y;                   //定义 x,y 两个变量
   x = Decimal % 10;                    //取 i 的个位字符 BCD 编码放于 x 中
   y = Decimal/10;                      //取 i 的十位字符 BCD 编码放于 y 中
   y <<= 4;                             //x 左移 4 位
   returny|x;                           //返回个位与十位的组合 BCD 编码
}
void Delay(int Time)
{
    unsigned char j;                    //定义内循环变量
    for(Time; Time >= 0; Time -- )      //延时时间为 time * 1ms
        for(j = 125;j > 0;j -- )        //12MHz 晶振延时约 1ms
            {;}
}
```

2.3.3 在 μVision5 中创建项目

在 F 盘的 DigitalCounter 文件夹中新建名称为 KeilProject 的文件夹(具体路径和文件夹名称请读者根据实际情况设置)。打开 μVision5 使用 Project→New μVision Project...菜单命令创建一个名为 DigitalCounter 的新项目,并将该项目保存在 F:\DigitalCounter\ KeilProject 文件夹中(参见 2.1.3 节)。

在 Project 窗口中将 F:\ DigitalCounter 文件夹下的 main. c 和 main. h 添加到项目中(参见 2.1.3 节)。

2.3.4 在 μVision5 中调试代码

在 μVision5 构建 2.3.3 节中创建的项目,修改所有编译出现的错误后就可以进入调试阶段了。本小节介绍使用 Keil C51 模块调试。使用 Debug→Start/Stop Debug Session 菜单命令进入调试界面,如图 2.31 所示。

读者在该界面可通过设定断点并在 Watch 窗口观察相关变量的值,也可以使用单步调试工具来观察程序每一步执行的相关变量的结果(参见 2.1 节相关内容)。

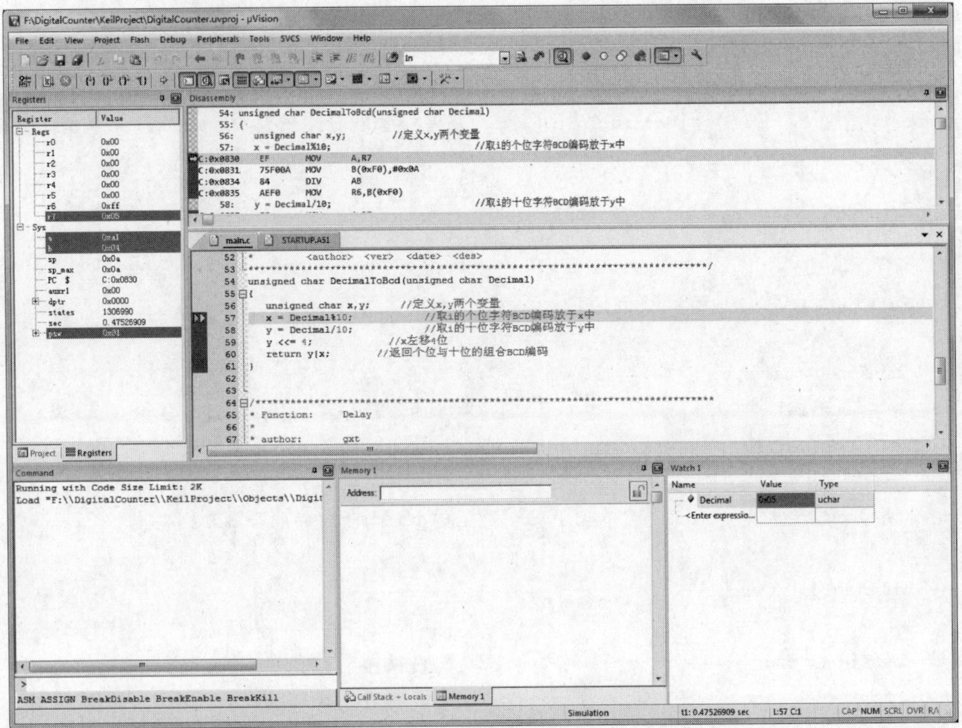

图 2.31　两位数码管调试

2.4　小结

本章针对 51 系列单片机的常用集成开发工具 μVision5 及源代码编辑工具 Source Insight3.5 做了简要介绍,并通过实例向读者介绍了如何使用这两个工具。读者应熟练掌握 μVision5 集成开发环境,它除了支持大部分 8051 内核的微控制器开发外,还支持 ARM7、ARM9、Cortex-M4/M3/M1、Cortex-R0/R3/R4 等 ARM 微控制器内核,绝大部分 XC16x、C16x 和 ST10 系列的微控制器,绝大部分基于 251 核的微控制器的开发。8051 内核的微控制器开发除了使用 μVision Keil C51 外,也可能使用 IAR、万利电子 MedWin、南京伟福 WAVE600 等集成开发环境。代码编辑工具除了使用 Source Insight 外,也可能使用 Notepad++、UltraEdit 等工具,读者应结合自身特性和实际项目需要,掌握一种或多种集成开发和代码编辑工具。

2.5　习题

(1) 使用 Keil51 软件新建一个项目,编译下述程序,并观察其输出。

```
#include <REG51.H>        /* special function register declarations */
                          /* for the intended 8051 derivative */
```

```
#include <stdio.h>                /* prototype declarations for I/O functions */
void main (void)
{
/* ---------------------------------------------------
Setup the serial port for 9600 baud at 11.059MHz.
--------------------------------------------------- */
    SCON  = 0x50;               //8位数据,可变波特率
    TMOD &= 0x0F;               //清除定时器1模式位
    TMOD |= 0x20;               //设定定时器1为8位自动重装方式
    TL1  = 0xFD;                //设定定时初值
    TH1  = 0xFD;                //设定定时器重装值
    ET1  = 0;                   //禁止定时器1中断
    TR1  = 1;                   //启动定时器1
    TI  = 1;                    //没有重写putchar函数,发送中断标志位置1
    while (1)
    {
        P1 ^= 0x01;             /* Toggle P1.0 each time we print */
        printf ("Welcom to study C51 lang\n");   /* Print " Welcom to study C51 lang " */
    }
}
```

(2) 在Keil51中运行习题(1)代码并使用逻辑分析窗口观察P1.0口。

(3) 修改习题(1)代码使串口波特率为115200b/s,并在Keil51中运行,观察运行结果。

第3章 C51基础语法

本节主要介绍 C51 程序设计中的基础语法，主要包括数据类型、变量、表达式等。这些内容是学习后续章节的基础，建议读者在学习过程中多练习。

3.1 数据类型

C51 的数据类型可分为基本数据类型和复杂数据类型。C51 编译器所支持的基本数据类型有整型、实型、字符型；复杂数据类型由基本数据类型构成，有数组、结构、联合、枚举等。本节主要介绍常量、变量、整型数据等基本概念。

3.1.1 常量

C51 常量不接受程序修改的固定值，常量可以是任意数据类型。C51 常量可分为数字常量、字符常量、字符串常量、符号常量、转义字符等。

3.1.2 变量

值可以改变的称为变量，每个变量都有一个名字(变量标识符)，在内存中占据一定的存储空间，该存储空间存放变量的值。变量名和变量值是两个不同的概念，要注意区分。所有的 C51 语言变量在使用前必须定义。其定义格式如下：

```
数据类型  变量;                                //定义一个变量
数据类型  变量名 1,变量名 2,…,变量名 n;      //可以只定义多个变量
```

数据类型必须是有效的 C51 数据类型，变量名由非 C51 关键字的标识符构成。可以同时定义一个或多个变量。

【例 3-1】 变量定义。

```
int i;                     //定义整型变量 i
int y,j,k;;                //定义整型变量 y,j,k
unsigned char x;           //定义无符号字符型变量 x
unsigned int x1;           //定义无符号整型变量 x1
doble x2,x3;               //定义无符号 doble 变量 x2,x3
```

3.1.3 整型数据

整型数据包括整型常量、整型变量。在C51语言中使用的整型常量有八进制、十六进制和十进制三种。

1. 整型常量

整型常量就是整常数。它可以是八进制、十进制、十六进制数字表示的整数值。一般情况下,C51程序设计时,十进制和十六进制使用较多。

1）八进制整常数

八进制整常数必须以0开头,即以0作为八进制数的前缀。数码取值为0～7。八进制数通常是无符号数。八进制常数的表示形式为:

```
0Number        //Number 可以是 0～7 的 1 个或多个十进制位
```

以下各数是合法的八进制数:

```
016        //十进制为 14
0101       //十进制为 65
0166666    //十进制为 60854
```

以下各数不是合法的八进制数:

```
256        //无前缀 0
03A2       //包含了非八进制数码
-0127      //出现了负号
```

2）十六进制整常数

十六进制整常数的前缀为0X或0x。其数码取值为0～9、A～F或a～f。十六进制常数的表示形式为:

```
0xNumber 或 0XNumber        //Number 可以是 0～9,a～f 的 1 个或多个十进制位
```

以下各数是合法的十六进制整常数:

```
0X2A       //十进制为 42
0XA0       //十进制为 160
0XFFFF     //十进制为 65535
```

以下各数不是合法的十六进制整常数：

```
5A      //无前缀 0X
0X3H    //含有非十六进制数码
```

3）十进制整常数

十进制整常数没有前缀。其数码为 0～9。十进制整常数的表示形式为：

```
Number
```

以下各数是合法的十进制整常数：

```
237       //合法的十进制数
-568      //合法的十进制数
65535     //合法的十进制数
1627      //合法的十进制数
```

以下各数不是合法的十进制整常数：

```
025       //不能有前缀 0
22D       //含有非十进制数码
```

C51 程序是根据前缀来区分各种进制数的。因此在书写整常数时要注意各数制的前缀,不要把前缀弄错,造成结果不正确。

4）整常数的取值范围

整常数的后缀在 16 位字长的机器上,基本整型的长度也为 16 位,因此表示的数的范围也是有限定的。十进制无符号整常数的范围为 0～65535,有符号数的范围为－32768～＋32767。八进制无符号数的表示范围为 0～0177777。十六进制无符号数的表示范围为 0X0～0XFFFF 或 0x0～0xFFFF。如果使用的数超过了上述范围,就必须用长整型来表示。长整型是用后缀“L”或“l”来表示的。例如：

十进制长整型常量：158L（十进制为 158）；358000L（十进制为－358000）。

八进制长整型常量：012L（十进制为 10）；077L（十进制为 63）；0200000L（十进制为 65536）。

十六进制长整型常量：0X15L（十进制为 21）；0XA5L（十进制为 165）；0X10000L（十进制为 65536）。

长整型常量 138L 和基本整常数 138 在数值上并无区别。但对 138L,编译系统给它分配 4 字节的存储空间,因为它是长整型量。而对 138,编译系统只会分配 2 字节的存储空间,因为它是基本整型。因此在运算和输出格式上要予以注意,避免出错。无符号数也可用后缀表示,整常数的无符号数的后缀为“U”或“u”。例如,358u、0x38Au、235Lu 均为无符号数。前缀和后缀可同时使用,以表示各种类型的数。例如,0XA5Lu 表示十六进制无符号长整型常量 A6,其十进制表示为 166。

2. 整型变量

整型变量长度为 16 位。C51 语言将 int 型变量的高位存放在低字节。有符号的整型变量(signed int)也使用高位作为标志位,并使用二进制的补码表示数值。整型变量可分为以下几类。

1）基本型

类型说明符为 int,在内存中占 2 字节,其取值为基本整常数。

2）短整型

类型说明符为 short int 或 short,所占字节和取值范围均与基本型相同。

3）长整型

类型说明符为 long int 或 long,在内存中占 4 字节,其取值为长整型常量。

4）无符号型

类型说明符为 unsigned。

无符号型又可与上述 3 种类型匹配而构成：

(1) 无符号基本型,类型说明符为 unsigned int 或 unsigned。

(2) 无符号短整型,类型说明符为 unsigned short。

(3) 无符号长整型,类型说明符为 unsigned long。

各种无符号类型量所占的内存空间字节数与相应的有符号类型量相同。但由于省去了符号位,故不能表示负数。

【例 3-2】 整型变量的定义与使用方法。

```
#include "reg51.h"                    //特殊寄存器头文件
#include "stdio.h"                    //标准输入输出库函数原型声明头文件
#if defind(MONITOR51)                 //是否使用 Monitor-51 调试
char code reserve[3] _at_ 0x23;       //使用 Monitor-51 调试,留下该空间供串口使用
#endif
/* C51 语言程序的主函数,在堆栈等初始化完成以后,程序从此处开始执行 */
void main(void)
{
    int a,b,c,d;                      //定义 a,b,c,d 为整型变量
    unsigned int u;                   //定义 u 为无符号整型变量
/* 设定串口的数据传输速率为 1200b/s,晶振为 16MHz */
#if defined(MONITOR51)
    SCON = 0x50;                      //SCON: 模式 1,8 位异步通信
    TMOD = 0x20;                      //TMOD: 定时器 1 为工作模式 2,8 位自动装载模式
    TH1 = 221;                        //TH1: 1200 位的装载值,16MHz
    TR1 = 1;                          //启动定时器 1
    TI = 1;                           //发送第一个字节
#endif
    a = 12,b = -24,u = 10;            //变量赋初值
    c = a + u;
    d = b + u;
    printf("a + u = %d",b + u = %d\n",c,d);
    for(;;){}
}
```

本例的程序运行结果为：

```
a + u = 22,b + u = -14
```

3.2 实型数据

实型也称为浮点型。实型常量也称为实数或者浮点数。在C51语言中,实型数据只采用十进制数表示。本节对实型数据的基本知识进行讲解。

3.2.1 实型常量

实型常量(实数或浮点数)的类型默认的是double型,如果希望是float型,则在实型常量后加字母f或F。实型常量的表示形式有十进制数形式和指数形式两种。实型常量不分单、双精度,都按双精度double型处理。

1. 十进制数形式

十进制数形式是由数码0~9和小数点组成的。例如:0.0.25,5.789,0.13,5.0,300.,-267.8230等均为合法的实数。用十进制数形式表示实数时,要求必须有小数点。

2. 指数形式

指数形式由十进制数、阶码标志"e"或"E"以及阶码(只能为整数,可以带符号)组成。其一般形式为:

```
a E n          //a为十进制数,n为十进制整数,其值为a*10^n
2.1E5          //等于2.1*10^5
3.7E-2         //等于3.7*10^-2
0.5E7          //等于0.5*10^7
-2.8E-2        //等于-2.8*10^-2
//以下不是合法的实数
345            //无小数点
E7             //阶码标志E之前无数字
-5             //无阶码标志
53.-E3         //负号位置不对
2.7E           //无阶码
```

3.2.2 实型变量

实型变量分为两类:单精度型和双精度型,使用类型说明符进行区分。float为单精度说明符,double为双精度说明符。在一般的系统中,单精度型占4字节(32位)内存空间,其数值范围为3.4E-38[①]~3.4E+38,提供7位有效数字。双精度型占8字节(64位)内存空间,其数值范围为1.7E-308~1.7E+308,可提供15~16位有效数字。

实型变量说明定义形式如下:

① 这种表达方式表示3.4×10^{-38}。以此类推。

```
floatx,y;           //说明 x,y 为单精度实型量,占 4 字节,提供 7 位有效数字
doublea,b,c;        //说明 a,b,c 为双精度实型量,占 8 字节,提供 15～16 位有效数字
```

3.3 字符型数据

字符型数据包括字符常量和字符变量。本节介绍字符型数据的基本知识。

3.3.1 字符常量

字符常量是用单引号括起来的一个字符。例如'a'、'b'、'='、'+'、'?'都是合法的字符常量。在 C51 语言中,字符常量有以下特点:

(1) 字符常量只能用单引号括起来,不能用双引号或其他括号。

(2) 字符常量只能是单个字符,不能是字符串。

(3) 字符可以是字符集中的任意字符。但数字被定义为字符型之后就不能参与数值运算。例如,'9'和 9 是不同的,'9'是字符常量,而 9 是数字。

3.3.2 转义字符

转义字符是一种特殊的字符常量。转义字符以反斜线"\"开头,后跟一个或几个字符。转义字符具有特定的含义,不同于字符原有的意义,故称"转义"字符。例如,在前面各例题中 printf 函数的格式串中用到的"\n"就是一个转义字符,其意义是"回车换行"。转义字符主要用来表示那些用一般字符不便于表示的控制代码(见表 3.1)。

表 3.1 常用的转义字符及其含义

转义字符	转义字符的意义
\n	回车换行
\t	横向跳到下一制表位置
\v	竖向跳格
\b	退格
\r	回车
\f	走纸换页
\\	反斜线符"\"
\'	单引号符
\a	鸣铃
\ddd	1～3 位八进制数所代表的字符
\xhh	1～2 位十六进制数所代表的字符

从广义上讲,C51 语言字符集中的任何一个字符均可用转义字符来表示。如表 3.1 中的\ddd 和\xhh 正是为此而提出的。ddd 和 hh 分别为八进制和十六进制的 ASCII 码值。例如,\101 表示字母'A',\102 表示字母'B',\134 表示反斜线,\x0a 表示换行等。

【例 3-3】 转义字符的使用。

```
void main(void)
{
    int a,b,c;
    a = 5; b = 6; c = 7;
    printf(" %d\n\t%d %d\n %d %d\t\b%d\n",a,b,c,a,b,c);
}
```

例 3-3 中的程序在第一列输出 a 值 5 之后就是'\n',故回车换行；接着又是'\t',于是跳到下一制表位置(设制表位置间隔为 8),再输出 b 值 6；空两格再输出 c 值 7 后又是'\n',因此再回车换行；再空两格之后又输出 a 值 5；再空三格又输出 b 值 6；然后'\t'跳到下一制表位置(与上一行的 6 对齐),但下一转义字符'\b'又使其退回一格,故紧挨着 6 再输出 c 值 7。

3.3.3 字符串常量

字符串常量是由一对双引号括起的字符序列。例如,"Master"和"Hello"。字符串常量与字符常量之间的主要区别如下。

(1) 引用符号不同：字符常量由单引号括起来,字符串常量由双引号括起来。

(2) 容量不同：字符常量只能是单个字符,字符串常量则可以含一个或多个字符。

(3) 赋给变量不同：可把一个字符常量赋予一个字符变量,但不能把一个字符串常量赋予一个字符变量。在 C51 语言中没有相应的字符串变量。要存放一个字符串常量可以使用字符数组。

(4) 占用内存空间大小不同：字符常量占 1 字节的内存空间。字符串常量占的内存字节数等于字符串中字节数加 1。增加的 1 字节中存放字符'\0'(ASCII 码值为 0),这是字符串结束的标志。例如,字符常量'c'和字符串常量"c"虽然都只有一个字符,但占用的内存空间不同。

3.3.4 符号常量

用一个标识符来表示的常量称为符号常量。符号常量在使用之前必须先定义,其一般形式为：

```
#define 常量名 常量值
#define  PI  3.14159        //将 3.14159 赋值给 PI
#define  MAX 100            //将 100 赋值给 MAX
```

通过该语句把常量值赋给常量名。常量值可以是整型、实型及字符型。注意：该语句后不使用分号';'。一个#define 语句只能定义一个符号常量。一经定义,以后在程序中所有出现该常量名的地方均代之以该常量值。这样的好处是：如果要修改程序中的某个常量,只要修改其定义语句即可,这可使程序有更大的灵活性。在使用时应该注意符号常量不是变量，它所代表的值在程序运行中不能再改变，不能再用赋值语句对它重新赋值。符号常量的标识符习惯上使用大写字母，变量标识符用小写字母，以示区别。

3.3.5 变量赋值

变量赋值是通过赋值表达式来完成的，简单赋值运算符记为"="。由"="连接的式子称为赋值表达式。其一般形式为：

```
变量 = 表达式          //变量赋值操作
x = a + b;             //将 a + b 的结果赋给 x
w = sin(a) + sin(b);   //将 sin(a) + sin(b)的和赋给 w
y = i++;               //赋值表达式的功能是计算表达式的值再赋予左边的变量
a = b = c = 5          //赋值运算符具有右结合性，所以其等价为 a = (b = (c = 5))
```

在其他高级语言中，赋值构成了一条语句，称为赋值语句。而在 C51 语言中，把"="定义为运算符，从而组成赋值表达式。例如：

```
x = (a = 6) + (b = 9); //合法的赋值运算，它的意义是把 6 赋予 a，9 赋予 b，再把 a，b 相加的结果赋
                       //予 x，所以 x 等于 15
```

在 C51 语言中也可以组成赋值语句。按照 C51 语言规定，任何表达式在其末尾加上分号就构成语句。例如，"x=8;"和"a=b=c=5;"都是赋值语句。

如果赋值运算符两边的数据类型不相同，系统将自动进行类型转换，即把赋值号右边的类型换成左边的类型。具体规定如下。

(1) 实型赋予整型，舍去小数部分。

(2) 整型赋予实型，数值不变，但将以浮点形式存放，即增加小数部分(小数部分的值为 0)。

(3) 字符型赋予整型，由于字符型为 1 字节，而整型为 2 字节，故将字符的 ASCII 码值放到整型的低 8 位中，高 8 位为 0。

(4) 整型赋予字符型，只把低 8 位赋予字符量。

【例 3-4】 赋值运算中类型转换的规则。

```
void main(void)
{
    int a,b = 322;
    float x,y = 8.88;
    char c1 = 'k',c2;
    a = y;
    x = b;
    a = c1;
    c2 = b;
    printf(" %d, %f, %d, %c",a,x,a,c2);
}
```

例 3-4 表明了赋值运算中类型转换的规则。a 为整型，赋予实型量 y 值 888 后只取整数 8。x 为实型，赋予整型量 b 值 322 后增加了小数部分。字符型量 c1 赋予 a 后变为整型，整型量 b 赋予 c2 后取其低 8 位变成字符型(b 的低 8 位为 01000010，即十进制数 66，按 ASCII 码值对应于字符 B)。

3.3.6 复合赋值

在赋值符“=”之前加上其他二目运算符可构成复合赋值符，如 +=、-=、*=、/=、%=、<<=、>>=、&=、^=、|=。构成复合赋值表达式的一般形式为：

```
变量 双目运算符 = 表达式        //等效于 变量 = 变量 运算符 表达式
a += 5;                       //等价于 a = a + 5
x * = y+7;                    //等价于 x = x * (y + 7)
r % = p;                      //等价于 r = r % p
```

初学者可能不习惯复合赋值符的这种写法，但它十分有利于编译处理，能提高编译效率并产生质量较高的目标代码。

3.4 运算符和表达式

C51 语言中运算符和表达式数量之多，在其他高级语言中是不常见的。正因为它具有丰富的运算符和表达式，才使 C51 语言功能十分完善，这也是 C51 语言的主要特点之一。本节介绍运算符和表达式的基本知识。

3.4.1 运算符优先级和结合性

C51 语言的运算符不仅具有不同的优先级，而且还有一个特点——结合性。在表达式中，各运算量参与运算的先后顺序不仅要遵守运算符优先级别的规定，还要受运算符结合性的制约，以便确定是自左向右进行运算还是自右向左进行运算。这种结合性是其他高级语言的运算符所没有的，因此也增加了 C51 语言的复杂性。

在 C51 语言中，运算符的运算优先级共分为 15 级。1 级最高，15 级最低。在表达式中，优先级较高的先于优先级较低的进行运算。而在一个运算量两侧的运算符优先级相同时，则按运算符的结合性所规定的结合方向处理。C51 语言中各运算符的结合性分为两种：左结合性(自左至右)和右结合性(自右至左)。

例如，算术运算符的结合性是自左至右，即先左后右。如有表达式 x－y＋z，则 y 应先与“－”号结合，执行 x－y 运算，然后再执行＋z 的运算，这种自左至右的结合方向就称为“左结合性”。而自右至左的结合方向称为“右结合性”。最常用的右结合性运算符是赋值运算符，如 x=y=z，由于“=”的右结合性，应先执行 y=z 再执行 x=(y=z)运算。C51 语言运算符中有不少为右结合性，应注意区别，以避免理解错误。

3.4.2 算术运算符和算术表达式

1. 加法运算符“＋”

加法运算符为双目运算符，即应有两个量参与加法运算。如 a＋b、4＋8 等，它们具有右结合性。

2. 减法运算符“－”

减法运算符为双目运算符。但“－”也可作负值运算符，此时为单目运算，如－x、－5 等，具有左结合性。

3. 乘法运算符“*”

乘法运算符“*”是双目运算符，具有左结合性。

4. 除法运算符“/”

除法运算符“/”是双目运算符，具有左结合性。参与运算量均为整型时，结果也为整型，舍去小数。如果运算量中有一个是实型，则结果为双精度实型。

【例 3-5】 “/”双目运算。

```
void main(void)
{
    printf("\n\n%d, %d\n",30/7, -30/7);
    printf("%f, %f\n",30.0/7, -30.0/7);
}
```

双目运算具有左结合性。参与运算量均为整型时，结果也为整型，舍去小数。如果运算量中有一个是实型，则结果为双精度实型。

例 3-5 中，30/7 和－30/7 的结果均为整型，小数全部舍去。而 30.0/7 和－30.0/7 由于有实数参与运算，因此结果也为实型。

5. 求余运算符(模运算符)“%”

求余运算符(模运算符)“%”为双目运算符，具有左结合性。要求参与运算的量均为整型。求余运算的结果等于两数相除后的余数。

【例 3-6】 “%”双目运算。

```
void main(void)
{
    printf("%d\n",100%3);
}
```

例 3-6 输出 100 除以 3 所得的余数 1。

6. 自增自减运算符

自增1运算符记为“++”,其功能是使变量的值自增1。自减1运算符记为“--”,其功能是使变量值自减1。自增1、自减1运算符均为单目运算,都具有右结合性。可有以下几种形式:++i是i自增1后再参与其他运算;--i是i自减1后再参与其他运算。

```
i++;      //i参与运算后,i的值再自增1
i-- ;     //i参与运算后,i的值再自减1
```

在理解和使用时容易出错的是i++和i--,特别是当它们出现在较复杂的表达式或语句中时,常常难于弄清,因此应仔细分析。下面通过例3-7和例3-8进行讲解。

【例3-7】 容易出错的i++和i--之一。

```
void main(void)
{
    int i = 8;                  //i的初值为8
    printf("%d\n",++i);         // i加1后输出故为9
    printf("%d\n", -- i);       //减1后输出故为8
    printf("%d\n",i++);         //输出i为8之后再加1(为9)
    printf("%d\n",i-- );        //输出i为9之后再减1(为8)
    printf("%d\n", - i++);      //输出-8之后再加1(为9)
    printf("%d\n", - i-- );     //输出-9之后再减1(为8)
}
```

【例3-8】 容易出错的i++和i--之二。

```
void main(void)
{
    int i = 5, j = 5, p, q;
    p = (i++) + (i++) + (i++);
    q = (++j) + (++j) + (++j);
    printf("%d, %d, %d, %d",p,q,i,j);
}
```

例3-8的程序中,对p=(i++)+(i++)+(i++)应理解为3个i相加,故p值为15。然后i再自增1,3次后相当于加3,故i的最后值为8。而对于q的值则不然,q=(++j)+(++j)+(++j)应理解为q先自增1,再参与运算,由于q自增1,3次后的值为8,3个8相加的和为24,j的最后值仍为8。算术表达式是由常量、变量、函数和运算符组合起来的。一个表达式有一个值及其类型,它们等于计算表达式所得结果的值和类型。表达式求值按运算符的优先级和结合性规定的顺序进行。单个的常量、变量、函数可以被看作表达式的特例。

3.4.3 逗号运算符和逗号表达式

C语言中逗号“,”也是一种运算符,称为逗号运算符。它的作用是把两个表达式连接起来组成一个表达式，称为逗号表达式。其一般形式为：

```
表达式 1,表达式 2  //其求值过程是分别求两个表达式的值,并以表达式 2 的值作为整个逗号表
                   //达式的值
```

【例 3-9】 逗号表达式。

```
void main(void)
{
    int a = 2,b = 4,c = 6,x,y;          //定义变量 a,b,c,x,y
    y = (x = a + b),(b + c);            //逗号表达式
    printf("y = %d,x = %d",y,x);        //输出 x,y 的值
}
```

例 3-9 的程序输出结果为：y 等于整个逗号表达式的值，也就是表达式 2 的值；x 是第一个表达式的值。对于逗号表达式的使用，还需要注意以下几点。

(1) 逗号表达式一般形式中的表达式 1 和表达式 2 可以都是逗号表达式。

(2) 程序中使用逗号表达式，通常是要分别求逗号表达式内各表达式的值，但不一定要求整个逗号表达式的值。

(3) 不是在所有出现逗号的地方都组成逗号表达式，如在变量说明中，函数参数表中逗号只是用作各变量之间的间隔符。

3.4.4 关系运算

关系运算实际上就是比较运算，就是将两值进行比较，判断是否符合给定的条件。比较两个量的运算符称为关系运算符。关系运算符的优先级低于算术运算符，高于赋值运算符。在 6 个关系运算符中，＜、＜＝、＞、＞＝的优先级相同，高于＝＝和！＝，＝＝和！＝的优先级相同。

【例 3-10】 关系运算。

```
a > c + b;          //a >(c + b)
b > a!= c;          //(b > a)!= c
d == b < c;         //d == (b < c)
a = b > c;          //a = (b > c)
```

3.4.5 关系表达式

由关系运算符连接起来的表达式称为关系表达式。例如，b＞6 就是一个关系表达式，当 b＝5 时，此关系表达式的值为假；当 b＝7 时，此关系表达式的值为真。关系表达式的结果只有真和假，用 1 表示关系表达式为真，用 0 表示关系表达式为假。

关系表达式的一般形式为：

```
表达式 关系运算符 表达式
```

【例 3-11】 关系表达式。

```
int a=3,b=2,c=1,d,f;
a>b;           //表达式的值为真
(a>b)==c;      //表达式的值为真
b+c<a;         //表达式的值为假
d=a>b;         //d的值为1
f=a>b>c;       //表达式的值为假
```

上述的一般形式中,表达式也可以是关系表达式,此时出现了关系表达式的嵌套。在程序使用表达式时,应注意例 3-12 中的示例。

【例 3-12】 使用表达式时应注意示例如下。

```
(1) 若a=0; b=0.5; x=0.3;          //则 a<=x<=b的值为0
(2) 5>2>7>8;                      //此表达式在C语言中是允许的,其值为0
(3) int i=1, j=7,a;
    a=i+(j%4!=0);                 //a=2
(4) 'a'>0;                        //结果为1
    'A'>100;                      // 结果为0
```

3.4.6 逻辑运算符

C 语言提供了 3 种逻辑运算符。&& 和||为双目运算符,要求有两个运算量。! 为单目运算符,要求有一个运算量。逻辑运算符和其他运算符优先级的关系为:! 优先于算术运算符和赋值运算符;&& || 优先于赋值运算符,但低于算术运算和关系运算。

按照运算符的优先顺序可以得出:

```
b>a && c>d;          //等价于 (b>a) && (c>d)
!a==c||d<b;          //等价于 ((!a)==c)||(d<b)
a+b>c && x+y<b;      //等价于 ((a+b)>c) && ((x+y)<b)
```

逻辑运算的值也为“真”和“假”两种,用“1”和“0”来表示。而参与逻辑运算的量可以是 0(表示假)或非 0(表示真)。其求值规则如下。

1. 与运算

表达式 1 && 表达式 2。当表达式 1 的值和表达式 2 的值均为真时,整个“与运算”表达式的值为真;否则为“假”。即:全 1 出 1,有 0 出 0。

2. 或运算

表达式 1 || 表达式 2。当表达式 1 的值为真,或者表达式 2 的值为真时,则整个“或

运算”表达式的值为真。当表达式 1 的值为假，且表达式 2 的值也为假时，则整个“或运算”表达式的值为“假”。即：有 1 出 1，全 0 出 0。

3. 非运算

！表达式。当表达式的值为真时，“非运算”表达式的值为假；当表达式的值为假时，则“非运算”表达式的值为“真”。

3.4.7 逻辑表达式

用逻辑运算符将关系表达式或逻辑量连接起来的表达式叫作逻辑表达式，其一般形式为：

```
表达式  逻辑运算符  表达式
  a         ||          b
```

其中的表达式也是逻辑表达式，从而组成了嵌套的情形。例如：

```
(a&&b)&&c;      //根据逻辑运算符的左结合性,上式也可写为：a&&b&&c;
```

逻辑表达式的值是式中各种逻辑运算的最终值，和关系表达式相同，它的结果也只能是“1”和“0”，分别代表“真”和“假”。

3.4.8 条件运算符和条件表达式

条件语句是 C 语言独有的，它根据条件是否成立而给变量赋予不同的值。它提高了程序的效率。

条件运算符有“?”和“:”这两个。它是 C 语言中唯一的三目运算符，即有 3 个元素参与运算。由条件运算符组成条件表达式的一般形式为：

```
变量 = 表达式 1 ? 表达式 2 : 表达式 3
y = a > b? a : b;           //求 a 和 b 的最大值
x? 'a' : 'b';               //x 为 0,表达式值为'b'; x 不为 0 时,表达式值为'a'
x > y? 1: 1.5               //x > y 时值为 1.0; x < y 时值为 1.5
```

其求值规则为：如果表达式 1 的值为真，则把表达式 2 的值赋给变量；否则，把表达式 3 的值赋给变量。使用条件表达式时，还应注意以下几点。

(1) 条件运算符的运算优先级低于关系运算符和算术运算符，但高于赋值符。

(2) 条件运算符？和:是一对运算符，必须配对使用。

3.4.9 强制类型运算符与表达式

在 C 语言中，圆括号“( )”作为强制数据类型转换运算符，它的作用是将表达式或变量的数据类型强制转换为指定的类型。在算术运算时有两种转换方式,即隐式转换与显式转换。

隐式转换仅适用于C语言中基本数据类型间的类型转换。当涉及非基本数据类型的类型转换时,必须利用强制类型转换运算符进行显式转换。

强制类型转换运算的一般格式为:

```
(类型)(表达式)
```

【例 3-13】 强制转换。

```
(double)b    //将 b 转换为 double 数据类型
```

3.5 特殊功能寄存器

51系列单片机通过其特殊功能寄存器(Special Function Register,SFR)实现对其内部主要资源的控制。51系列单片机有21个特殊功能寄存器,它们分布在片内RAM的高128字节中。这些特殊功能寄存器的地址中能够被8整除的特殊功能一般可进行按位寻址。访问特殊功能寄存器只能使用直接寻址方式。C51语言中使用关键字sfr、sbit或直接引用编译器提供的头文件(如reg51.h)实现对特殊功能寄存器的访问。

3.5.1 特殊功能寄存器

特殊功能寄存器大致可以分为两类,一类与I/O有关,即P0、P1、P2、P3;另一类用于控制芯片内部功能。其中有11个特殊功能寄存器既可按字节寻址也可按位寻址,如表3.2和表3.3所示。

表 3.2 位地址空间

字节地址	位地址								
F0H	B	F7H	F6H	F5H	F4H	F3H	F2H	F1H	F0H
E0H	ACC	E7H	E6H	E5H	E4H	E3H	E2H	E1H	E0H
D0H	PSW	D7H	D6H	D5H	D4H	D3H	D2H	D1H	D0H
B8H	IP	BFH	BEH	BDH	BCH	BBH	BAH	B9H	B8H
B0H	P3	B7H	B6H	B5H	B4H	B3H	B2H	B1H	B0H
A8H	IE	AFH	AEH	ADH	ACH	ABH	AAH	A9H	A8H
A0H	P2	A7H	A6H	A5H	A4H	A3H	A2H	A1H	A0H
98H	SCON	9FH	9EH	9DH	9CH	9BH	9AH	99H	98H
90H	P1	97H	96H	95H	94H	93H	92H	91H	90H
88H	TCON	8FH	8EH	8DH	8CH	8BH	8AH	89H	88H
80H	P0	87H	86H	85H	84H	83H	82H	81H	80H
2FH	无	7FH	7EH	7DH	7CH	7BH	7AH	79H	78H
2EH	无	77H	76H	75H	74H	73H	72H	71H	70H

续表

字节地址	位地址							
2DH	无	6FH	6EH	6DH	6CH	6BH	6AH	69H	68H
2CH	无	67H	66H	65H	64H	63H	62H	61H	60H
2BH	无	5FH	5EH	5DH	5CH	5BH	5AH	59H	58H
2AH	无	57H	56H	55H	54H	53H	52H	51H	50H
29H	无	4FH	4EH	4DH	4CH	4BH	4AH	49H	48H
28H	无	47H	46H	45H	44H	43H	42H	41H	40H
27H	无	3FH	3EH	3DH	3CH	3BH	3AH	39H	38H
26H	无	37H	36H	35H	34H	33H	32H	31H	30H
25H	无	2FH	2EH	2DH	2CH	2BH	2AH	29H	28H
24H	无	27H	26H	25H	24H	23H	22H	21H	20H
23H	无	1FH	1EH	1DH	1CH	1BH	1AH	19H	18H
22H	无	17H	16H	15H	14H	13H	12H	11H	10H
21H	无	0FH	0EH	0DH	0CH	0BH	0AH	09H	08H
20H	无	07H	06H	05H	04H	03H	02H	01H	00H

表 3.3 特殊功能寄存器地址对照表

寄存器符号	寄存器名称	地址
* B	B 寄存器	F0H
* ACC	累加器	E0H
* PSW	程序状态字	D0H
* IP	中断优先级控制寄存器	B8H
* P3	P3 口	BOH
* IE	中断允许控制寄存器	A8H
* P2	P2 口	A0H
SBUF	串行口数据缓冲器	99H
* SCON	串行口控制寄存器	98H
* P1	P1 口	90H
TH1	定时器/计数器 1(高字节)	8DH
THO	定时器/计数器 0(高字节)	8CH
TL1	定时器/计数器 1(低字节)	8BH
TLO	定时器/计数器 0(低字节)	8AH
TMOD	定时器/计数器 方式控制寄存器	89H
* TCON	定时器/计数器　控制寄存器	88H
PCON	电源控制寄存器	87H
DPH	数据地址指针(高字节)	83H
DPL	数据地址指针(低字节)	82H
SP	堆栈指针	81H
* P0	P0 口	80H

注：标有 * 的寄存器既可按字节寻址，也可按位寻址

特殊功能寄存器的访问可通过关键字 sfr 和头文件的方式进行访问，下面分别介绍两种方式。

1. 通过关键字 sfr 访问

通过关键字 sfr 访问特殊功能寄存器 SFR 的语法如下：

```
sfr  特殊功能寄存器  = 特殊功能寄存器地址;
```

【例 3-14】 通过关键字 sfr 访问特殊功能寄存器。

```
sfr  SCON = 0x98;     //定义串口控制寄存器地址为 0x98
sfr  TMOD = 0x89;     //定义 TMOD 寄存器地址为 0x98
sfr  P0 = 0x80;       //定义 P0 寄存器地址为 0x98
sfr  P1 = 0x90;       //定义 P1 寄存器地址为 0x98
sfr  P2 = 0xa0;       //定义 P2 寄存器地址为 0x98
sfr  P3 = 0xb0;       //定义 P3 寄存器地址为 0x98
```

说明：sfr 后面必须跟一个特殊功能寄存器的名称；"="后面的地址必须是常数，不允许是带有运算符的表达式。这个常数的取值范围必须在特殊功能寄存器地址范围内，位于 RAM 的高 128 位之间。

在 8051 系列单片机中，两个 8 位的特殊功能寄存器在功能上经常组合为 16 位特殊功能寄存器，如 DPTR。可以通过关键字 sfr16 进行访问。其语法与 sfr 相同，只不过它是定义其低 8 位地址。

【例 3-15】 通过 sfr16 访问 16 位特殊功能寄存器。

```
sfr16  DPTR = 0x82;     //数据指针 DPTR.其高 8 位地址是 0x83,低 8 位地址为 0x82
sfr16  T2 = 0xcc;       //8052 单片机的定时器 T2.其高 8 位地址是 0xcd,低 8 位地址为 0xcc
```

2. 通过头文件访问

为了方便用户编程，C51 语言编译器把 51 系列单片机常用的特殊功能寄存器和特殊位进行了定义，放在一个 reg51.h 或 AT89S51.h 的头文件中。当用户要使用时，可以在使用之前用一条预处理命令＃include "reg51.h"把这个头文件包含到程序中，就可以使用特殊功能寄存器名和特殊位名称了。

【例 3-16】 通过头文件访问特殊功能寄存器实例。

```
#include "reg51.h"          //引入头文件 reg51.h
void main(void)
{
    P1 = 0xff;              //P1 口全部输出 1
    TL0 = 0x32;             //TL0 赋初值
    TH0 = 0x18;             // TH0 赋初值
    TR0 = 1;                //启动定时器 T0
    …
}
```

3.5.2 可按位寻址操作

为了适应控制领域的需要，51 系列单片机具有一个功能很强的位处理器(布尔处理器)。位寻址空间的每一位都可以被看成软件触发器，由程序直接进行按位操作，执行置位、清零、取反等。51 系列单片机具有 256 位寻址空间。51 单片机内部 RAM 的 0x20～0x2F 这 16 个单元具有 128 位地址空间，赋以地址 0x00～0x7F；另一部分在特殊功能寄存器中，凡是能被 8 整除的字节单元都可按位寻址，共计 128 位，实际只用了 11 字节，赋予在 80H～FFH 的地址，如表 3.2 所示。通过 sbit 可访问特殊功能寄存中可寻址的位。其有以下几种形式：

```
① sbit 位变量名 = 位地址
```

例如：

```
sbit P1_1 = 0x91;   //P1_1 的位地址是 0x91
```

把位的绝对地址赋给位变量。同 sfr 一样，sbit 的位地址必须位于 0x80～0xFF。

```
② sbit 位变量名 = 字节地址^位的位置，如 sbit P1_1 = 0x90^1;
③ sbit 位变量名 = 特殊功能寄存器名^位位置，如
   sfr P1 = 0x90;      //先定义一个特殊功能寄存器名，再定义位变量名的位置
   sbit P1_1 = P1^1;
```

方法③与②相类似，只是用特殊功能寄存器名取代其地址，这样在以后的程序语句中就可以用 P1_1 对 P1.1 引脚进行读/写操作了。

3.6 本章小结

本章主要介绍了 C51 的基础语法及单片机的一些基础知识。这些知识包括单片机 C 语言的基本语法、特殊寄存器的操作等内容。读者应结合本章所学内容和示例加以练习，通过这些练习学会使用 C51 语言操作单片机寄存器或进行简单的数据运算等。

3.7 习题

(1) C51 语言有哪些基本的数据类型？
(2) 什么是逗号表达式？
(3) 怎么才能定义一个符号常量？
(4) 转义字符有什么作用？
(5) 使用 51 单片机内部的特殊功能寄存器有哪些方式？
(6) 51 单片机内部可寻址的位共有多少位？

(7) 下列程序是否存在错误？如有错误请更正。

```
#include"reg51.h"
sfr  LED1 = 0xA0;
sfr  LED2 = 0xB0;
sbit LED3 = 0x90;
sbit LED4 = 0x91;
void main(void)
{
    while(1)
    {
        LED1 = LED2 = 0xff;
        LED3 = LED4 = 1;
    }
}
```

(8) 用条件表达式求 A+|B|。

第 4 章 语句

C51 程序的执行部分是由语句组成的，程序的功能也是通过执行语句实现的。本章介绍和语句相关的内容。

4.1 表达式语句与复合语句

表达式语句由各种表达式构成；多条表达式语句通过{}的组合构成复合语句。

4.1.1 表达式语句

C 语言提供了十分丰富的程序控制语句，表达式语句是最基本的一种语句。在表达式的后边加一个分号就构成表达式语句。

【例 4-1】 表达式语句。

```
x = 10 ;
++y ;
z = (x + y)/2 ;
i = xyz;
```

4.1.2 空语句

仅由一个分号构成的语句称为空语句。空语句是表达式语句的一个特例，空语句通常有 3 种用法。

(1) 在程序中为有关语句提供标号。

【例 4-2】 提供程序标号。

```
loop: ;            //提供程序标号
```

(2) 在用 while 语句构成循环语句后面加一个分号，形成一个空语句循环。

【例 4-3】 while 空语句循环。

```
while (! RI    ) ;              //形成一个空循环
```

(3) 在用 for 语句的循环体或条件控制部分使用‘;’,形成一个空语句循环或死循环。

【例 4-4】 for 空语句循环或死循环。

```
for(i = 0;i < 10;i++);          //形成一个空循环
for(;;);                        //形成一个死循环
```

4.1.3 复合语句

复合语句是由若干语句组合而成的一种语句,它是用一个花括号“{}”将若干语句组合而成的一种功能块。其表现形式如下:

```
{
    局部变量定义 ;
    语句 1 ;
    语句 2 ;
    …
    语句 n ;
}
```

【例 4-5】 复合语句。

```
{
    unsigned long ulBytes;
    // Transmit the number of bytes requested on the CAN interface.
    while(ulSize != 0)
    {
        // Rail the number of bytes to the maximum for a CAN packet.
        if(ulSize > 8)
        {
            ulBytes = 8;
        }
        else
        {
            ulBytes = ulSize;
        }
        // Send out a packet of data.
        if(CANSendBroadcastMsg(LM_API_UPD, pucData, ulBytes) == 0)
        {
            // Move the pointer forward and reduce the number of bytes to send.
            pucData += ulBytes;
```

```
            ulSize -= ulBytes;
        }
    }
}
```

4.2 分支程序

本节主要介绍C51程序设计中的分支程序,以及构成这些分支程序的基本语句。

4.2.1 if语句

用if语句可以构成分支结构。它根据给定的条件进行判断,以决定执行某个分支程序段。C语言的if语句有3种基本形式。

1. 形式1

```
if(条件表达式) 语句
```

其语义是:若条件表达式的结果为真(非0值),就执行后面的语句;若条件表达式的结果为假(0值),就不执行后面的语句。这里的语句也可以是复合语句。

【例4-6】 if语句形式之一。

```
#include"stdio.h"
void main(void)
{
    if(g_ulTickIndex < 20)
    {
        ulTemp = HWREG(NVIC_ST_CURRENT);
        g_pulDataBuffer[g_ulTickIndex++] = ulTemp;
    }
}
```

当g_ulTickIndex < 20表达式的值为真时,执行if后面的复合语句,否则不执行后面的语句。

2. 形式2

```
if (条件表达式) 语句1
else 语句2
```

其语义是:若条件表达式的结果为真(非0值),就执行后面的语句1;若条件表达式的结果为假(0值),就执行语句2。这里的语句1和语句2均可以是复合语句。

【例 4-7】 if 语句形式之二。

```
#include"stdio.h"
void main(void)
{
    if(temp1 < temp2)
    {
        lTotal += (long)g_pulDataBuffer[lPulse];
        lValidPulses++;
    }
    else
    {
        lValidPulses = 0;
        lTotal = 0;
    }
}
```

上述程序的执行过程是：首先判断 temp1 与 temp2 的大小，然后根据判断结果选择执行。当 temp1 小于 temp2 时执行下列语句：

```
{
    lTotal += (long)g_pulDataBuffer[lPulse];
    lValidPulses++;
}
```

当 temp1 大于或等于 temp2 时执行下列语句：

```
{
    lValidPulses = 0;
    lTotal = 0;
}
```

3. 形式 3

```
if(条件表达式 1)语句 1
else if(条件表达式 2)语句 2
    else if(条件表达式 3)语句 3
      …
        else if(条件表达式 n)语句 n
          else 语句 n+1
```

其语义是：依次判断表达式的值，当出现某个值为真时，则执行其对应的语句。然后跳到整个 if 语句之外继续执行程序。如果所有的表达式均为假，则执行语句 n。然后继续执行后续程序。

【例 4-8】 if 语句形式之三。

```
#include"stdio.h"
void main(void)
{
    char c;
    printf("input a character: ");
    c = getchar();
    if(c < 32)
        printf("This is a control character\n");
    else if(c >= '0'&&c <= '9')
        printf("This is a digit\n");
    else if(c >= 'A'&&c <= 'Z')
        printf("This is a capital letter\n");
    else if(c >= 'a'&&c <= 'z')
        printf("This is a small letter\n");
    else
        printf("This is an other character\n");
}
```

上述程序可判别串口输入字符的类别。根据输入字符的 ASCII 码来判别类型。由 ASCII 码表可知,ASCII 码值小于 32 的为控制字符,在"0"和"9"之间为数字,在"A"和"Z"之间为大写字母,在"a"和"z"之间为小写字母,其余则为其他字符。这是一个多分支选择的问题,用 if-else-if 语句编程,判断输入字符 ASCII 码所在的范围,分别给出不同的输出。例如输入为"g",输出"This is an other character"。

4.2.2 使用 if 语句需要注意的事项

(1) 在 if 语句的 3 种形式中,if 关键字之后均为表达式。该表达式通常是逻辑表达式或关系表达式,但也可以是其他表达式,如赋值表达式等,甚至也可以是一个变量。

例如:

```
if(a = 5)语句;
if(b) 语句;
```

这些表达式都是允许的。只要表达式的值为非 0,即为"真"。如 if(a=5)…;表达式的值永远为非 0,所以其后的语句总是要执行的。当然,这种情况在程序中不一定会出现,但在语法上是合法的。

【例 4-9】 if 语句条件判断内赋值。

```
if(a = b)
    printf(" %d",a);
else
    printf("a = 0");
```

本语句的语义是，把 b 值赋予 a(实现了赋值操作)，如为非 0，则输出该值；否则，输出“a=0”字符串。这种用法在程序中是经常出现的。

(2) 在 if 语句中，条件判断表达式必须用括号括起来，在语句之后必须加分号。

(3) 在 if 语句的 3 种形式中，所有的语句应为单个语句，如果要想在满足条件时执行一组(多个)语句，则必须把这一组语句用{}括起来组成一个复合语句。但要注意的是，在}之后不能再加分号。

【例 4-10】 if 语句满足条件时执行一组语句。

```
if(ulError)
{
    RIT128x96x4StringDraw(" = : P >: P <: P", 18, 40, 15);
    DebugOut("Error %d\r\n", ulError);
}
else
{
    RIT128x96x4StringDraw("Success. ", 18, 40, 15);
    DebugOut("Success\r\n");
}
```

4.2.3 if 语句的嵌套

当 if 语句中的执行语句同时又是 if 语句时，则构成了 if 语句嵌套的情形。其一般形式可表示如下：

```
if(表达式)
if 语句;
或者为
if(表达式)
if 语句;
    else
      if 语句;
```

【例 4-11】 if 语句嵌套。

```
if(ulError)
{
    RIT128x96x4StringDraw(" = : P >: P <: P", 18, 40, 15);
    if(ulError & 1)
    {
        RIT128x96x4StringDraw("F", 36, 40, 15);
    }
    if(ulError & 2)
    {
        RIT128x96x4StringDraw("F", 72, 40, 15);
    }
```

```
        if(ulError & 4)
        {
            RIT128x96x4StringDraw("F", 108, 40, 15);
        }
    }
    else
    {
        RIT128x96x4StringDraw("Success.      ", 18, 40, 15);
    }
```

在嵌套内的 if 语句可能又是 if-else 型的，这将会出现多个 if 和多个 else 重叠的情况，这时要特别注意 if 和 else 的配对问题。为了避免这种二义性，C 语言规定，else 总是与它前面最近的 if 配对。

【例 4-12】 比较两个数的大小关系。

```
void main(void)
{
    int a,b;
    printf("please input A,B: ");
    scanf("%d%d",&a,&b);
    if(a != b)
    {
        if(a > b)
        {
            printf("A > B\n");
        }
        else
        {
            printf("A < B\n");
        }
    }
    else
    {
        printf("A = B\n");
    }
}
```

例 4-12 中用了 if 语句的嵌套结构。采用嵌套结构的本质是进行多分支选择，比较 A 和 B 两个数大小的关系有 3 种选择，即 A>B、A<B 或 A=B。这种问题用 if-else-if 语句也可以完成，而且程序更加清晰。因此，在一般情况下，应减少使用 if 语句的嵌套结构，以使程序更便于阅读理解。使用 if-else-if 语句的程序代码如下：

```
void main(void)
{
    int a,b;
    printf("please input A,B: ");
    scanf("%d%d",&a,&b);
```

```
    if(a == b)
    {
        printf("A = B\n");
    }
    else if(a > b)
    {
        printf("A > B\n");
    }
    else
    {
        printf("A < B\n");
    }
}
```

4.2.4 switch/case 语句

switch/case 语句经常用在多条件分支的场合。

1. switch/case 基本用法

witch/case 语句的格式如下:

```
switch(表达式)
{
    case 常量表达式 1: {语句 1}break;
    case 常量表达式 2: {语句 2}break;
    …
    case 常量表达式 n: {语句 n}break;
    default:           {语句 n + 1}break;
    }
```

其语义是:先计算表达式的值,然后逐个与其后的常量表达式的值相比较;当表达式的值与某个常量表达式的值相等时,即执行其后的语句,然后不再进行判断,继续执行后面所有 case 之后的语句。如表达式的值与所有 case 后的常量表达式的值均不相同,则执行 default 后的语句。

【例 4-13】 要求输入一个数字,程序对应输出一个英文单词。

程序代码如下:

```
void main(void)
{
    int a;
    printf("input integer number: ");
    scanf(" %d",&a);
    switch (a)
    {
        case 1:printf("Monday\n");
```

```
        case 2:printf("Tuesday\n");
        case 3:printf("Wednesday\n");
        case 4:printf("Thursday\n");
        case 5:printf("Friday\n");
        case 6:printf("Saturday\n");
        case 7:printf("Sunday\n");
        default:printf("error\n");
    }
}
```

例 4-13 的程序编译成功后，从串口输入 3 之后，却执行了 case3 及后面的所有语句，输出了 Wednesday 及后面的所有单词，这是我们不希望发生的事情。之所以会出现这种情况，是因为 switch 语句有一个特点，即在 switch 语句中，“case 常量表达式”只相当于一个语句标号，如果表达式的值和某标号相等，则转向该标号执行，但不能在执行完该标号的语句后自动跳出整个 switch 语句，所以出现了继续执行所有后面 case 语句的情况。这与前面介绍的 if 语句完全不同，应特别注意。为了避免上述情况，C 语言还提供了一种 break 语句，专用于跳出 switch 语句，break 语句只有关键字 break，没有参数。下面的程序是修改后的程序：

```
void main(void)
{
    int a;
    printf("input integer number: ");
    scanf("%d",&a);
    switch (a)
    {
        case 1:
            printf("Monday\n");
            break;
        case 2:
            printf("Tuesday\n");
            break;
        case 3:
            printf("Wednesday\n");
            break;
        case 4:
            printf("Thursday\n");
            break;
        case 5:
            printf("Friday\n");
            break;
        case 6:
            printf("Saturday\n");
            break;
        case 7:
            printf("Sunday\n");
            break;
```

```
        default:
            printf("error\n");
            break;
    }
}
```

修改后的程序是在每一条 case 语句之后增加 break 语句,使得每一次执行之后均可跳出 switch 语句,从而避免输出不应该输出的结果。

2. 使用 switch/case 语句需要注意的事项

在使用 switch 语句时应注意下列几点。

(1) 在 case 后,各常量表达式的值不能相同,否则会出现错误。

(2) 在 case 后,允许有多个语句,可以不用{}括起来。

(3) 各 case 和 default 子句的先后顺序可以变动,而不会影响程序执行结果。

(4) default 子句可以省略不用。

【例 4-14】 用 switch 语句编程实现四则运算求值。

其基本思路是通过 switch 语句判断运算符,然后输出运算值。当输入运算符不是+、-、*、/时,将给出错误提示。其程序代码如下:

```
void main(void)
{
    float a,b,s;
    char c;
    printf("input expression: a + ( - , * ,/)b \n");
    scanf("%f%c%f",&a,&c,&b);
    switch(c)
    {
        case '+':
            printf("%f\n",a + b);
            break;
        case '-':
            printf("%f\n",a - b);
            break;
        case '*':
            printf("%f\n",a * b);
            break;
        case '/':
            printf("%f\n",a/b);
            break;
        default:
            printf("input error\n");
            break;
    }
}
```

4.2.5 案例1：分支程序应用

下列是一段按键检测程序(实际应用时应添加按键消抖动程序，详见第 11 章)，它应用了本节所介绍的各种分支语句，读者可以根据上述内容进行分析式学习，以加深对分支语句的理解与应用。

```
sbit key1 = P3^0;                //定义 key1 为 P3.0
sbit key2 = P3^1;                //定义 key2 为 P3.1
sbit key3 = P3^2;                //定义 key3 为 P3.2
sbit key4 = P3^3;                //定义 key4 为 P3.3
sbit LED1 = P1^0;                //定义 LED1 为 P1.0
sbit LED2 = P1^1;                //定义 LED2 为 P1.1
sbit LED3 = P1^2;                //定义 LED3 为 P1.2
sbit LED4 = P1^3;                //定义 LED4 为 P1.3
void main(void)
{
    unsigned char switch_buf;    //定义按键缓存寄存器
    while(1)
    {
        if(!key1)                //按下相应的按键,数码管显示相应的码值
            switch_buf = 1;      //switch_buf 缓存为 1
        if(!key2)
            switch_buf = 2;      //switch_buf 缓存为 2
        if(!key3)
            switch_buf = 3;      //switch_buf 缓存为 3
        if(!key4)
            switch_buf = 4;      //switch_buf 缓存为 4
        delay(100);
        switch(switch_buf)
        {
            case 1:LED1  =  1;   //按键 1 按下时所执行的任务
                break;
            case 2: LED2  =  1;  //按键 2 按下时所执行的任务
                break;
            case 3: LED3  =  1;  //按键 3 按下时所执行的任务
                break;
            case 4: LED4  =  1;  //按键 4 按下时所执行的任务
                break;
            default:
                break;
        }
    }
}
```

4.3 循环程序

循环结构是程序中一种很重要的结构。它的特点是：在给定的条件成立时，反复执行某程序段，直到条件不成立为止。给定的条件称为循环程序的控制部分（也称循环条件），反复执行的程序段称为循环体。C51 语言提供了多种循环语句，可以组成各种不同形式的循环结构。本节将依次介绍构成循环的各种语句。

4.3.1 goto 语句构成循环

goto 语句也称为无条件转移语句，其一般格式为

```
goto 语句标号;
```

其中语句标号是按标识符规定书写的符号，放在某一语句行的前面，标号后加冒号(:)。语句标号起到标识语句的作用，与 goto 语句配合使用。goto 语句与汇编语言里的 JUMP 指令类似。

【例 4-15】 语句标号。

```
label:
    i++;
loop:
    while(x<7);
```

C 语言不限制程序中使用标号的次数，但各标号不得重名。goto 语句的语义是改变程序流向，转去执行语句标号所标识的语句。

goto 语句通常与条件语句配合使用。可用来实现条件转移、构成循环、跳出循环体等功能。但是，在结构化程序设计中，一般不主张使用 goto 语句，以免造成程序流程的混乱，使理解和调试程序都产生困难。

【例 4-16】 统计从串口输入一行字符的个数。

本例用 if 语句和 goto 语句构成循环结构。当输入字符不为'\n'时，即执行 n++进行计数，然后转移至 if 语句循环执行。直至输入字符为'\n'才停止循环。其程序代码如下：

```
#include"stdio.h"
void main(void)
{
    int n=0;
    printf("input a string\n");          //提示输入字符串
/************ 循环程序开始 ********************/
loop:
    if(getchar() != '\n')                //循环条件
```

```
    /************ 循环体 ********************* /
    {
        n++;
        goto loop;
    }
    /************ 循环体 ********************* /
/************ 循环程序结束 ********************* /
    printf(" %d",n);          //输出结果
}
```

4.3.2 while 语句

在 while 语句中，当循环语句中的循环条件成立时，才执行循环体。

1. while 语句的一般形式

```
while (条件表达式)
{循环体}
```

其语义是：当条件表达式为真(非 0)时，执行循环体内的动作，结束再返回到条件表达式重新测试，直到条件表达式为假，跳出循环，执行下一句语句。

【例 4-17】 通过 while 语句模拟 IIC 总线发送程序。

本例是利用 i 的值控制 while 语句中的循环体执行 8 次，即发送 1 个完整的 8 位数据。其程序代码如下：

```
void iic_send_byte(uchar sbyte)
{
    uchar i = 8; //循环体控制条件初值为 8
    while(i-- )//每执行一次就检测 i-- 的值是否为非 0,若为非 0,则执行循环体; 否则,退出
    while语句执行下一条语句
    {
        SCL = 0;
        _nop_();
        SDA = (bit)(sbyte&0x80);
        sbyte <<= 1;
        iic_wait();
        SCL = 1;
        iic_wait();
    }
    SCL = 0;
}
```

2. 使用 while 语句需要注意的事项

(1) while 语句中的表达式一般是关系表达式或逻辑表达式，只要表达式的值为真

(非0)即可继续循环。

(2) 循环体内包含的语句超过一条,则必须用{}括起来,组成复合语句。

(3) 根据程序需要选择好循环条件,以适应不同的循环程序(单片机程序中通常有许多死循环)。

4.3.3 do-while 语句

do-while 语句是直到循环语句,也就是说直到循环条件不成立时,才退出循环程序。

1. do-while 语句的一般形式

```
do
{循环体}
while(条件表达式);
```

其语义为:先执行循环体,再测试条件表达式,若表达式为真(非0),则继续执行循环体,直到条件表达式为假,才跳出循环,去执行下一句语句。

【例 4-18】 do while 循环。

```
void main(void)
{
    int a = 0,n;
    printf("\n input n: ");
    scanf("%d",&n);
    /*************** do while 循环语句开始 ****************************/
    do
    {
        printf("%d",a++ * 2);     //循环体
    }while (--n);                 //循环条件
    /*************** do while 循环语句结束 ****************************/
}
```

do-while 语句和 while 语句的区别在于 do-while 是先执行后判断,因此 do-while 至少要执行一次循环体。而 while 是先判断后执行,如果条件不满足,则一次循环体语句也不执行。

while 语句和 do-while 语句一般都可以相互改写。

2. 使用 do-while 语句需要注意的事项

(1) 在 if 语句或 while 语句中,其表达式后面都不能加分号,而在 do-while 语句的表达式后面必须加分号。

(2) do-while 语句可以组成多重循环,也可以和 while 语句相互嵌套。

(3) 在 do 和 while 之间的循环体语句超过一条时,必须使用{}括起来组成一个复合语句。

(4) do-while 和 while 语句相互替换时,需要注意循环控制条件的修改。

4.3.4 for语句

for语句是C语言所提供的功能更强、使用更广泛的一种循环语句。

1. for语句的一般形式

```
for(表达式 1; 表达式 2; 表达 3)
    语句;
```

其各名词解释如下：

(1) 表达式1：通常用来给循环变量赋初值，一般是赋值表达式。也允许在for语句外给循环变量赋初值，此时可以省略该表达式。

(2) 表达式2：通常是循环条件，一般为关系表达式或逻辑表达式。

(3) 表达式3：通常可用来修改循环变量的值，一般是赋值语句。

这3个表达式都可以是逗号表达式，即每个表达式都可由多个表达式组成。3个表达式都是任选项，都可以省略。

(4) 语句：循环体。

2. for语句的语义

(1) 先计算表达式1的值。

(2) 再计算表达式2的值，若表达式2的值为真(非0)，则执行循环体一次；否则，跳出循环程序。

(3) 然后再计算表达式3的值，转回第(2)步重复执行。在整个for循环过程中，表达式1只执行一次，而表达式2和表达式3则可能执行多次计算。循环体可能多次执行，也可能一次都不执行。

【例4-19】 用for语句计算s＝1＋2＋3＋…＋99＋100。

先定义一个变量s用来保存计算的结果，然后通过for循环将每次累加的值加1。其程序代码如下：

```
void main(void)
{
    int n,s = 0;            //定义 s 为保存累加结果的变量,其初值为 0
/**************** for 循环程序开始 ************************************/
    for(n = 1;n <= 100;n++)
        s = s + n;          //循环体
/**************** for 循环程序结束 ************************************/
    printf("s = %d\n",s);
}
```

本例中，for语句中的表达式3为n＋＋，它实际上也是一种赋值语句，相当于n＝n＋1，用来改变循环变量的值，以控制循环次数。

3. 使用 for 语句需要注意的事项

(1) for 语句中的各表达式都可省略,但分号间隔符不能少。

【例 4-20】 省略 for 语句中的表达式。

```
for(; 表达式; 表达式)          //省去了表达式 1
for(表达式; ; 表达式)          //省去了表达式 2
for(表达式; 表达式; )          //省去了表达式 3
for(;;)                        //省去了全部表达式
```

(2) 在循环变量已赋初值的情况下,可省去表达式 1。如果省去表达式 2 或表达式 3,则将造成无限循环,这时可以考虑在循环体内设法结束循环。

【例 4-21】 下列程序省略了表达式 1 和表达式 3,由循环体内的 n－－语句进行循环变量 n 的递减,以控制循环次数。

程序代码如下:

```
void main(void)
{
    int a = 0,n;
    printf("\n input n: ");
    scanf(" % d",&n);
    for(;n > 0;)
    {
        a++;
        n-- ;           //这条语句修改循环条件
        printf(" % d ",a * 2);
    }
}
```

【例 4-22】 省去 for 语句的全部表达式。

```
void main(void)
{
    int a = 0,n;
    printf("\n input n: ");
    scanf(" % d",&n);
    for(;;)
    {
        a++;n-- ;
        printf(" % d ",a * 2);
        if(n =  = 0)
            break;          //当 n 的值为 0 时退出循环
    }
}
```

例 4-22 中 for 语句的表达式全部省去。通过循环体中的语句实现循环变量的递减和循环条件的判断。当 n 值为 0 时,由 break 语句中止循环,转去执行 for 语句后面的程序。这种情况的 for 语句相当于 while(1)语句。如果在循环体中没有相应地退出循环体的语句,将会造成死循环。

(3) 循环体可以是空语句。

【例 4-23】 通过 for 语句编写延时 1ms 的延时函数。

```
void delay(void)              //延时函数
{
    for(j = 125;j > 0;j -- )  //延时 1ms
        {;}                   //空语句
}
```

(4) for 语句可与自身或 while、do-while 语句相互嵌套,构成多重循环,以形成合法的嵌套。

【例 4-24】 由 while 和 for 构成的延时程序。

```
while( time -- )              //延时程序,通过 time 控制外层循环
{
    intj;                     //定义内外循环变量
    for(j = 125;j > 0;j -- )  //延时 1ms
        {;}                   //空语句
}
```

4.3.5 break 和 continue 语句

1. break 语句

break 语句只能用在 switch 语句或循环语句中,它的作用是跳出 switch 语句或跳出本层循环,转去执行后面的程序。由于 break 语句的转移方向是明确的,所以不需要语句标号与之配合。

break 语句的一般形式为:

```
break;
```

【例 4-25】 检查输入的一行字符串中有无相邻且相同的两字符。

下列程序的执行过程为:把第一个读入的字符送入 b,然后进入循环,把下一字符读入 a,然后判断 a、b 是否相等。若相等,则输出提示串并中止循环;若不相等,则把 a 中的字符赋予 b,输入下一次循环。

```
#include"stdio.h"
void main(void)
{
    char a,b;
    printf("input a string:\n");
```

```
    b = getchar();
    while((a = getchar()) != '\n')
    {
        if(a == b)
        {
            printf("same character\n");
            break;
        }
        b = a;
    }
}
```

2. continue 语句

continue 语句只能用在循环体中,其一般格式是:

```
continue;
```

其语义是:结束本次循环,即不再执行循环体中 continue 语句之后的语句,转入下一次循环条件的判断与执行。应注意的是,本语句只结束本层本次的循环,并不跳出循环。

【例 4-26】 求 100 以内能被 7 整除的数,并通过屏幕打印出来。

下列程序的执行过程是:对 7～100 的每一个数进行测试,如果该数不能被 7 整除,即模运算不为 0,则由 continus 语句转去下一次循环。只有模运算为 0 时,才能执行后面的 printf 语句,输出能被 7 整除的数。

```
void main(void)
{
    int n;
    for(n = 7;n <= 100;n++)
    {
        if (n % 7!= 0)
                continue;
        printf(" %d ",n);
    }
}
```

4.3.6 案例 2:循环程序应用

下面这段程序的功能是:单片机通过模拟的 I^2C 总线驱动具有 I^2C 总线的 LCD 显示屏。它应用了本章所讲的大部分知识点,读者可参考本章内容分析其控制流程,以巩固本章的学习内容。

```
void main(void)
{
```

```
    int i = 0;
    int j = 0;
    initial_GLCD();                                    /*初始化 lcd*/
    while(1)
    {
        for(k=0;k<64;k++)
        {
            temp=0x00;                                 /*第 1 行*/
            command_GLCD(temp|0x80);
            bcd_num(&test_write[k]);
            rw_num[11]=bcdmap[value.hi_num][1];        /*显示 1 字节的高 4 位*/
            rw_num[12]=bcdmap[value.lo_num][1];        /*显示 1 字节的低 4 位*/
            i=0;
            for(j=0;j<7;j++)
            {
                write_GLCD(rw_num[i]);                 /*1 个汉字占两个字符的位置*/
                i++;                                   /*故需要写两次*/
                write_GLCD(rw_num[i]);
                i++;
            }
            temp=0x10;                                 /*line2*/
            command_GLCD(temp|0x80);
            bcd_num(&test_read[k]);
            rw_num[26]=bcdmap[value.hi_num][1];        /*显示 1 字节数据的高位*/
            rw_num[27]=bcdmap[value.lo_num][1];        /*显示 1 字节数据的低位*/
            i=15;
            for(j=0;j<7;j++)
            {
                write_GLCD(rw_num[i]);                 /*1 个汉字占 2 个字符的位置*/
                i++;                                   /*故需要写两次*/
                write_GLCD(rw_num[i]);
                i++;
            }
            for(i=0;i<35000;i++);
            initial_GLCD();                            /*初始化 lcd*/
            /*读写数据相等则提示操作成功*/
            if(test_write[k]==test_read[k])
            {
                command_GLCD(0x80);
                i=0;
                for(j=0;j<7;j++)
                {
                    write_GLCD(hz_ts[i]);
                    i++;
                    write_GLCD(hz_ts[i]);
                    i++;
                }
            }
            /*读写数据不相等则提示操作失败*/
            else
```

```
                {
                    i = 15;
                    command_GLCD(0x80);
                    for(j = 0;j < 7;j++)
                    {
                        write_GLCD(hz_ts[i]);
                        i++;
                        write_GLCD(hz_ts[i]);
                        i++;
                    }
                }
                for(i = 0;i < 35000;i++);
            }
        }
}
```

4.4 本章小结

本章主要讲解了C语言中语句的一些概念，以及分支语句、循环语句的使用方法与基本形式。这些语句将是构成单片机系统程序的基本语句。

4.5 习题

(1) 执行下列程序后i和s的值分别是多少？

```
void  main(void)
{
    int i = 8;
    int s = 0;
    while(i-- )s++;
}
```

(2) 若将第(1)小题中的while(i——)改为while(——i)，则执行完程序后i和s的值分别是多少？

(3) 分析下列程序执行后i和s的值分别是多少？

```
void  main(void)
{
    int i = 8;
    int s = 0;
    while(i-- )
    for(s = 0;i == s;)
    s++;
}
```

(4) 根据所学的内容编写一段延时程序。

(5) 某单片机系统有16个按键,通过编程完成表4.1所示的功能(假定按键KeyPad()程序已编好,只需要调用即可得到相应的键值)。

表4.1 习题(5)功能表

按 键 值	功 能
1	点亮LED1
2	点亮LED2
3	点亮LED3
4	点亮LED4
5	点亮LED5
6	点亮LED6
7	点亮LED7
其他按键	点亮LED8

(6) 某单片机系统有2个按键,通过编程完成下述功能(假定按键KeyPad()程序已编好,只需要调用即可得到相应的键值)。

① 键值为1的按键被按下时,LED1点亮,LED2熄灭。

② 键值为2的按键被按下时,LED2点亮,LED1熄灭。

(7) 试用goto语句编程求解1～100的和,将结果存放在sum中。

第5章 C51储存结构

AT89S51单片机的存储器可分为程序存储器和数据存储器，又有片内和片外之分。本章主要介绍AT89S51单片机系列的存储结构、C51的数据类型与存储器指针等内容。

5.1 AT89S51系列单片机的存储结构

存储器是计算机的重要硬件之一，计算机通过存储器来保存程序或数据及程序运行过程中产生的临时变量等。单片机的存储器结构根据存储内容不同可分为两种：一种是将程序存储器和数据存储器进行统一编址（普林斯顿结构）；另一种是程序存储器和数据存储器分开编址（哈佛结构）。AT89S51采用的是哈佛结构，它的存储器结构与典型的微型计算机不同，结构也比较复杂，下面从硬件结构和功能来分析。

5.1.1 存储器结构

AT89S51具有6个存储器编址空间，如图5.1所示。

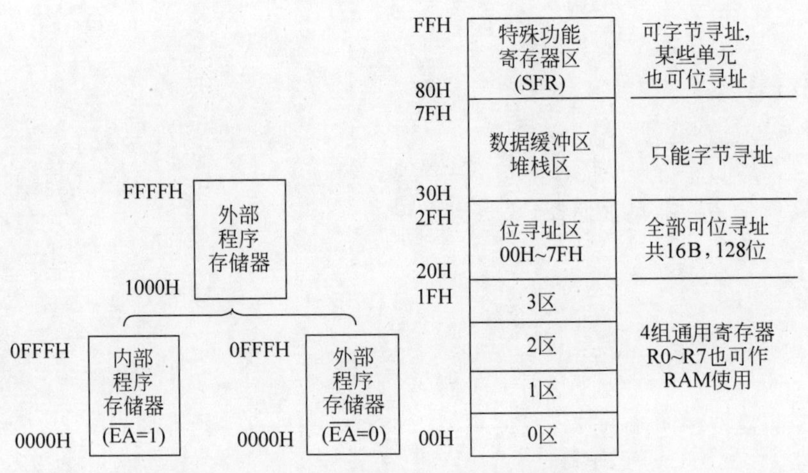

图5.1 单片机AT89S51存储器结构分布图

5.1.2 存储器特点

(1) 程序存储器和数据存储器截然分开,各有自己的寻址系统、控制信号和特定的功能。程序存储器只存放程序和始终要保留的常数,数据存储器通常用来存放程序运行中所需要的大量数据。程序存储器一般为只读存储器(ROM 或 EPROM),数据存储器一般则采用静态随机存储器(RAM)。

(2) 程序存储器和数据存储器、内部存储器和外部存储器、字节地址和位地址,这些存储器空间的地址多数从零开始编址,所以在地址上都有重叠,究竟是寻址到哪一个存储器空间,AT89S51 单片机是通过不同的指令形式或控制信号来区分的。

(3) 工作寄存器以 RAM 形式组成,I/O 接口采用存储器对应方式。工作寄存器、I/O 口锁存器和数据存储器 RAM 统一编址。

(4) 拥有一个功能很强的布尔处理器,可寻址的位存储空间共有 256 位。

5.1.3 存储器地址分配

AT89S51 单片机由 PC 作地址指针的片内 4KB(0000H～0FFFH)程序存储器、片外 4KB+60KB(0000H～FFFFH)程序存储器。片外由数据指针作地址的 64KB 数据存储器。下面对片内 8 位地址的 128B RAM(00H～7FH)和特殊功能寄存器(80H～FFH)依次进行介绍。

1. 程序存储器

(1) 片内 4KB 程序存储器空间,其地址为 0000H～0FFFH,外部 EPROM 也从 0000H 开始编址。地址为 0000H～0FFFH 的内外地址有重叠,由 EA 引脚信号来控制内、外程序存储器的选择。程序存储器使用 16 位程序计数器(PC)作为地址指针,可寻址 64KB 空间范围,使用 PSEN 作为程序存储器的选通信号。

(2) 当 EA=0 时,无论 PC 值是多少,CPU 都会访问外部程序存储器。对于 8031 单片机,由于其内部没有程序存储器,所以必须使用外部 EPROM,因此 EA 必须接地(即 EA=0)。外部程序存储器从 0000H 开始编址,寻址范围 64KB。

(3) 程序存储器存放程序所需要的常数。以指令形式的不同来区分是访问程序存储器还是访问数据存储器,凡是从程序存储器的常数表中取数据时,都需要使用查表指令 MOVC。

2. 数据存储器

数据存储器用于存放运算的中间结果,用作缓冲和数据暂存,以及设置特征标志位等。数据存储器又分为片内、片外两部分,内部 RAM 编址为 00H～7FH,外部 RAM 编址为 0000H～FFFFH,地址有重叠,由指令形式的不同来区分。使用 MOV 指令时读/写内部数据存储器、特殊功能寄存器和位地址空间,使用 MOVX 指令时读/写外部数据存储器。

1）内部数据存储器

AT89S51 内部有 128B 的数据存储器 RAM，它们可以作为数据缓冲器、堆栈、工作寄存器和软件标志等使用。CPU 对内部 RAM 有丰富的操作指令。在编程时经常用到，内部 RAM 地址为 00H～7FH，不同的地址区域内，规定的功能不完全相同。

128B 地址空间的 RAM 中不同的地址区域功能分配为：工作寄存器区（00H～1FH）、位地址区（20H～2FH）、堆栈和缓冲区（30H～7FH）。

2）外部数据存储器

外部数据存储器以 16 位的 DPTR 和@Ri 内容作为地址指针，可寻址 64KB 空间。RD/WR 作为数据存储器的读/写选通信号。

5.1.4 寄存器

单片机的内部工作寄存器以 RAM 形式组成，即工作寄存器包含在内部数据存储器中。地址为 00H～1FH 单元，内部 RAM 的低 32B 分成 4 个工作寄存器区，每一个区有 8 个工作寄存器，编号为 R0～R7。工作寄存器和 RAM 地址的对应关系如表 5.1 所示。

表 5.1 工作寄存器和 RAM 地址的对应关系

RS1	RS0	区号	R0	R1	R2	R3	R4	R5	R6	R7
0	0	0 区	00H	01H	02H	03H	04H	05H	06H	07H
0	1	1 区	08H	09H	0AH	0BH	0CH	0DH	0EH	0FH
1	0	2 区	10H	11H	12H	13H	14H	15H	16H	17H
1	1	3 区	18H	19H	1AH	1BH	1CH	1DH	1EH	1FH

每一个工作寄存器区都可被选为 CPU 的当前工作寄存器，用户可以通过改变程序状态 PSW 中的 RS1、RS0 两位来任选一个当前工作寄存器区（组），这一特点使 AT89S51 具有快速保护现场功能，这对于提高程序的效率和响应中断的速度是很有利的。

5.1.5 位寻址空间

CPU 不仅对内部 RAM 20H～2FH 这 16 个单元有字节寻址功能，而且具有位寻址的功能。给这 128 位赋以位地址 00H～7FH，CPU 能直接寻址这些位。其中字节 20H 中 8 位 D7～D0 定义为 07H～00H，如表 5.2 所示。

表 5.2 位地址空间

字节地址	位地址								
F0H	B	F7H	F6H	F5H	F4H	F3H	F2H	F1H	F0H
E0H	ACC	E7H	E6H	E5H	E4H	E3H	E2H	E1H	E0H
D0H	PSW	D7H	D6H	D5H	D4H	D3H	D2H	D1H	D0H
B8H	IP	BFH	BEH	BDH	BCH	BBH	BAH	B9H	B8H
B0H	P3	B7H	B6H	B5H	B4H	B3H	B2H	B1H	B0H

续表

字节地址	位地址								
A8H	IE	AFH	AEH	ADH	ACH	ABH	AAH	A9H	A8H
A0H	P2	A7H	A6H	A5H	A4H	A3H	A2H	A1H	A0H
98H	SCON	9FH	9EH	9DH	9CH	9BH	9AH	99H	98H
90H	P1	97H	96H	95H	94H	93H	92H	91H	90H
88H	TCON	8FH	8EH	8DH	8CH	8BH	8AH	89H	88H
80H	P0	87H	86H	85H	84H	83H	82H	81H	80H
2FH	无	7FH	7EH	7DH	7CH	7BH	7AH	79H	78H
2EH	无	77H	76H	75H	74H	73H	72H	71H	70H
2DH	无	6FH	6EH	6DH	6CH	6BH	6AH	69H	68H
2CH	无	67H	66H	65H	64H	63H	62H	61H	60H
2BH	无	5FH	5EH	5DH	5CH	5BH	5AH	59H	58H
2AH	无	57H	56H	55H	54H	53H	52H	51H	50H
29H	无	4FH	4EH	4DH	4CH	4BH	4AH	49H	48H
28H	无	47H	46H	45H	44H	43H	42H	41H	40H
27H	无	3FH	3EH	3DH	3CH	3BH	3AH	39H	38H
26H	无	37H	36H	35H	34H	33H	32H	31H	30H
25H	无	2FH	2EH	2DH	2CH	2BH	2AH	29H	28H
24H	无	27H	26H	25H	24H	23H	22H	21H	20H
23H	无	1FH	1EH	1DH	1CH	1BH	1AH	19H	18H
22H	无	17H	16H	15H	14H	13H	12H	11H	10H
21H	无	0FH	0EH	0DH	0CH	0BH	0AH	09H	08H
20H	无	07H	06H	05H	04H	03H	02H	01H	00H

5.1.6 堆栈和数据缓冲区

原则上AT89S51单片机的堆栈可以设在内部RAM的任意区域内，但是一般设在30H～7FH的范围内。栈顶的位置由堆栈指针SP指出。堆栈指针是8位的，而且堆栈是向上生成的。复位时SP＝07H，30H～7FH也可作为数据缓冲区使用。工作寄存器区、位地址区、堆栈等没有用上的RAM空间都可用作数据缓冲区。

5.1.7 特殊功能寄存器

AT89S51单片机内除程序计数器(PC)和4个工作寄存器区外，所有其他寄存器如I/O口锁存器、定时器、数据地址指针，各种控制寄存器都是以特殊功能寄存器(SFR)的形式出现的。AT89S51有21个特殊功能寄存器，它们离散地分布在80H～FFH的地址空间内，并允许其同访问内部RAM一样方便地访问特殊功能寄存器。这些特殊功能寄存器和内部RAM一样，拥有大量逻辑操作指令。两者之间也存在明显区别，即对于特殊功能寄存器，只有直接寻址的指令。

特殊功能寄存器大致可以分为两类，一类与I/O有关，即P0～P3；另一类作芯片内部功能控制用,如表5.3所示。

表5.3 特殊功能寄存器地址对照表

寄存器符号	寄存器名称	地址
# B	B寄存器	F0H
# ACC	累加器	E0H
# PSW	程序状态字	D0H
# IP	中断优先级控制寄存器	B8H
# P3	P3口	B0H
# IE	中断允许控制寄存器	A8H
# P2	P2口	A0H
SBUF	串行口数据缓冲器	99H
# SCON	串行口控制寄存器	98H
# P1	P1口	90H
TH1	定时器/计数器1(高字节)	8DH
TH0	定时器/计数器0(高字节)	8CH
TL1	定时器/计数器1(低字节)	8BH
TL0	定时器/计数器0(低字节)	8AH
TMOD	定时器/计数器 方式控制寄存器	89H
# TCON	定时器/计数器 控制寄存器	88H
PCON	电源控制寄存器	87H
DPH	数据地址指针(高字节)	83H
DPL	数据地址指针(低字节)	82H
SP	堆栈指针	81H
# P0	P0口	80H

注:标有#的寄存器既可字节寻址,也可位寻址。

5.2 数据存储类型

使用C51语言编程时必须考虑数据的存储类型,以及它与51单片机存储器结构的联系,这是因为C51语言是面向51单片机及其硬件控制系统的应用编程语言。它定义的任何数据类型必须以一定的形式定位在AT89S51单片机内部RAM的某一区域中,否则将失去实际意义。

5.2.1 C51的存储类型

AT89S51单片机内部数据存储区是可读写的,最大可达到256B。其中低128B可以直接寻址,高128B只能间接寻址。低128B中的20H～2FH可位寻址。因此内部数据存储区可分为3个不同的存储类型:data、idata、bdata。

外部RAM也是可读写的,访问外部RAM比访问内部RAM要慢,因为外部RAM是通过数据指针加载地址来间接访问的。C51提供两种不同的存储类型(xdata和pdata)用来访问外部RAM。

AT89S51 单片机的程序存储区只能读不能写。程序存储区可能在 AT89S51 单片机内部,也可能在其外部,或者内外部都有程序存储器,这由 AT89S51 单片机硬件电路决定(可参考 5.1 节)。C51 语言提供了 code 存储类型用来访问程序存储区。

在使用 C51 语言编程时,可以给每个变量明确地分配指定的存储空间。由于内部 RAM 的访问速度明显快于外部 RAM,因此应将频繁使用的变量放在内部 RAM 中,而把较少使用的变量放在外部 RAM 中。对于各存储空间的简单描述如表 5.4 所示。

表 5.4 C51 语言的存储类型与 AT89S51 存储空间的关系

C51 存储类型	描　述
DATA	片内 RAM 的低 128B
BDATA	片内 RAM 的位寻址区(20H～2FH)
IDATA	片内 RAM 的 256B,必须使用间接寻址
XDATA	外部数据存储区,使用 DPTR 间接寻址
PDATA	外部存储区的 256B,通过 P0 口的地址对其寻址
CODE	程序存储,使用 DPTR 寻址

5.2.2 绝对地址访问

访问单片机存储器空间绝对地址是通过关键字_at_实现的,其一般形式如下:

```
[存储器类型] 数据类型说明符变量名 _at_地址常数;
```

其中,存储器类型为 C51 语言能识别的各种数据类型,如果省略,则按照存储模式规定的默认存储器类型确定变量的存储区域。数据类型为 C51 语言支持的数据类型。地址常数用于指定变量的绝对地址,必须位于有效的存储空间之内,使用_at_定义的变量必须为全局变量。

【例 5-1】 使用_at_访问单片机存储空间绝对地址。

```
void main(void)
{
    data unsigned char x1_at_0x40;        //data 区定义字节变量 x1,其地址是 0x40
    xdata unsigned int x2_at_0x2000;      //xdata 区定义变量 x2,其地址是 0x2000
    x1 = 0xff;
    x2 = 0x1111;
    .............................//其他程序
    for(;;);
}
```

5.2.3 C51 的扩展数据类型

C51 的扩展数据类型是用于访问 AT89S51 单片机内部的特殊寄存器(Special

Function Register，SFR)。使用C51语言访问51单片机I/O口的方法可分为两类：一类是使用sfr定义1个8位I/O口；另一类是使用sbit定义1位I/O口。下面依次介绍。

1. 使用sfr进行访问

sfr是一种扩充数据类型，占用一个内存单元，值域为0～255。利用它可以访问51单片机内部的所有特殊功能寄存器。如使用sfr P1＝0x90定义P1为P1端口所在片内的寄存器，那么在后面的程序语句中可以使用P1＝0xFF(对P1端口的所有引脚置高电平)之类的语句来操作P1端口。具体定义方法如下：

```
sfr  特殊功能寄存器名 = 特殊功能寄存器地址常数;
sfr16  特殊功能寄存器名 = 特殊功能寄存器地址常数;
```

sfr关键字后面通常为特殊功能寄存器名，等号后面是该特殊功能寄存器所对应的地址，必须是位于80H～FFH的常数，不允许包括带有运算符的表达式。sfr16等号后面是16位特殊功能寄存器的低位地址，高位地址一定要位于物理低位地址之上。

例如：分别定义P0、P1为P0端口、P1端口所在片内的寄存器，其实现代码如下。

```
sfr  P0 = 0x80;     //定义P0口,其地址0x80
sfr  P1 = 0x90;     //定义P1口,其地址0x90
```

2. 使用sbit访问I/O口

sbit用于定义字节中的位变量，利用它可以访问片内RAM或特殊功能寄存器中可位寻址的位。访问特殊功能寄存器时，可以使用下述方法定义：

方法①：

```
sbit 位变量名 = 位地址
```

【例5-2】 位变量。

```
sbitP1_1 = 0x91;   //定义P1_1为位地址0x91
```

把位的绝对地址赋给位变量。同sfr一样，sbit的位地址必须位于80H～FFH。

方法②：

```
sbit 位变量名 = 字节地址^位的位置,如 sbit P1_1  = 0x90^1;
```

方法③：

```
sbit 位变量名 = 特殊功能寄存器名^位位置,如
sfr P1 = 0x90;      //先定义一个特殊功能寄存器名,再定义位变量名的位置
sbit P1_1 = P1^1;
```

方法③与②相类似，只是用特殊功能寄存器名取代其地址，这样在以后的程序语句中就可以用 P1_1 对 P1.1 引脚进行读/写操作了。

3. 特殊功能寄存器操作实例

【例 5-3】 AT89S51 系列内部特殊功能寄存器的定义。

```
sfr P0      = 0x80;
sfr SP      = 0x81;
sfr DPL     = 0x82;
sfr DPH     = 0x83;
sfr PCON    = 0x87;
sfr TCON    = 0x88;
sfr TMOD    = 0x89;
sfr TL0     = 0x8A;
sfr TL1     = 0x8B;
sfr TH0     = 0x8C;
sfr TH1     = 0x8D;
sfr P1      = 0x90;
sfr SCON    = 0x98;
sfr SBUF    = 0x99;
sfr P2      = 0xA0;
sfr IE      = 0xA8;
sfr P3      = 0xB0;
sfr IP      = 0xB8;
sfr PSW     = 0xD0;
sfr ACC     = 0xE0;
sfr B       = 0xF0;
/* ------------------------------------------------
P0 Bit Registers
------------------------------------------------ */
sbit P0_0 = 0x80;
sbit P0_1 = 0x81;
sbit P0_2 = 0x82;
sbit P0_3 = 0x83;
sbit P0_4 = 0x84;
sbit P0_5 = 0x85;
sbit P0_6 = 0x86;
sbit P0_7 = 0x87;
/* ------------------------------------------------
PCON Bit Values
------------------------------------------------ */
#define IDL_     0x01
#define STOP_    0x02
#define PD_      0x02   /* Alternate definition */
#define GF0_     0x04
#define GF1_     0x08
#define SMOD_    0x80
/* ------------------------------------------------
```

```
TCON Bit Registers
------------------------------------------------ */
sbit IT0   = 0x88;
sbit IE0   = 0x89;
sbit IT1   = 0x8A;
sbit IE1   = 0x8B;
sbit TR0   = 0x8C;
sbit TF0   = 0x8D;
sbit TR1   = 0x8E;
sbit TF1   = 0x8F;
/* ------------------------------------------------
TMOD Bit Values
------------------------------------------------ */
#define T0_M0_   0x01
#define T0_M1_   0x02
#define T0_CT_   0x04
#define T0_GATE_ 0x08
#define T1_M0_   0x10
#define T1_M1_   0x20
#define T1_CT_   0x40
#define T1_GATE_ 0x80
#define T1_MASK_ 0xF0
#define T0_MASK_ 0x0F
/* ------------------------------------------------
P1 Bit Registers
------------------------------------------------ */
sbit P1_0 = 0x90;
sbit P1_1 = 0x91;
sbit P1_2 = 0x92;
sbit P1_3 = 0x93;
sbit P1_4 = 0x94;
sbit P1_5 = 0x95;
sbit P1_6 = 0x96;
sbit P1_7 = 0x97;
/* ------------------------------------------------
SCON Bit Registers
------------------------------------------------ */
sbit RI    = 0x98;
sbit TI    = 0x99;
sbit RB8   = 0x9A;
sbit TB8   = 0x9B;
sbit REN   = 0x9C;
sbit SM2   = 0x9D;
sbit SM1   = 0x9E;
sbit SM0   = 0x9F;
/* ------------------------------------------------
P2 Bit Registers
------------------------------------------------ */
sbit P2_0 = 0xA0;
```

```
sbit P2_1  =  0xA1;
sbit P2_2  =  0xA2;
sbit P2_3  =  0xA3;
sbit P2_4  =  0xA4;
sbit P2_5  =  0xA5;
sbit P2_6  =  0xA6;
sbit P2_7  =  0xA7;
/* ------------------------------------------------
IE Bit Registers
------------------------------------------------ */
sbit EX0    = 0xA8;     /* 1 = Enable External interrupt 0 */
sbit ET0    = 0xA9;     /* 1 = Enable Timer 0 interrupt */
sbit EX1    = 0xAA;     /* 1 = Enable External interrupt 1 */
sbit ET1    = 0xAB;     /* 1 = Enable Timer 1 interrupt */
sbit ES     = 0xAC;     /* 1 = Enable Serial port interrupt */
sbit ET2    = 0xAD;     /* 1 = Enable Timer 2 interrupt */
sbit EA     = 0xAF;     /* 0 = Disable all interrupts */
/* ------------------------------------------------
P3 Bit Registers (Mnemonics & Ports)
------------------------------------------------ */
sbit P3_0   = 0xB0;
sbit P3_1   = 0xB1;
sbit P3_2   = 0xB2;
sbit P3_3   = 0xB3;
sbit P3_4   = 0xB4;
sbit P3_5   = 0xB5;
sbit P3_6   = 0xB6;
sbit P3_7   = 0xB7;
sbit RXD    = 0xB0;     /* Serial data input */
sbit TXD    = 0xB1;     /* Serial data output */
sbit INT0   = 0xB2;     /* External interrupt 0 */
sbit INT1   = 0xB3;     /* External interrupt 1 */
sbit T0     = 0xB4;     /* Timer 0 external input */
sbit T1     = 0xB5;     /* Timer 1 external input */
sbit WR     = 0xB6;     /* External data memory write strobe */
sbit RD     = 0xB7;     /* External data memory read strobe */
/* ------------------------------------------------
IP Bit Registers
------------------------------------------------ */
sbit PX0    = 0xB8;
sbit PT0    = 0xB9;
sbit PX1    = 0xBA;
sbit PT1    = 0xBB;
sbit PS     = 0xBC;
sbit PT2    = 0xBD;
/* ------------------------------------------------
PSW Bit Registers
------------------------------------------------ */
sbit P      = 0xD0;
```

```
sbit FL   = 0xD1;
sbit OV   = 0xD2;
sbit RS0  = 0xD3;
sbit RS1  = 0xD4;
sbit F0   = 0xD5;
sbit AC   = 0xD6;
sbit CY   = 0xD7;
```

5.2.4 C51变量的存储模式

指定存储器类型的方法是在命令行中使用SMALL、COMPACT、LARGE控制命令中的一个。

【例5-4】 指定存储类型为small类型。

```
void fun1(void)small{};   //指定存储类型为 small 类型
```

在使用C51语言编程时,如果在变量定义时省略存储类型标识符,编译器会自动默认存储类型。默认的存储类型由SAMLL、COMPACT、LARGE存储模式指令限制。例如,若声明char i,则在SAMLL存储模式下,i将被定位在data存储区;在COMPACT模式下,i将被定位在idata区;在LARGE模式下,i将被定位在xdata存储区。下面依次介绍各存储模式。

1. SMALL模式

在SMALL模式中,所有变量都默认位于51单片机内部的数据存储器中。这与使用data指定存储器类型的方式一样。在SMALL模式下,变量访问的效率很高,但所有数据对象和堆栈必须使用内部RAM。确定堆栈区的大小是很关键的,因为使用的堆栈空间是由不同函数嵌套的深度决定的。如果BL51链接/定位器将变量都配置在内部数据存储器内,则SMALL模式是最合适的选择。

2. COMPACT模式

在COMPACT模式中,所有变量都默认位于51单片机外部的数据存储器的一页内。这与使用pdata指定存储器类型的方式一样。COMPACT模式适合于变量不超过256B的情况。与SMALL模式相比,该存储器模式的效率比较低,对变量的访问速度也慢一些,但比下面要介绍的LARGE模式要快。

3. LARGE模式

在LARGE模式中,所有变量都默认位于51单片机外部的数据存储器中。这与使用xdata指定存储器类型的方式一样。LARGE模式比与SMALL模式和COMPACT模式的效率都要低。

5.2.5 C51的存储器指针

1. 通用指针

C51提供了一个3B的通用指针。通用指针的声明和使用均与标准C语言相同。在定义它的同时还可以说明其存储类型。

【例5-5】 C51通用指针。

```
long * star;  //为一个指向long型整数的指针,而star本身则根据存储模式存入不同的RAM区
char * xdata ptr;//为一个指向char数据的指针,而ptr自身存入外部RAM区
```

例5-5中的long、char指针指向的数据可存放于任何存储器中。通用指针产生的代码比指定存储区指针代码执行速度要慢,这是因为存储区在运行前是未知的,编译器不能优化存储区访问,必须产生可以访问任何存储区的通用代码。如果优先考虑执行速度,应尽可能地使用指定存储类型的指针,而不用通过指针。

通用指针使用3个字节保存,指针的第一字节表明指针所指的存储区的空间地址,另外两字节存储16位偏移量,但对data、idata和pdata区,使用8位偏移量就可以了。

2. 指定存储区指针

C51语言允许用户指定指针的存储段,这种指针称为存储区指针。

【例5-6】 指定指针的存储段。

```
char data * str     //str指向内部RAM字符型数据
int xdata * str1    //str1指向外部RAM整型数据
```

存储类型在编译时是确定的,通用指针所需的存储类型字节在指定存储器的指针中是不需要的,指定存储区需要一字节(idata、data、bdata、pdata指针)或两字节(code和xdata指针)。使用指定存储区指针的好处是节省存储空间,编译器不用为存储器选择和决定正确的存储器操作指令产生代码,使得代码更加简短,但必须保证指针不指向所声明的存储区以外的地方,否则会产生错误。

5.3 本章小结

本章主要介绍了AT89S51单片机的存储器结构及C51数据存储类型。C51数据存储类型与AT89S51单片机内部存储器的关系是使用C51编程的基础。另外,本章还讲解了单片机内部特殊功能寄存器的使用、C51指针的概念,以及通用指针与指定存储器指针的区别与各自的特点。这些内容也是后续章节的基础,读者在使用C51编程之前,应先熟悉单片机的存储结构。

5.4 习题

(1) AT89S51 单片机内部位寻址区的起始地址和结束地址分别是什么？

(2) C51 数据的存储类型分为哪几类？每一类各有什么特点？

(3) 如何使用 sfr 定义单片机的特殊功能寄存器？

(4) 根据所学的内容定义 4 个按键 key1～key4，并分别定义为 P3.0～P3.3。

第6章 C51函数(视频)

视频讲解

C51源程序是由一个或多个函数组成的。虽然前面各章所介绍的程序都只有一个主函数main,但是应用程序往往由多个函数组成。函数是C51源程序的基本模块,通过对函数模块的调用实现特定的功能。C51语言中还提供了专门用于服务51单片机中断的中断函数。用户可把自己的算法编成一个个相对独立的函数模块,然后用调用的方法来使用函数,使得C51程序结构清晰、明了。本章主要介绍C51函数的相关概念以及如何定义与使用函数。

6.1 函数概述

C51程序的全部工作都是由各式各样的函数完成的,所以也把C51语言称为函数式语言。由于采用了函数模块式的结构,使程序的层次结构清晰,便于程序的编写、阅读、调试。C51程序中函数的数目实际上是不限制的,但是一个完整的C51程序必须包含一个主函数,即void main(void),而且只能有一个主函数,整个程序都从主函数开始执行。另外,在C51语言中,所有的函数定义(包括主函数main在内)都是平行的。也就是说,在一个函数的函数体内,不能再定义另一个函数,即不能嵌套定义。但是函数之间允许相互调用,也允许嵌套调用。习惯上把调用者称为主调函数,把被调用的函数称为被调函数。函数还可以自己调用自己,称为递归调用。main函数是主函数,它可以调用其他函数,而不允许被其他函数调用。

在C51语言中可从不同的角度对函数分类。

1. 从函数定义角度分类

从函数定义的角度可将C51函数分为库函数和用户定义函数两种。

1) 库函数

由C51编译系统提供,用户无须定义,也不必在程序中作类型说明,在使用时只需在程序前包含有该函数原型的头文件,即可在程序中直接调用。在前面各章例题中反复用到的printf函数就属于库函数。

【例 6-1】 通过单片机串口打印“HELLO !”。

```
#include "stdio.h"
void main(void)
{
    /******* 省略的串口初始化程序 ******************/
    // ..................................................
    /**************** 调用库函数 ***********************/
    printf("HELLO !");
}
```

2）用户定义函数

由用户按特定需要所编写的函数称为用户自定义函数。对于用户自定义函数，不仅要在程序中定义函数本身，而且在主调函数模块中还必须对该被调函数进行类型说明，然后才能使用。

【例 6-2】 某应用程序中的自定义函数定义形式如下。

```
//与定义相对应的函数内容
void LCM_RD_BUSY(void)
{
............................
}
void LCM_WR_CMD(uchar)
{
............................
}
void LCM_WR_DAT(uchar)
{
............................
}
void LCM_WR(uchar,uchar)
{
............................
}
```

2. 从函数有无返回值分类

从函数有无返回值，可把函数分为有返回值函数和无返回值函数两种。

1）有返回值函数

此类函数被调用执行后，将向调用者返回一个执行结果，称为函数返回值，按键的键值处理函数即属于此类函数。由用户定义的这种需要返回函数值的函数，必须在函数定义和函数说明中明确返回值的类型。下面以按键处理函数为例，说明有返回值的函数。

【例 6-3】 某单片机系统程序中的矩阵键盘的键值处理函数。

通过对应的按键扫描码返回相应的按键值，所以 KeyPad(key)是有返回值的函数。

```
unsigned char KeyPad(unsigned char key)       //说明函数返回值为 unsigned char 型
{
    unsigned char keyID;
    switch(key)
    {
        case 0x7e: keyID = 0;break;            //0 号按键被按下
        ……省略的代码
    }
    return keyID;                              //返回键值
}
```

2）无返回值函数

此类函数用于完成某项特定的处理任务，执行完成后不向调用者返回函数值。这类函数类似于其他语言的过程。由于函数无须返回值，用户在定义此类函数时可指定它的返回为"空类型"，空类型的说明符为 void。

【例 6-4】 1ms 的延时函数。

延时函数能向系统提供一定时间的延时，但是它没有返回值，所以是无返回值函数。

```
void delaytime(void)        //函数返回值为空(void)
{
    unsigned char i = 125;
    while(i -- );
}
```

3. 从函数有无参数分类

从主调函数和被调函数之间数据传送的角度，C51 函数又可分为无参函数和有参函数两种。

1）无参函数

无参函数在函数定义、函数说明及函数调用中均不带参数。主调函数和被调函数之间不进行参数传送。此类函数通常用来完成一组指定的功能，可以返回或不返回函数值。如例 6-4 中的延时函数。

2）有参函数

有参函数也称为带参函数，在函数定义及函数说明时都有参数，称为形式参数（简称为形参）。在函数调用时也必须给出参数，称为实际参数（简称为实参）。进行函数调用时，主调函数将把实参的值传送给形参，供被调函数使用。

【例 6-5】 通过主函数调用延时函数。

```
void delaytime(unsigned char time); //声明延时函数，并定义其为带入口参数的函数，无返回值
void main(void)
{
    delaytime(100);                 //调用延时函数产生 100ms 的延时
    //其他程序
```

```
}
//延时函数的实际内容如下
void delaytime(unsigned char time)
{
    unsigned char i;                    //定义循环条件控制变量
    while(time--)
    {
        for(i=0;i<=125;i++){;}         //延时 1ms
    }
}
```

6.2 函数定义的一般形式

不同的函数形式具有不同的定义方式,下面从有无入口参数分类讲解函数的定义形式。

6.2.1 C51 无参函数的一般形式

无参函数的一般形式如下:

```
类型说明符 函数名()
{
    类型说明
    语句
}
```

其中类型说明符和函数名称为函数头。类型说明符指明了本函数的返回值类型。函数名是由用户定义的标识符,函数名后有一个空括号,其中无参数,但括号不可少。{}中的内容称为函数体。在函数体中也有类型说明,这是对函数体内部所用到的变量的类型说明。在很多情况下都不要求无参函数有返回值,此时函数类型符可以写为 void(即无返回值函数)。

【例 6-6】 定义一个 PrintHello 函数,通过 51 单片机串口打印"Hello,world"字符串。其定义方法如下:

```
void PrintHello(void)          //定义为 void,无返回值
{
    printf ("Hello,world \n");
}
```

6.2.2 C51 有参函数的一般形式

有参函数的一般形式如下:

```
类型说明符 函数名(形式参数表)
形式参数类型说明
{
    类型说明
    语句
}
```

有参函数比无参函数多了两项内容：形式参数表和形式参数类型说明。在形式参数表中给出的参数称为形式参数，它们可以是各种类型的变量，各参数之间用逗号间隔。在进行函数调用时，主调函数将把实际的值赋予这些形式参数。形式参数既然是变量，就必须给以类型说明。

【例 6-7】 定义一个函数，用于求两个数中的大数，如下。

```
int max(a,b)
int a,b;
{
    if (a > b)
    {
        return a;
    }
    else
    {
        return b;
    }
}
```

第一行说明 max 函数是一个整型函数，其返回的函数值是一个整数，形式参数为 a、b。第二行说明 a、b 均为整型量。a、b 的具体值是由主调函数在调用时传送过来的。在{}中的函数体内，除形式参数外没有使用其他变量，因此只有语句而没有变量类型说明。上述这种定义方法称为“传统格式”。这种格式不利于编译系统检查，从而会引起一些非常细微而且难于跟踪的错误。ANSI C 的新标准把对形式参数的类型说明合并到形式参数表中，称为“现代格式”。

例 6-7 中的 max 函数用现代格式可定义为：

```
int max(int a,int b)
{
    if(a > b)
    {
        return a;
    }
    else
    {
        return b;
    }
}
```

在C语言程序中,一个函数的定义可以放在任意位置,既可放在主调函数之前,也可放在主调函数之后。如果放在被调函数之后,需要在程序开头声明此被调函数。下面依次举例讲解。

【例 6-8】 被调函数放在主调函数之前,可以省略此被调函数的声明。

```
//被调函数放在主调函数之前
int max(int a,int b)
{
    if(a>b)
    {
        return a;
    }
    else
    {
        return b;
    }
}
void main(void)
{
    int max(int a,int b);
    int x,y,z;
    printf("input two numbers:\n");
    scanf("%d%d",&x,&y);
    z=max(x,y);
    printf("maxmum=%d",z);
}
```

【例 6-9】 被调函数放在主调函数之后,需要在程序开头声明此被调函数。

```
int max(int a,int b);           //声明该被调函数
void main(void)
{
    int max(int a,int b);
    int x,y,z;
    printf("input two numbers:\n");
    scanf("%d%d",&x,&y);
    z=max(x,y);
    printf("maxmum=%d",z);
}
//被调函数放在主调函数之后
int max(int a,int b)
{
    if(a>b)
        return a;
    else
        return b;
}
```

6.3 函数的形式参数和实际参数

形式参数与实际参数都是函数的入口参数，下面具体介绍。

6.3.1 形式参数

形式参数是在函数定义时，将定义的一个或多个变量作为函数的入口参数。如例6-9中int max(int a,int b)中的a和b都是形式参数。形式参数是概念上的定义，并不传递实际的数值，却为实际参数传入提供接口。

6.3.2 实际参数

实际参数是函数在被其他函数调用时，从其他函数传入的实际变量值。

【例6-10】 通过实际参数调用延时函数的实例实现了函数参数的传递。

```
void delaytime(unsigned char time); //声明延时函数，并定义其为带入口参数的函数，无返回值
void main(void)
{
    delaytime(100);                 //通过实际参数100，调用延时函数产生100ms的延时
}
//延时函数的实际内容如下
void delaytime(unsigned char time)  //说明形式参数为无符号字符型，因此其接收的实际参数
                                    //不能大于255
{
    unsigned char i;                //定义循环条件控制变量
    while(time--)
    {
        for(i=0;i<=125;i++){;}      //延时1ms
    }
}
```

例6-10中delaytime(100)函数内的100即为实际参数，而定义时使用的unsigned char time即为形式参数。当函数作为另一个函数调用的实际参数出现时，实际上是把该函数的返回值作为实参进行传送，因此要求该函数必须是有返回值的。

【例6-11】 功能函数调用有返回值的按键处理函数。

```
Function(KeyPad(key));
```

即把KeyPad(key)调用的返回值作为Function(unsigned char Fun)函数的实际参数来使用。下面将给出KeyPad(unsigned char key)和Function(unsigned char Fun)的函数原型，供读者学习时参考。

(1) KeyPad函数。KeyPad函数只负责按键键值处理，与其他模块函数相对独立。

```
unsigned char KeyPad(unsigned char key)       //说明函数返回值为 unsigned char 型
{
    unsigned char keyID;
    switch(key)
    {
        case 0x7e: keyID = 0;break;           //0 号按键被按下
        case 0x7d: keyID = 1;break;           //1 号按键被按下
        ……省略的代码
    }
    return keyID;                             //返回键值
}
```

(2) Function 函数。Function 函数根据入口参数传入的值不同而执行的功能也不同,本例的功能就是通过数码管显示相应的数字。可以看出,它并不直接与按键相联系,这使得程序的模块相互独立,因此修改 Function 函数内的相关内容并不影响 KeyPad 函数的正常使用。相互独立的函数模块通过参数传递相互联系,因此使得整个系统能正常工作。

```
unsigned char LedCode[] = {0x3f,0x06,0x5b,0x4f,0x66,0x6d,0x7d,0x07,0x7f,0x6f};
void Function(unsigned char Fun)
{
    switch(Fun)
    {
        case 0x7e:P0 = LedCode [0];break;     //0 被按下通过数码管显示 0
        case 0x7d:P0 = LedCode [1];break;     //1 被按下通过数码管显示 1
        ……省略的代码
    }
}
```

6.3.3 函数的返回值

函数的返回值是函数处理后的结果,在被调用函数的最后,通过 return 语句将函数的返回值返回给主调函数。其格式为:

```
return (表达式);
//或
return   表达式;
//或
return;
```

对于不需要有返回值的函数,可以将该函数定义为 void 类型。为了使程序减少出错,保证函数的正确使用,凡是不要求有返回值的函数,都应将其定义为 void 类型。

在单片机系统中,通常以调用有返回值的函数来判断硬件运行的某个状态。

例如:某单片机系统中的摄像头初始化函数 CamerIni,当摄像头初始化成功后就会返回1，若初始化失败则返回0。因此，主调函数通过调用CamerIni函数并判断其返回值的内容就可以判断摄像头是否初始化成功。

【例6-12】 求两个数的最大值函数。

该函数处理后的结果是返回a和b中的最大值。

```
int max(int a, int b)
{
    if(a > b)
    {
        return a;
    }
    else
    {
        return b;
    }
}
```

【例6-13】 按键扫描函数。

KeyScan函数的作用是，若检测到按键有按下则返回1，否则返回0。因此调用此函数后只需要判断其返回的内容就可知道是否有按键被按下。

```
char KeyScan(void)
{
    if(Key == 0)
    {
        return 1;
    }
    else
    {
        return 0;
    }
}
```

6.3.4 函数的形参和实参的特点

函数的形参和实参具有以下特点。

(1) 形参变量只有在被调用时才分配内存单元，在调用结束时，即刻释放所分配的内存单元。因此，形参只有在函数内部有效。函数调用结束并返回主调函数后，则不能再使用该形参变量。

(2) 实参可以是常量、变量、表达式、函数等，无论实参是何种类型的量，在进行函数调用时，它们都必须具有确定的值，以便把这些值传送给形参。因此，应预先用赋值、输入等办法使实参获得确定值。

(3) 实参和形参在数量、类型、顺序上应严格一致，否则会发生“类型不匹配”的错误。

(4) 函数调用中发生的数据传送是单向的，即只能把实参的值传送给形参，而不能把形参的值反向地传送给实参。因此在函数调用过程中,形参的值发生改变,而实参中的值不会变化。

6.4 函数的调用

使用C51语言编写好的各模块函数都可以被某个函数调用,在某个特定的场合实现某种功能。本节将介绍有关函数调用的相关内容。

6.4.1 函数调用的一般形式

函数调用的一般形式有以下几种。

1) 函数语句

直接调用函数,实现某种特定的功能。

【例 6-14】 函数语句。

```
delaytime();
Funciton();
printf("Hello,World!\n");
```

2) 函数表达式

通过函数表达式将函数的返回值赋给相应的变量。

【例 6-15】 函数表达式。

```
m = max(a,b) * 2;
keyvalue = KeyPad(key);
```

3) 函数参数

函数的实参直接使用被调函数的返回值。

【例 6-16】 使用被调函数的返回值作为实参。

```
printf(" %d",max(a,b));
m = max(a,max(b,c));
Function(KeyPad(key));
```

6.4.2 函数调用需要注意的事项

6.2.2节介绍了自定义功能函数的定义方式,并初步介绍了有关自定义函数调用的一些内容,本节将在此基础上继续讲解函数调用的相关内容。

1. 先声明,后调用

(1) 自定义功能子函数位于主调函数前面时,可以直接调用被调函数,无须声明被调函数。

(2) 自定义功能子函数位于主调函数后面，需要用声明语句声明子函数。程序如下：

```
void delay(void);        /*声明子函数*/
void light1(void);       /*声明子函数*/
void light2(void);       /*声明子函数*/
```

2. 函数的连接

当程序中子函数与主函数不在同一个程序文件时，要通过连接的方法实现有效的调用。一般有两种方法，即外部声明与文件包含。

1) 外部声明

程序如下：

```
extern void delay(void);        /*声明该函数在其他文件中*/
extern void light1(void);       /*声明该函数在其他文件中*/
extern void light2(void);       /*声明该函数在其他文件中*
```

2) 文件包含

程序如下：

```
#include <REG51.H>
#include  "user.c"
/*包含文件user,一般情况下,user与主函数程序文件在同一文件夹下,即当前文件夹.与包含头文件也有所不同,是用双引号给出包含文件的文件名*/
```

6.4.3 函数的嵌套调用

在C51语言中，函数不可以嵌套定义，但是可以嵌套调用。其调用示意图如图6.1所示。

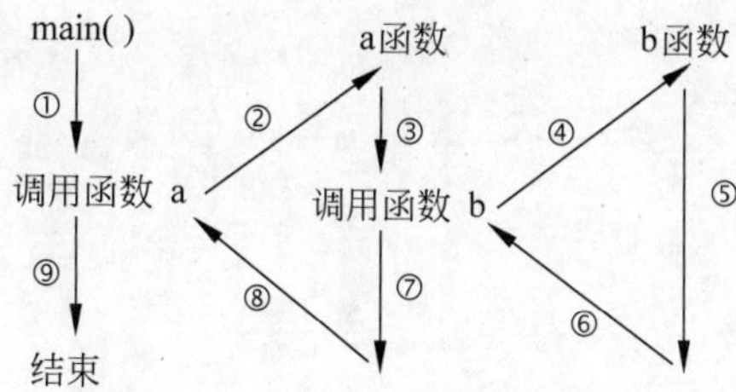

图6.1 函数嵌套调用示意图

【例6-17】 函数嵌套调用。

某单片机系统中的按键功能函数Function调用按键处理函数KeyPad，而按键处理函数KeyPad又调用了键盘扫描函数KeyScan。这种调用方式就属于嵌套调用。其程序代码如下：

```
void Function(unsigned char Fun)
{
    Fun = KeyPad();              //Function 函数调用 KeyPad 函数
    ......................       //其他语句
}
unsigned char Keypad()
{
    Keyvalue = KeyScan();        //KeyPad 函数调用 KeyScan 函数
    ......................       //其他语句
    return Keyvalue;
}
unsigned char KeyScan();
{
    ......................       //其他语句
}
```

【例 6-18】 求 3 个数中最大数和最小数的差值。

下面程序代码中共定义了 4 个函数：主函数、求差值函数、求最大数函数、求最小数函数。其调用过程为主函数调用求差值函数 dif，dif 函数分别调用求最大值函数和求最小值函数，并获得差值。

```
int dif(int x,int y,int z);
int max(int x,int y,int z);
int min(int x,int y,int z);
/*************** 主函数 ****************************/
void main(void)
{   int a,b,c,d;
    scanf("%d%d%d",&a,&b,&c);
    d = dif(a,b,c);                  //调用求差值函数
    printf("Max - Min = %d\n",d);    //输出结果
}
/*************** 求差值函数 ************************/
int dif(int x,int y,int z)
{
    return max(x,y,z) - min(x,y,z);
}
/*************** 求最大数函数 ***********************/
int max(int x,int y,int z)
{
    int r;
    r = x > y?x:y;
    return(r > z?r:z);
}
/*************** 求最小数函数 ***********************/
int min(int x,int y,int z)
{
    int r;
    r = x < y?x:y;
```

```
    return(r<z?r:z);
}
```

【例 6-19】 计算 $s=2^2!+3^2!$。

可编写两个自定义函数,一个用来计算平方值的函数(fun1);另一个用来计算阶乘值的函数(fun2)。主函数先调用 fun1 计算出平方值,再在 fun1 中以平方值为实参,调用 fun2 计算其阶乘值,然后返回 fun1,再返回主函数,在循环程序中计算累加和。其程序代码如下:

```
/******************** 求平方值函数 ******************************/
long fun1(int p)
{
    int k;
    long r;
    long fun2(int q);
    k=p*p;
    r=fun2(k);
    return r;
}
/******************** 求阶乘函数 ******************************/
long fun2(int q)
{
    long c=1;
    int i;
    for(i=1;i<=q;i++)
    {
        c = c*i;
    }
    return c;
}
/******************** 主函数 ******************************/
void main(void)
{
    int i;
    long s=0;
    for (i=2;i<=3;i++)
    {
        s = s+f1(i);
    }
    printf("\ns=%ld\n",s);
}
```

在程序中,函数 fun1 和 fun2 均为长整型,都在主函数之前定义,故不必再在主函数中对 fun1 和 fun2 加以说明。在主程序中,执行循环程序依次把 i 值作为实参调用函数 fun1 求 fun2 值。在 fun1 中又发生对函数 fun2 的调用,这时是把 i^2 的值作为实参去调用 fun2,在 fun2 中完成求 $i^2!$ 的计算。fun2 执行完毕把 C 值(即 $i^2!$)返回给 fun1,再由 fun1 返回主函数实现累加。至此,由函数的嵌套调用实现了题目的要求。由于数值很大,所以函数和一些变量的类型都声明为长整型,否则会造成计算错误。

6.5 数组作为函数参数

数组(相关内容请参阅第 7 章)作为函数参数可分为两种情况:数组元素、数组名。下面依次介绍。

6.5.1 用数组元素作实参

用数组元素作实参时,只要数组类型和函数的形参变量的类型一致,那么作为下标变量的数组元素的类型和函数形参变量的类型是一致的。因此,并不要求函数的形参也是下标变量。换句话说,对数组元素的处理是按普通变量对待的。在普通变量或下标变量作函数参数时,形参变量和实参变量是由编译系统分配的两个不同的内存单元。在函数调用时发生的值传送是把实参变量的值赋予形参变量。

【例 6-20】 某单片机系统程序中数码管的显示程序。

显示程序中函数 Disp 通过 for 循环依次调用 LED_SUM 数组中 0～9 的编码,然后将之送到 P2 口。其程序代码如下:

```
#include"reg51.h"
void delay(int time);                       //声明延时函数
sfr  LED = 0xA0;                            //定义 LED 为 P2 口地址
unsigned char code LED_SUM[10] = { 0xfc,0x61,0xda,0xf2,0x66,0xb6,0xbe,0xe0,0xfe,0xf6};
                                            //0～9 的显示编码存储于 LED_SUM 中
void Disp(unsigned char LedValue)
{
    LED = LedValue;                         //根据 i 的值将 LED_SUM 数组中的编码送到 P2 口显示
}
void delay(int time)                        //定义延时函数
{
    unsigned char i;                        //定义循环条件控制变量
    while(time -- )
    {
        for(i = 0;i <= 125;i++){;}          //延时 1ms
    }
}
void main(void)
{
    int i;
    for(i = 0;i <= 9;i++)
    {
        Disp(LED_SUM[i]);                   //调用 Disp 函数
        delay(1000);                        //延时 1s
    }
}
```

6.5.2 用数组名作实参

用数组名作函数参数时,要求形参和相对应的实参都必须是类型相同的数组,都必须有明确的数组说明。当形参和实参二者不一致时,即会发生错误。在用数组名作函数参数时,并不是值传递(即不是把实参数组的每一个元素的值都赋予形参数组的各个元素)。实际上形参数组并不存在,编译系统不为形参数组分配内存。因为数组名就是数组的首地址,因此在数组名作函数参数时所进行的传送只是地址的传送。也就是说,把实参数组的首地址赋予形参数组名,形参数组名取得该首地址之后,也就等于有了实在的数组。实际上是形参数组和实参数组为同一数组,共同拥有一段内存空间。

【例 6-21】 将例 6-20 中的调用形式改变数组名的方式。

```
sfr  LED = 0xA0;                           //定义 LED 为 P2 口地址
unsigned char code LED_SUM[10] = { 0xfc,0x61,0xda,0xf2,0x66,0xb6,0xbe,0xe0,0xfe,0xf6};
                                           //0～9 的显示编码
void Disp(unsigned char LedValue[])        //定义显示函数,通过数组名方式传入数组元素
{
    int i;
    for(i = 0;i <= 9;i++)
    {
        LED =  LedValue[i];                //根据 i 的值将 LED_SUM 数组中的编码送到 P2 口显示
        delay(1000);                       //延时 1s
    }
}
void main(void)
{
    Disp(LED_SUM);                         //调用 Disp 函数
}
```

6.5.3 用数组名作实参应注意的事项

视频讲解

用数组名作为函数参数时应注意以下几点。

(1) 形参数组和实参数组的类型必须一致,否则将引起错误。

(2) 形参数组和实参数组的长度可以不相同,因为在调用时,只传送首地址而不检查形参数组的长度。当形参数组的长度与实参数组不一致时,虽不至于出现语法错误(即编译能通过),但程序执行结果将与实际不符,这是应当予以注意的。

6.6 局部变量和全局变量

在讲解函数的形参变量时曾经提到,形参变量只在被调用期间才分配内存单元,调用结束立即释放。这一点表明形参变量只有在函数内才是有效的,离开该函数就不能再使用了。这种变量的有效性的范围称为变量的作用域。不仅对于形参变量,C51 语言中

所有的量都有自己的作用域。变量说明的方式不同,其作用域也不同。C51 语言中的变量,按作用域范围可分为两种,即局部变量和全局变量。

6.6.1 局部变量

局部变量也称为内部变量。局部变量是在函数内作定义说明的。其作用域仅限于该函数内部,离开该函数后再使用这种变量就是非法的。

【例 6-22】 函数局部变量定义。

```
/ ************** a,b,c 作用域仅限于 f2 函数中 ********************* /
int f1(int a)        /* 函数 f1 */
{
    int b,c;
    …
}
/ ************** x,y,z 作用域仅限于 f2 函数中 ********************* /
int f2(int x)        /* 函数 f2 */
{
    int y,z;
}
/ ************** m,n 作用域仅限于 main 函数中 ********************* /
void main(void)
{
    int m,n;
}
```

在函数 f1 内定义了 3 个变量：a 为形参,b、c 为一般变量。在 f1 的范围内 a、b、c 有效,或者说 a、b、c 变量的作用域限于 f1 内。同理,x、y、z 的作用域限于 f2 内。m、n 的作用域限于 main 函数内。

6.6.2 局部变量作用域

关于局部变量的作用域需说明以下几点。

(1) 主函数中定义的变量也只能在主函数中使用,不能在其他函数中使用。同时,主函数中也不能使用其他函数中定义的变量。因为主函数也是一个函数,它与其他函数是平行关系。这一点与其他语言不同,应予以注意。

(2) 形参变量属于被调函数的局部变量,实参变量是属于主调函数的局部变量。

(3) 允许在不同的函数中使用相同的变量名,它们代表不同的对象,分配不同的单元,互不干扰,也不会发生混淆。

(4) 在复合语句中也可定义变量,其作用域只在复合语句范围内。

【例 6-23】 复合语句内部定义局部变量。

```
void main(void)
{
```

```
    int s,a;
    //…
    {
        int b;
        s = a + b;
        //b 作用域
    }
    //s,a 作用域
}
```

【例 6-24】 主函数与复合语句内变量的作用范围。

```
void main(void)
{
    int i = 2,j = 3,k;
    k = i + j;
    {
        int k = 8;
        if(i == 3) printf(" %d\n",k);
    }
    printf(" %d\n %d\n",i,k);
}
```

例 6-24 的程序在 void main 中定义了 i、j、k 3 个变量,其中 k 未赋初值。而在复合语句内又定义了一个变量 k,并赋初值为 8。应该注意,这两个 k 不是同一个变量。在复合语句外,由 void main 定义的 k 起作用,而在复合语句内,则由在复合语句内定义的 k 起作用。因此程序第 4 行的 k 为 void main 所定义,其值应为 5。第 7 行输出 k 值,该行在复合语句内,由复合语句内定义的 k 起作用,其初值为 8,故输出值为 8,第 9 行输出 i、k 值。i 是在整个程序中有效的,第 7 行对 i 赋值为 3,所以输出也为 3。而第 9 行已在复合语句之外,输出的 k 应为 void main 所定义的 k,此 k 值由第 4 行已获得为 5,故输出也为 5。

6.6.3 全局变量

全局变量也称为外部变量,它是在函数外部定义的变量。它不属于哪一个函数,它属于一个源程序文件。其作用域是整个源程序。在函数中使用全局变量,一般应作全局变量说明。只有在函数内经过说明的全局变量才能使用。全局变量的说明符为 extern。但在一个函数之前定义的全局变量,在该函数内使用时可不再加以说明。

【例 6-25】 外部变量定义的方法。

```
int a,b;          /* 外部变量 */
void f1()         /* 函数 f1 */
{
…
}
```

```
float x,y;            /*外部变量*/
int fz()              /*函数 fz*/
{
…
}
void main(void)       /*主函数*/
{
…
}                     /*全局变量 x,y 作用域 全局变量 a,b 作用域*/
```

从例 6-25 可以看出,a、b、x、y 都是在函数外部定义的外部变量,都是全局变量。但 x、y 定义在函数 f1 之后,而在 f1 内又无对 x、y 的说明,所以它们在 f1 内无效。a、b 定义在源程序最前面,因此在 f1、f2 及 main 内不加说明也可使用。

【例 6-26】 外部变量使用。

输入长方体的长、宽、高分别为 l、w、h。求其体积及 3 个面 x×y,x×z,y×z 的面积。

```
int s1,s2,s3;     //定义 3 个外部变量 s1,s2,s3
//求长方体体积和 3 个面的面积,函数的返回值为体积 v
int vs( int a,int b,int c)
{
    int v;
    v = a * b * c;
    s1 = a * b;
    s2 = b * c;
    s3 = a * c;
    return v;
}
void main(void)
{
    int v,l,w,h;
    printf("\ninput length,width and height\n");
    scanf(" %d %d %d",&l,&w,&h);
    v = vs(l,w,h);
    printf("v = %d s1 = %d s2 = %d s3 = %d\n",v,s1,s2,s3);
    while(1);
}
```

例 6-26 中定义了 3 个外部变量 s1、s2、s3,用来存放 3 个面积,其作用域为整个程序。函数 vs 用来求长方体体积和 3 个面的面积,函数的返回值为体积 v。由主函数完成长、宽、高的输入及结果输出。由于 C51 语言规定函数返回值只有一个,当需要增加函数的返回数据时,用外部变量是一种很好的方式。例 6-26 中,如果不使用外部变量,在主函数中就不可能取得 v、s1、s2、s3 4 个值。而采用了外部变量,在函数 vs 中求得的 s1、s2、s3 值在 main 中仍然有效。因此,外部变量是实现函数之间数据通信的有效手段。

6.6.4 使用全局变量应注意的事项

(1) 对于局部变量的定义和说明,可以不加区分。而对于外部变量则不然,外部变量的定义和外部变量的说明并不是一回事。外部变量定义必须在所有的函数之外,且只能定义一次。

其一般形式为:

```
[extern] 类型说明符 变量名,变量名… //其中方括号内的 extern 可以省去不写
```

【例 6-27】 外部变量的定义方法。

```
int a,b;
```

等效于:

```
extern int a,b;
```

外部变量在定义时就已分配了内存单元,外部变量定义可作初始赋值,外部变量说明不能再赋初始值,只是表明在函数内要使用某外部变量。

(2) 外部变量可加强函数模块之间的数据联系,但是又使函数要依赖这些变量,因而使得函数的独立性降低。从模块化程序设计的观点来看,这是不利的,因此在不必要时尽量不要使用全局变量。

(3) 在同一源文件中,允许全局变量和局部变量同名。在局部变量的作用域内,全局变量不起作用。

【例 6-28】 局部变量和全局变量重名。

```
int vs(int length, int width)
{
    extern int hight;
    int v;
    v = length * width * hight;
    return v;
}
void main(void)
{
    extern int width, hight;
    int length = 5;
    printf("v = %d",vs(length, width));
}
int length = 3, width = 4, hight = 5;        //定义外部变量
```

例 6-28 中,最后定义外部变量,因此在前面函数中对要用的外部变量必须进行说明。外部变量 length、width 和 vs 函数的形参 length、width 同名。外部变量都作了初始赋

值,mian 函数中也对 length 作了初始化赋值。执行程序时,在 printf 语句中调用 vs 函数,实参 length 的值应为 main 中定义的 length 值,等于 5,外部变量 length 在 void main 内不起作用;实参 width 的值为外部变量 width 的值,等于 4,进入 vs 后这两个值传送给形参 length,vs 函数中使用的 hight 为外部变量,其值为 5,因此 v 的计算结果为 100,返回主函数后输出。各种变量的作用域不同,就其本质来说,因变量的存储类型不同。有关存储类型的内容,将在 6.7 节讲解。

6.7 变量的存储类型

变量的存储类型是指变量占用内存空间的方式,也称为存储方式。本节主要介绍静态局部变量、静态全局变量、register 变量和外部变量。

6.7.1 静态局部变量

(1) 静态局部变量在函数内定义,它的生存期为整个源程序,而不像自动变量那样,当调用时就存在,退出函数时就消失。

(2) 静态局部变量的生存期虽然为整个源程序,但是其作用域仍与自动变量相同,即只能在定义该变量的函数内使用该变量。退出该函数后,尽管该变量还继续存在(它仍然占着一定的内存空间),但不能使用它。

(3) 允许对构造类静态局部变量赋初值。

(4) 对于基本类型的静态局部变量,若在说明时未赋以初值,则系统自动赋予 0 值。若自动变量不赋初值,则其值是不确定的。从静态局部变量的特点可以看出,静态变量是一种生存期为整个源程序的量。虽然离开定义它的函数后不能使用,但若再次调用定义它的函数时,它又可继续使用,而且保存了前次被调用后留下的值。因此,当多次调用一个函数且要求在调用过程中保留某些变量的值时,可考虑采用静态局部变量。虽然用全局变量也可以达到上述目的,但全局变量有时会造成意外的副作用,因此仍以采用局部静态变量为宜。

【例 6-29】 自动变量使用实例。

```
void main(void)
{
    int i;
    void fun();      /* 函数说明 */
    for(i = 1;i <= 5;i++)
    {
        fun();       /* 函数调用 */
    }
    while(1);
}
void fun(void)       /* 函数定义 */
{
```

```
        auto int j = 0;
        ++j;
        printf(" % d\n",j);
    }
```

例 6-29 中定义了函数 f,其中的变量 j 说明为自动变量并赋予初始值为 0。当 main 中多次调用 f 时,j 均赋初值为 0,故每次输出值均为 1。若把 j 改为静态局部变量,则其结果大不相同。

【例 6-30】 静态局部变量使用实例。

```
void main(void)
{
        int i;
        void fun();
        for (i = 1;i <= 5;i++)
        fun();
        while(1);
}
void fun(void)
{
        static int j = 0;
        ++j;
        printf(" % d\n",j);
}
```

例 6-30 中由于 j 为静态变量,能在每次调用后保留其值并在下一次调用时继续使用,所以输出值就是累加的结果。

6.7.2 静态全局变量

全局变量(外部变量)的说明之前再加上 static 就构成了静态全局变量。全局变量本身就是静态存储方式,静态全局变量当然也是静态存储方式。它们在存储方式上并无不同,区别在于非静态全局变量的作用域是整个源程序,当一个源程序由多个源文件组成时,非静态的全局变量在各个源文件中都是有效的。而静态全局变量则限制了其作用域,即只在定义该变量的源文件内有效,在同一源程序的其他源文件中不能使用它。由于静态全局变量的作用域局限于一个源文件内,只能为该源文件内的函数公用,因此可以避免在其他源文件中引起错误。从静态全局变量的描述可以看出,把局部变量改变为静态变量后,就改变了它的存储方式,即改变了它的生存期。把全局变量改变为静态变量后,就改变了它的作用域,限制了它的使用范围。

6.7.3 register 变量

上述各类变量都存放在存储器内,因此当对一个变量频繁读写时,必须要反复访问内存储器,从而花费大量的存取时间。为此,C51 语言提供了另一种变量,即寄存器变量。这种变量存放在CPU的寄存器中,使用时,不需要访问内存,而直接从寄存器中读写,这样可提高效率。寄存器变量的说明符是register。

【例 6-31】 寄存器说明形式举例。

```
registera,b = 0;      //说明变量 a,b 为寄存器类型
```

6.7.4 外部变量

外部变量的类型说明符为extern,在前面介绍全局变量时已介绍过外部变量。这里再补充说明外部变量的一些特点。

(1) 外部变量和全局变量是对同一类变量的两种不同角度的提法。全局变量是根据它的作用域提出的,外部变量是根据它的存储方式提出的,表示了它的生存期。

(2) 当一个源程序由若干源文件组成时,在一个源文件中定义的外部变量在其他源文件中也有效。

【例 6-32】 外部变量使用举例。

如有一个源程序由源文件Fun1.C和Fun2.C组成。

Fun1.C的内容如下:

```
int a,b;          /* 外部变量定义 */
char c;           /* 外部变量定义 */
void main(void)
{
…
}
```

Fun2.C的内容如下:

```
extern int a,b;        /* 外部变量说明 */
extern char c;         /* 外部变量说明 */
func (int x,y)
{
…
}
```

例6-32中的Fun1.C和Fun2.C这两个文件中都要使用a、b、c 3个变量。在Fun1.C文件中把a、b、c都定义为外部变量。在Fun2.C文件中用extern把3个变量说明为外部变量,表示这些变量已在其他文件中定义,编译系统不再为它们分配内存空间。

6.8 中断函数定义与使用

中断函数是C51语言定义的用于响应51单片机中断的函数,中断函数的声明通过使用interrupt关键字和中断号n(n=0～31)来实现。有关中断的内容将在第12章详细

介绍。下面从中断函数的定义开始讲解本节的内容。

6.8.1 中断函数的定义

中断函数的声明通过使用 interrupt 关键字和中断号 n(n=0～31)来实现，其定义方式如下：

```
void 函数名() interrupt  n  [using m]
```

中断号 n 和中断向量取决于单片机的型号，编译器从 8n+3 处产生中断向量。51 系列单片机常用中断源的中断号和中断向量如表 6.1 所示。using m 是一个可选项，用于指定中断函数所使用的寄存器组。指定工作寄存器组的优点是：中断响应时，默认的工作寄存器组不会被推入堆栈，这将节省很多时间。缺点是：所有被中断调用的函数都必须使用同一个寄存器组，否则参数传递会发生错误。关键字 interrupt 不允许用于外部函数，因为它对中断函数的目标代码有影响。

表 6.1 51 系列单片机常用中断源的中断号和中断向量

中断源	中断号 n	中断向量 8n+3
外部中断 0	0	0003H
定时器 0 溢出	1	000BH
外部中断 1	2	0013H
定时器 1 溢出	3	001BH
串行口中断	4	0023H

6.8.2 使用中断函数应注意的事项

在编写 C51 中断函数时，应参考下面几点，否则会出错。

(1) 中断函数不能进行参数传递。

(2) 中断函数没有返回值。

(3) 任何情况下都不能调用中断函数，否则会产生编译错误。

(4) 如果中断函数中用到浮点运算，必须保存浮点寄存器的状态，当没有其他程序执行浮点运算时可以不保存。

(5) 由于中断产生的随机性，中断函数对其他函数的调用可能形成违规调用，需要时可将被中断函数所调用的其他函数定义为再入函数。

6.9 本章小结

本章主要讲述了 C51 语言中函数的概念，学习单片机 C51 语言时，有些内容我们做一个初步的了解即可，重点是掌握自定义函数的定义与使用方法、中断函数的定义与使用等内容。对于变量，要明白它的存储方式，以及作用范围、生命周期等内容。建议读者联系前面各章节的内容进行本章内容的学习。

6.10 习题

(1) 根据所学的内容编写一个延时 1ms 的函数。

(2) 分析下列程序执行后 z 的值是多少?

```
void void main(void)
{
    unsigned char i,y,z;
    i = 2;
    ......................//其他程序
    for(y = 0;y <= 2;y++)
       {
           z = fun1(y);
       }
    ......................//其他程序
}
fun1(unsigned char x)
{
    unsigned j,s;
    static unsigned r = 1;
    j = 0;
    j = j + 1;
    r = r + 1;
    s = x + j + r;
    return(s)
}
```

(3) 分析下列程序执行后的输出结果。

```
void main(void)
{
    int a = 1;
    {
        int a = 2
        a += a;
        {
            int a = 10;
            printf("a = %d\n",a);   //此时 a 的值
        }
        printf("a = %d\n",a);       //此时 a 的值

    }
    printf("a = %d\n",a);           //此时 a 的值
}
```

(4) 分析下列程序执行后 a 的结果。

```
int  x = 6, y = 2;
min(x, y)
{
    int z;
    z = x < y?x:y;
    return(z);
}
void main(void)
{
    int x = 1;
    int a;
    a = main(x, y);
}
```

(5) 用定时器 T1 产生一个 50ms 的 PWM 脉冲。

第7章 数组（视频）

视频讲解

数组是C51语言构造的数据类型之一，它是同类型数据的有序集合。在程序设计中，为了处理方便，把具有相同类型的若干变量按有序的形式组织起来。这些按序排列的同类数据元素的集合称为数组。一个数组可以分解为多个数组元素，这些数组元素可以是基本数据类型或是构造类型。因此，按数组元素的类型不同，数组又可分为数值数组、字符数组、指针数组、结构数组等各种类别。数组在单片机系统程序中应用广泛。本章介绍有关数组的内容。

7.1 一维数组的定义和引用

由具有一个下标的数组元素组成的数组称为一维数组，本节主要介绍C51语言中一维数组的相关内容。

7.1.1 一维数组的定义形式

1. 一维数组的定义形式

一维数组的定义形式如下：

```
类型说明符 数组名 [常量表达式],…;
```

其中，类型说明符是任何一种基本数据类型或构造数据类型。数组名是用户定义的数组标识符。方括号中的常量表达式表示数据元素的个数，也称为数组的长度。

【例 7-1】 一维数组定义实例。

```
int a[5];                 //说明整型数组 a 有 5 个元素
float b[10],c[10];        //说明实型数组 b 有 10 个元素，实型数组 c 有 10
                          //个元素
char ch[10];              //说明字符数组 ch 有 10 个元素
```

2. 数组类型说明应注意的事项

(1) 数组的类型是指数组元素的取值类型。对于一个数组只能有一种类型，其所有元素的数据类型都是此种类型。

（2）数组名必须是合法标识符，也就是说必须符合标识符的书写规定。

（3）数组不能与程序中的其他变量同名。

（4）数组名不能与其他变量名相同。

（5）若用方括号中的整数 n 来表示数组元素的总数，则数组的第一个元素的下标为0，最后一个为 n－1。例如，d[5]表示数组 d 有 5 个元素，依次是 d[0]、d[1]、d[2]、d[3]、d[4]。

（6）不能在方括号中用变量来表示元素的个数，但是可以是符号常数或常量表达式。

（7）允许在同一个类型说明中，说明多个数组和多个变量。

【例 7-2】 数组名与其他变量名相同的实例。

```
void main(void)
{
    int a;
    float a[10]; //数组名与变量 a 同名，所以是错误的
    …
}
```

【例 7-3】 数组定义。

数组方括号中不能使用变量来表示元素的个数，但可以是符号常数或常量表达式。

```
#define FD 5
void main(void)
{
    int a[3 + 2],b[7 + FD]; //合法的
    …
}
```

又如：

```
void main(void)
{
    int n = 5;
    int a[n]; //使用变量，不合法，这种说明方式是错误的
    …
}
```

或

```
void main(void)
{
    int n;
    int a[n]; //使用变量，不合法，这种说明方式是错误的
    …
}
```

【例 7-4】 同一类型定义数组和变量。

允许在同一个类型说明中,说明多个数组和多个变量。

```
int a,b,c,d,arry1[10],arry2[20];
```

7.1.2 一维数组元素的引用

数组元素是组成数组的基本单元。数组元素也是一种变量,其标识方法为数组名后跟一个下标。下标表示了元素在数组中的顺序号。数组元素的一般形式为:数组名[下标],其中的下标只能为整型常量或整型表达式。如果为小数时,C 编译将自动取整。例如:a[5]、a[i+j]、a[i++]都是合法的数组元素。

数组元素通常也称为下标变量。必须先定义数组,才能使用下标变量。在 C51 语言中,只能逐个使用下标变量,而不能一次引用整个数组。一般可分为单独使用一个下标变量或使用循环语句逐个使用各下标变量。下面举例说明。

1. 单独使用一个下标变量

【例 7-5】 单独使用一个下标变量。

```
void main(void)
{
    int a[10];
    a[7] = 6;   //单独使用一个下标变量
}
```

2. 使用循环语句逐个使用各下标变量

【例 7-6】 使用循环语句逐个使用各下标变量。

```
void main(void)
{
    int a[10];
    for(i = 0; i < 10; i++)
    {
        a[i] = i;      // 使用循环语句逐个使用各下标变量
    }
}
```

7.1.3 一维数组的初始化

1. 初始化赋值的一般形式

在对数据进行说明或定义时,给数组中各个元素分别赋值的方法叫作“数组初始化赋值”。初始化赋值的一般形式为：

```
类型说明符 数组名[n] = {值 1,值 2, … ,值 n - 1};
```

在{ }中的各数据值即为各元素的初值,各值之间用逗号间隔。

【例 7-7】 全部初始化赋值。

```
int a[10] = {0,1,2,3,4,5,6,7,8,9};
```

相当于：

```
a[0] = 0; a[1] = 1 … a[9] = 9;
```

也可以省略为：

```
int a[ ] = {0,1,2,3,4,5,6,7,8,9};
```

2. 初始赋值应注意的事项

(1) 可以只给部分元素赋初值。当{ }中值的个数少于元素个数时,只给前面部分元素赋值。

【例 7-8】 只给部分元素赋初值。

```
static int a[15] = {0,1,2,3,4}; //表示只给 a[0]～a[4]前面 5 个元素赋值,而后面 10 个元素自
                                //动赋 0 值
```

(2) 只能逐个给元素赋值,不能给数组整体赋值。

【例 7-9】 给 10 个元素全部赋 1 值。

```
//正确的赋值方法如下
static int a[10] = {1,1,1,1,1,1,1,1,1,1};
//错误的赋值方法如下
static int a[10] = 1;
```

(3) 当数组为全局变量或静态变量时,未赋值的元素编译器会默认为 0; 而对于其他变量,未赋值元素会被系统随机匹配一个范围内的默认值。

(4) 假如给全部元素赋值,则在数组说明中,可以省略数组元素的个数。

【例 7-10】 省略数组元素个数的程序举例。

```
//常规定义方法
static int a[5] = {1,2,3,4,5};
//可写为如下语句
static int a[ ] = {1,2,3,4,5};
```

7.1.4 案例1：秒表程序

下面是一个完整的秒表程序，通过对本程序的学习，读者可掌握在单片机系统中一维数组的定义、赋值及调用等基本知识。另外，读者还可以在此基础上复习函数与变量的相关内容。

```
//一维数组的定义与赋初值
code unsigned char tab[ ] = {0x3f,0x06,0x5b,0x4f,0x66,0x6d,0x7d,0x07,0x7f,0x6f};
                                                //共阴数码管 0~9 的码
unsigned char Disp_SW;                          //定义十位
unsigned char Disp_GW;                          //定义个位
unsigned char S_Disply_SW;                      //定义秒十位
unsigned char S_Disply_GW;                      //定义秒个位
unsigned char second,msecond;
//延时函数
void delay(unsigned int cnt)
{
    while( -- cnt);
}
void main(void)
{
    EX0 = 1;                                    //外部中断 0 设置
    IT0 = 1;
    EX1 = 1;                                    //外部中断 1 设置
    IT1 = 1;
    TMOD | = 0x01;                              //定时器设置 10ms in 12M crystal
    TH0 = 0xd8;
    TL0 = 0xf0;
    ET0 = 1;                                    //打开中断
    TR0 = 0;
    EA = 1;
    CLR();
    while(1)
    {
        P0 = S_Disply_SW;                       //显示秒十位
        P2 = 1;
        delay(300);                             //短暂延时
        P0 = S_Disply_GW;                       //显示秒个位
        P2 = 2;
        delay(300);
        P0 = 0x40;                              //显示秒个位
        P2 = 3;
        delay(300);
        P0 = Disp_SW;                           //显示十位
        P2 = 4;
        delay(300);                             //短暂延时
        P0 = Disp_GW;                           //显示个位
        P2 = 5;
        delay(300);
    }
```

```
}
//定时器中断函数
void tim(void) interrupt 1 using 1
{
    TH0 = 0xd8;                          //重新赋值
    TL0 = 0xf0;
    msecond++;
    if (msecond == 100)
    {
        msecond = 0;
        second++;                        //秒加 1
        if(second == 100)
        second = 0;
        S_Disply_SW = tab[second/10];   //十位显示值处理
        S_Disply_GW = tab[second % 10]; //个位显示值处理
    }
   Disp_SW = tab[msecond/10];           //十位显示值处理
   Disp_GW = tab[msecond % 10];         //个位显示值处理
}
//外部中断函数
void ISR_INT0(void) interrupt 0 using 1
{
    TR0  = !TR0; //利用外部中断打开和关闭定时器 0 用于开始和停止计时
}
void ISR_INT1(void) interrupt 2 using 1
{
    if(TR0  ==  0)                       //停止时才可以清 0
    {
        CLR();
    }
}
//CLR 函数的具体内容
void CLR(void)
{
    second  =  0;                        //利用外部中断清 0
    msecond  =  0;
    Disp_SW  =  tab[msecond/10];         //十位显示值处理
    Disp_GW = tab[msecond % 10];         //个位显示值处理
    S_Disply_SW = tab[second/10];        //十位显示值处理
    S_Disply_GW = tab[second % 10];      //个位显示值处理
}
```

7.2 字符数组

视频讲解

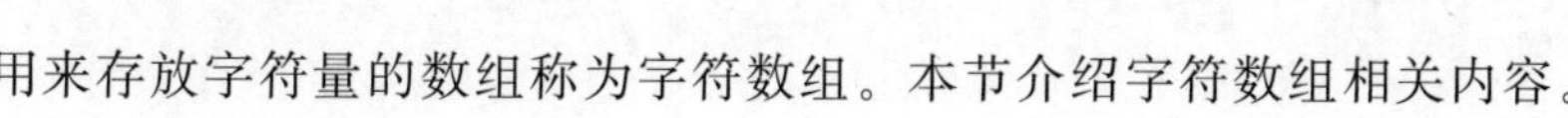
用来存放字符量的数组称为字符数组。本节介绍字符数组相关内容。

7.2.1 字符数组的定义

字符数组类型说明的形式与前面介绍的数值数组相同，其一般形式如下：

```
char 数组名[下标总数];                    //一维字符数组的定义形式
char 数组名[下标 1 总数][下标 2 总数];    //二维字符数组的定义形式
char a1[10];                              //定义一个拥有 10 个元素的字符数组
char a2[10][5];                           //定义一个拥有 10 * 5 个元素的字符数组
char a1[10][10];                          //定义一个拥有 10 * 10 个元素的字符数组
```

7.2.2 字符数组的初始化

字符数组和数值数组相同,也允许在类型说明时作初始化赋值。

【例 7-11】 字符数组初始化实例。

```
char c[10] = {'c',' ','p','r',o',g',r','a','m'};     //未赋值的数组元素,由系统自动赋予 0 值
char c[ ] = {'c',' ','p','r','o','g','r','a','m'};   //当对全体元素赋初值时也可以省去长度
                                                     //说明,此时 c 数组的长度自动定为 9
char erro[ ] = {'e','r','r','o'};                    //定义一个 erro 字符数组
char a[ ][5] = {{'B','A','S','I','C',},{'d','B','A','S','E'}};  //定义一个 2 行 5 列的字符数组
```

7.2.3 字符数组的引用

字符数组的引用和数值数组类似,但是字符数组可以使用字符串的形式进行输入/输出。有关字符串的相关内容将在下面几节中介绍。

7.2.4 字符串和字符串结束标志

因为 C 语言中没有专门的字符串变量,所以通常使用一个字符数组来存放一个字符串。并以'\0'作为串的结束符,它不执行任何操作。因此,当把一个字符串存入一个数组时,也要把结束符'\0'存入数组,以此作为该字符串是否结束的标志。有了'\0'标志后,就不必再用字符数组的长度来判断字符串的长度了。可以用字符串的方式对数组作初始化赋值。

【例 7-12】 字符串应用举例。

```
char c[] = {'c','5','1'' ','p','r','o','g','r','a','m'};
//可写为:
char c[] = {"C51 program"};
//或去掉{}写为:
char c[] = "C51 program";
```

使用字符串方式赋值比用字符逐个赋值要多占用一个字节空间,用于存放字符串结束标志'\0'.'\0'是由系统自动加上的,程序员无须在编写程序时加上。正因为采用了'\0'标志,所以在用字符串赋初值时,一般无须指定数组的长度,而由系统自行处理。在采用字符串方式后,字符数组的输入/输出将变得简单方便。

7.2.5 字符串处理函数

C51语言提供了丰富的字符串处理函数,大致可分为字符串的输入、输出、合并、修改、比较、转换、复制、搜索这几类。使用这些函数可大大减轻编程的负担。用于输入/输出的字符串函数,在使用前应包含头文件"stdio.h";使用其他字符串函数则应包含头文件"string.h"。下面介绍几个最常用的字符串函数。

1. 字符串连接函数 strcat

字符串连接函数 strcat 的格式如下:

```
strcat(字符数组名1,字符数组名2);
```

字符串连接函数 strcat 的功能是把字符数组2中的字符串连接到字符数组1中字符串的后面,并删去字符串1后的串标志'\0'。

【例 7-13】 strcat 应用举例。

```
#include"string.h"
void main(void)
{
    static char st1[50] = "My name is ";
    int st2[15];
    printf("input your name:\n");
    gets(st2);
    strcat(st1,st2);
    puts(st1);
}
```

例 7-13 中的程序把初始化赋值的字符数组与动态赋值的字符串连接起来。使用时要注意字符数组1应定义足够的长度,否则不能全部装入被连接的字符串。

2. 字符串复制函数 strcpy

字符串复制函数 strcpy 的格式如下:

```
strcpy(字符数组名1,字符数组名2);
```

字符串复制函数 strcpy 的功能是把字符数组2中的字符串复制到字符数组1中。串结束标志'\0'也一同复制(字符数组名2也可以是一个字符串常量,此时相当于把一个字符串赋予一个字符数组)。

【例 7-14】 strcpy 应用举例。

```
#include"string.h"
void main(void)
```

```
{
    //strcpy 函数要求字符数组 1 应有足够的长度,否则不能全部装入所复制的字符串
    static char st1[15],st2[] = "C51 Language";
    strcpy(st1,st2);
    puts(st1);
    printf("\n");
}
```

3. 字符串比较函数 strcmp

字符串比较函数 strcmp 的格式如下：

```
strcmp(字符数组名 1,字符数组名 2) ;
```

其功能是按照 ASCII 码顺序比较两个数组中的字符串,并由函数返回值返回比较结果(本函数也可用于比较两个字符串常量,或比较数组和字符串常量)。其比较结果与字符串之间的关系如表 7.1 所示。

表 7.1　字符串比较之间的关系

字符串关系	返　回　值
字符串 1＝字符串 2	返回值＝0
字符串 2＞字符串 2	返回值＞0
字符串 1＜字符串 2	返回值＜0

【例 7-15】 strcmp 应用举例。

```
void main(void)
{
    int k1;
    static char st1[15],st2[] = "Hello World";
    printf("input a string:\n");
    gets(st1);
    k1 = strcmp(st1,st2);
    if(k1 == 0) printf("st1 = st2\n");
    if(k1 > 0) printf("st1 > st2\n");
    if(k1 < 0) printf("st1 < st2\n");
}
```

例 7-15 中的程序中把输入的字符串和数组 st2 中的串比较,比较结果返回到 k1 中,根据 k1 值再输出结果提示串。

4. 测字符串长度函数 strlen

测字符串长度函数 strlen 的格式如下：

```
strlen(字符数组名) ;
```

测字符串长度函数 strlen 的功能是测字符串的实际长度(不含字符串结束标志'\0'),并作为函数返回值。

【例 7-16】 strlen 应用举例。

```
#include"string.h"
void main(void)
{
    int k1;
    static char st[] = "HELLO WORLD";
    k1 = strlen(st);
    printf("The lenth of the string is %d\n",k1);
}
```

7.3 本章小结

本章主要介绍数组的有关知识,在单片机系统编程中比较常用的是一维数组,读者在学习时可把重点放在一维数组上,数组是程序设计中最常用的数据结构。数组可分为数值数组(整数组和实数组)、字符数组,以及后面将要介绍的指针数组、结构数组等。对数组的操作主要分为数组的定义、数组的赋值(或初始化)、数组的引用等内容。

7.4 习题

(1) 编程求数组 a1[]={1,2,3,4,5,6,7,8,9,10}内元素的平均值。

(2) 假设有数组 a1[]={1,2,3,4,5,6,7,8,9,10}。请编程完成:判断数组内的元素与 5 的大小,当数组内元素大于或等于 5 时 LED1(同时熄灭 LED2)点亮,否则点亮 LED2(同时熄灭 LED1)。

(3) 编程求数组 a1[][3]={1,2,3,4,5,6,7,8,9,10,11,12}内元素的最大值。

(4) 编程将数组 a1[][3]={1,2,3,4,5,6,7,8,9,10,11,12}内每一行的最小值保存在数组 b1 中,并计算 b1 内元素和。

(5) 假如在某单片机系统程序中有一函数(LCD_Init)模块的功能是初始化 LCD,当其初始化成功后返回 1,若初始化失败则返回 0。试编程,当 LCD 初始化成功后输出"LCD Init OK",LCD 初始化失败时输出"LCD Init Erro",其他情况输出"Other Erro"。

第8章 指针（视频）

视频讲解

专门用来存放地址的变量叫指针变量，它的值也可以是数组或函数的地址。指针是C51语言中使用较广泛的一种数据类型。运用指针编程是C51语言最主要的特点和风格之一。可通过指针变量表示各种数据结构，能很方便地使用数组和字符串，并且能像汇编语言一样处理内存地址，从而编出精练而高效的C51源程序。因此，指针极大地丰富了C51语言的功能。本章介绍指针的相关内容。

8.1 指针的基本概念

指针变量是用于保存地址的变量，同时其自身也是一个变量，它所占的空间与应用系统有关，一般占两个字节（和整型变量所占的空间相同）。但是它可以指向占有4字节的变量，也可以指向占有1字节的变量，所以指针本身的类型与所指向的类型是两个不同的基本概念，读者应予以区分。

8.1.1 什么是指针

变量的值存储在计算机内存中的一块区域，通过访问或修改这块区域的内容来访问或修改相应的变量。对于变量的访问形式之一，是先求出变量所在存储器中的地址，再通过地址对它进行访问，即指针及其指针变量。

1. 指针的概念

指针是指一个变量的地址，它是一个整数形式的常量。变量的地址虽然在形式上类似于整数，但在概念上不同于以前介绍过的整数，它属于一种新的数据类型，即指针类型。一般用“指针”来指明表达式&y(取变量y的地址)的类型，而用“地址”作为它的值，也就是说，若y为一整型变量，则表达式&y的类型是指向整数的指针，它本身的值是变量y的地址。

2. 指针变量的概念

指针变量是专门用来存放地址的变量，它的值可以是数组或函数的地址。

8.1.2 指针变量的类型说明

指针变量类型的说明与变量类似，区别在于，在说明指针变量时，在变量名前添加“*”。指针变量的类型说明形式如下：

```
类型标识符   *标识符;
int   *ip;        //定义一个指向整型变量的指针 ip
char *Ptr;        //定义一个指向字符类型的变量指针 Ptr
```

其中，标识符是指针变量的名字，标识符前添加“*”，表示该变量是指针变量，而最前面的类型标识符表示该指针变量所指向的变量的类型（即变量的存储内容）。一个指针变量只能指向同一种类型的变量，即不能定义一个既能指向整型变量又能指向字符变量的指针变量。

8.1.3 指针变量的赋值

指针变量定义后的值为随机数，所以在定义指针变量后必须赋某个变量的地址或0。给指针变量赋初值大致可分为两种情况：定义时进行初始化、定义完成后进行初始化。

1. 指针变量在定义时进行初始化

【例8-1】 指针变量初始化实例1。

```
int i, *ip = &i; //定义变量 i,并定义一个指向整型变量的指针变量 ip,并让 ip 指向 i(即把变
                 //量 i 的地址值赋给 ip)
```

说明：这里是用&i对ip初始化，而不是对*ip初始化。和一般变量一样，对于外部或静态指针变量，在定义中若不带初始化项，指针变量被初始化为NULL，它的值为0。当指针值为零时，指针不指向任何有效数据，有时也称为空指针。因此，当调用一个要返回指针的函数时，常使用返回值为NULL来指示函数调用中某些错误情况的发生。

2. 指针变量在定义完成后进行初始化

(1) 使用取地址运算符“&”将变量地址赋给指针变量。
(2) 将一个指针变量的值赋给另一个指针变量。
(3) 给指针变量赋空值0。

【例8-2】 指针变量初始化实例2。

```
//指针变量的定义
int   *ip, *ip1, *ip2, *ip3;  //定义 4 个指向整型变量的指针变量 ip,ip1,ip2,ip3
```

```
int  a,b,c;                    //定义 3 个整型变量 a,b,c
/*************************************************************/
/*************************************************************/
//指针变量的赋初值
ip = &a;                       //用取地址运算符 & 将变量地址赋给指针变量
ip3 = &b;                      //用取地址运算符 & 将变量地址赋给指针变量
ip1 = ip;                      //将一个指针变量中的地址赋给另一个指针变量
ip2 = 0                        //给指针变量赋空值 0
/*************************************************************/
/*************************************************************/
//指针变量的引用
 * ip = 0xf0;                  //实质上是给变量 a 赋数值 0xf0
 * ip3 = 50                    //实质上是给变量 a 赋数值 50
printf("a + b = %d",a + b);   //输出 a + b 的结果
printf(" * ip1 = %d", * ip1); //输出结果为 a 的值
```

对指针变量进行初始化后就可以引用指针变量了,指针变量的引用通过指针运算符 * 实现。在例 8.2 中,* ip 与 * ip1 均表示变量 a,* ip3 表示变量 b。因此,也可认为 * ip 和 * ip1 是变量 a 的别名,* ip3 是变量 b 的别名。

8.1.4 指针变量的运算

取地址运算符"&"是单目运算符,其结合性为自右至左,其功能是取变量的地址。取内容运算符"*"是单目运算符,其结合性为自右至左,用来表示指针变量所指的变量。在"*"运算符之后跟的变量必须是指针变量。需要注意的是,指针运算符"*"和指针变量说明中的指针说明符"*"不是一回事。在指针变量说明中,"*"是类型说明符,表示其后的变量是指针类型;而表达式中出现的"*"则是一个运算符,用以表示指针变量所指的变量。指针变量的运算分为 3 种:赋值运算、算术运算、关系运算。

1. 赋值运算

指针变量赋值运算就是将变量的地址赋给指针变量。8.1.3 节已介绍过,为加深读者对指针变量赋值运算的理解,本节再给出指针变量赋值的实例。

【例 8-3】 指针变量赋值运算。

定义两个实型变量 a1、a2,用指针变量完成 a1+a2 的操作。再定义 3 个整型变量 b1、b2、b3,用指针变量完成 b3=b1+b2 的操作。

```
#include <stdio.h>
void main(void)
{
    //定义两个实型变量 a1、a2
    float a1 = 22.5, a2 = 35.5;
    //定义两个指向实型数据的指针变量 fp1、fp2
    float * fp1, * fp2;
```

```
    //定义 3 个整型变量 b1、b2、b3
    int b1 = 1, b2 = 2, b3;
    //定义 3 个指向整型数据的指针变量 p1、p2、p3
    int *p1, *p2, *p3;
    //指针赋值运算
    p1 = &b1;
    p2 = &b2;
    p3 = &b3;
    //指针变量引用
    *p3 = *p1 + *p2;
    fp1 = &a1;
    fp2 = &a2;
    printf("*p1 = %d\t*p2 = %d\t*p1 + *p2 = %d\r\n", *p1, *p2, *p3);
    printf("b1 = %d\tb2 = %d\tb1 + b2 = %d\r\n", b1, b2, b3);
    printf("*fp1 = %.2f\t*fp2 = %.2f\t*fp1 + *fp2 = %.2f\r\n", *fp1, *fp2, *fp1
+ *fp2);
    printf("a1 = %.2f\ta2 = %.2f\ta1 + a2 = %.2f\r\n", a1, a2, a1 + a2);
}
```

程序运行后，输出：

```
*p1 = 1    *p2 = 2    *p1 + *p2 = 3
b1 = 1     b2 = 2     b1 + b2 = 3
*fp1 = 22.50        *fp2 = 35.50        *fp1 + *fp2 = 58.00
a1 = 22.50          a2 = 35.50          a1 + a2 = 58.00
```

在例 8-3 中，经过指针变量赋值运算后，整型指针变量 p1、p2、p3 分别指向变量 b1、b2、b3，因此，*p1 实为 b1，*p2 实为 b2，*p3 实为 b3。所以，*p3＝* p1＋ *p2 操作就是 b3＝b1＋b2 操作。*fp1、*fp2 与变量 a1、a2 的关系读者可自行分析。

2. 算术运算

指针变量的算术运算主要有指针变量的自加、自减、加 n 和减 n 操作。

1）指针变量自加运算

```
指令格式：<指针变量>++;
```

指针变量自加运算并不是将指针变量值加 1 的运算，而是将指针变量指向下一个元素的运算。当计算机执行 <指针变量>＋＋ 指令后，指针变量实际增加值为指针变量类型字节数，即<指针变量>＝<指针变量>＋sizeof(<指针变量类型>)。

2）指针变量自减运算

```
指令格式：<指针变量>- -;
```

指针变量的自减运算是将指针变量指向上一元素的运算。当计算机执行 <指针变量>-- 指令后，指针变量实际减少为指针变量类型字节数，即<指针变量>＝<指针变量>－sizeof

(<指针变量类型>)。自加运算和自减运算既可后置，也可前置。

【例 8-4】 指针变量自增、自减运算。

```
int *p=&a[0];       //p指向a[0]元素
p++;                // p=p+sizeof(int),使p指向下一个元素a[1]
p--;                //p=p-sizeof(int),使p指向上一个元素a[0]
```

例 8-4 中，第一条语句将数组 a 的首地址赋给指针变量 p，使 p 指向数组 a。第二条语句使 p 作自加运算：p=p+sizeof(int)，使 p 指向下一个元素 a[1]。第三条语句使 p 作自减运算：p=p-sizeof(int)，使 p 指向上一个元素 a[0]。

3）指针变量加 n 运算

```
指令格式:<指针变量>=<指针变量>+n;
```

指针变量的加 n 运算是将指针变量指向下 n 个元素的运算。当计算机执行 <指针变量>+ n 指令后，指针变量实际增加值为指针变量类型字节数乘以 n，即<指针变量>=<指针变量>+sizeof(<指针变量类型>) * n。

4）指针变量减 n 运算

```
指令格式:<指针变量>=<指针变量>— n;
```

指针变量的减 n 运算是将指针变量指向上 n 个元素的运算。当计算机执行 <指针变量>--n 指令后，指针变量实际减少值为指针变量类型字节数乘以 n，即<指针变量>=<指针变量>--sizeof(<指针变量类型>) * n。

【例 8-5】 指针变量算术运算举例。

```
void main( void)
{
    int a[5] = {5,1,2,3,4};
    int *p;
    p = &a[0];              //p指向a[0]
    p++;                    //p指向下一个元素a[1]
    printf(" %d ", *p);     //输出a[1]的内容1
    p = p+3;                //p指向下3个元素a[4]
    printf(" %d ", *p);     //输出a[4]的内容4
    p--;                    //p指向上一个元素a[3]
    printf(" %d ", *p);     //输出a[3]的内容3
    p = p-3;                //p指向上3个元素a[0]
    printf(" %d ", *p);     //输出a[0]的内容5
}
```

程序执行后输出：

```
1 4 3 5
```

从例 8-5 可以看出，使用指针变量的加减算术运算，可以达到移动指针变量指向下 n

个元素单元或指向上 n 个元素单元的目的。

3. 关系运算

指针变量的关系运算是指针变量值的大小比较，即对两个指针变量内的地址进行比较（若进行关系运算的指针不指向同一数组，则比较无意义），主要用于对数组元素的判断。

【例 8-6】 用指针变量求一维整型数组元素和，并输出数组每个元素的值及数组的和。

```
void main(void)
{
    int sum = 0;
    int a[5] = {5,4,3,2,1};
    int * p, * p1;
    p1 = &a[4];
    for (p = &a[0];p <= p1;p++)
        printf(" %d", * p);
    printf("\n");
    p = &a[0];
    while (p!= (p1 + 1))
        sum += * p++;
    printf("sum = %d", sum);
}
```

执行程序后：输出：

```
54321
sum = 15
```

例 8-6 程序中首先将数组尾地址赋给 p1。在 for 语句中，指针变量 p 为循环变量，数组首地址 &a[0]赋给 p。循环时先将循环控制变量 p 与 p1 中地址比较，若 p<p1，则以 * p 方式输出数组元素 a[i]的值，并将 p 自加指向下一个元素。此循环直到 p≥p1 为止。

在 while 语句中，仍用 p 作为循环控制变量，当 p! =(p1+1)时，用 sum=sum+ * p; 语句将数组元素值累加到 sum 中去，同时用 p++语句使指针变量 p 指向下一个元素，循环直到 p= p1+1 为止，最后输出数组元素之和。读者也将本程序与数组章节中求一维数组元素累加和的程序进行对比式学习。

4. 指针运算符的混合运算与优先级

(1) 指针运算符“ * ”与取地址运算符“&”的优先级相同，按自右向左的方向结合。

设有变量定义语句：

```
int a, * p = &a;
```

则表达式

```
&*p 的求值顺序为先*后&,即&(*p)=&a=p
```

而表达式

```
*&a 的求值顺序为先&后*,即*(&a)=*p=a
```

(2) ++、--、*、& 的优先级相同,按自右向左方向结合。下面结合例子加以说明。设有变量定义语句:

```
int a[4]={100,200,300,400},b;
int * p=&a[0];
```

① 语句:b=*p++;

按自右向左结合的原则,表达式 *p++ 求值序顺为先++后*,即*(p++)。由于++在p之后为后置++运算符,所以表达式的实际操作是先取*p值,后进行p++的自加操作,即赋值表达式 b=*p++;等同于下面两条语句:

```
b=*p;              //b=*p=a[0]=100
p++;               //p=p+sizeof(int),运算的结果为b=100,p指向a[1]
```

② 语句:b=*++p;

按自右向左结合的原则,表达式 *++p 求值顺序为先++后*,即*(++p)。由于++在p之前为前置++运算符,所以表达式的实际操作是进行++p的自加操作,后取*p值。即赋值表达式 b=*++p;等同于下面两条语句:

```
++p;     //p=p+sizeof(int),指向a[2]
b=*p; //b=*p=a[2]=300,运算的结果为b=300,p指向a[2]
```

③ 语句:b=(*p)++;

由于括号内优先运算,所以表达式先取出*p(即a[2])的值并赋给b,然后将*p的值(即a[2])加1。所以表达式等同于下面两条语句:

```
b=*p;      //b=a[2]=300
a[2]++;    //a[2]=300+1=301
```

④ 语句:b=*(p++);

由①可知,该表达式等同于*p++,运算结果为:

```
b=*p;      //b=a[2]=301
p++;       //p=p+sizeof(int),指向a[3]
```

⑤ 语句:b=++*p ;

该表达式先进行*运算,再进行++运算,即先取出*p的值,再将该值加1。因此,表达式实际进行了如下运算:b=++(*p)=++a[3]=400+1=401;p仍指向a[3]不变。

8.2 指针与数组

视频讲解

由 8.1 节的相关内容可知，可以使用指针变量来访问数组中任意元素，通常将数组的首地址称为数组的指针，而将指向数组元素的指针变量称为指向数组的指针变量。使用指向数组的指针变量来处理数组中的元素，不仅可使程序紧凑，而且还可提高程序的运算速率。本节介绍指针与数组的相关内容。

8.2.1 一维数组与指针

1. 数组指针的概念

数组的首地址称为数组指针。假如定义整型数组 a[5]，系统为数组分配的地址为 1000～1009，则数组 a 的首地址 1000 为数组 a 的数组指针。数组的首地址可用数组名 a 表示，因此数组 a 的数组指针为 a 或 &a[0]。

2. 数组指针变量的概念

用于存放数组元素地址的变量称为数组指针变量。

【例 8-7】 数组指针变量。

```
int a[5];
int *p = &a[0];
```

例 8-7 中 p 为数组指针变量。数组名 a 可用于表示数组的首地址，所以数组名 a 可作为数组指针使用。因此，p＝a 与 p＝&a[0] 的作用是相同的。但数组名 a（数组首地址）不能用来进行赋值运算、＋＋、－－等运算。当指针变量指向数组首地址后，就可使用该指针变量对数组中任何一个元素变量进行存取操作。

【例 8-8】 使用指针变量访问数组元素。

```
#include <stdio.h>
void main(void)
{
    int a[5] = { 0,1,2,3,4 }, i, j, *p, n = 5;
    p = a;
    for (i = 0; i<n; i++)
    {
        printf("%d\t", *p);
        p++;
    }
    printf("\n");      //换行
    p = a;
    for (i = 0; i<n; i++)
        printf("%d\t", *(p + i));
```

```
    printf("\n");      //换行
    for (i = 0; i<n; i++)
        printf("%d\t", *(a + i));
    printf("\n");      //换行
    for (i = 0; i<n; i++)
        printf("%d\t", p[i]);
}
```

程序执行结果如下：

```
0 1 2 3 4
0 1 2 3 4
0 1 2 3 4
0 1 2 3 4
```

由例 8-8 可以看出，访问数组元素值有 3 种方法。

(1) 通过移动指针变量，依次访问数组元素。

```
p=a;
for (i=0;i<n;i++)
{
    printf("%d\t", *p);
    p++;
}
```

首先将指针变量 p 指向数组 a 的首地址。然后用 *p 输出数组第 i 个元素的值，每次输出后用 p++移动指针到下一个元素，依次循环，直到结束。本程序中 printf("%d\t", *p);和 p++;这两条语句可合并为一条语句：

```
printf("%d\t", *p++);
```

(2) 指针变量不变，用 p+i 或 a+i 访问数组第 i 个元素。

```
for (i=0;i<n;i++)
{
    printf("%d\t", *(p+i));
}
for (i=0;i<n;i++)
{
    printf("%d\t", *(a+i));
}
```

(3) 以指针变量名作为数组名访问数组元素。

```
for (i=0;i<n;i++)
{
    printf("%d\t", p[i]);
}
```

使用指针变量名 p 作为数组名时，p[i]表示数组的第 i 个元素 a[i]。

3. 数组元素的引用

通过上述内容的学习可知，对一维数组 a[5]而言，当 p=a 后，有如下等同关系成立。

(1) p+i=a+i=&a[i]，即 p+i、a+i 均表示第 i 个元素的地址 &a[i]。

(2) *(p+i) = *(a+i)=p[i]= a[i]，即*(p+i)、*(a+i)、p[i]均表示第 i 个元素值 a[i]。

其中，p[i] 的运行效率最高。

综上所述可知：一维数组的第 i 个元素可用 4 种方式引用，即 a[i]、*(p+i)、*(a+i)、p[i]。

8.2.2 指针数组

因为指针是变量，因此可设想用指向同一数据类型的指针来构成一个数组，这就是指针数组。数组中的每个元素都是指针变量，根据数组的定义，指针数组中每个元素都为指向同一数据类型的指针。指针数组的定义格式为：

```
类型标识 *数组名[整型常量表达式];
```

【例 8-9】 指针数组。

```
int *a[10];
```

它定义了一个指针数组，数组中的每个元素都是指向整型量的指针，该数组由 10 个元素组成，即 a[0]，a[1]，a[2]，…，a[9]，它们均为指针变量。a 为该指针数组名，和数组一样，a 是常量，不能对它进行增量运算。a 为指针数组元素 a[0]的地址，a+i 为 a[i]的地址，*a 就是 a[0]，*(a+i)就是 a[i]。

8.3 指针与函数

在 C 语言中，一个函数总是占用一段连续的内存区，而函数名就是该函数所占内存区的首地址。我们可以对函数的这个首地址(或称入口地址)赋予一个指针变量，使该指针变量指向该函数。然后通过指针变量就可以找到并调用这个函数。我们把这种指向函数的指针变量称为“函数指针变量”。本节介绍函数指针的相关内容。

8.3.1 函数指针

函数指针本身首先应是指针变量，只不过该指针变量指向函数。这正如用指针变量可指向整型变量、字符型、数组一样，这里是指向函数。如前所述，C51 语言在编译时，每一个函数都有一个入口地址，该入口地址就是函数指针所指向的地址。有了指向函数的指针变量后,可用该指针变量调用函数,就如同用指针变量可引用其他类型变量一样,这些在概念上是一致的。函数指针有两个用途:调用函数和作为函数的参数。

函数指针变量定义的一般形式为:

```
类型说明符  (*指针变量名)();
```

其中,“类型说明符”表示被指函数的返回值的类型。(* 指针变量名)表示“*”后面的变量是定义的指针变量。最后的空括号表示指针变量所指的是一个函数。

【例 8-10】 函数指针。

```
int (*p)();
```

它表示 p 是一个指向函数入口的指针变量,该函数的返回值(函数值)是整型。

【例 8-11】 函数指针调用函数。

```
//定义求最大值函数 max
int Max (int a, int b)
{
    return (a > b ? a : b);
}
void main(void)
{
    //定义函数指针
    int(*pmax)(int, int);
    int z;
    //使函数指针指向函数 max
    pmax = Max;
    //通过 Pmax()调用函数 max
    z = (*pmax)(10, 20);
    printf("maxmum = %d", z);
}
```

pmax 是指向函数的指针变量,所以可把函数 Max()赋给 pmax 作为 pmax 的值,即把 Max()的入口地址赋给 pmax 后,就可以用 pmax 来调用该函数,实际上 pmax 和 Max 都指向同一个入口地址,不同的是,pmax 是一个指针变量,它可以指向任何函数。在程序中把哪个函数的地址赋给它,它就指向哪个函数,而后用指针变量调用它,因此可以先后指向不同的函数。

函数指针调用函数的应用在嵌入式系统编程中会经常使用,建议读者熟练掌握例 8-11 中的函数调用方法。

8.3.2 指针型函数

前面介绍过,所谓函数类型是指函数返回值的类型。在 C 语言中允许一个函数的返回值是一个指针(即地址),这种返回指针值的函数称为指针型函数。

定义指针型函数的一般形式为：

```
类型说明符 *函数名(形参表)
{
    …            /*函数体*/
}
```

其中函数名之前加了*号表明这是一个指针型函数，即返回值是一个指针。类型说明符表示了返回的指针值所指向的数据类型。

【例 8-12】 指针型函数。

```
int *abc(int x,int y)
{
    …       /*函数体*/
}
```

它表示 abc 是一个返回指针值的指针型函数，它返回的指针指向一个整型变量。

【例 8-13】 指针函数应用。

通过指针函数，输入一个 1～7 中的整数，输出对应的星期名。

```
char *day_name(int n);
void main(void)
{
    int i;
    char *day_name(int n);
    printf("input Day No:\n");
    scanf("%d", &i);
    if (i < 0)
    {
        return;
    }
    printf("Day No: %2d-->%s\n", i, day_name(i));
}
char *day_name(int n)
{
    static char *name[] = { "Illegal day",
    "Monday",
    "Tuesday",
    "Wednesday",
    "Thursday",
    "Friday",
    "Saturday",
    "Sunday"
    };
    return((n<1 || n>7) ? name[0] : name[n]);
}
```

例 8-13 定义了一个指针型函数 day_name，它的返回值指向一个字符串。该函数中定义了一个静态指针数组 name。name 数组初始化赋值为 8 个字符串,分别表示各个星期名及出错提示。形参 n 表示与星期名所对应的整数。在主函数中,把输入的整数 i 作为实参,在 printf 语句中调用 day_name 函数,并把 i 值传送给形参 n。day_name 函数中的 return 语句包含一个条件表达式,n 值若大于 7 或小于 1,则把 name[0]指针返回主函数,输出出错提示字符串"Illegal day";否则返回主函数输出对应的星期名。主函数中的第 7 行是一个条件语句,其语义是,如果输入为负数(i<0),则中止程序并运行退出程序。

应该特别注意的是函数指针变量和指针型函数这两者在写法和意义上的区别。例如 int(*p)()和 int *p()是两个完全不同的量。

int (*p)()是一个变量说明,说明 p 是一个指向函数入口的指针变量,该函数的返回值是整型量,(*p)的两边的括号不能少。

int *p()不是变量说明而是函数说明,说明 p 是一个指针型函数,其返回值是一个指向整型量的指针,*p 两边没有括号。作为函数说明,在括号内最好写入形式参数,这样区别于变量说明。

对于指针型函数定义,int *p()只是函数头部分,一般还应该有函数体部分。

8.4　字符指针

在前面章节中,我们介绍了字符串常量是由双引号括起来的字符序列。

【例 8-14】 字符串常量。

```
"a string"
```

就是一个字符串常量,该字符串中因为字符 a 后面还有一个空格字符,所以它由 8 个字符序列组成。在程序中,如果出现字符串常量,C51 编译程序就给字符串常量安排一个存储区域,这个区域是静态的,在整个程序运行的过程中始终占用,平时所讲的字符串常量的长度是指该字符串的字符个数,但在安排存储区域时,C51 编译程序还自动给该字符串序列的末尾加上一个空字符'\0',用来标志字符串的结束,因此一个字符串常量所占的存储区域的字节数总比它的字符个数多一个字节。

操作一个字符串常量的方法有如下两种。

(1) 把字符串常量存放在一个字符数组之中,例如:

```
char s[] = "a string";
```

数组 s 共有 9 个元素所组成,其中 s[8]中的内容是'\0'。实际上,在字符数组定义的过程中,编译程序直接把字符串复制到数组中,即对数组 s 初始化。

(2) 用字符指针指向字符串,然后通过字符指针来访问字符串存储区域。当字符串常量在表达式中出现时,根据数组的类型转换规则,它被转换成字符指针。

【例 8-15】 字符指针指向字符串。

```
char *cp;
```

于是可用：

```
cp = "a string";
```

可通过 cp 来访问这一存储区域，如 * cp 或 cp[0]就是字符 a，而 cp[i]或 *(cp+i)就相当于字符串的第 i 个字符，但试图通过指针来修改字符串常量的行为是没有实际意义的。

8.5 本章小结

本章主要介绍了指针的一些基本概念，指针实际是地址的别名，指针变量就是存储地址的变量。可通过指针来引用变量、函数、数组等。读者应熟练掌握指针与变量之间的引用关系，其他内容读者可根据实际需要酌情处理。

8.6 习题

(1) 说出下面这段程序执行后的结果。

```
#include <stdio.h>
void main(void)
{
    int a = 2,b = 5;
    int * point_1, * point_2, * temp_point;
    point_1 = &a;
    point_2 = &b;
    if (a < b)
    {
        temp_point = point_1;
        point_1 = point_2;
        point_2 = temp_point;
    }
    printf(" %d, %d", * point_1, * point_2);
}
```

(2) 说出下面这段程序执行后的结果。

```
#include "stdio.h"
void a(int * a1, int &b1, int c1)
{
    * a1 * = 3;
    ++b1;
    ++c1;
}
void main(void)
{
    int * a;
```

```
    int b,c;
    *a=6;
    b=7;c=10;
    a(a,b,c);
    printf("*a=%d",*a);
    printf("b=%d",b);
    printf("c=%d",c);
}
```

第9章 结构体与联合体(视频)

视频讲解

结构体是由不同类型的数据组织在一起而构成的一种数据类型，属于构造类型。在C51语言中数组也是构造类型，数组中也可以定义多个元素，但是数组中的元素都属于同一数据类型，而结构体内的元素的数据类型可不同。在嵌入式系统编程中，结构体使用非常广泛，因为它能将某项操作的数据结构化。结构体类型类似于高级语言中的对象，结构体中的每一个成员可认为是对象的属性。结构体可用于描述一个"概念"，这类似于高级语言中的记录。使用结构体有利于实现任务式编程，能使程序结构清晰、代码紧凑等。本章介绍结构体、联合体、枚举类型、自定义类型等内容。

9.1 结构变量

结构是由基本数据类型构成，并用一个标识符来命名的各种变量的组合。结构中可以使用不同的数据类型。结构也是一种数据类型，可以使用结构变量，与其他类型的变量一样，在使用结构变量时，也需要先对其定义才能使用。

9.1.1 结构体的定义

1. 结构体定义的基本形式

结构体类型不属于C51语言提供的标准类型，要使用结构体类型，必须先说明结构体类型，描述构成结构体类型的数据项(也称成员)，以及各成员的类型。结构体的说明形式如下：

```
struct  结构体名
{
    数据类型  成员1;
    ………………
    ………………
    数据类型  成员n;
};
```

说明：struct是定义结构体的关键字，struct后面是结构体类型名，两者一起构成了结构体数据类型的标识符。结构体的所有成员都必须放在一对大括号之中。

结构体内每个成员的说明格式如下：

```
数据类型    成员名;
```

在同一结构体中，不同的成员不能使用相同的名字，但允许不同结构体类型中的成员名相同。大括号后面的分号不能省略。结构名是结构的标识符，并不是结构变量名。数据类型为基本数据类型：整型、浮点型、字符型、指针型和无值型等。构成结构的每一个类型变量称为结构成员，这与数组的元素一样，但数组中元素是按下标来访问的，而结构是按变量名字来访问成员的。

2. 使用结构体时应注意的事项

(1) 只能对结构体变量进行赋值、存取或运算操作，而不能对结构体赋值、存取或运算。结构体也是一个数据类型，与基本数据类型(如int、char)一样，都只是数据类型。因为数据类型本身是不能赋值的，只不过结构体类型是一个构造数据类型，与数组类似。

(2) 一个结构体变量所占的存储空间是各个成员所占空间之和(注：KeilC51中编译是正确的，但使用其他编译器未必正确)。

【例9-1】 结构体的定义。

```
struct  dispy
{
    char IO_Port[10];
    char Dispy_Data
    char Ctrl_Dtate;
    char Dispy_buf;
};
```

例9-1定义了一个结构体类型dispy，该结构体类型共有4个成员。

3. 结构体嵌套定义

结构体类型的成员除了可以使用基本数据类型之外，还可以是其他类型，例9-1中就以数组IO_Port作为成员。当一个结构体类型的成员的类型是另外一个结构体类型时，称这种结构体类型为结构体的嵌套。

【例9-2】 结构体嵌套定义。

```
struct  Date
{
    int  year;
    int  month;
    int  day;
};
```

```
struct  Student
{
    int  no;
    char  name[10];
    char  sex;
    struct  Date  birthday;
};
```

例 9-2 中的结构体 struct Student 的成员 birthday 就是另外一个结构体 struct Date 类型。

9.1.2 结构类型变量的说明

结构体类型说明中，只是描述该结构体类型的成员，说明了一种数据类型，并不分配空间。要使用说明的结构体类型，必须定义相应的变量，才会分配空间。结构类型变量的说明有 3 种形式：先说明结构体类型再使用结构体类型说明结构体变量，说明结构体类型的同时说明结构体变量(有结构体名)，说明结构体类型的同时说明结构体变量(无结构体名)。

1. 结构体类型的说明与定义分开

这种说明形式是先说明结构体类型再使用结构体类型定义结构体变量。

【例 9-3】 结构体变量说明(定义)举例 1。

(1) 先定义结构体类型 dispy。

```
struct  dispy
{
    char  IO_Port[10];
    char  Dispy_Data;
    char  Ctrl_Dtate;
    char  Dispy_buf;
};
```

(2) 定义结构体类型 dispy 之后就可以定义相应的变量。

```
struct dispy  p1, p2;
```

例 9-3 定义了两个 struct dispy 变量，每个变量按结构类型中的成员分配相应的空间，每一个结构体变量所分配空间为所有成员占用空间之和。

2. 说明结构体类型的同时定义相应变量(有结构体类型名)

这种说明形式是说明结构体类型的同时定义结构体变量。

【例 9-4】 结构体变量说明(定义)举例 2。

```
struct  dispy
{
    char  IO_Port[10];
    char  Dispy_Data;
    char  Ctrl_Dtate;
    char  Dispy_buf;
}Disp1,Disp2;
```

例 9-4 在说明 struct dispy 类型的同时,定义了相应的两个变量 Disp1、Disp2。

3. 说明结构体类型的同时定义相应变量(无结构体类型名)

这种说明形式是直接定义结构体变量,没有结构体类型名。

【例 9-5】 结构体变量说明(定义)举例 3。

```
struct
{
    char IO_Port[10];
    char Dispy_Data;
    char Ctrl_Dtate;
    char Dispy_buf;
}Disp1,Disp2;
```

例 9-5 定义了相应的两个变量 Disp1、Disp2。它们都有 4 个成员,但与第 2 种方式不同,没有给出结构体名,因而无法在其他地方再次使用该结构体类型定义别的变量。

9.1.3 结构变量成员的表示

1. 结构变量成员

结构体是一个新的数据类型,因此结构变量也可以像其他类型的变量一样赋值、运算,不同的是结构变量以成员作为基本变量。结构成员的表示方式如下:

```
结构变量.成员名
```

如果将"结构变量.成员名"看成一个整体,则这个整体的数据类型与结构中该成员的数据类型相同,这样就可以像前面所讲的变量那样使用。

2. 结构体变量的引用应注意的事项

(1) 不能将一个结构体变量作为一个整体进行输入和输出,只能对结构体变量中的各个成员分别进行输入和输出;结构体变量中的各个成员等价于普通变量。

(2) "."是结构体成员运算符,它在所有运算符中优先级最高。

(3) 结构体变量的成员可以进行各种运算。

9.1.4 结构变量的赋值

1. 结构变量的赋值

使用结构体变量时，一般都使用其成员，对成员的引用方式如下：

```
结构体变量名.成员名  //通过分量运算符"."实现对成员的赋值、引用
```

【例 9-6】 结构变量的赋值。

```
#include "stdio.h"
struct  Man
{
    char  name[10];
    char  sex;
    int  age;
    int  stature;
};
void main(void)
{
    struct Man Man1, Man2;
    strcpy(Man1.name, "zhangsan");
    Man1.sex = 'T';
    Man1.age = 20;
    Man1.stature = 170;
    printf("name: %s,sex: %c,age: %d,stature: %d\n", Man1.name, Man1.sex, Man1.age,
Man1.stature);
    Man2 = Man1;
    printf("name: %s,sex: %c,age: %d,stature: %d\n", Man2.name, Man2.sex, Man2.age,
Man2.stature);
}
```

2. 结构变量的赋值时应注意的事项

(1) 结构体变量赋值时，与数组相似，也只能逐个对成员赋值，无法整体赋值。

(2) 同类型的结构体变量之间可以相互赋值，但是数组是不行的。

(3) 嵌套的结构体变量，只能引用最内层的结构体成员参与运算，其引用方式是通过一层一层的分量运算符来实现的。

9.1.5 结构变量的初始化

1. 结构变量的初始化

结构体变量和其他变量一样，在定义的同时可以给它们赋值，也就是对它们的成员赋初值。结构变量的初始化与结构体变量定义一样，有 3 种基本方式：

(1) 结构体与结构变量初始数据分开,程序如下:

```
struct  结构体名
{
    类型标识符  成员名;
    类型标识符  成员名;
        ……
};
struct  结构体名  结构体变量 = {初始数据};
```

【例 9-7】 结构变量初始化举例 1。

```
struct  student
{
    int  num;
    char  name[20];
    char  sex;
    int  age;
    char  addr[30];
};
struct  student  stu1 = {112,"Wang Lin",'M',19, "200 Beijing Road"};
```

(2) 定义结构体的同时对结构进行变量初始化,程序如下:

```
struct  结构体名
{
    类型标识符  成员名;
    类型标识符  成员名;
        ……
}结构体变量 = {初始数据};
```

【例 9-8】 结构变量初始化举例 2。

```
struct student
{
    int  num;
    char  name[20];
    char  sex;
    int  age;
    char  addr[30];
}; stu1 = {112,"Wang Lin",'M',19, "200 Beijing Road"};
```

(3) 定义结构体的同时对结构进行变量初始化,但省略结构体类型名:

```
struct
{
    类型标识符  成员名;
    类型标识符  成员名;
```

```
        ……
}结构体变量={初始数据};
```

【例 9-9】 结构变量初始化举例 3。

```
struct
{
    int  num;
    char  name[20];
    char  sex;
    int  age;
    char  addr[30];
}; stu1 = {112,"Wang Lin",'M',19, "200 Beijing Road"};
```

结构体变量在初始化时,一般用一对大括号将各成员的初始值括起来,各个成员的初值列表要与类型声明中各成员的顺序和类型一致。对于嵌套定义的结构体变量初始化,也是用大括号将初值括起来。

【例 9-10】 嵌套结构体变量的初始化举例。

```
struct  student s1 = {35, " lisi",'F',1978,10,24};
//等价如下面语句
struct  student  s2 = {36, "wangwu",'T',{1980,2,3}};
```

2. 结构变量的初始化时应注意的事项

(1) 只可以给主函数中或外部存储类别和静态存储类别的结构体变量、数组赋初值。

① 对外部存储类型的初始化。

② 对静态存储类型的结构体变量进行初始化。

(2) 给结构体变量赋初值时,不能跨越前面的成员而只给后面的成员变量赋值。

【例 9-11】 对外部存储类型的初始。

```
#include "stdio.h"
struct student
{
    long num;
    char name[20];
    char sex;
    char addr[30];
}a = {99641,"Li Ping",'M',"56 Shenzhen Street"};
void main(void)
{
    printf("No.: %ld\nname: %s\nsex: %c\naddress: %s\n",
    a.num,a.name,a.sex,a.addr);
}
```

【例 9-12】 对静态存储类型的结构体变量进行初始化。

```
#include "stdio.h"
void main(void)
{
    static struct student
    {
        long num;
        char name[20];
        char sex;
        char addr[30];
    }a = { 99641,"Li Ping",'M',"56 ShenZhen Street"};
    printf("No.: %ld\nname : %s\nsex : %c\naddress : %s\n", a.num, a.name, a.sex, a.
addr);
}
```

9.2 结构指针变量的说明和使用

结构指针是指向结构的指针。它由一个加在结构变量名前的操作符 * 来定义,本节介绍结构指针变量的相关内容。

9.2.1 结构指针变量概述

由于一个结构体变量由多个成员构成,因而需要分配对应的一段连续空间来存放所有成员,成员占用空间的首地址作为该变量的指针。与数组相似,结构体变量名就代表该变量在内存中的首地址,是指针常量。当然也可以定义对应的结构体类型的指针变量来指向一个结构体变量。

9.2.2 结构体指针变量的定义

结构体指针变量的定义格式为:

```
struct  结构体名  *  指针变量名;
struct  student *ps1, *ps2;
struct  person *p1, *p2;
```

当一个结构体指针变量定义之后,就可以用来指向结构体变量及结构体数组中的元素等。

【例 9-13】 结构体指针变量。

```
struct  student s[4],s1;
struct  student *ps1, *ps2;
ps1 = &s1;
ps2 = s;
```

9.2.3 结构体指针变量的引用

利用结构体指针变量对所指对象成员的引用，使用指针运算符 * 先得到所指对象，再使用分量运算符“.”来实现，其引用形式如下：

```
(*结构体指针变量名).成员名
```

【例 9-14】 结构体指针引用。

```
#include <stdio.h>
#define  N  3
struct person
{
    char  name[10];
    char  sex;
    int  age;
    int  stature;
};
void main(void)
{
    int i;
    char sex[10];
    struct person per[N], *p;
    p=per;
    printf("please input data:\n");
    for(i=0;i<N;i++)
    {
        printf("input name:");      gets((*(p+i)).name);
        printf("input sex:"); gets(sex); (*(p+i)).sex=sex[0];
        printf("input age and stature:");
        scanf("%d%d", &(*(p+i)).age, &(*(p+i)).stature );
        getchar();   /*读掉回车符,以便正确读入下一个姓名*/
    }
    printf("list of person:\n");
    for(i=0;i<N;i++)
    {
        printf("name: %s, sex: %c, age: %d, stature: %d\n", (*(p+i)).name, (*(p+
        i)).sex, (*(p+i)).age, (*(p+i)).stature);
    }
}
```

例 9-14 的程序运行结果如下：

```
please input data:
input name: Li jun
input sex: f
input age and stature: 21 165
```

```
input name: Wang bo
input sex: m
input age and stature: 22 170
input name: Zhang san
input sex: f
input age and stature: 20 160
list of person:
name: Li jun, sex: f, age: 21, stature: 170
name: Wang bo, sex: m, age: 22, stature: 165
name: Zhang san, sex: f, age: 20, stature: 160
```

在程序实现数据输入的循环中,最后的语句 gets(sex)的目的是读取读入的 age 和 stature 之后剩下的空格及回车符,以方便下一个人的信息读入。

注意:引用方式中的"()"不能省略,因为"."运算符的优先级高于"*"运算符。为了操作方便,C51 语言提供了指向运算符"->",可直接引用所指向结构体变量的成员:

```
结构体指针变量->成员
p->name    //等价于(*p).name
p->sex     //等价于(*p).sex
p->age     //等价于(*p).age 等
```

9.3 联合类型

共用体(也称"联合体")也是一种结构类型,它将不同类型的数据组合在一起。但与结构体不同,在共用体内的不同变量占用同一段存储区,即在同一时刻,只有一个成员起作用。本节介绍联合类型的基本操作。

9.3.1 联合体的定义

视频讲解

使几个不同的变量共占同一段内存的结构称为共用体。共用体类型的声明与结构体的声明完全相同,只是关键字为 union。其一般格式为:

```
union  共用体名
{
    数据类型  成员 1;
    数据类型  成员 n;
};
```

例如:

```
union  Data
{
    int i;
    char ch;
```

```
    float f;
};
```

共用体变量的定义方式与结构体变量的定义方式相似，也有 3 种，如下所述。

1. 类型定义与变量定义分开

类型定义与变量定义分开。

【例 9-15】 共用体类型与共用体变量分开定义。

```
union  Data
{
    int i;
    char ch;
    float f;
};
union data  d1, d2;
```

2. 在定义类型的同时定义变量

在定义类型的同时定义变量。

【例 9-16】 共用体类型与共用体变量同时定义。

```
union  Data
{
    int  i;
    char  ch;
    float  f;
}x, y;
```

3. 直接定义共用体类型的变量(不给出共用体名)

直接定义共用体类型的变量(不给出共用体名)。

【例 9-17】 直接定义共用体类型的变量。

```
union
{
    int  i;
    char  ch;
    float  f;
}x, y;
```

为共用体变量分配空间的大小是以所有成员中占用空间字节数最多的成员为标准。而为结构体分配空间的大小是所有成员占用空间之和。对共用体变量成员的赋值，保存了最后的赋值，前面对其他成员的赋值均被覆盖。由于结构体变量的每个成员拥有不同的存储单元，因而不会出现这种情况。

9.3.2 联合体的使用

与结构体变量成员引用的方式相同,也使用->和.两种运算符来实现,其基本形式如下:

```
共用体变量名.成员名
共用体指针变量名->成员名
```

【例 9-18】 联合体变量引用。

```
union Data d1, *pd;
pd = &d1;
```

对 d1 成员的引用可以是:

```
d1.i //  或  pd->i
d1.ch //  或  pd->ch
d1.f //  或  pd->f
```

同类型的共用体变量之间可以互相赋值。

【例 9-19】 同类型的共用体变量之间互相赋值。

```
union  Data  d1,d2 = {'A'};
d1 = d2;
```

9.4 枚举类型

将变量的值全部列举出来称为枚举,变量的值只限于列举出来的值的范围内。

9.4.1 枚举类型声明

声明枚举类型使用 enum 关键字,其基本形式如下:

```
enum 枚举类型名(枚举常量列表);
enum weekday{ sun , mon , tue, wed , thu , fri , sat}; //枚举类型的变量 workday 的取值只能在
                                                          //sun～sat 之间
typedef enum
{
    KAL_FALSE,
    KAL_TRUE
} kal_bool;  //声明枚举类型的同时定义枚举变量
```

9.4.2 枚举变量的定义

枚举变量的定义格式如下：

```
enum 枚举类型名枚举变量名;
```

枚举常量是有值的，C51 语言按定义时的顺序使它们的值为 0，1，2，…，也可以改变枚举元素的值，在定义时由程序员指定。一个整数不能直接赋给一个枚举变量，应先进行强制类型转换才能赋值。

【例 9-20】 枚举变量的定义。

```
workday = 2;                    //错误
workday = (enum weekday) 2;     //正确
workday = tue;                  //正确
```

9.4.3 枚举变量应用举例

编写程序，功能是输入当天是星期几，就可以计算并输出 n 天后是星期几。例如，今天是星期六，若求 3 天后是星期几，则输入"6，3"，即输出"3 day after is week tue"。

【例 9-21】 枚举变量应用。

```
enum week { sun, mon, tue, wed, thu, fri, sat };
enum week GetWeek(enum week Week, int AfterDay)
{
    return((enum week)(((int)Week + AfterDay) % 7));
}
void main(void)
{
    enum week InputWeek, AfterWeek;          //w0 表示当天的星期值,wn 表示 n 天后的星期值
    int  InputDay;
    InputWeek = (enum week)(getchar() - '0');
    InputDay = getchar() - '0';
    AfterWeek = GetWeek(InputWeek, InputDay);     //获取 n 天后是星期几
    if (int AfterWeek == 0)
    {
        printf(" % d is sunday\r\n", InputDay);
    }
    else
    {
        printf(" % d day after is week % d\r\n", InputDay, (int )AfterWeek);
    }
}
```

9.5 自定义类型

在C51语言中可以使用typedef定义新的类型,即用typedef声明新的类型名来代替已有的类型名。其定义格式如下:

```
typedef 原有类型新声明的类型别名;
typedef unsigned char          kal_uint8;       //使用 kal_uint8 代替 unsigned char
```

通常给一个复杂类型定义一个别名,以便书写。用typedef声明的类型别名,常常用大写。注意:typedef的作用只能是给已有类型一个别名,typedef本身并不具有定义一个新的类型的能力。

define与typedef的区别是:define是在预编译时,处理而typedef是在编译时处理,而且define只是简单的字符替换,而typedef却是给所有类型一个别名。

例如:为了编程时书写方便,使用typedef常用的数据类型。

```
typedef unsigned char              kal_uint8;
typedef signed char                kal_int8;
typedef char                       kal_char;
typedef unsigned short             kal_wchar;
typedef unsigned short int         kal_uint16;
typedef signed short int           kal_int16;
typedef unsigned int               kal_uint32;
typedef signed int                 kal_int32;
typedef ULONG64                    kal_uint64;
typedef LONG64                     kal_int64;
typedef unsigned __int64           kal_uint64;
typedef __int64                    kal_int64;
```

9.6 本章小结

结构体类型是一种复杂而灵活的构造数据类型,它可以将多个相互关联但类型不同的数据项作为一个整体进行处理。在定义结构体变量时,每一个成员都要分配空间存放各自的数据。共用体是另一种构造数据类型,但在定义共用体变量时,只按占用空间最大的成员来分配空间,在同一时刻只能存放一个数据成员的值。为编程时书写方便,可用typedef定义新的数据类型。

9.7 习题

(1) 说出下面这段程序执行后的结果。

```
struct stu
{
    int num;
    char * name;
    char sex;
    float score;
} boy1 = {102,"Zhang ping",'M',78.5}, * pstu;
void main(void)
{
    pstu = &boy1;
    printf("Number = %d\nName = %s\n",boy1.num,boy1.name);
    printf("Sex = %c\nScore = %f\n\n",boy1.sex,boy1.score);
    printf("Number = %d\nName = %s\n",( * pstu).num,( * pstu).name);
    printf("Sex = %c\nScore = %f\n\n",( * pstu).sex,( * pstu).score);
    printf("Number = %d\nName = %s\n",pstu -> num,pstu -> name);
    printf("Sex = %c\nScore = %f\n\n",pstu -> sex,pstu -> score);
}
```

(2) 说出下面这段程序运行后的结果。

```
struct stu
{
    int num;
    char * name;
    char sex;
    float score;
}boy[5] = {
{101,"Zhou ping",'M',45},
{102,"Zhang ping",'M',62.5},
{103,"Liou fang",'F',92.5},
{104,"Cheng ling",'F',87},
{105,"Wang ming",'M',58},
};
void main(void)
{
    struct stu * ps;
    printf("No\tName\t\t\tSex\tScore\t\n");
    for(ps = boy;ps < boy + 5;ps++)
    printf("%d\t%s\t\t%c\t%f\t\n",ps -> num,ps -> name,ps -> sex,ps -> score);
}
```

第10章 预处理命令

在前面各章节中，曾多次使用过以“＃”开头的预处理命令，如包含命令＃include，宏定义命令＃define 等。在源程序中，这些命令都放在函数之外，而且一般都放在程序源文件的前面，称它们为程序预处理部分。本章介绍常用的几种预处理功能。

10.1 预处理概述

预处理是指在进行编译的第一遍扫描（词法扫描和语法分析）之前所做的工作。预处理是 C51 语言的一个重要功能，它由预处理程序负责完成。当对一个源文件进行编译时，系统将自动引用预处理程序对源程序中的预处理部分进行处理，处理完毕后自动进入对源程序的编译。

C51 语言提供了多种预处理功能，如宏定义、文件包含、条件编译等。合理地使用预处理功能编写的程序便于阅读、修改、移植和调试，也有利于模块化程序设计。

10.2 宏定义

在 C51 语言源程序中允许用一个标识符来表示一个字符串，称为“宏”。被定义为“宏”的标识符称为“宏名”。在编译预处理时，对程序中所有出现的“宏名”，都用宏定义中的字符串去代换，这称为“宏代换”或“宏展开”。

宏定义是由源程序中的宏定义命令完成的。宏代换是由预处理程序自动完成的。在 C51 语言中，“宏”分为有参数和无参数两种。下面依次介绍这两种“宏”的定义和调用方法。

10.2.1 无参宏定义

1. 宏定义的基本形式

无参宏定义是指在宏定义时，宏名后不带参数的宏定义。其定义的一般形式如下：

```
#define  标识符  字符串
```

说明："#"表示这是一条预处理命令。在C51语言中，凡是以"#"开头的均为预处理命令。"define"为宏定义命令。"标识符"为所定义的宏名。"字符串"可以是常数、表达式、格式串等。在前面介绍过的符号常量的定义就是一种无参宏定义。另外，还常对程序中反复使用的表达式进行宏定义。例如：

```
#define  S  (x*x+5*x)
```

它的作用是指定标识符S来代替表达式(x * x+5 * x)。在编写源程序时，所有的(x * x+5 * x)都可由S代替，而对源程序进行编译时，将先由预处理程序进行宏代换，即用(x * x+5 * x)表达式去置换所有的宏名S，然后再进行编译。

【例10-1】 宏定义举例。

```
#define  S  (x*x+5*x)
void main(void)
{
    int s,x;
    y=5;
    s=3*M+4*M+5*M;
    printf("s=%d\n",s);
}
```

例10-1的程序中首先进行宏定义，定义S来替代表达式(x * x+5 * x)，在s=3 * M+4 * M+5 * M中进行了宏调用。在预处理时经宏展开后该语句变为：

```
s=3*(x*x+5*x)+4*(x*x+5*x)+5*(x*x+5*x);
```

需要注意的是，在宏定义中，表达式(x * x+5 * x)两边的括号不能少，否则会发生错误。若例10-1中的宏定义变成下列语句时：

```
#define  S  x*x+5*x
```

则在预处理时经宏展开时将会得到下述语句：

```
s=3* x*x+5*x*y+4* x*x+5*x +5* x*x+5*x;
```

这显然与原题意要求不符，计算结果必然是错误的。因此，在作宏定义时应十分注意，应保证在宏代换之后程序原意不发生错误。

2. 宏定义时需要注意的事项

(1) 宏定义是用宏名来表示一个字符串，在宏展开时又以该字符串取代宏名，这只是一种简单的代换,字符串中可以包含任何字符,可以是常数,也可以是表达式,预处理程序对它不作任何检查。如有错误,只能在编译已被宏展开后的源程序时才能发现。

(2) 宏定义不是说明或语句,在行末不必加分号,如加上分号则连分号也一起置换。

(3) 宏定义必须写在函数之外,其作用域为宏定义命令起到源程序结束。如要终止其作用域,可使用#undef 命令。

【例 10-2】 宏作用域举例。

```
#define PI 3.14159
void main(void)
{
    …
}
#undef PI
f1()
{
    …
}
```

例 10-2 的程序中,在函数 f1 前使用了#undef PI,这表示 PI 只在 main 函数中有效,在 f1 中无效。

(4) 宏名在源程序中若使用引号括起来,则预处理程序不对其作宏代换。

【例 10-3】 预处理程序不对在源程序中使用引号括起来的宏举例。

```
#define OK 500
void main(void)
{
    printf("OK");
    printf("\n");
}
```

例 10-3 中定义宏名 OK 表示 500,但在 printf 语句中,OK 被引号括起来,因此不作宏代换。程序的运行结果为 OK。这表明预处理程序并没有把"OK"进行宏代换,而是把"OK"当字符串处理。

(5) 宏定义允许嵌套,在宏定义的字符串中,可以使用已经定义的宏名。在宏展开时,由预处理程序层层代换。

【例 10-4】 宏定义嵌套。

```
#define  PI 3.1415926
#define  S PI*R*R     //PI是已定义的宏名
#define  L 2*PI*R     //PI是已定义的宏名
```

若使用下列语句:

```
printf("%f",S);
```

则在预处理程序将其进行宏代换后变为：

```
printf("%f",3.1415926*y*y);
```

(6) 习惯上宏名用大写字母表示，以便与变量区别。当然也允许使用小写字母。

(7) 可使用宏定义表示数据类型，使书写方便。

【例 10-5】 使用宏定义表示数据类型。

```
#define STU struct stu    //将 STU 定义为 struct stu 的宏
#define INTEGER int       //将 INTEGER 定义为 int 的宏
STU body[5], *p;          //预处理程序中将使用 struct stu 替换 STU,所以本条语句等同于
                          //struct stu body[5], *p;
INTEGER a,b;              //预处理程序中将使用 int 替换 INTEGER,所以本条语句等同于 int a,b;
```

(8) 注意区分使用宏定义表示数据类型和使用 typedef 定义数据说明符的区别。宏定义只是简单的字符串代换，是在预处理时完成的，而 typedef 是在编译时处理的，它不是作简单的代换，而是对类型说明符重新命名。被命名的标识符具有类型定义说明的功能。

【例 10-6】 宏定义表示数据类型与 typedef 定义数据说明符的区别。

```
#define PIN1 int *
typedef (int *) PIN2;
PIN1 a,b;  //在宏代换后变成等同于 int *a,b; 表示 a 是指向整型的指针变量,而 b 是整型变量
PIN2 a,b;  //表示 a,b 都是指向整型的指针变量
```

根据例 10-6，从形式上看这两者相似，但在实际使用中却不相同。语句 PIN1 a,b; 在宏代换后变成：int *a,b; 则表示 a 是指向整型的指针变量，而 b 是整型变量。然而使用 PIN2 a,b; 则表示 a、b 都是指向整型的指针变量，因为 PIN2 是一个类型说明符。因此，宏定义虽然也可表示数据类型，但毕竟只是作字符代换。所以在使用时要分外小心，以避免出错。

(9) 对"输出格式"作宏定义，可以减少书写麻烦。

【例 10-7】 对"输出格式"作宏定义。

```
#define P printf
#define D "%d\n"
#define F "%f\n"
void main(void)
{
    int a=5, c=8, e=11;
    float b=3.8, d=9.7, f=21.08;
    P(D F,a,b);
    P(D F,c,d);
    P(D F,e,f);
}
```

例 10-7 中的程序分别对 printf、%d\n、%f\n 做了宏定义，在 void main(void)函数中直接使用宏名来代替 printf、%d\n、%f\n 等，增强了程序的可读性。

10.2.2 带参宏定义

C51 语言中允许宏带有参数。在宏定义中的参数称为形式参数，在宏调用中的参数称为实际参数。对带参数的宏，在调用中，不仅要宏展开，而且要用实参去替换形参。

1. 带参宏定义的一般形式

```
#define  宏名(形参表)  字符串
```

在字符串中含有各个形参。

2. 带参宏调用的一般形式

```
宏名(实参表);
```

【例 10-8】 带参宏定义与调用。

```
#define  S  (x*x+5*x)     /*宏定义*/
…
k=S(5);                   /*宏调用*/
…
```

在宏调用时，用实参 5 去代替形参 x，经预处理宏展开后的语句为：

```
k=5*5+5*5
```

【例 10-9】 用带参宏定义求最大值。

```
#define MAX(a,b) (a>b)?a:b
void main(void)
{
    int x,y,max;
    x=100,y=99;
    max=MAX(x,y);    //用宏名MAX表示条件表达式(a>b)?a:b
    printf("max=%d\n",max);
}
```

对例 10-9 中程序的首行进行带参宏定义，用宏名 MAX 表示条件表达式(a>b)?a:b，形参 a、b 均出现在条件表达式中。程序第 6 行 max=MAX(x,y)为宏调用，实参 x、y 将代换形参 a、b。宏展开后该语句为：

```
max=(x>y)?x:y;      //用于计算x,y中的大数
```

3. 带参宏定义需要注意的事项

(1) 带参宏定义中，宏名和形参表之间不能有空格出现。

若将例 10-9 中的：

```
#define MAX(a,b) (a>b)?a:b
```

改写为：

```
#define MAX (a,b) (a>b)?a:b
```

被改写后的 MAX 宏将被认为是无参宏定义，宏名 MAX 代表字符串 (a,b) (a>b)?a:b。宏展开时，宏调用语句：

```
max = MAX(x,y);
```

将被变成：

```
max = (a,b)(a>b)?a:b(x,y);
```

在程序运行时，这显然是错误的。

(2) 在带参宏定义中，形式参数并不分配内存单元，因此不必作类型定义。而宏调用中的实参有具体的值。要用它们去替换形参，因此必须作类型说明。这与函数中的情况不同。在函数中，形参和实参是两个不同的量，各有自己的作用域，调用时要把实参值赋予形参，进行"值传递"。而在带参宏中，只是符号代换，不存在值传递的问题。

(3) 在宏定义中的形参是标识符，而宏调用中的实参可以是表达式。

【例 10-10】 带参宏定义调用中，实参是表达式。

```
#define SQ(y) (y)*(y)
void main(void)
{
    int a,sq;
    a = 100;
    sq = SQ(a+1);
    printf("sq = %d\n",sq);
}
```

例 10-10 中第 1 行为宏定义，形参为 y。程序第 6 行宏调用中实参为 a+1，是一个表达式，在宏展开时，用 a+1 代换 y，再用(y)*(y) 代换 SQ，得到如下语句：

```
sq = (a+1)*(a+1);
```

这与函数的调用是不同的。函数调用时，要把实参表达式的值求出来，再赋予形参。而宏代换中对实参表达式不作计算直接地照原样替换。

(4) 在宏定义中,字符串内的形参通常要用括号括起来,以避免出错。在上例中的宏定义中,(y) * (y)表达式的 y 都用括号括起来,因此结果是正确的。如果将例 10-10 中程序的括号去掉,把程序改为以下形式:

```
#define SQ(y) y * y
void main(void)
{
    int a,sq;
    a = 100;
    sq = SQ(a + 1);
    printf("sq = %d\n",sq);
}
```

在进行宏代换时,只作符号代换而不作其他处理,会造成两者的结果不一致。宏代换后将得到以下语句:

```
sq = a + 1 * a + 1;
```

这显然与题意相违,因此参数两边的括号是不能少的。有时候即使在参数两边加括号还是不够的,请看下面程序:

【例 10-11】 带参宏定义。

```
#define SQ(y) (y) * (y)
void main(void)
{
    int a,sq;
    a = 3;
    sq = 160/SQ(a + 1);
    printf("sq = %d\n",sq);
}
```

本程序与例 10-10 相比,把宏调用语句改为:

```
sq = 160/SQ(a + 1);
```

运行本程序时,希望结果为 10。但实际运行的结果却为 sq=160,这是因为 sq=160/SQ(a+1);在宏代换之后变为:

```
sq = 160/(a + 1) * (a + 1);
```

a 为 3 时,由于"/"和"*"运算符优先级和结合性相同,则先计算 160/(3+1)得 40,再计算 40 * (3+1)最后得 160。为了得到正确答案,应在宏定义中的整个字符串外加括号,将例 10-11 修改后的程序如下:

```
#define SQ(y) ((y) * (y))
void main(void)
```

```
{
    int a,sq;
    a = 3;
    sq = 160/SQ(a + 1);
    printf("sq = %d\n",sq);
}
```

例 10-11 说明,对于宏定义不仅应在参数两侧加括号,也应在整个字符串外加括号。

(5) 带参的宏和带参函数很相似,但本质不同,除上面已谈到的各点外,把同一表达式用函数处理与用宏处理两者的结果有可能是不同的。

【例 10-12】 同一表达式用函数处理与用宏处理的结果不同。

(1) 表达式用函数处理。

```
void main(void)
{
    int i = 1;
    while(i <= 5)
        printf("%d\n",SQ(i++));
}
SQ(int y)
{
    return((y) * (y));
}
```

(2) 表达式用宏处理。

```
#define SQ(y) ((y) * (y))
void main(void)
{
    int i = 1;
    while(i <= 5)
        printf("%d\n",SQ(i++));
}
```

在例 10-12 中的表达式用函数处理时,函数名为 SQ,形参为 Y,函数体表达式为((y) * (y))。在例 10-12 中的表达式用宏处理时,宏名为 SQ,形参也为 y,字符串表达式为(y) * (y))。例 10-12 中表达式用函数处理时的函数调用为 SQ(i++),例 10-12 中的表达式用宏处理时的宏调用为 SQ(i++),实参也是相同的。从输出结果来看,却大不相同。

分析如下:在例 10-12 中的表达式用函数处理,函数调用是把实参 i 值传给形参 y 后自增 1,然后输出函数值。因而要循环 5 次,输出 1~5 的平方值。而在例 10-12 中的表达式用宏处理中宏调用时,只作代换,SQ(i++)被代换为((i++) * (i++))。在第一次循环时,由于 i 等于 1,其计算过程为:表达式中前一个 i 初值为 1,然后 i 自增 1 变为 2,因此表达式中第 2 个 i 的初值为 2,相乘的结果也为 2,然后 i 值再自增 1,得 3。在第二次循环时,i 值已有初值为 3,因此表达式中前一个 i 为 3,后一个 i 为 4,乘积为 12,然后 i 再自增 1 变为 5。进入第三次循环,由于 i 值已为 5,所以这将是最后一次循环。计算表达式的值为 5 * 6 等于 30。i 值再自增 1 变为 6,不再满足循环条件,停止循环。

从以上分析可以看出,函数调用和宏调用二者在形式上相似,但本质是完全不同的。

(6) 宏定义也可用来定义多个语句,在宏调用时,把这些语句又代换到源程序内。

【例 10-13】 宏定义也可用来定义多个语句。

```
#define abcdV(s1,s2,s3,v) s1 = l * w;s2 = l * h;s3 = w * h;v = w * l * h;
void main(void)
{
    int l = 3,w = 4,h = 5,sa,sb,sc,vv;
    abcdV(sa,sb,sc,vv);
    printf("sa = %d\nsb = %d\nsc = %d\nvv = %d\n",sa,sb,sc,vv);
}
```

例 10-13 程序的第一行为宏定义,用宏名 SSSV 表示 4 个赋值语句,4 个形参分别为 4 个赋值符左部的变量。在宏调用时,把 4 个语句展开并用实参代替形参,使计算结果送入实参之中。

10.3 文件包含

C 预处理程序的另一个重要功能是文件包含命令。

10.3.1 文件包含命令行的一般形式

文件包含命令行的一般形式为:

```
#include "文件名"
```

在前面章节中,我们已多次用此命令包含库函数的头文件。

例如:

```
#include  "reg51.h"
#include  "stdio.h"
#include  "math.h"
```

文件包含命令的功能是把指定的文件插入该命令行位置取代该命令行,从而把指定的文件和当前的源程序文件连成一个源文件。

在程序设计中,文件包含是很有用的。一个大的程序可以分为多个模块,由多个程序员分别编程。有些公用的符号常量或宏定义等可单独组成一个文件,在其他文件的开头用包含命令包含该文件即可使用。这样,可避免在每个文件开头都去书写那些公用量,从而节省时间,并减少程序出错。

10.3.2 使用文件包含命令行应注意的事项

(1) 包含命令中的文件名可以用双引号括起来,也可以用尖括号括起来。以下写法都是正确的：

```
#include  "stdio.h"
#include  <math.h>
```

注意这两种形式的区别：使用尖括号表示在包含文件目录中去查找(包含目录是由用户在设置环境时设置的)，而不在源文件目录去查找。使用双引号则表示首先在当前源文件目录中查找，若未找到才到包含目录中去查找。用户编程时可根据自己文件所在的目录来选择某一种命令形式。

(2) 一个include命令只能指定一个被包含文件，若有多个文件要包含，必须使用多个include命令。

(3) 文件包含允许嵌套，即在一个被包含的文件中又可以包含另一个文件。

10.4 条件编译

预处理程序提供了条件编译的功能。可以按不同的条件去编译不同的程序部分，因而产生不同的目标代码文件。这对于程序的移植和调试是很有用的。有时候可根据需要对程序进行裁剪，以适应不同的客户要求。

条件编译有3种形式，下面分别介绍。

1. 第一种形式

```
#ifdef  标识符
  程序段1
#else
  程序段2
#endif
```

功能：如果标识符已被 #define命令定义过，则对程序段1进行编译；否则对程序段2进行编译。如果没有程序段2(它为空)，本格式中的#else可以没有，即可以写为：

```
#ifdef  标识符
程序段
#endif
```

【例10-14】 条件编译举例1。

```
#include <stdio.h>
#define NUM NO
void main(void)
{
    struct stu
    {
```

```
        int num;
        char *name;
        char sex;
        float score;
    } *ps,stu1;
    ps=&stu1;
    ps->num=102;
    ps->name="Zhang ping";
    ps->sex='M';
    ps->score=62.5;
    #ifdef NUM
    printf("Number=%d\nScore=%f\n",ps->num,ps->score);
    #else
    printf("Name=%s\nSex=%c\n",ps->name,ps->sex);
    #endif
}
```

例 10-14 程序的第 16 行插入了条件编译预处理命令,因此要根据 NUM 是否已被定义来决定编译哪一条 printf 语句。由于程序的首行已对 NUM 作过宏定义,因此应对第一个 printf 语句作编译,故运行结果是输出了学号和成绩。在程序的第一行宏定义中,定义 NUM 表示字符串 NO,其实也可以为任何字条符串,甚至不给出任何字符串,也可写为:

```
#define NUM
```

2. 第二种形式

```
#ifndef 标识符
程序段 1
#else
程序段 2
#endif
```

第二种形式与第一种形式的区别是将“ifdef”改为“ifndef”。它的功能是,如果标识符未被#define 命令定义过,则对程序段 1 进行编译,否则对程序段 2 进行编译。这刚好与第一种形式的功能相反。

3. 第三种形式

```
#if 常量表达式
程序段 1
#else
程序段 2
#endif
```

功能：如常量表达式的值为真(非0)，则对程序段1进行编译，否则对程序段2进行编译。因此可以使程序在不同条件下完成不同的功能。

【例10-15】 条件编译举例2。

```
#include <stdio.h>
#define  R  1
void main(void)
{
    float c,r,s;
    printf ("input a number: ");
    scanf("%f",&c);
#if R
    r=3.14159*c*c;
    printf("area of round is: %f\n",r);
#else
    s=c*c;
    printf("area of square is: %f\n",s);
#endif
}
```

例10-15采用了第3种形式的条件编译。在程序第一行宏定义中，定义R为1，因此在条件编译时，常量表达式的值为真，故计算并输出圆面积。

上面介绍的条件编译当然也可以用条件语句来实现。但是用条件语句将会对整个源程序进行编译，生成的目标代码程序很长，而采用条件编译，则根据条件只编译其中的程序段1或程序段2，生成的目标程序较短。如果条件选择的程序段很长，采用条件编译的方法是十分必要的。

4. 第四种形式

```
#if defined(常量表达式)
    程序段1
#else
    程序段2
#endif
```

功能：如常量表达式的值被定义过，则对程序段1进行编译，否则对程序段2进行编译。因此可以使程序在不同条件下完成不同的功能。它与#ifdef语句功能类似，但#ifdef只能判断一个常量表达式，而使用#if defined则可以判断多个常量表达式是否被定义过。

【例10-16】 条件编译举例3。

```
#if defined (abc) && !defined(cba)
/* Option Menu */
extern void mmi_camera_exit_option_menu_screen(void);
```

```
extern void mmi_camera_entry_option_menu_screen(void);
extern void mmi_camera_init_option_enu(void);
#endif //(abc) && !defined(cba)
```

例 10-16 的程序中的首行使用了#if defined (abc) && ! defined(cba)语句，因而在条件编译时，只有当 abc 与 cba 同时被定义过，才会执行#if defined (abc) && ! defined(cba)与#endif 之间的语句。

【例 10-17】 条件编译举例 4。

```
#if defined(DMA)
static void mmi_imgview_drm_callback_hdlr(kal_int32 result, kal_int32 id);
static imgview_drm_ret_enum mmi_imgview_process_drm_hdlr(void);
static void mmi_imgview_preprocess_drm_right(void);
#else
static S32 mmi_imgview_create_filelist(void);
static S32 mmi_imgview_file_sort_callback(fmgr_filelist_handle fl_hdl, S32 result, S32
progress, S32 total);
static void mmi_imgview_exit_sorting_screen(void);
static void mmi_imgview_cancel_sorting(void);
static void mmi_imgview_enter_sorting_screen(void);
#endif
```

例 10-17 的程序在条件编译时，假如 DMA 被定义过，则编译#if defined(DMA)与#else 之间的程序段，否则编译#else 与#endif 之间的程序段。

10.5 本章小结

本章主要介绍了 C51 语言中的预处理功能相关的语句，这些语句在基于同一硬件平台下开发不同功能的系统时会经常使用。预处理功能是 C51 语言所特有的，它是在对源程序正式编译前由预处理程序完成的。程序员在程序中用预处理命令来调用这些功能。宏定义是用一个标识符来表示一个字符串，这个字符串可以是常量、变量或表达式。在宏调用中，将用该字符串代换宏名。宏定义可以带有参数，宏调用时是以实参代换形参，而不是“值传送”。为了避免宏代换时发生错误，宏定义中的字符串应加括号，字符串中出现的形式参数两边也应加括号。文件包含是预处理的一个重要功能，它可用来把多个源文件连接成一个源文件进行编译，结果将生成一个目标文件。条件编译允许只编译源程序中满足条件的程序段，使生成的目标程序较短，从而减少内存的开销并提高程序的效率。使用预处理功能便于程序的修改、阅读、移植和调试，也便于实现模块化程序设计。

10.6 习题

对于如图 10.1 所示的电路，试使用宏定义编程实现以下功能。

① 功能 1：依次显示 0～9。

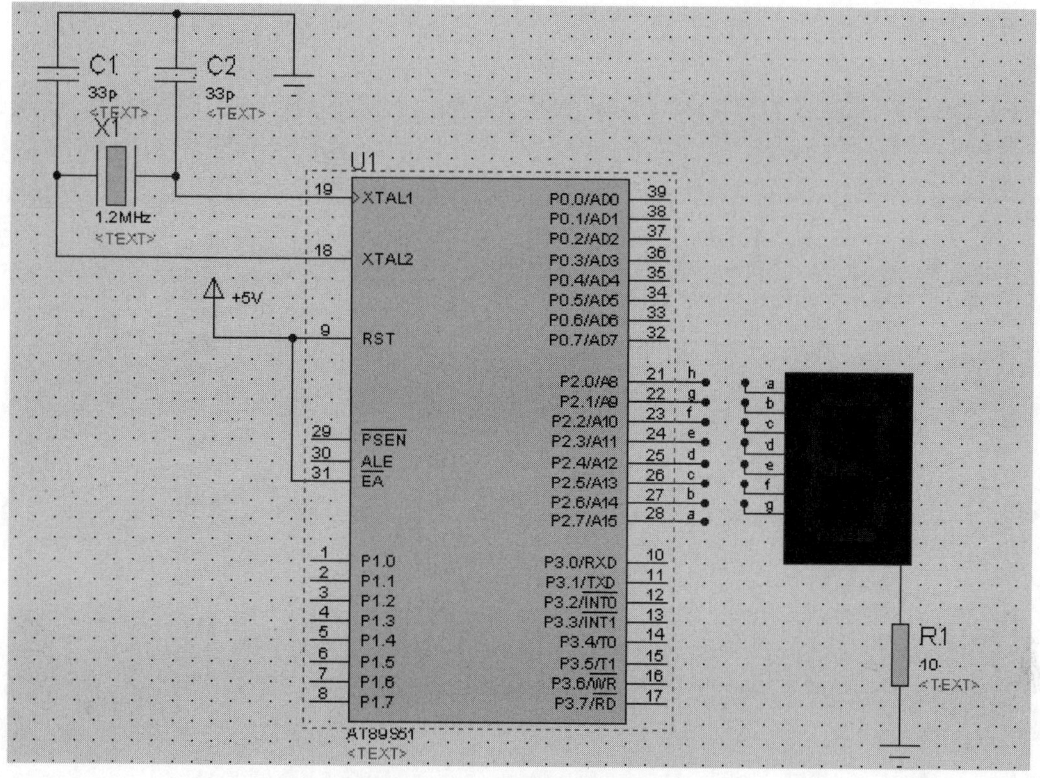

图 10.1　宏定义习题 1 实验电路图

② 功能 2：依次显示 9～0。

③ 功能 3：先显示 0～9，再显示 9～0。

第二篇 应用篇

本篇以单片机的资源为线索，由浅入深逐步介绍单片机内部资源、外部资源及常见外围器件的使用等内容。这些内容包括I/O口的基本应用、LED驱动、数码管驱动、继电器驱动、按键检测、矩阵键盘、定时器、中断、串行接口、单总线、I^2C总线、SPI总线、DAC、ADC、LED点阵驱动、LCD屏驱动、电机驱动等。这些内容涵盖了单片机系统常用的模块，建议读者在学习本篇时多实践、多分析程序结构、多编程，以尽快掌握本篇内容。

第11章 基本I/O口驱动（视频）

视频讲解

单片机 I/O(Input or Output)口是单片机与外部电路的基本接口。本章主要介绍 AT89S51 单片机 I/O 口的基本结构以及常用的 I/O 驱动。如 LED(Light-Emitting Diode,LED)驱动、继电器驱动、按键检测、数码管驱动等。另外本章还介绍了如何使用 C51 语言操作单片机系统资源,因此本章也是后续章节的基础。

11.1 单片机 I/O 口概述

AT89S51 单片机共有 32 个 I/O 口线,分别是 P0、P1、P2、P3 口。这些 I/O 口都可以通过对应的特殊功能寄存器(Special Function Register,SFR)来进行操作,并且能按拉操作。P0 端口能驱动 8 个 TTL 逻辑门电路。P1、P2、P3 端口能驱动 4 个 TTL 逻辑门电路。

11.1.1 P0 口概述

P0 口是一组 8 位漏极开路型双向 I/O 口,地址/数据总路复用口。作为输出口用时,每位能驱动 8 个 TTL 逻辑门电路,端口为 1 时可作为高阻抗输入端使用。当 P0 口作为普通 I/O 使用时,是漏极开路形式,类似于 OC 门,在没有外加上拉电阻的情况下,输出 0 时是低电平,输出 1 时是悬浮的,状态不确定,如图 11.1 所示。所以 P0 口作输出使用时,应接外部上拉电阻。

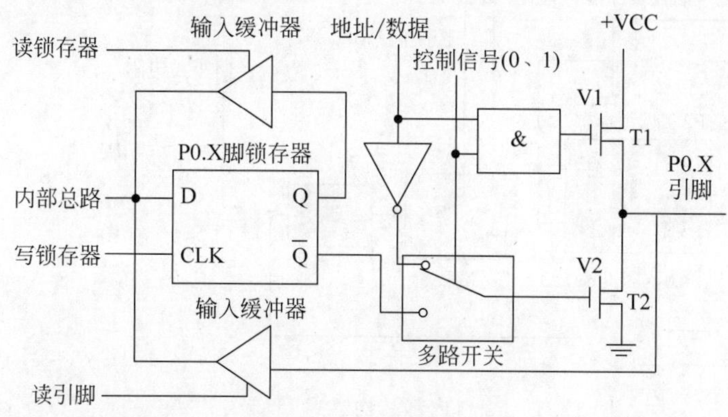

图 11.1　P0 口内部结构

11.1.2 P1口概述

P1口是一个内部带上拉电阻的8位双向I/O口,P1的输出缓冲级可驱动(吸收或输出电流)4个TTL逻辑门电路,对端口写1。通过内部的上拉电阻把端口拉到高电平,此时可作输入口使用。P1口内部结构如图11.2所示。

P1口在作输入引脚前,应当对P1端口先写入"1"。具有这种操作特点的输入/输出端口称为准双向I/O口(这里准确的含义是当I/O口要作输入使用时,需预先为I/O口写入1,为输入做准备)。AT89S51单片机的P1、P2、P3都是准双向口。P0端口由于输出有三态功能,输入前,端口线已处于高阻状态,因此无须先写入1后再进行读操作。

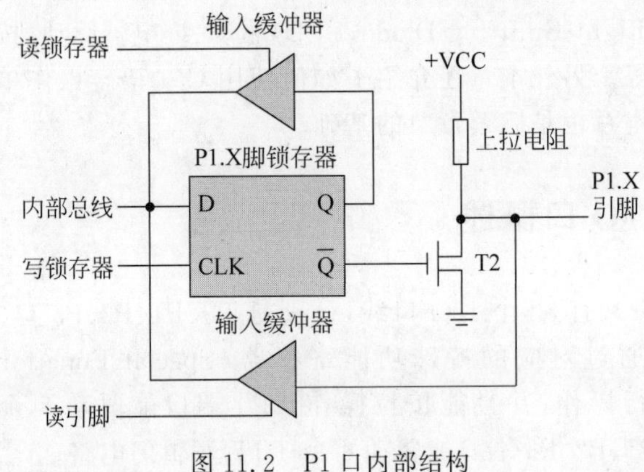

图11.2 P1口内部结构

11.1.3 P2口概述

P2口是一个内部带上拉电阻的8位双向I/O口,P2的输出缓冲可驱动(输出或吸收电流)4个TTL逻辑门电路,对端口写"1"。通过内部的上拉电阻把端口拉到高电平时,可作为输入口使用。P2口可以作为普通I/O口使用,也可以作为地址总线(高8位)使用,P2口内部结构如图11.3所示。

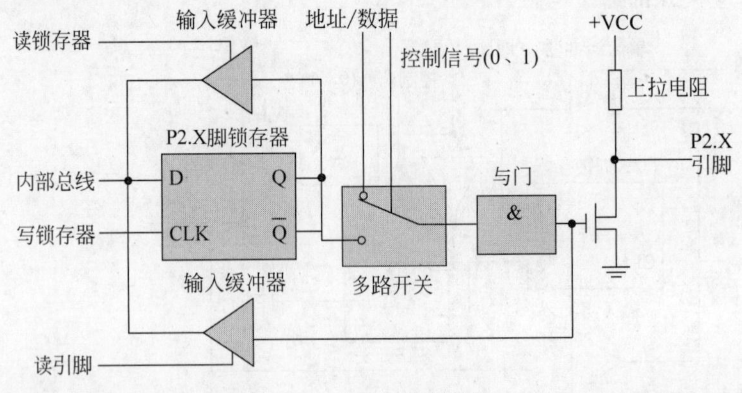

图11.3 P2口内部结构

11.1.4 P3 口概述

P3 口是一组内部带上拉电阻的 8 位双向 I/O 口。P3 口输出缓冲可驱动(输出或吸收电流)4 个 TTL 逻辑电路。对 P3 口写入"1"时,其被内部的上拉电阻拉高,并可作为输入端口使用,P3 口内部结构如图 11.4 所示。

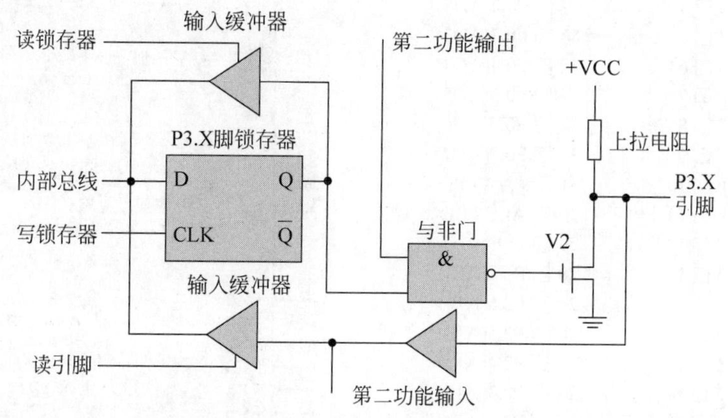

图 11.4 P3 口内部结构

P3 口除了能作为一般的 I/O 口线外,还具有重要的第二功能,如表 11.1 所示。

表 11.1 P3 端口的第二功能

端口引脚	第二功能
P3.0	RXD(串行输入口)
P3.1	TXD(串行输出口)
P3.2	INT0(外中断 0)
P3.3	INT1(外中断 1)
P3.4	T0(定时/计数器 0 外部输入)
P3.5	T1(定时/计数器 1 部输入)
P3.6	WR(外部数据存储器写选通)
P3.7	RD(外部数据存储器读选通)

11.2 C51 操作单片机 I/O 口的方法

单片机 I/O 口是单片机与外部通信的基本接口,AT89S51 单片机共有 4 组 I/O,分别是 P0、P1、P2、P3。本节主要介绍如何用 C51 语言操作单片机的 I/O 口。

11.2.1 51 单片机引脚及逻辑图

单片机中的输入/输出端口简称 I/O 口,AT89S51 单片机共有 4 组 I/O 端口,分别是 11.1 节所讲述的 P0、P1、P2、P3。它们在单片实际封装及逻辑符号中的位分别如

图 11.5 和图 11.6 所示。在后续章节中,电路原理图中的元件 AT89S51 均以逻辑图形式出现。

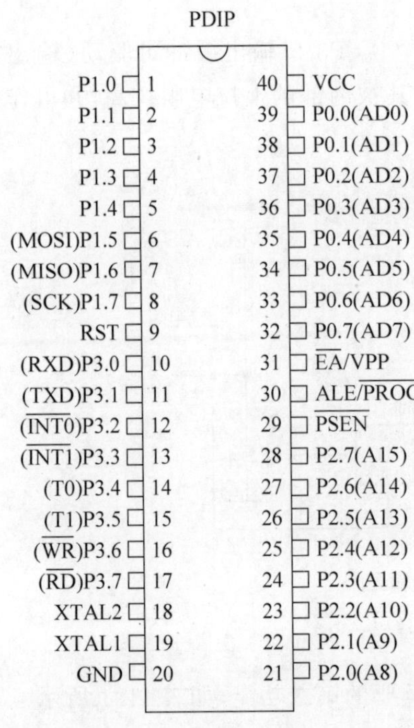

图 11.5　AT89S51 引脚分布图

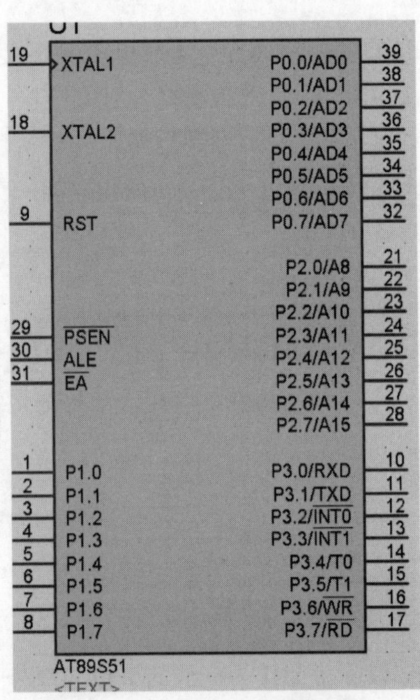

图 11.6　AT89S51 逻辑图

11.2.2　51 单片机 I/O 口定义

使用 C51 语言访问 51 单片机 I/O 口的方法可分为两类。一类是使用 sfr 定义 1 个 8 位 I/O 口,另一类是使用 sbit 定义 1 位 I/O 口。

1. 使用 sfr 进行访问

sfr 是一种扩充数据类型,占用一个内存单元,值域为 0～255。利用它可以访问 51 单片机内部的所有特殊功能寄存器。如使用 sfr P1 = 0x90 定义 P1 为 P1 端口所在片内的寄存器,那么在后面的程序语句中可以使用 P1 = 0xFF(对 P1 端口的所有引脚置高电平)这类语句来操作 P1 端口。具体定义方法如下:

```
sfr   特殊功能寄存器名 = 特殊功能寄存器地址常数;
sfr16  特殊功能寄存器名 = 特殊功能寄存器地址常数;
```

sfr 关键字后面通常为特殊功能寄存器名,等号后面是该特殊功能寄存器所对应的地址,必须是位于 80H～FFH 的常数,不允许有带运算符的表达式。sfr16 等号后面是 16 位特殊功能寄存器的低位地址,高位地址一定要位于物理低位地址之上。

例如:分别定义 P0、P1 分别为 P0 端口、P1 端口所在片内的寄存器,其实现代码如下:

```
sfr    P0 = 0x80;       //定义 P0 口,其地址 0x80
sfr    P1 = 0x90;       //定义 P1 口,其地址 0x90
```

2. 使用 sbit 访问 I/O 口

sbit 用于定义字节中的位变量，利用它可以访问片内 RAM 或特殊功能寄存器中可使用位寻址的位。访问特殊功能寄存器时，可以使用下述方法定义：

```
① sbit 位变量名 = 位地址
```

例如：

```
sbit P1_1 = 0x91;      //有关位地址的内容请参阅 5.1 节的相关内容
```

把位的绝对地址赋给位变量。同 sfr 一样，sbit 的位地址必须位于 80H～FFH。

```
② sbit 位变量名 = 字节地址^位的位置,如 sbit P1_1 = 0x90^1;
③ sbit 位变量名 = 特殊功能寄存器名^位位置,如
   sfr P1 = 0x90;      //先定义一个特殊功能寄存器名,再定义位变量名的位置
   sbit P1_1 = P1^1;
```

第③种方法与②类似，只是用特殊功能寄存器名取代其地址，这样在以后的程序语句中就可以用 P1_1 对 P1.1 引脚进行读/写操作了。

11.2.3 利用 reg51.h 访问 I/O 口

C51 系统通常提供了库文件 reg51.h，该文件包含了许多特殊寄存器的定义，所以在编程时，通过“#include <reg51.h>”语句加载该库文件后，就可直接引用这些特殊功能寄存器了。由于 P0、P1、P2、P3 口的可寻址的位在 reg51.h 头文件中并未定义，因此使用时必须通过 sbit 来定义。此外，在直接引用时，特殊功能寄存器的名称或其中可寻址的位名称必须大写。

11.2.4 案例 1：I/O 口的输入输出

【例 11-1】 读 AT89S51 单片机的 P1 口状态，通过 P2 口输出。

通过学习前文可知，本题所使用的特殊功能寄存器的引用可以采用两种方法。第一种方法是在程序中使用关键字 sfr 分别用于定义单片机内部 8 位特殊功能寄存器 P1、P2。第二种方法是用 #include "reg51.h"加载函数的头文件，间接使用已经定义好的 P1、P2 特殊功能寄存器。

依据题意，我们只需将 P1 的内容直接赋值给 P2 即可。

解法 1：

首先使用 sfr 对 P1 和 P2 口进行定义。定义好之后就可以对 P1 和 P2 口进行访问

了。其实现代码如下：

```
sfr  P1   = 0x90 ;   //定义 P1 口,其地址 90H
sfr  P2   = 0xA0;    //定义 P2 口,其地址 A0H
void  main(void)
{
    P2 = P1;             // 将 P1 口的状态传送之 P2
}
```

解法 2：

首先使用文件包含方式间接引用已经定义好的头文件"reg51. h"。在程序中引入"reg51. h"头文件后就可以访问 P2 和 P1 了，其实现代码如下：

```
#include"reg51.h"   //间接使用特殊功能寄存器的定义
void  main(void)
{
    P2 = P1;            //将 P1 口的状态传送至 P2
}
```

【例 11-2】 在 AT89S51 单片机中，通过 P1. 1 输出 P1. 0 的状态。

在 51 系列单片机中操作单个 I/O 口的位地址，可通过 sbit 来定义。由 11. 2. 2 节可知 I/O 口的定义方法有 3 种，所以本题对应的答案也有 3 种。

解法 1：

首先使用 sbit 位变量名 = 位地址的方式对 P1. 0 和 P1. 1 端口进行定义，再使用赋值语句进行状态传送。

```
sbit  P1_0 = 0x90 ;     // 定义 P1_0,并将 P1.0 的位地址 0x90 赋给 P1_0
sbit  P1_1 = 0x91 ;     // 定义 P11_1,并将 P1.1 的位地址 0x91 赋给 P1_0
void  main(void)
{
    P1_0 = P1_1;        // 将 P1_1 的状态传送之 P1_0
}
```

解法 2：

首先使用 sbit 位变量名=字节地址^位的位置的方式对 P1. 0 和 P1. 1 端口进行定义，再使用赋值语句进行状态传送。

```
sfr  P1 = 0x90;          // 定义 P1 口,并将 P1 的地址 0x90 赋给 P1_0
sbit P1_0 = P1^0;        // 定义 P1_0,并将 P1 口第 0 位的地址赋给 P1_0
sbit P1_1 = P1^1;        // 定义 P1_1, 并将 P1 口第 1 位的地址赋给 P1_1
void  main(void)
{
    P1_0 = P1_1;         // 将 P1_1 的状态传送至 P1_0
}
```

解法3：

首先使用sbit位变量名＝特殊功能寄存器名^位位置的方式对P1.0和P1.1端口进行定义，再使用赋值语句进行状态传送。

```
sbit P1_0 = 0x90^0 ;      // 定义 P1_0,并将字节地址 0x90 的第 0 位的地址赋给 P1_0
sbit P1_1 = 0x90^1 ;      // 定义 P11_1,并将字节地址 0x90 的第 1 位的地址赋给 P1_1
void main(void)
{
    P1_0 = P1_1;          // 将 P1_1 的状态传送至 P1_0
}
```

11.3 LED驱动

LED是一种能够将电能转化为可见光的固态的半导体器件。通常使用LED来指示系统的某种状态，如充电源指示灯、充电器充电状态指示等。本节介绍单片机驱动LED的相关内容。

11.3.1 案例2：单个I/O口驱动单个LED

单个LED的驱动可以使用I/O口和限流电阻来实现。根据LED在电路中的接法，驱动程序也不尽相同，但驱动方法基本类似。如图11.7所示为单片机驱动LED实验电路图。

由图11.7可知，当P1.0口输出为低电平时，就会点亮D1。当P1.0输出为高电平时，D1就会熄灭。通常同一个程序会包含点亮LED和熄灭LED的程序。在实际编程时，使用P1^0＝0或P1^0＝1语句就可以点亮或熄灭D1了。

(1) 点亮D1的程序如下：

```
sbit  D1 = P1^0;        //定义 D1 为 P1.0 端口
void  main(void)
{
    D1 = 0;             //P1.0 输出低电平,此时可点亮发光二极管 D1
    //D1 = 1;           //如果 D1 反接,则需要 P1.0 输出高电平才能点亮发光二极管 D1
}
```

(2) 熄灭D1的程序如下：

```
sbit  D1 = P1^0;     //定义 D1 为 P1.0 端口
void  main(void)
{
    D1 = 1;          //P1.0 输出高电平,此时可熄灭发光二极管 D1
    //D1 = 0;        //如果 D1 反接,则需要 P1.0 输出低电平才能熄灭发光二极管 D1
}
```

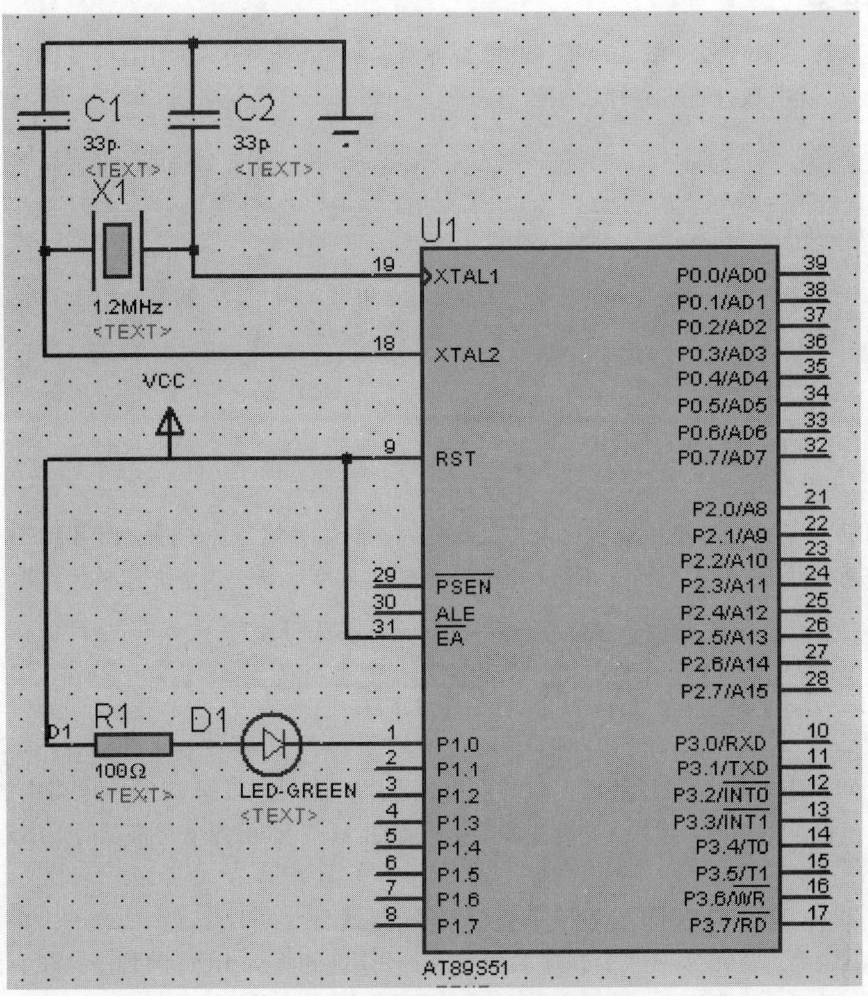

图 11.7　单片机驱动 LED 实验电路图

11.3.2　案例 3：8 个 LED 流水灯式点亮(数组)方式

流水灯在日常生活中比较常见,流水灯通常组合成各式各样的花样灯。用不同颜色的发光二极管组成的流水灯还可以获得花样彩灯的效果。实现流水灯有多种方式。实验电路如图 11.8 所示。本节介绍使用数组方式驱动。

使用数组方式是预先将流水灯的各种状态保存在数组中,根据不同条件调用不同状态编码,获得流水灯效果。使用这种方式的程序可分为两部分：主函数和时间间隔函数。其中主函数通过调用数组中存储的 LED 状态编码,实现 D1→D8 逐个点亮、D1→D8 逐个熄灭的流水灯效果。时间间隔函数的作用是为流水灯在运行过程中提供由当前状态到下一状态转换时所需要的时间间隔。可以通过修改时间间隔函数的实参值来实现状态转换时的不同时间间隔。下面依次讲解每个部分。

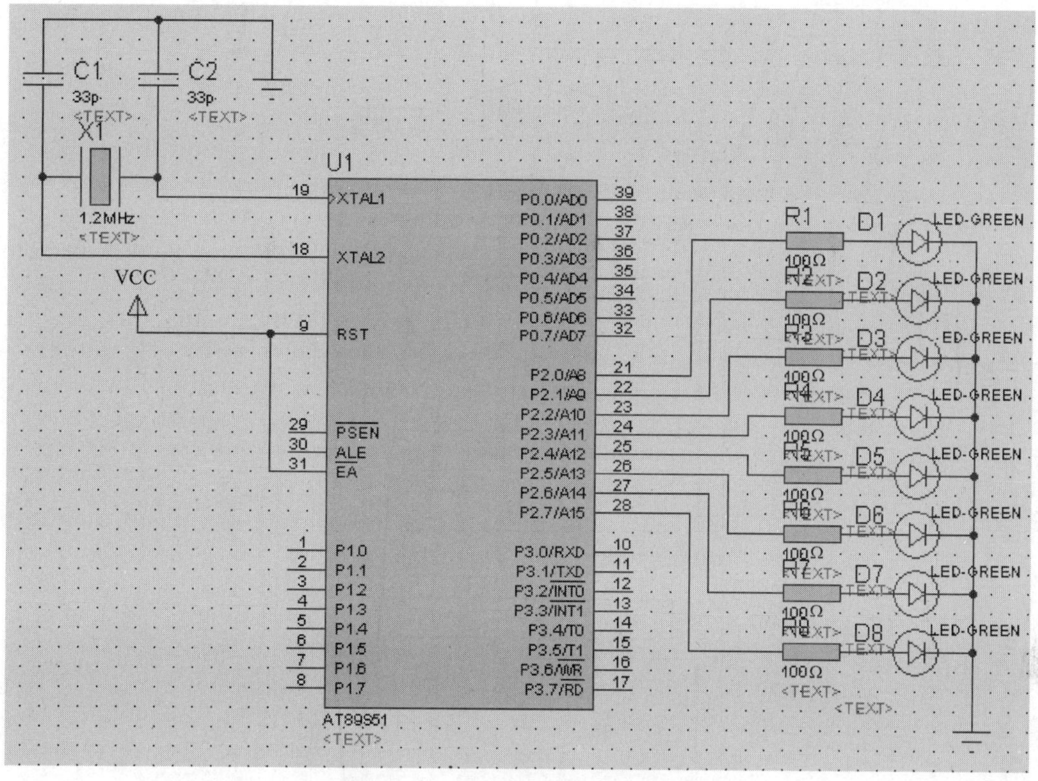

图 11.8　8 个 LED 流水灯式点亮

1. 主函数

主函数通过 for 循环语句依次将 LED_P(或 LED_N)数组内的 LED 由亮到暗(或由暗到亮)的 8 种状态代码送至 P2 口进行显示。其程序流程如图 11.9 所示。

其程序代码如下：

```
unsigned char LED_P[8] = { 0xfe,0xfc,0xf8,0xf0,0xe0,0xc0,0x80,0x00};  //由亮到暗,保存
                                                                      //在数据存储器中
unsigned char LED_N[8] = { 0x01,0x03,0x07,0x0f,0x1f,0x3f,0x7f,0xff};  //由暗到亮,保存
                                                                      //在数据存储器中
//提示：因 51 系列单片机 RAM 空间有限,建议读者将以上两个数组定义在程序存储器中
//unsigned char  code LED_P[8] = { 0xfe,0xfc,0xf8,0xf0,0xe0,0xc0,0x80,0x00};
                                                      //由亮到暗,保存在程序存储器中
//unsigned char  code LED_N[8] = { 0x01,0x03,0x07,0x0f,0x1f,0x3f,0x7f,0xff};
                                                      //由暗到亮,保存在程序存储器中
void main(void)
{
    while(1)
    {
        unsigned char i;            //定义自增用的变量
                                    //实现 D1→D8 由亮变暗
                                    //第 1 个 for 循环语句
```

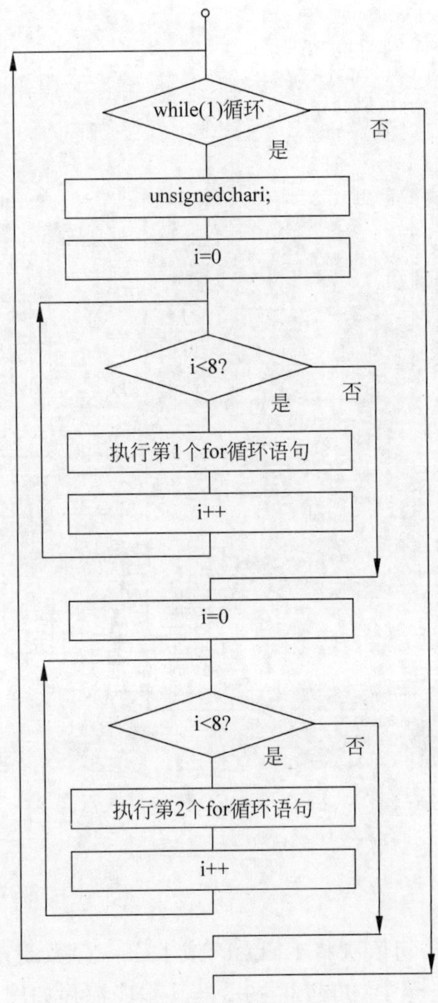

图 11.9　主程序流程图

```
        for(i = 0;i < 8;i++)
        {
            delay(200);             //延时约 0.2s(200 * 1ms)
            LED = LED_P[i];         //取 LED 状态送至 P2 口
        }
        //实现 D1→D8 由亮变亮
        //第 2 个 for 循环语句
        for(i = 0;i < 8;i++)
        {
            delay(200);             //延时约 0.2s(200 * 1ms)
            LED = LED_N[i];         //取 LED 状态送至 P2 口
        }
    }
}
```

2. 时间间隔函数

时间间隔函数是通过 for 循环嵌套实现的，内层 for 循环语句实现 1ms 的基准时间。外层循环通过控制内层循环次数来获得超过 1ms 的延时时间。如图 11.10 所示为时间间隔函数流程图。

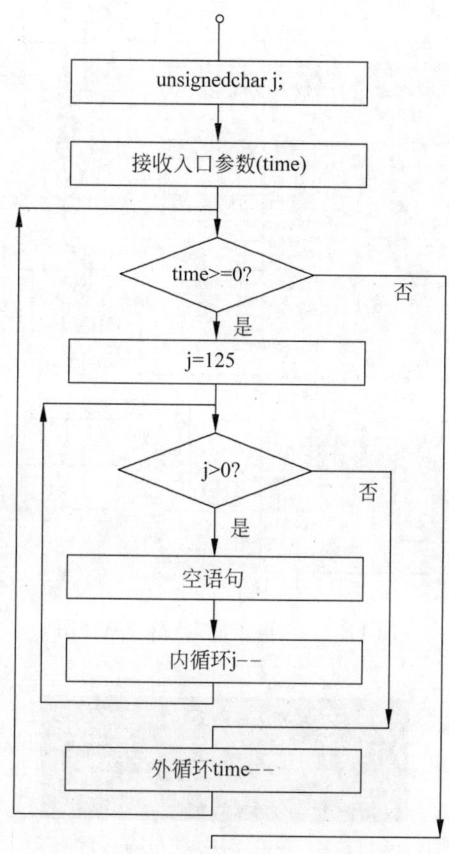

图 11.10 时间间隔函数流程图

其程序代码如下：

```
void delay(int time)                    //延时函数
{
    unsigned char  j;                   //定义内循环变量
    for(time;time >= 0;time -- )        //延时时间为 time * 1ms
        for(j = 125;j > 0;j -- )        //延时 1ms
            {;}
}
```

11.3.3 案例 4：驱动“电子协会”招牌

“电子协会”招牌的每个字都是由几十个 LED 构成的 LED 点阵汉字。笔者在江西科技师范大学求学时加入了学校的电子爱好者协会并担任维修部部长，随后笔者和电子协会的会长文金辉合作制作了这样的招牌。其原理是利用单片机控制其点亮顺序，如图 11.11 所示，实物效果如图 11.12 所示。

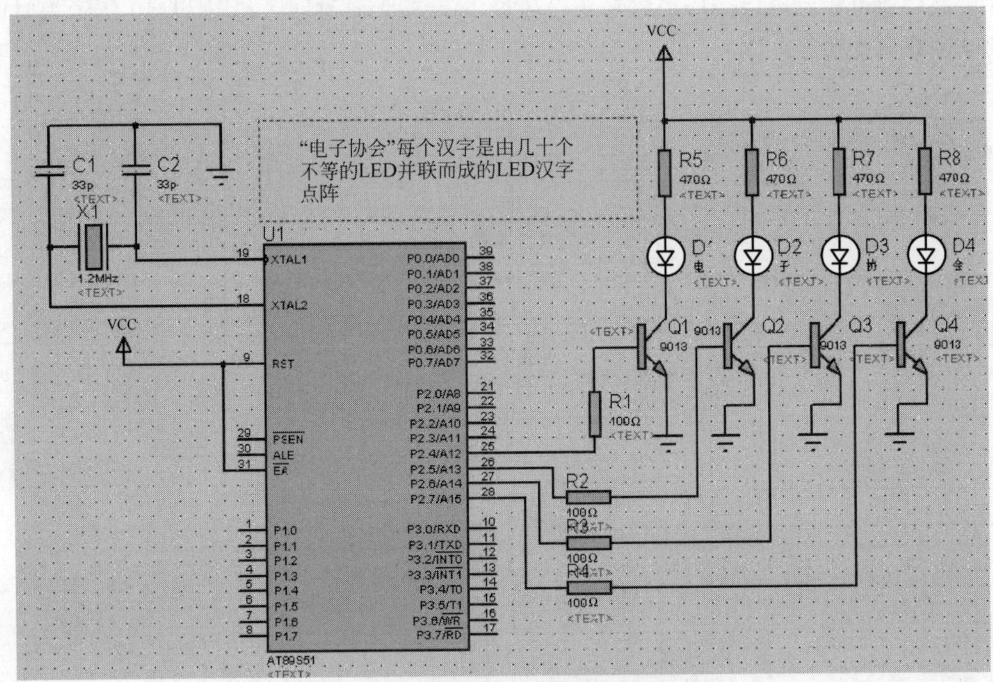

图 11.11 “电子协会”招牌原理图

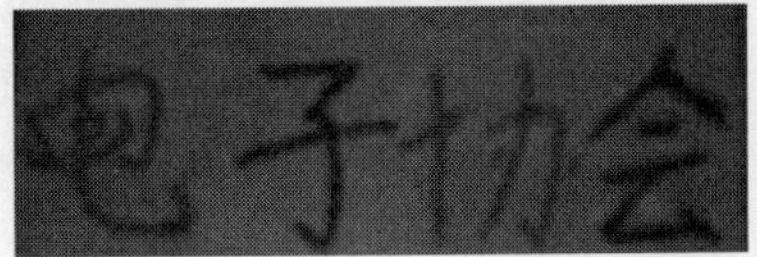

图 11.12 “电子协会”招牌效果图

其程序与花样流水灯的程序结构类似，在结构上也分为两部分：主函数、时间间隔函数。

主函数读取一维数组 LED_SUM 中“电子协会”四个字的不同状态的编码，并将这些编码送至 P2 口的高 4 位进行显示。其主程序流程图如图 11.13 所示。

其程序代码如下：

```
unsigned char code LED_SUM[8] = {0x1f,0x3f,0x7f,0xff,0xf0,0xe0,0xc0,0x80};
                                                    //8 种不同状态存储于 LED_SUM 中

void main(void)
{
    while(1)
    {
        unsigned char i;
        for(i = 0;i < 8;i++)
```

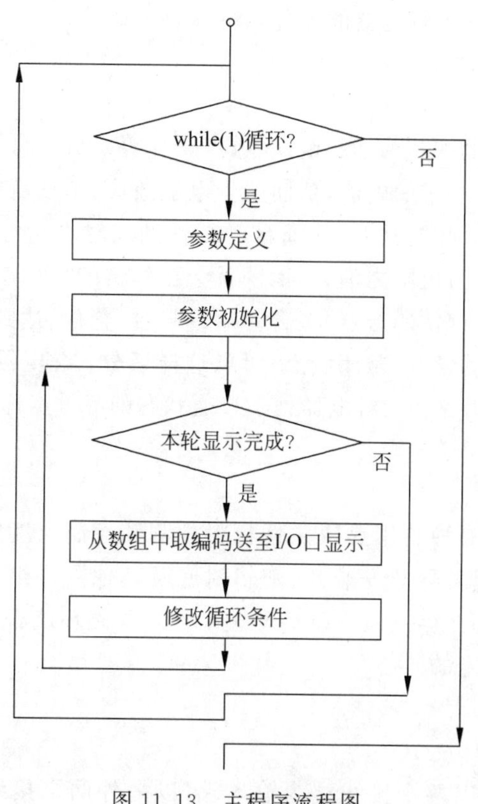

图 11.13 主程序流程图

```
            {
                LED = LED_SUM[i]; //根据 i 的值将 LED_SUM 数组中的编码送至 P2 口高 4 位显示
                delay(500);
            }
        }
    }
```

以上程序实现了“电子协会”逐个点亮和逐个熄灭的招牌效果。读者可根据此原理图编写不同的 LED 驱动程序，并尝试使用不同的花样灯驱动方式编写花样灯驱动程序。

11.4 继电器驱动

视频讲解

继电器是一种电子控制器件，它具有控制系统（又称输入回路）和被控制系统（又称输出回路），通常应用于自动控制电路中。它实际上是一种用较小的电流去控制较大电流的“自动开关”，在电路中起着自动调节、安全保护、转换电路等作用。本节主要介绍继电器的原理及继电器常见的驱动电路。

11.4.1 继电器原理

根据继电器的工作方式和制造材料，可将继电器大致分为电磁式、热敏干簧、固态等几类。下面依次介绍每一类继电器的原理和特性。

1. 电磁式继电器

电磁式继电器一般由铁芯、线圈、衔铁、触点簧片等组成。只要在线圈两端加上一定的电压,线圈中就会流过一定的电流,从而产生电磁效应,衔铁就会在电磁力吸引的作用下克服返回弹簧的拉力而吸向铁芯,从而带动衔铁的动触点与静触点(常开触点)吸合。当线圈断电后,电磁的吸力也随之消失,衔铁就会在弹簧的反作用力下返回原来的位置,使动触点与原来的静触点(常闭触点)吸合。通过吸合、释放,达到了在电路中的导通、切断的目的。关于继电器的常开、常闭触点,可以这样区分:继电器线圈未通电时,处于断开状态的静触点称为常开触点;继电器处于接通状态的静触点称为常闭触点。

2. 热敏干簧继电器

热敏干簧继电器是一种利用热敏磁性材料检测和控制温度的新型热敏开关。它由感温磁环、恒磁环、干簧管、导热安装片、塑料衬底及其他附件组成。热敏干簧继电器不用线圈励磁,而由恒磁环产生的磁力驱动开关动作。恒磁环能否向干簧管提供磁力是由感温磁环的温控特性决定的。

3. 固态继电器

固态继电器是一种以两个接线端为输入端,以另外两个接线端为输出端的四端器件,中间采用隔离器件实现输入/输出的电隔离。固态继电器按负载电源类型不同可分为交流型和直流型;按开关型式可分为常开型和常闭型;按隔离型式可分为混合型、变压器隔离型和光电隔离型,以光电隔离型为最多。

11.4.2 案例5:三极管驱动继电器

继电器的驱动电流一般为30～70mA。AT89S51单片机的P1、P2、P3口最大可提供15mA的驱动电流,P0口最大可提供26mA的驱动电流,所有I/O口总的最大电流是71mA。使用AT89S51驱动继电器时需要借助外部驱动器件。当AT89S51单片机只驱动一个继电器时,可选用晶体三极管作为驱动器件。如果同时有多个输出端口驱动继电器,可选用集电极式输出的反相闸,如7405、7406、UN2003等。

三极管是一种比较常见的电流放大器件,而且价格便宜、使用简单,因此很多驱动电路选择三极管作为电流放大器件。使用三极管驱动继电器时需要注意的一些问题如下。

1. 三极管的选择

考虑到三极管的安全性和稳定性,所选三极管的耐压应高于继电器额定电压。三极管的最大集电极电流应大于继电器吸合电流的两倍。三极管的功率应大于继电器额定电压和继电器电流乘积的两倍。三极管的饱和压降越小越好。小功率的继电器可选8050三极管(注:8050是NPN类型的高频放大器件)。

2. 三极管基极电流

三极管基极电流是继电器的吸合电流与放大倍数的商。为了使驱动电路工作稳定，实际的基极电流应为计算值的 2 倍以上。

3. 三极管基极电阻

三极管基极电阻为(VCC－0.7V)/基极电流(mA)＝电阻(kΩ)。(VCC 为三极管集电极上所加的电压值。)

4. 保护二极管

电磁式继电器属于电感性质的器件，因此需要接续流二极管用来保护继电器。保护二极管的额定工作电压应选大于 2 倍继电器额定工作电压的整流二极管，正向压降越小越好。

如图 11.14 所示的实验电路中，RL1 是通过三极管 Q1 驱动的。可以通过控制 P1.0 输入高/低电平来控制继电器的吸合/释放。在本实验电路中可以通过 RL1＝1 或 RL1＝0 来控制 RL1 的吸合与释放。

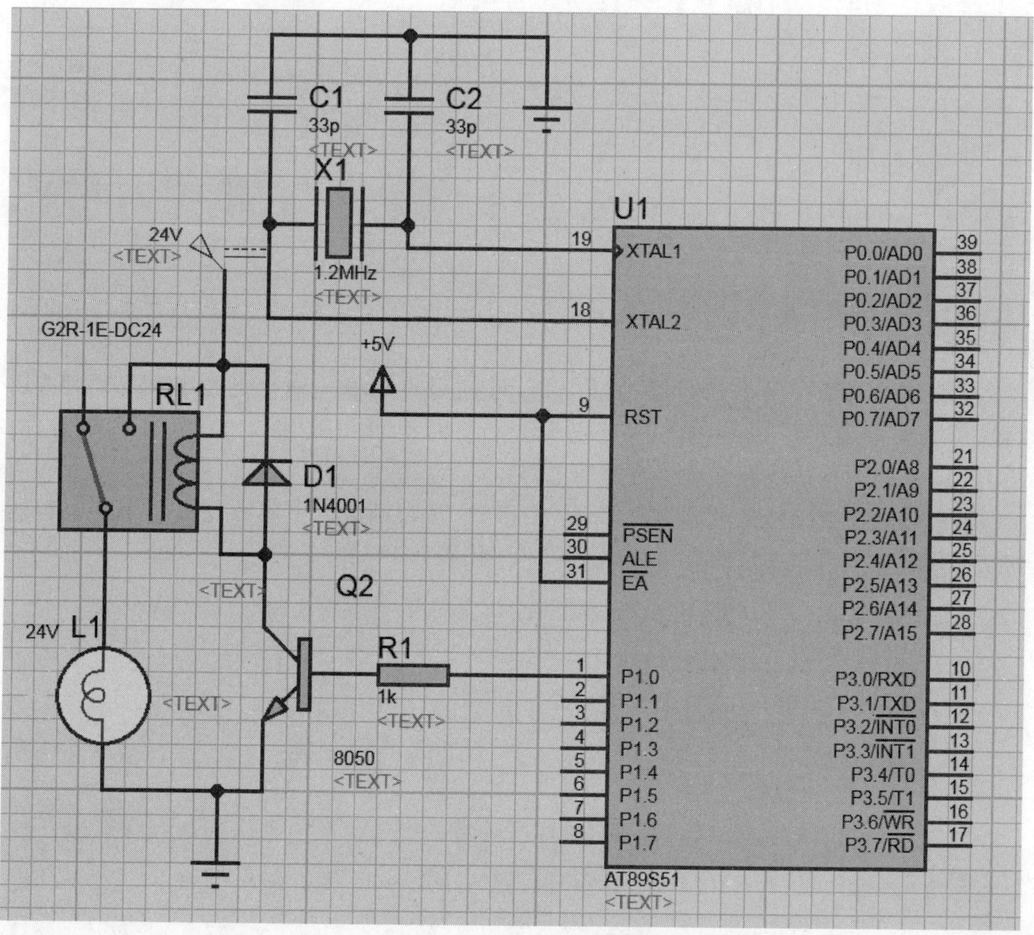

图 11.14　三极管驱动继电路

其程序代码如下：

```
sbit  RL1 = P1^0;       //定义 RL1 为 P1.0 口地址
void main(void)
{
    RL1 = 1;            //P1.0 输出高电平,可使继电器吸合
    //RL1 = 0;          //P1.0 输出低电平,可使继电器释放
}
```

在一些系统中通常需要使用延时继电器。例如,使用延时继电器控制垂直运动控制系统中的失电制动器等。延时继电器可通过单片机编程模拟实现。

在 11.5.5 节的图 11.18 所示实验电路将实现延时继电器。其程序在结构上可分为两部分：主函数、延时函数。其中主函数通过调用延时函数获得延时时间,延时函数为主函数提供延时时间。其程序代码如下：

```
sbit  RL1 = P1^0;       //定义 RL1 为 P1.0 口地址
void  main(void)
{
    do
    {
        delay(1000);  //延时 1s
        RL1 = 0;      //P1.0 输出低电平,可使继电器释放
    }
    while(0) ;
}
```

11.4.3 案例 6：集成块驱动继电器

如果同时有多个输出端口驱动继电器,可选用集电极式输出的反相闸,本例选用 7406 作为驱动器件。当继电器额定电压是 5V 时也可以选用 7405 作为驱动器件。图 11.15 所示为集成块驱动继电器驱动电路。

其驱动程序在结构上可分为两部分：主函数、延时函数。主函数完成 4 个继电器的驱动。延时函数提供一定的延时时间。其程序代码如下：

```
sbit  RL1 = P1^0;       //定义 RL1 为 P1.0 口地址
sbit  RL2 = P1^1;       //定义 RL2 为 P1.1 口地址
sbit  RL3 = P1^2;       //定义 RL3 为 P1.2 口地址
sbit  RL4 = P1^3;       //定义 RL4 为 P1.3 口地址
void  main(void)
{
    do
    {
        RL1 = RL4 = 0;  // P1.0、P1.3 输出低电平,继电器 RL1、RL4 释放
        RL2 = RL3 = 1;  // P1.1、P1.2 输出高电平,继电器 RL2、RL3 吸合
        delay(5000);  //延时 5s
```

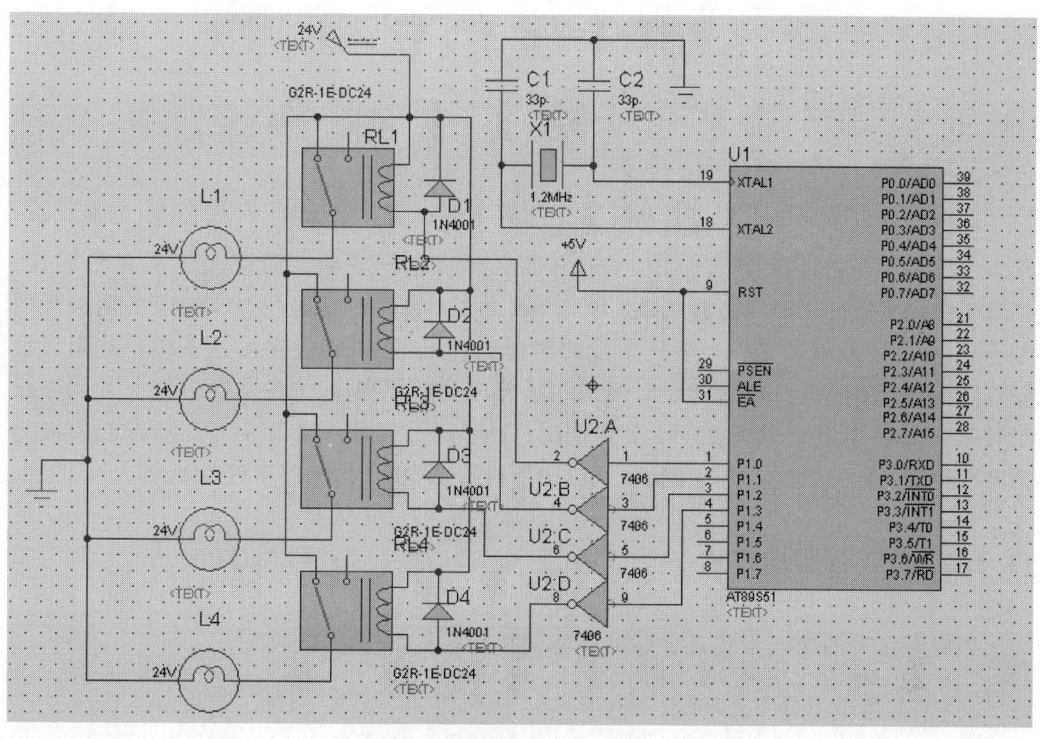

图 11.15 集成块驱动继电器驱动电路

```
        RL1 = RL4 = 1;          // P1.0、P1.3 输出高电平,继电器 RL1、RL4 吸合
        RL2 = RL3 = 0;          // P1.1、P1.2 输出低电平,继电器 RL2、RL3 释放
    }while(0);
    for(;;){;}                  //无限等待
}
```

11.5 数码管驱动

视频讲解

数码管是一种由多个发光二极管构成的半导体发光器件。由于其价格便宜,使用简单,所以在电器领域特别是家电领域应用极为广泛,如空调、热水器、冰箱等。本节主要介绍数码管的基础知识及其常见的驱动电路编程等内容。

11.5.1 数码管分类

1. 按发光二极管个数分类

数码管按段数分为七段数码管(由 7 个发光二极管组成)和八段数码管(由 8 个发光二极管组成)。八段数码管比七段数码管多一个发光二极管单元(用作小数点显示)。

2. 按显示位数分类

按显示位数可分为1位、2位、4位、多位数码管。

3. 按发光二级管连接方式分类

按组成数码管的发光二极管单元的连接方式可分为共阳极数码管和共阴极数码管。共阳极数码管是指将所有发光二极管的阳极接到一起形成公共阳极(COM)的数码管。共阳极数码管在应用时应将公共极COM接到+5V,当某一字段发光二极管的阴极为低电平时,相应字段就点亮。当某一字段的阴极为高电平时,相应字段就不亮。共阴极数码管是指将所有发光二极管的阴极接到一起形成公共阴极(COM)的数码管。共阴极数码管在应用时,应将公共极COM接到地线(GND)上,当某一字段发光二极管的阳极为高电平时,相应字段就点亮。当某一字段的阳极为低电平时,相应字段就不亮。

11.5.2 数码管驱动方式

数码管常见的驱动方式有静态显示驱动和动态显示驱动两种。

1. 静态显示驱动

静态驱动也称直流驱动。静态驱动是指每个数码管的每一个字段码都由一个单片机的I/O端口进行驱动,或者使用BCD码输入的二-十进制译码器进行驱动。静态驱动的优点是编程简单,显示亮度均匀。缺点是占用的I/O端口多,例如驱动8个8段数码管静态显示需要8×8=64个I/O端口来驱动。而AT89S51单片机的可用I/O端口才32个。因此,在实际应用时可通过增加译码驱动器进行驱动,这也增加了硬件电路的复杂性和硬件成本。

2. 动态显示驱动

数码管动态显示接口是单片机中应用最为广泛的一种显示方式,动态驱动是将所有需要驱动的数码管的8个显示字段码按“笔画(a,b,c,d,e,f,g,dp)”的同名端连在一起,而每个数码管的公共极COM与位选通控制电路连接。位选通由各自独立的I/O口线控制,当单片机输出字形码时,所有数码管都接收到相同的字形码,但只有被单片机I/O口选中的那个数码管才能显示字形。因此只要将需要显示的数码管的选通控制打开,该位就显示出字形,没有选通的数码管就不会亮。通过分时轮流控制各个数码管的COM端,就可以使得各个数码管轮流受控显示,这就是动态驱动。在轮流显示过程中,每位数码管的点亮时间为1~2ms,由于人的视觉暂留现象及发光二极管的余辉效应,尽管实际上各位数码管并不是同时点亮,但只要扫描的速度足够快,给人的印象就是一组稳定的显示数据,不会有闪烁感,动态显示的效果和静态显示的效果是一样的,而动态显示驱动能够节省大量的I/O端口,且功耗更低。

11.5.3 数码管字符编码

数码管要显示的字符的编码可分为三类:共阳极编码、共阴极编码、译码器编码,分别适用于共阳极数码管驱动、共阴极数码管驱动、译码器驱动。下面分别介绍这三种编码的原理。

1. 共阳极编码

共阳极数码管是指将所有发光二极管的阳极接到一起形成公共阳极(COM)的数码管。共阳极 LED 数码管的原理如图 11. 16 下半部分所示。

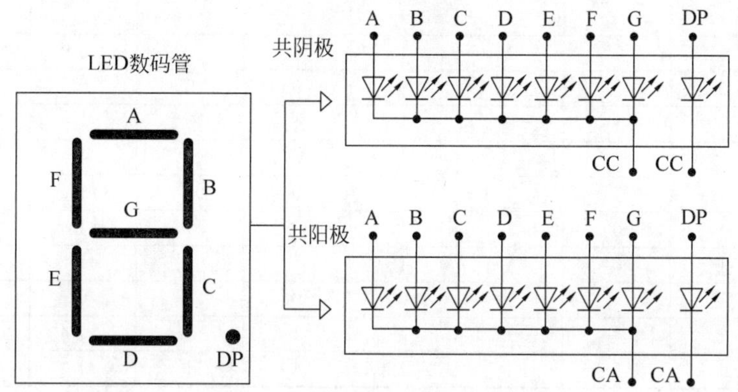

图 11.16 LED 数码管原理图

驱动共阳极数码管是将共阳极数码管的公共端 COM 与+5V 相连。各字段分别与单片机 I/O 口连接。要点亮其他某个字段码,只需要将与其相连的 I/O 口输出为低电平即可。当字段 A 与 I/O 口最高位(如 P2.7)连接,字段 DP 与 I/O 口最低位(如 P2.0)连接,其他字段码依次连接时,共阳极 0~9 的编码如表 11.2 所示(表中 i 的取值为 0~3)。

表 11.2 共阳极数码管"0~9"的编码

字符 \ 字段 电平	A(Pi.7)	B(Pi.6)	C(Pi.5)	D(Pi.4)	E(Pi.3)	F(Pi.2)	G(Pi.1)	DP(Pi.0)	编码
0	0	0	0	0	0	0	1	1	0x02
1	1	0	0	1	1	1	1	1	0x9f
2	0	0	1	0	0	1	0	1	0x25
3	0	0	0	0	1	1	0	1	0x0d
4	1	0	0	1	1	0	0	1	0xd9
5	0	1	0	0	1	0	0	1	0x69
6	0	1	0	0	0	0	0	1	0x41
7	0	0	0	1	1	1	1	1	0x1f
8	0	0	0	0	0	0	0	1	0x01
9	0	0	0	0	1	0	0	1	0x09

2. 共阴极编码

共阴极数码管是指将所有发光二极管的阴极接到一起形成公共阴极(COM)的数码管。共阴极 LED 数码管的原理如图 11.16 上半部分所示。

驱动共阴极数码管是将共阴极数码管的公共端 COM 与 GND 相连。各字段分别与单片机 I/O 口连接。要点亮其他某个字段码,只需要将与其相连的 I/O 口输出为高电平即可。当字段 A 与 I/O 口最高位(如 P2.7)连接,字段 DP 与 I/O 口最低位(如 P2.0)连接,其他字段码依次连接时,共阴极 0～9 的编码如表 11.3 所示(表中 i 的取值为 0～3)。

表 11.3　共阴极数码管“0～9”的编码

字符 \ 电平 \ 字段	A(Pi.7)	B(Pi.6)	C(Pi.5)	D(Pi.4)	E(Pi.3)	F(Pi.2)	G(Pi.1)	DP(Pi.0)	编码
0	1	1	1	1	1	1	0	0	0xfc
1	0	1	1	0	0	0	0	0	0x60
2	1	1	0	1	1	0	1	0	0xda
3	1	1	1	1	0	0	1	0	0xf2
4	0	1	1	0	0	1	1	0	0x66
5	1	0	1	1	0	1	1	0	0xb6
6	1	0	1	1	1	1	1	0	0xbe
7	1	1	1	0	0	0	0	0	0xe0
8	1	1	1	1	1	1	1	0	0xfe
9	1	1	1	1	0	1	1	0	0xf6

3. 译码器编码

数码管直接编码所占用的 I/O 口较多,为节省 I/O 口,可选用 4 位十进制 BCD 码译码器作为驱动器件。使用 4 位十进制 BCD 进行 LED 数码管驱动时,只需要将 4 位 BCD 码送到 BCD 译码器的 BCD 码输入端即可。当 BCD 码由 Pi.3、Pi.2、Pi.1、Pi.0 从高到低输出时,其 BCD 编码如表 11.4 所示(表中 i 的取值为 0～3)。

表 11.4　BCD“0～9”的编码

字符 \ 电平 \ 字段	D3(Pi.3)	D2(Pi.2)	D1(Pi.1)	D0(Pi.0)	编码
0	0	0	0	0	0x00
1	0	0	0	1	0x01
2	0	0	1	0	0x02
3	0	0	1	1	0x03
4	0	1	0	0	0x04
5	0	1	0	1	0x05
6	0	1	1	0	0x06
7	0	1	1	1	0x07
8	1	0	0	0	0x08
9	1	0	0	1	0x09

11.5.4 案例7：单数码管静态依次显示0～9

11.5.3节讲述了单数码管静态显示单个字符的相关内容，本节在此基础上继续讲述单数码管静态显示。单数码管静态显示多个字符的原理与8个LED流水灯式点亮的原理类似，本例采用数组方式进行讲解，读者可参考8个LED流水灯式点亮的相关内容并使用其他方法进行编程以完成单数码管静态显示多个字符驱动。单数码管静态依次显示0～9的实验电路如图11.17所示。编程实现从0～9轮流显示，显示间隔约0.5s，其程序在结构上可分为两部分：主函数、延时函数。

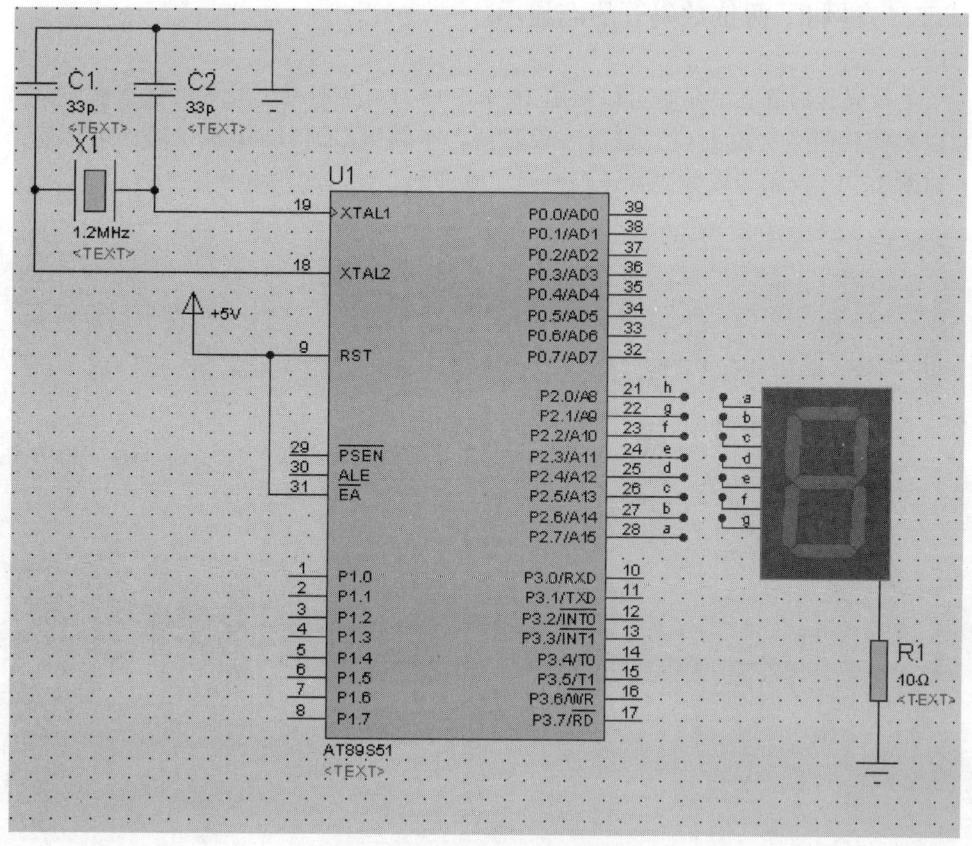

图11.17 单数码管驱动电路

主函数通过for循环依次调用LED_SUM数组中0～9的编码，然后送至P2口。延时函数为主函数提供1s的延时时间。其程序代码如下：

```
sfr  LED = 0xA0;                                         //定义LED为P2口地址
unsigned char code LED_SUM[10] = {0xfc,0x61,0xda,0xf2,0x66,0xb6,
                                  0xbe,0xe0,0xfe,0xf6}; //0～9的显示编码存储于LED_SUM中
void main(void)
{
    while(1)
```

```
    {
        unsigned char i;
        for(i = 0;i < 10;i++)
        {
            LED = LED_SUM[i];       //根据 i 的值将 LED_SUM 数组中的编码送至 P2 口显示
            delay(1000);            //延时 1s
        }
    }
}
```

11.5.5 案例 8：两位数码管静态显示

两位数码管的静态显示也可以使用 16 个 I/O 口直接驱动。读者可根据前面章节的相关内容使用两个 8 位 I/O 口进行编程驱动。本例用 CD4511 七段译码器进行显示驱动。如图 11.18 所示为双数码管译码器驱动原理图。

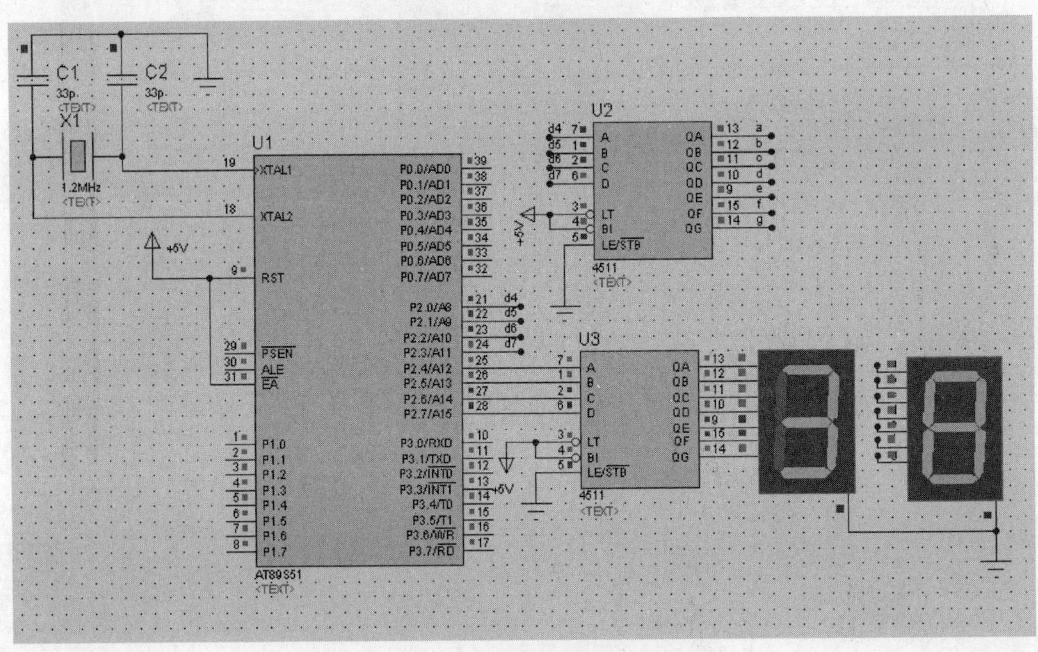

图 11.18　双数码管译码器驱动原理图

通过程序实现 00～99 的显示。其程序在结构上可分为三部分：主函数、组合函数、延时函数。

1. 主函数和延时函数

主函数通过 for 循环依次调用编码组合函数将两个 4 位 BDC 码组合为一个 8 位编码，并将这个 8 位编码送至 P2 口进行显示。延时函数为主函数提供 1s 的延时时间。其程序代码如下：

```
sfr  LED = 0xA0;                 //定义 LED 为 P2 口地址
void  main(void)
{
    while(1)
    {
        unsignedchari;
        for(i = 0;i < 100;i++)
        {
            LED = ZH(i);     //根据 i 的值调用组合函数返回组合编码并送至 P2 口
            delay(1000);     //延时 1s
        }
    }
}
```

2. 组合函数

组全函数主要将两个 4 位编码组合成一个 8 位编码。这两个 4 位编码分别是 i 的十位字符和个位字符。其程序代码如下：

```
unsigned char ZH(unsigned char BCD)        //组合函数
{
    unsigned char x,y;                     //定义 x,y 两个变量
    x =  BCD/10;                           //取 i 的十位字符 BCD 编码放于 x 中
    y =  BCD % 10;                         //取 i 的个位字符 BCD 编码放于 y 中
    x <<= 4;                               //x 左移 4 位
    return x|y;                            //返回个位与十位的组合 BCD 编码
}
```

11.5.6 案例 9：四位数码管动态显示(译码器驱动)方式

使用译码器比使用直接驱动的方式节省了 4 个 I/O 口。如图 11.19 所示为四位数码管动态显示(译码器驱动)原理图。

其程序在结构上可分为两部分：主函数、延时函数。

主函数通过 while 语句依次读取 LED_SUM 数组中的显示和选通编码，然后依序送至 P2 口。其程序代码如下：

```
sfr  LED = 0xA0;                 //定义 LED 为 P2 口地址
unsigned char code LED_SUM[8] = {0xe2,0xd0,0xb1,0x72};
                                               //2010 的共阴极显示编码存储于 LED_SUM 中
void main(void)
{
    unsigned char i = 4;        //定义循环控制变量
    while(i -- )
    {
        LED = LED_SUM[i];      //读取 LED_SUM 数组中显示编码并送至 P2 口显示
```

```
            delay(10);
        }
    }
```

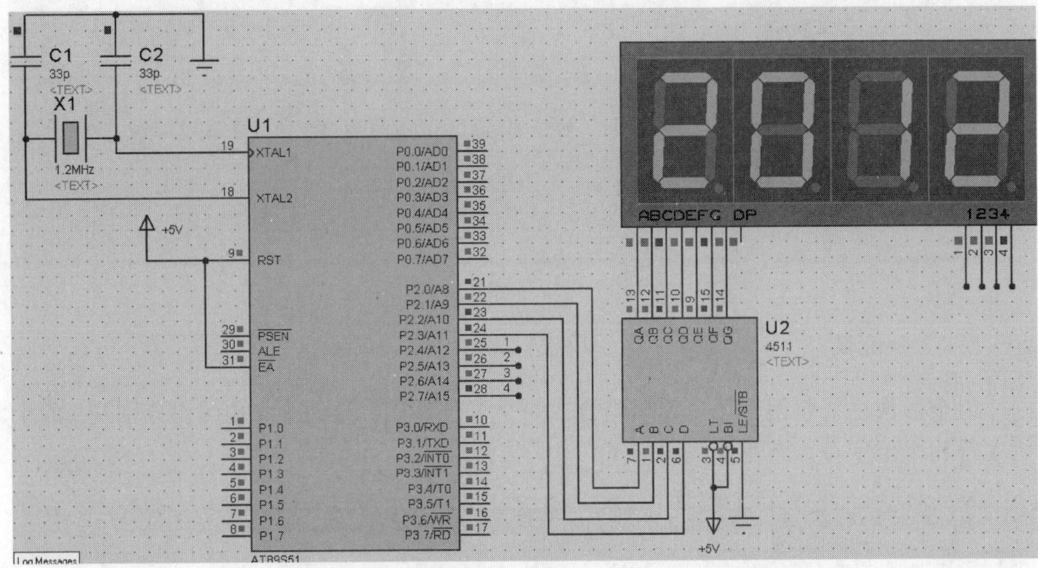

图 11.19　四位数码管动态显示(译码器驱动)原理图

11.5.7　案例 10：八位数码管动态驱动

本节介绍八位数码管的驱动实例。如图 11.20 所示为八位数码管动态显示驱动原理图。

图 11.20　八位数码管动态显示驱动原理图

从实验电路图可知,八位共阴极数码管是通过 CD4511、74LS138 和单片机共同驱动的。P2 口的低 4 位与 CD4511 的输入端连接,P2 口的高 4 位分别与 74LS138、DP 连接。其中 P2.7 与 DP 连接,也就是说,通过控制 P2.7 还可以使这八位数码管显示小数位。由于使用了 74LS138、CD4511 等外围芯片,使得显示编码和程序都变得更加简单。编程显示"20100408",其程序在结构上可分为两部分:主函数、延时函数。

主函数通过 while 语句依次读取 LED_SUM 数组中的显示和选通编码,然后依次送至 P2 口。其程序代码如下:

```
sfr  LED = 0xA0;                    //定义 LED 为 P2 口地址
unsigned char code LED_SUM[8] = {0x02,0x10,0x21,0x30,0x40,0x54,0x60,0x78};
                                    //20100408 的共阴极显示编码存储于 LED_SUM 中
void  main(void)
{
    unsigned char i = 8;            //定义循环控制变量
    while(i -- )
    {
        LED = LED_SUM[i];           //读取 LED_SUM 数组中显示编码并送至 P2 口显示
        delay(10);                  //调用延时函数
    }
}
```

11.6 键盘接口技术

视频讲解

键盘是人机交互时最常用的输入设备,而键盘由多个按键构成。通常使用键盘向单片机系统输入参数或控制命令。这种人机交互设备成本低、配置灵活、接口方便,本节介绍与开关及键盘相关的内容,另外还将介绍单片机 I/O 口抗干扰电路等内容。

11.6.1 独立式开关按键

独立式开关按键的特点是每个按键单独占用一根 I/O 口线,每个按键的工作不会影响其他 I/O 口线的状态,多用于按键较少的场合。51 系列单片机的 P1、P2、P3 口内部有上拉电阻,因此使用 P1、P2、P3 口作按键输入使用时,无须外接上拉电阻。而 P0 口无内部上拉电阻,所以使用 P0 口作按键输入使用时,必须外接上拉电阻。

11.6.2 按键开关的去抖动措施

开关按键输入的是电平变化信号,通常变化速率不高,按下开关闭合一次,输入一个信号。它可以用并行接口,通过查询方式进行检测。实际应用中,由于使用的按键多是机械触点式开关,在闭合和断开瞬间会有机械抖动,如图 11.21(a)所示。因此必须考虑去抖动措施。

1. 硬件实现方法

在硬件上可采用在键输出端加 R-S 触发器(双稳态触发器)或单稳态触发器构成去抖动电路,如图 11.21(b)所示电路是一种由 R-S 触发器构成的去抖动电路,触发器一旦翻转,触点抖动不会对其产生任何影响。

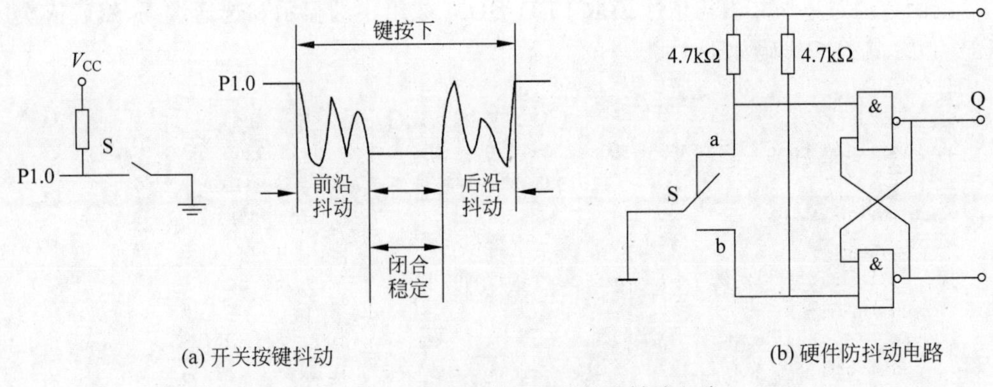

(a) 开关按键抖动　　(b) 硬件防抖动电路

图 11.21　开关按键抖动和硬件防抖动电路

2. 软件实现方法

软件实现方法比较简单。如图 11.21(a)所示的电路中,在检测其开关按键 S 时,就是在单片机获得 P1.0 口为低电平的信息后,不是立即认定开关按键已被按下,而是延时 10～30ms 后再次检测 P1.0 口,如果仍为低电平,说明开关按键确实按下了,这实际上是避开了按键按下时的抖动时间。而在检测到按键释放后(P1.0 为高电平)再延时 5～15ms,消除后沿的抖动,然后再对按键值进行处理。不过在一般情况下,通常不对按键释放的后沿进行处理,实践证明,这也能满足一定的要求。当然,在实际应用中,对按键的要求也是千差万别的,需要根据不同的要求编制按键处理程序。

11.6.3　案例 11:按键检测(短按)功能

独立按键根据击键持续时间可分为短按和长按。在一键多功能技术中,短按和长按所实现的功能是不一样的。如 MP3 播放器中的“下一曲”按钮,短按时执行的功能是选择下一曲,而长按时则是当前歌曲的快进。一般将按键按下的时间小于 1s 的称为短按键,按键按下超过 1s 的称为长按。大部分单片机中所讲述的按键都属于短按功能。其实验电路如图 11.22 所示。

本节通过按键短按功能讲述独立按键的检测及软件防抖动的基本方法。其按键检测程序代码如下:

```
sbit LED0 = P1^0;          //定义 LED0 为 P1.0 口
sbit LED1 = P1^1;          //定义 LED1 为 P1.1 口
sbit LED2 = P1^2;          //定义 LED2 为 P1.2 口
```

```
sbit LED3 = P1^3;                //定义 LED3 为 P1.3 口
sbit LED4 = P1^4;                //定义 LED4 为 P1.4 口
void main(void)
{
    unsigned char SW;            //定义按键检测中间变量
    while(1)
    {
        SW = P2&0x1F;            //屏蔽 P2 口高 3 位
        switch(SW)
        {
            case 0x1E:
                LED0 = 0 ;       //执行 SW1 按下的功能
                break;
            //……此处省略了其他按键按下的功能代码
            default:             //无键按下则退出
                break;
        }
    }
}
```

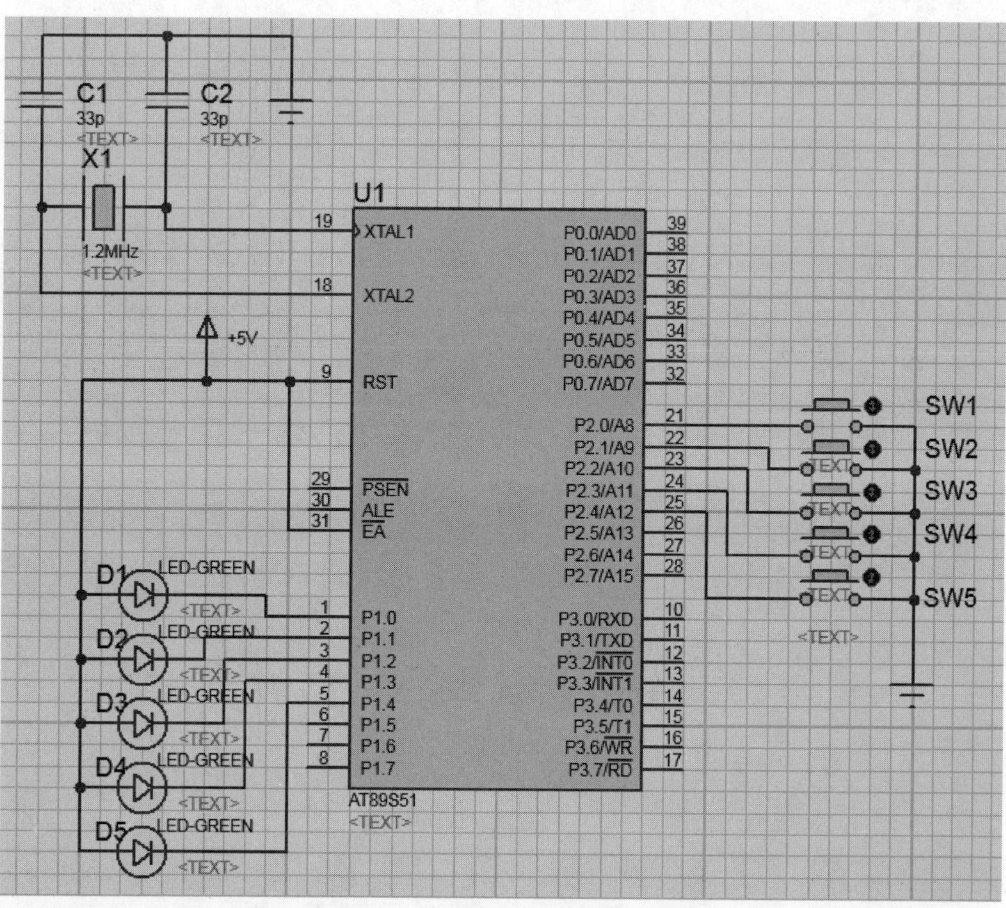

图 11.22 按键检测(短按)实验电路

独立按键检测技术一般是检测与按键相连的I/O口线的状态。由图11.22可知,当按键按下时,与其连接的I/O口线将向单片机系统低输入(单片机读取的值是0),因此通过检测I/O口是否有低输入可判断是否有按键按下。上述程序能够检测到按键按下,检测不到按键释放,每次只能检测到一个按键,同一时刻有两个或以上的按键按下时,按键无效(无按键按下),而且没有添加软件去抖动功能,但是它提供了一种按键检测的基本思路。另外,读者还可通过条件判断语句if来检测按键的状态。下面介绍一种具有软件防抖动功能,能检测按键释放、闭合的程序。其程序在结构上可分为两部分:主函数、防抖动延时函数。

主函数通过switch语句检测出被按下的按键,并执行按下按键的任务。当检测到按键按下后,并没有马上执行按键任务,而是延时10ms躲开按键机械抖动(如果此时立即执行按键功能,可能是误动作,因为有可能是外界干扰瞬间引起与按键相连的I/O口线为低电平)。然后再检测按键是否还处在闭合状态,如里仍然处在闭合状态,则执行按键的任务;反之则退出。其程序代码如下:

```
sbit  SW1 = P2^0;                       //定义 SW1 为 P2.0 口
sbit  SW2 = P2^1;                       //定义 SW1 为 P2.1 口
sbit  SW3 = P2^2;                       //定义 SW1 为 P2.2 口
sbit  SW4 = P2^3;                       //定义 SW1 为 P2.3 口
sbit  SW5 = P2^4;                       //定义 SW1 为 P2.4 口
sbit  LED0 = P1^0;                      //定义 LED0 为 P1.0 口
sbit  LED1 = P1^1;                      //定义 LED1 为 P1.1 口
sbit  LED2 = P1^2;                      //定义 LED2 为 P1.2 口
sbit  LED3 = P1^3;                      //定义 LED3 为 P1.3 口
sbit  LED4 = P1^4;                      //定义 LED4 为 P1.4 口
void  main(void)
{
    unsigned char SW;
    while(1)
    {
        SW = P2&0x1F;                   //屏蔽 P2 口高 3 位
        switch(SW)
        {
            case 0x1E:                  //判断是不是 SW1 闭合
                delay(10);              //延时去抖动
                if(!SW1)                //再次确认 SW1 闭合
                {
                    LED0 = !LED0 ;      //执行 SW1 按下的功能
                    while(!SW1);        //等待按键释放
                    delay(5);           //延时去抖动
                }
                break;
            //……此处省略了其他按键检测的代码
            default:                    //无键按下则退出
                break;
        }
    }
}
```

11.6.4 案例12：按键检测(长按)功能

11.6.3节主要介绍了独立按键的基本检测与短按功能的实现等内容，本节介绍如何实现独立按键的长按功能。判断长按、短按的根据是按键闭合的时间与1s之间的关系。当按键闭合的时间大于或等于1s则为长按，若闭合时间小于1s则为短按。在如图11.23所示的电路中编程实现：短按时点亮U2、长按时熄灭U2。其程序在结构上可分为两部分：主函数、延时函数。

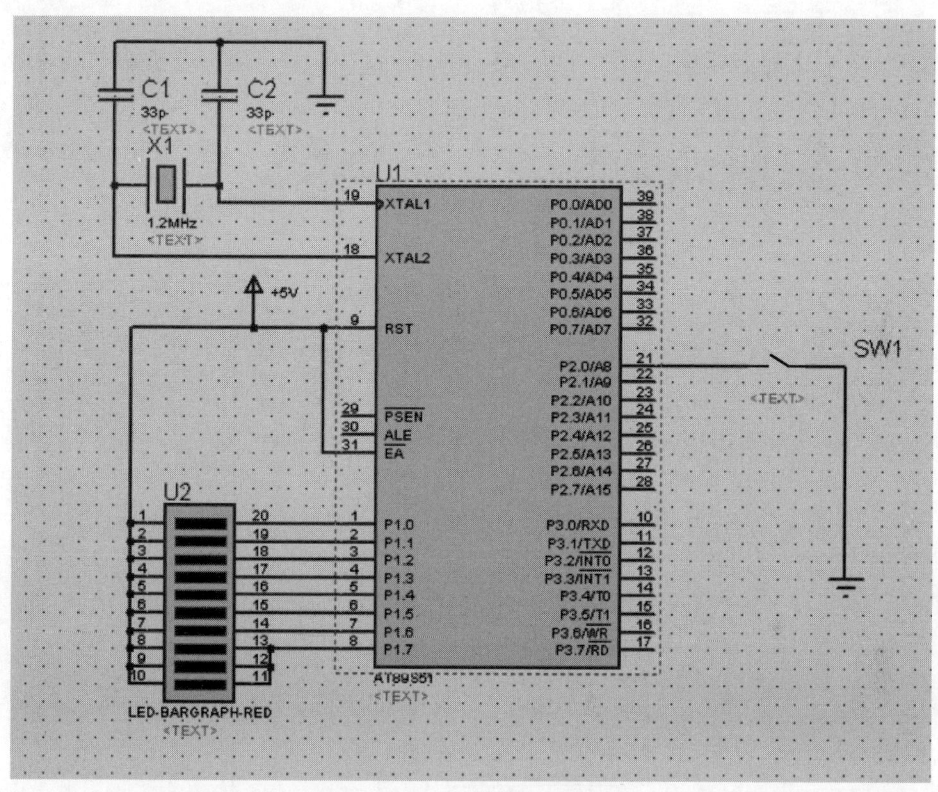

图11.23 长按功能实验电路

主函数通过if语句检测SW1是否闭合，然后根据闭合时间来判断是长按还是短按。当检测到SW1闭合后，立即延时去抖动。去抖动后再次确认按键是否处在闭合状态，如果仍然处在闭合状态则延时1s，若延时1s后按键还处于闭合状态，则认为此次按键为长按，反之则为短按。其控制流程图如图11.24所示。

其程序代码如下：

```
sbit  SW = P2^0;                //定义 SW1 为 P2.0 口
sfr  LED = 0x90;
void main(void)
{
    LED = 0xff;
```

```
    while(1)
    {
        if(!SW)                         //检测 SW1 是否按下
        {
            delay(10);                  //延时去抖动
            if(!SW)                     //确认 SW1 是否按下
            {
                delay(1000);            //延时 1s
                if(!SW)                 //按键是否还在按下状态
                    LED = 0xff;         //执行长按功能
                else
                    LED = 0x0;          //执行短按功能
            }
            while(!SW);                 //等待按键释放
        }
    }
}
```

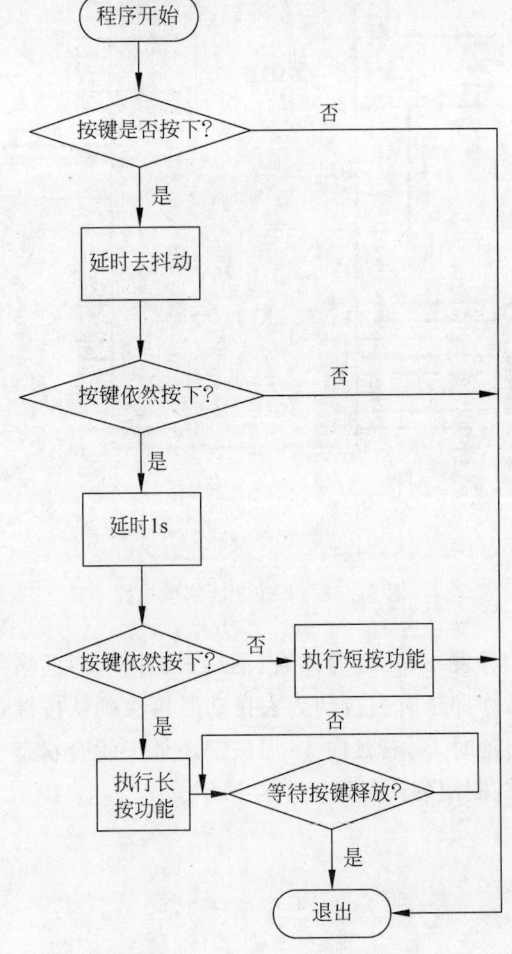

图 11.24　长按功能控制流程图

上述程序省略了按键释放时的延时去抖功能。读者可根据实际情况增添此功能。

11.6.5 案例13：一键多功能技术

一键多功能技术在家用电器中比较常见，比如电视遥控器上的菜单键。通过11.6.4节的学习，我们已经接触到了一键双功能的相关内容。本节主要介绍一键多功能技术的检测及实现。一键多功能实际上是检测到按键按下后并没有即刻执行按键对应的某个功能，而是用一个变量ID来记录按键按下时的状态。换句话说，就是专门用一个变量ID来保存按键按下的次数，然后根据ID的值来执行相应的按键功能。其实验电路见图11.23，按键功能如表11.5所示。

表11.5 一键多功能

按键次数	功　　能
1	LED1点亮
2	LED2点亮
3	LED3点亮
4	LED4点亮
5	LED5点亮
6	LED6点亮
7	LED7点亮
8	LED8点亮
9	LED1～LED8全部熄灭

其程序在结构上可分为两部分：主函数、延时去抖动函数。

主函数通过if语句检测SW1是否闭合，然后通过变量ID保存按键次数，当按键次数大于9时，则将ID清0，然后根据ID值执行相应的功能。其程序代码如下：

```
sbit  SW = P2^0;                     //定义 SW1 为 P2.0 口
sfr  LED = 0x90;                     //定义 LED 为 P1 口线
void main(void)
{
    unsigned char ID = 8;
    LED = 0xff;
    while(1)
    {
        switch(ID)
        {
            case 0:
                LED = 0xfe;        //点亮 LED1
                break;
            //……此处省略了其他 LED 点亮的代码
            default:
                break;             //其他情况退出
        }
        if(!SW)                    //SW1 是否按下
        {
```

```
            delay(10);
            if(!SW)          //确认 SW1 按下
            {
                if((ID++) == 8)ID = 0;
                while(!SW);
            }
        }
    }
}
```

上述程序实现了按键的多功能技术,读者可以结合 11.6.4 节的内容在上述程序中添加“长按关机”功能。即检测到按键长按时,熄灭所有 LED 并初始化 ID 的值。

11.6.6 矩阵键盘原理

当系统按键比较多时,使用独立按键会占用较多的 I/O 口线。选用矩阵键盘能够减少 I/O 口线的使用,从而节省 I/O 口的资源。行列式键盘是用 n 条 I/O 线作为行线、m 条 I/O 线作为列线共同组成的键盘。在行线和列线的每一个交叉点上,设置一个按键。这样,键盘中按键的个数是 $n \times m$,键盘由多个独立的按键组成。4×4 矩阵键盘结构图如图 11.25 所示。

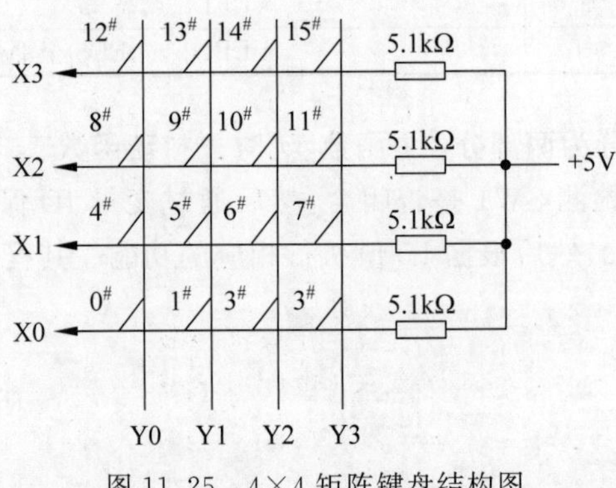

图 11.25　4×4 矩阵键盘结构图

11.6.7 案例 14:矩阵键盘检测

矩阵键盘应用更加广泛,可采用计算的方法来求出键值,以得到按键特征码。得到按键特征码时一般采用行列反转法或逐行扫描法。如图 11.26 所示为矩阵键盘实验电路图。

矩阵键盘的检测方法如下。

① 检测出是否有键按下。方法是 P2.0～P2.2 输出全 0,然后读 P2.3～P2.6 的状态,若全为 1,则无键闭合,否则表示有键闭合。

② 有键闭合后,调用 10～20ms 延时子程序以避开按键抖动。

③ 获取按键的位置可由两种方法实现:行列反转法、逐行扫描法。

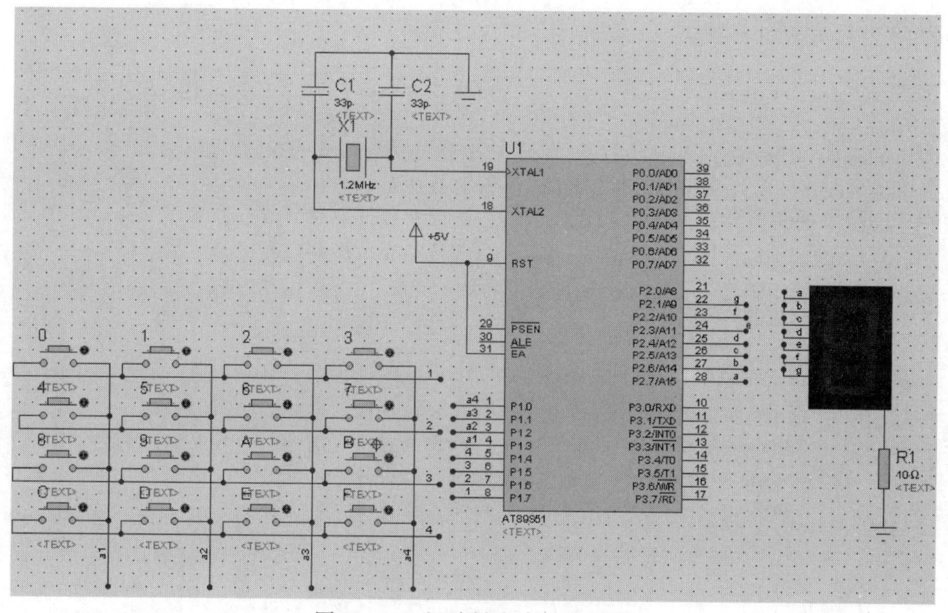

图 11.26 矩阵键盘实验电路图

1. 行列反转法

行列反转法是先将行全部输出为低电平，读取列的值；再将列全部输出为低电平，读取行的值；最后将这两个值合成一个按键的特征编码。如图 11.27 所示为行列反转法程序流程图。

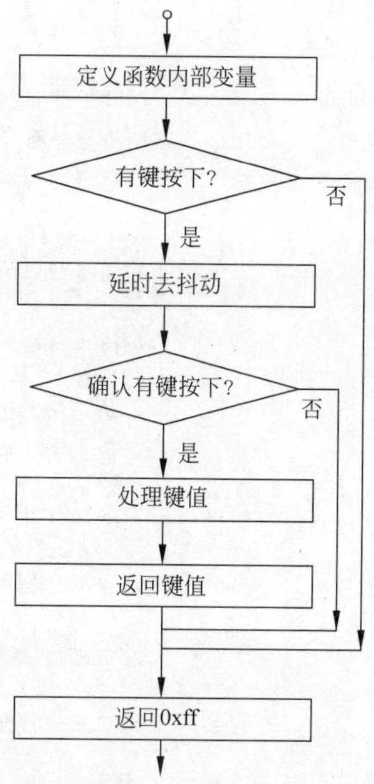

图 11.27 行列反转法程序流程图

其按键检测程序如下：

```
unsigned char SW_scan(void)              //键盘扫描函数,使用行列反转扫描法
{
    unsigned char cord_h,cord_l;         //行列值中间变量
    SW = 0x0f;                           //行线输出全为 0
    cord_h = SW&0x0f;                    //读入列线值
    if(cord_h!= 0x0f)                    //先检测有无按键按下
    {
        delay(10);                       //去抖
        if(cord_h!= 0x0f)
        {
            cord_h = SW&0x0f;            //读入列线值
            SW = cord_h|0xf0;            //输出当前列线值
            cord_l = SW&0xf0;            //读入行线值
            return(cord_h + cord_l);     //键盘最后组合码值
        }
    }
    return 0xff;                         //返回无按键按下的值
}
```

2. 逐行扫描法

逐行扫描法是即逐行输出低,然后读取列值。如果读得的列线值全为高,则表明所按下的按键不在该行上,再让下一行输出为低,反之则说明按下的按键在该行上。如图 11.28 所示为逐行扫描法程序流程图。

其检测程序如下：

```
uchar code act[4] = {0xfe,0xfd,0xfb,0xf7};    //矩阵键盘的逐行扫描码
uchar scan_key(void)                         //定义键盘扫描子函数
{
    uchar i,j,in,ini,inj;
    bit find = 0;
    for(i = 0;i < 4;i++)                     //逐行扫描的循环程序
    {
        P1 = act[i];                         //输出扫描码
        delay(10);                           //延时,去抖动
        in = P1;                             //读列状态值
        in = in >> 4;                        //高 4 位的列状态值移位到低 4 位
        in = in|0xf0;                        //移位后状态值的高 4 位置 1
        for(j = 0;j < 4;j++)                 //寻找按键所在列号
        {
            if(act[j] == in)                 //通过与扫描控制码比较的方式,确定列号
            {
                find = 1;                    //若有按键按下,置位 find 按键标志
                inj = j;
                ini = i;                     //获取按键所在的行号与列号
            }
```

```
        }
    }
    if(find == 0)
        return -1;                   //判断按键标志 find,为 0 返回 -1
    return (ini * 4 + inj);          //判断按键标志 find,为 1 返回键值
}                                    //键值为: 行号×4+列号
```

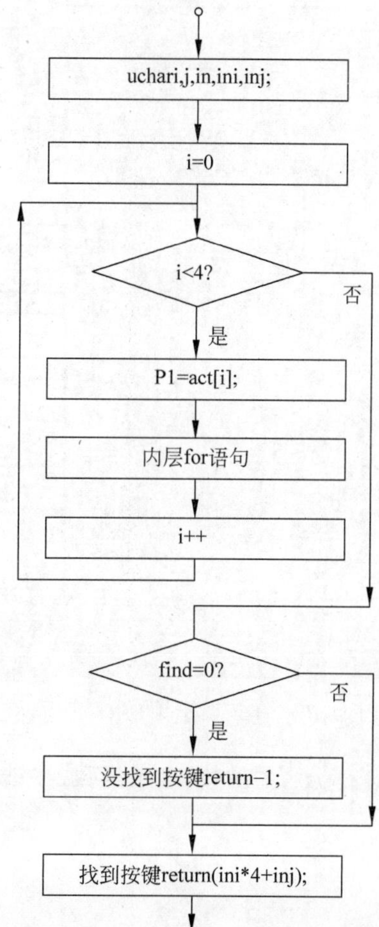

图 11.28 逐行扫描法程序流程图

11.7 按键控制数码管显示

前面几节讲述了数码管的驱动、按键检测等内容。本节综合前面几节的知识点,通过按键检测、数码管驱动等内容来讲述常见的人机交互编程。

11.7.1 案例15: 按键有效击键计数

本节主要讲述按键控制数码管的显示,也可理解为通过 LED 显示按键的有效击键

次数。在如图 11.29 所示的实验电路中,通过按键控制数码管轮流显示 0～9。

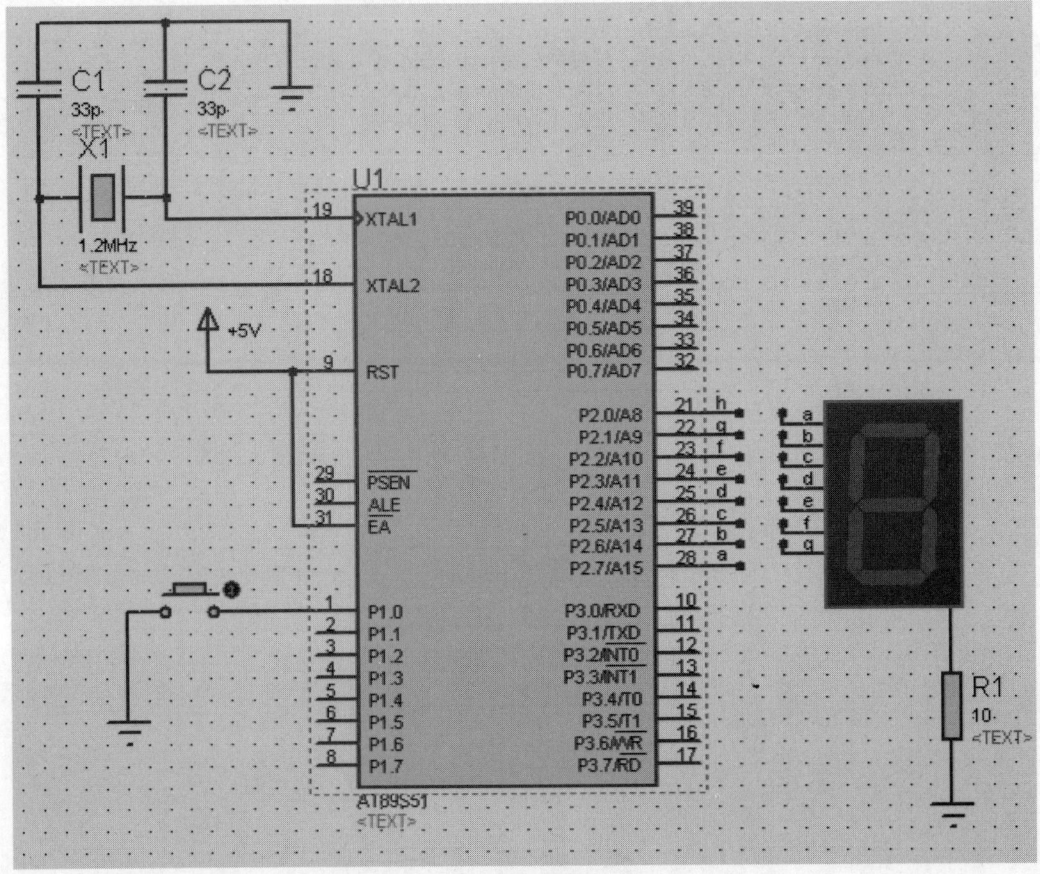

图 11.29　单按键控制单数码管显示

其程序在结构上可分为 4 部分：主函数、显示函数、按键检测函数、延时函数。下面依次讲解前 3 个部分。

1. 主函数

主函数通过调用按键检测函数、显示函数完成数码管对按键有效击键次数的显示。其程序代码如下：

```
sbit SW = P1^0;
sfr  LED = 0xA0;
unsigned char ID;
unsigned char code LED_SUM[10] = { 0xfc,0x61,0xda,0xf2,0x66,0xb6,
0xbe,0xe0,0xfe,0xf6};          //0～9 的显示编码存储于 LED_SUM 中
void main(void)
{
    ID = 0;
    while(1)
    {
```

```
        SW_check();
        Disp(ID);
    }
}
```

2. 显示函数

显示函数通过 ID 调用 LED_SUM 中的显示编码送至 P2 口显示，其程序代码如下：

```
void Disp(unsigned char i)
{
    LED = LED_SUM[i];       //根据 i 的值将 LED_SUM 数组中的编码送至 P2 口显示
}
```

3. 按键检测函数

按键检测函数负责按键检测与按键次数记录(也称键值处理)。其工作流程是：检测到按键按下时，先延时去抖动，然后再次确认按键按下。当按键确实按下时，ID 值加 1。当 ID 值大于或等于 7 时，将 ID 值清 0。详细控制流程请参考 11.6.5 节的相关内容。其程序代码如下：

```
unsigned char SW_check(void)
{
    if(!SW)                 //SW1 是否按下
    {
        delay(10);
        if(!SW)             //确认 SW1 按下
        {
            if((ID++)> = 7)
            {
                ID = 0;
            }
            while(!SW);
        }
    }
    return ID;
}
```

11.7.2　案例 16：双按键组合加减

11.7.1 节所讲述的单按键控制一位数码管显示。按键按下时，单数码管只能进行加 1 操作，本节在其基础上加以完善——两个按键分别控制两位数码管的加 1 和减 1 操作。如图 11.30 所示为双按键控制双数码管显示电路。

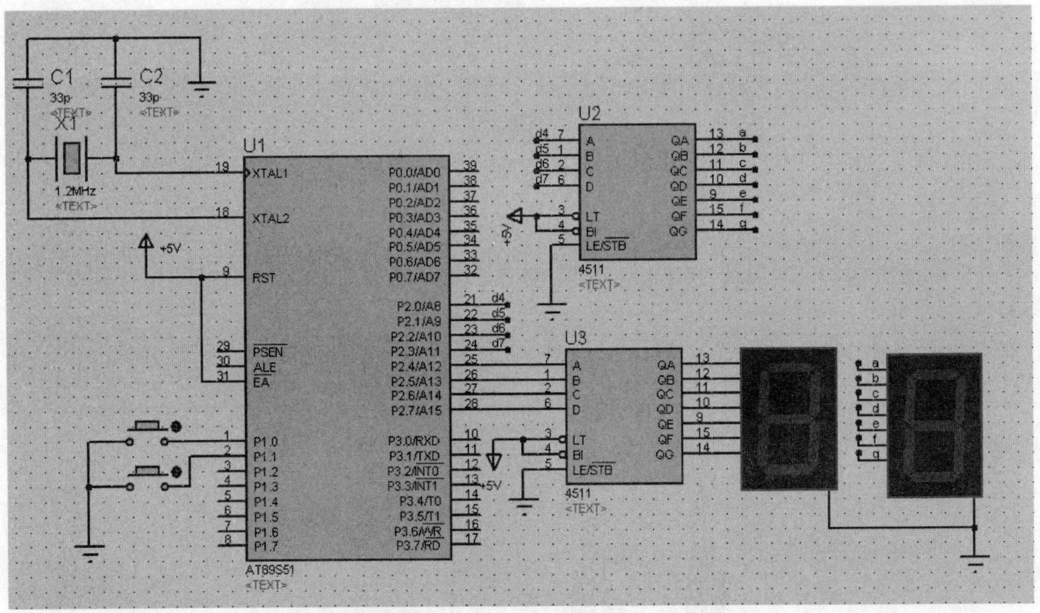

图 11.30　双按键控制双数码管显示电路

1. 主函数

主函数通过调用按键检测函数、显示函数完成双按键控制 LED 的显示。其程序代码如下：

```
sbit SW1 = P1^0;
sbit SW2 = P1^1;
sfr  LED = 0xA0;
unsigned char ID;
void main(void)
{
    ID = 0;
    while(1)
    {
        SW_check();
        Disp(ID);
    }
}
```

2. 显示函数

显示函数 ID 的值分为高低四位，并合成一位，送 P2 口显示，其程序代码如下：

```
void Disp(unsigned char i)
{
    unsigned char x,y;               //定义 x,y 两个变量
```

```
        x = i % 10;                 //取 i 的个位字符 BCD 编码放于 x 中
        y = i/10;                   //取 i 的十位字符 BCD 编码放于 y 中
        y <<= 4;                    //x 左移 4 位
        LED = y|x;                  //返回个位与十位的组合 BCD 编码
    }
```

3. 按键检测函数

按键检测函数负责按键检测与按键次数记录(也称键值处理)。SW1 按下时 ID 值加 1 操作,SW2 按下时 ID 值减 1 操作。有关按键检测等内容请参考 11.6.3 节和 11.6.4 节。如图 11.31 所示为双按键控制双数码管显示按键检测流程图。

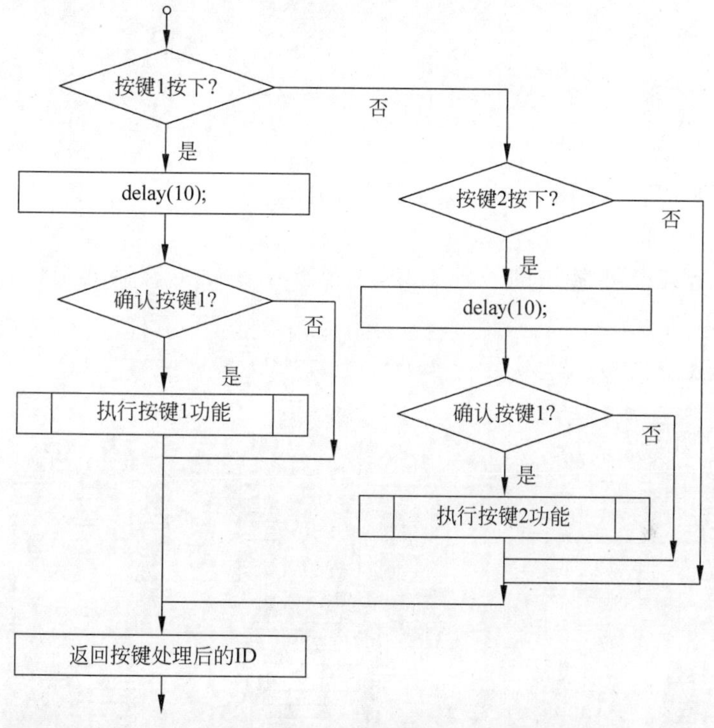

图 11.31　双按键控制双数码管显示按键检测流程图

其程序代码如下:

```
unsigned char SW_check(void)
{
    if(!SW1)                //SW1 是否按下
    {
        delay(10);
        if(!SW1)            //确认 SW1 按下
        {
            if((ID++)>=99)ID = 0;
            while(!SW1);
```

```
            }
        }
        else if(!SW2)          //SW1是否按下
        {
            delay(10);
            if(!SW2)           //确认SW1按下
            {
                if((ID--)<=0)
                {
                    ID=99;
                }
                while(!SW2);
            }
        }
        return ID;
}
```

11.7.3 案例17：八路智力竞赛抢答器制作

抢答器是智能竞赛常用的一种工具，本节介绍八路抢答器的制作。其电路图如图11.32所示。

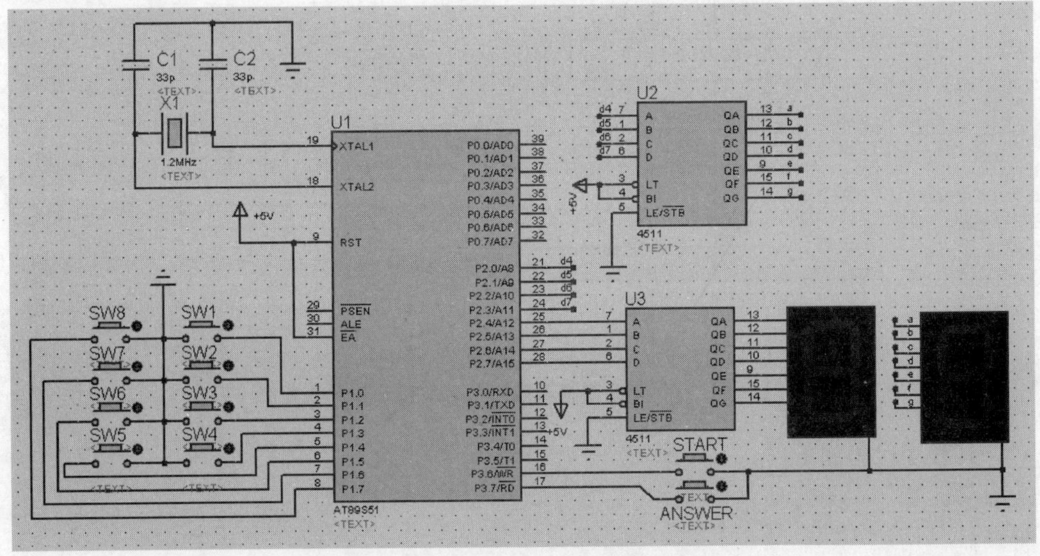

图11.32 八路智力竞赛抢答器电路图

本抢答器是使用译码器的方式进行数码管驱动的，读者可根据需要使用直接方式驱动数码管。抢答器具有的功能主要有抢答、倒计时等。抢答器工作流程为：主持可按住START键进入抢答预备状态，若数码管显示00表示正常状态，若显示01～09当中的某个数字，表示有人提前按下抢答键；当有人抢答成功后，数码管显示抢答成功者的编号。此时主持人可按住ANSWER键进入答题状态，数码管从30以每秒减1进行显示。当主持人松开 ANSWER 键表示答题结束,此时数码管显示 99。当答题者在 30s 内还未答完题目,则数码管显示 99,表示答题时间已经用完。

其程序在结构上可分为四部分:主函数、按键检测函数、数码管显示函数、延时函数。下面依次讲解前 3 部分。

1. 主函数

主函数通过调用按键检测函数双按键控制 LED 的显示,另外还负责抢答开始及答题开始的相关任务。如图 11.33 所示为八路智力竞赛抢答器主程序流程图。

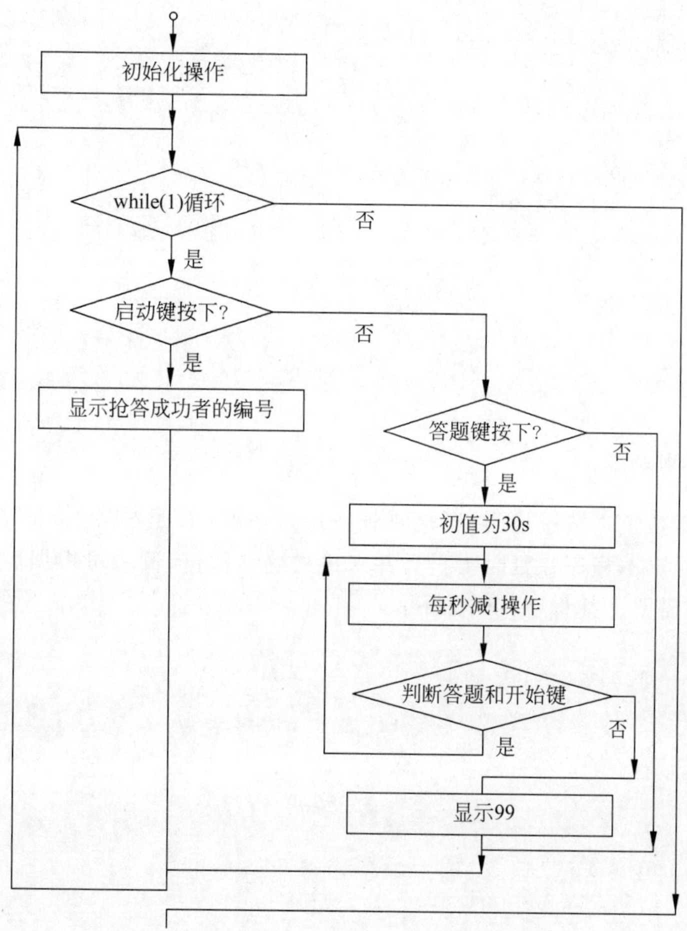

图 11.33 八路智力竞赛抢答器主程序流程图

其程序代码如下:

```
sbit ANSWER = P3^7;              //定义答题按键
sbit START = P3^6;               //定义开始按键
sfr  LED = 0xA0;                 //定义数码管驱动口
sfr  SW = 0x90;                  //定义抢答按键
unsigned char SW_buf;            //保存按键值变量
```

```
unsigned char SW_SUM[] = {0xfe,0xfd,0xfb,0xf7,0xef,0xdf,0xbf,0x7f}; //按键编码
void main(void)
{
    unsigned char time_buf;
    Disp(0);
  while(1)
  {
    if(!START)                          //开始键按下
    {
        Disp(SW_check() + 1);           //显示抢答成功者的编号
    }
    else if(!ANSWER)
    {
            time_buf = 30;              //从 30 开始每秒减 1
            do{
                Disp(time_buf -- ); //每秒减 1
                delay(1000);
            }while(!ANSWER&&START); //开始键没有按下且答题键按下
            Disp(99);
        }
    }
}
```

2. 按键检测函数

按键检测函数负责按键检测,当检测到按键按下时,对照 SW_SUM 数组中的键值,找出对应的键号。本程序在延时去抖后并未再次确认按键,读者可根据需要适当修改程序,以满足不同需要。其程序代码如下:

```
unsigned char SW_check(void)
{
    int i;
    if(SW!= 0xff)
    {
        delay(10);
        SW_buf = SW;                    //保存按键值
        for(i = 0;i <= 7;i++)
        {
            if(SW_SUM[i] == SW_buf)  //查找被按下的键号
            break;
        }
        return i;                       //返回键号
    }
    else
    {
        return -1;                      //没有键按下则返回 -1,使数码管显示 00
    }
}
```

3. 数码管显示函数

其程序代码如下：

```
void Disp(unsigned char i)
{
    unsigned char x,y;              //定义 x,y 两个变量
    x = i % 10;                     //取 i 的个位字符 BCD 编码放于 x 中
    y = i/10;                       //取 i 的十位字符 BCD 编码放于 y 中
    y <<= 4;                        //x 左移 4 位
    LED = y|x;                      //返回个位与十位的组合 BCD 编码
}
```

11.8 本章小结

本章前 4 节主要讲解了 51 单片机 I/O 口的基本结构和功能，并介绍了几种访问单片机 I/O 口的常用方法。另外还讲述了单片机系统中常见的外部器件驱动，如 LED、数码管、继电器等驱动技术。这些内容是 C51 语言操作单片机硬件资源的基础。本章后 3 节主要讲述按键检测与处理，常见外部器件的综合设计实例与编程技巧。建议读者在学习本章时，联系日常生活中常见的电器设备，并尝试使用 51 单片机就其功能进行模仿设计。

11.9 习题

(1) 某单片机系统在检测到按键 SW 按下时，发光二极管 D1 点亮，当 SW 释放后 D1 熄灭。根据要求设计其电路原理图，并编写相应程序。

(2) 使用数组方式编写多花样流水灯程序。其实验电路图如图 11.8 所示。

(3) 根据所学的内容设计一个延时开关，用来控制楼道照明灯。

(4) 根据所学的内容设计一个简易时钟，要求能显示 4 位时间。实验电路图如图 11.19 所示。

(5) 根据所学的内容编写一个 4×3 的矩阵键盘扫描程序。

(6) 试根据所学内容编写一个简易计算器。

第12章 定时器、中断使用（视频）

视频讲解

第11章已经介绍了如何使用单片机中最基本的资源——I/O口。在第11章中有很多有关延时或定时的问题，都是使用空操作指令完成的。在需要高精度定时的时候，使用空操作指令已经无法满足。本章介绍使用定时器来完成一些高精度的定时操作，例如，秒信号的产生、脉冲输出等。本章将这些知识点串连起来进行讲解，最终实现完整的单片机应用系统设计。

12.1 定时器

定时器/计数器是89S51单片机的重要功能模块之一。在实际应用中，常用定时器作实时时钟，实现定时检测、定时控制，以让某个I/O口产生PWM脉冲等。计数器主要用于外部事件的计数。本节将从定时器/计数器的硬件结构及其工作模式等方面来介绍其基本概念与使用技巧。

12.1.1 定时器概述

AT89S51单片机有两个16位可编程的定时器/计数器——T0与T1。可编程序选择其作为定时器或作为计数器使用，可编程设定定时时间或计数初值。T0与T1的寄存器如图12.1所示。

T0：TH0—T0低8位；TL0—T0高8位

T1：TH1—T1高8位；TL1—T1低8位

图12.1　定时器/计数器的寄存器

1. 计数器

作计数器使用时，T0由引脚P3.4输入脉冲，T1由引脚P3.5输入脉冲。每个机器周期采样一次引脚电平，前一次检测为“1”，后一次检测为“0”，加法计数器加1。所以所采样的外部脉冲的“0”和“1”的持续时间都不能少于一个机器周期。由于需要两个机器周期才能识别输入引脚由高电平到低电平的跳变，所以外部计数脉冲的频率应小于 $f_{osc}/24$（f_{osc} 为晶振频率）。如使用 12MHz 晶振时，计数频率不能超过 12MHz/24（即 500kHz）。因为 89S51 单片机的机器周期是晶振周期（也称：时钟周期）的 12 倍（不同单片机的机器周期与晶振周期的倍数可能不同，需要查阅对应单片机的相关资料来获取正确的倍数关系），所以 89S51 单片机的一个机器周期为 12×(1/12MHz)＝1μs。使用计数器时，应先读 TH0 再读 TL0，再次读 TH0，然后将两次读得的 TH0 进行比较，相等则说明其值读取正确。为确保读数时不受 TL0 或 TH0 溢出干扰，读者可使用 C51 联合体进行计数值读取。

2. 定时器

作定时器用时，加法计数器对内部机器周期脉冲计数（定时器和计数器一样，只不过计数的脉冲来源由外部变为机器周期脉冲）。由于机器周期的时间确定，所以对内部机器周期脉冲计数也就是定时，如使用 12MHz 晶振，$T_c=1\mu s$，当计数值为 10000 时，相当于定时 10ms。

加法计数器的初值可以由程序设定，设置的初值不同，计数值或定时时间就不同。由于是加法计数器，所以计数初值要换算成补码。如计数值为 10000 时，对应 16 位计数器寄存器的初始值为 65536－10000＝55536，用十六进制表示为 D8F0H（正数的补码和原码一致）。在定时器/计数器的工作过程中，加法计数器的内容可用程序读回 CPU。

计数器在计满清零时能自动使 TCON 中的 TFX 置位，表示计数器产生了溢出，若此时中断是开放的，CPU 将响应计数器的溢出中断请求。在 C51 中可通过中断函数来向 CPU 申请定时器中断服务。

12.1.2 定时器结构

图 12.2 所示为定时器/计数器 T0 的结构框图。

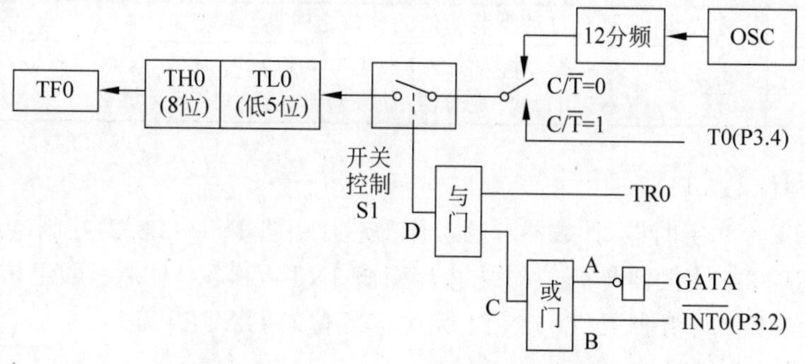

图 12.2 定时器/计数器 T0 的结构框图

由图 12.2 可知，启动和停止使用定时器/计数器是由开关 S1 控制的，而 S1 是开还是合则由 TR0&&(/GATA)||(/INT0)共同控制。使用的是定时器还是计数器则由 C/T 控制，当 C/T 为 0 时使用的是定时器，当 C/T 为 1 时使用的是计数器。当计数器或计时器计数溢出后，将 TF0 置 1。假如系统允许响应定时器中断，那么在置 TF0 为 1 的同时，向

系统申请中断服务。

12.1.3 与定时器控制相关的寄存器

与定时器/计数器控制相关的寄存器主要有：定时器工作模式配置寄存器 TMOD、定时器控制寄存器 TCON、中断允许控制寄存器 IE、中断优先权选择寄存器 IP。

1. 定时器工作模式配置寄存器 TMOD

特殊功能寄存器 TMOD 用来确定定时器/计数器 0 和 1 的工作方式，其低 4 位用于定时器/计数器 0，高 4 位用于定时器/计数器 1，TMOD(只能字节操作)的位分布如图 12.3 所示。

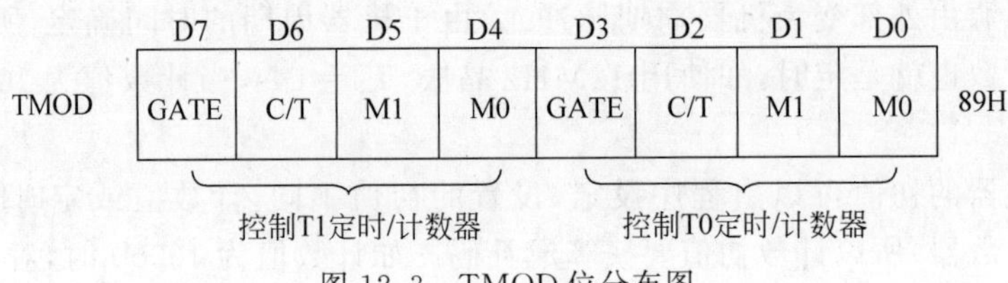

图 12.3 TMOD 位分布图

1）定时器/计数器功能选择位 C/T

C/T=1 为计数器方式，C/T=0 为定时器方式。

2）定时器/计数器工作方式选择位 M1、M0

定时器/计数器 4 种工作方式的选择由 M1、M0 的值决定，如表 12.1 所示。

表 12.1 定时器/计数器工作方式

M1	M0	工作方式	
0	0	方式 0	13 位定时器/计数器
0	1	方式 1	16 位定时器/计数器
1	0	方式 2	具有自动重装初值的 8 位定时器/计数器
1	1	方式 3	定时器/计数器 0 分为 1 个 8 位定时器/计数器(TH1)，1 个 8 位定时器(TH0)。定时器/计数器 1 在此方式下无意义

3）门控制位 GATE

如果 GATE=1，定时器/计数器 0 的工作受芯片引脚 INT0(P3.2)控制(可参考 12.2.2 节的分析)，定时器/计数器 1 的工作受芯片引脚 INT1(P3.3)控制；如果 GATE=0，定时器/计数器的工作与引脚 INT0、INT1 无关。复位时 GATE=0。

4）定时器启动控制

由定时器的硬件结构图 12.2 可知：

(1) GATE 为 0 时，A 点为 1，C 点的值已经确定为 1，此时 C 点的值与 B 点无关。

(2) GATE 为 1 时，C 点的值由 B 点决定；当 INT0(B 点)为 1 时，C 点为 1，反之 C 点为 0。控制开关由 D 点控制，当 D 为 1 时打开开关，当 D 点为 0 时关闭定时器启动开关，D 点的取值由 TR0&&C 点取值决定，所以只有当 TR0 和 C 点都为 1 时，才能启动定时计数器。

2. 定时器控制寄存器 TCON

TCON 是控制定时器与中断相关的特殊功能寄存器。TCON 高 4 位用于控制定时器 0、1 的运行，其中 D7、D6 两位用于定时器/计数器 1，D5、D4 两位用于定时器/计数器 0；低 4 位用于控制外部中断，与定时器/计数器无关。TCON 的位分布如图 12.4 所示。

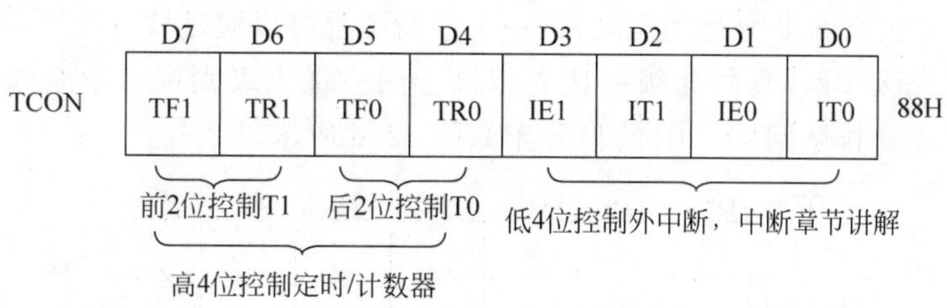

图 12.4　TCON 位分布图

1) 定时器/计数器运行控制位 TR0、TR1

TRi(i=0 或 1)是控制定时器/计数器启动或停止的位。当 i=1 时，启动定时器/计数器工作；当 i=0 时，停止定时器/计数器工作。TRi 由软件置 1 或清 0。

2) 定时器/计数器 1 溢出中断标志 TF0、TF1

TFi(i=0 或 1)是定时器/计数器溢出标志位。当定时器/计数器溢出时，由硬件自动置 1。在中断允许的条件下，向 CPU 发出定时器/计数器的中断请求信号；CPU 响应中断，转入中断服务程序时，TFX 由硬件自动清 0。在中断屏蔽条件下，TFi 可作查询测试用，但必须由软件清 0。

3. 中断允许控制寄存器 IE

89S51 单片机有多个中断源，为了便于灵活使用，在每一个中断请求信号的通路中设置了一个中断屏蔽触发器，控制各个中断源的开放或关闭。在 CPU 内部还设置了一个中断允许触发器，只有在允许中断的情况下，CPU 才会响应中断。如果禁止中断，CPU 不响应任何中断，即停止相应的中断系统工作。特殊功能寄存器 IE 是系统的中断开关控制寄存器，它的位分布如图 12.5 所示。

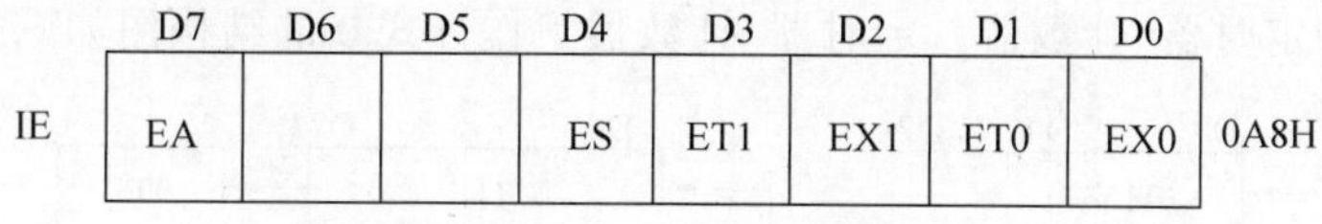

图 12.5　IE 位分布图

IE 的每一位都可以由软件置 1 或清零。当置 1 时表示中断允许，清零时表示中断屏蔽。下面依次介绍各位的功能。

(1) CPU 中断允许 EA：EA =1 时，CPU 中断允许；EA =0 时，CPU 屏蔽一切中断请求。

(2) 串行接口中断允许 ES：ES =1 时，允许串行接口中断；ES =0 时，禁止串行接口申请中断。

(3) 定时器/计数器中断允许 ET0、ET1:ETi =1 时,允许定时器/计数器申请中断;ETi =0 时,禁止定时器/计数器中断。

(4) 外部中断允许 EX0、EX1:EXi =1 时,允许外部中断申请中断; EXi=0 时,禁止中断。

4. 中断优先权选择寄存器 IP

89S51 单片机有两个中断优先级,每一个中断源都可以通过软件控制,确定为高优先级中断或低优先级中断,高优先级的优先权高。同一优先级别中的中断源不止一个,所以也有中断优先权排队问题。IP 的位分布如图 12.6 所示。

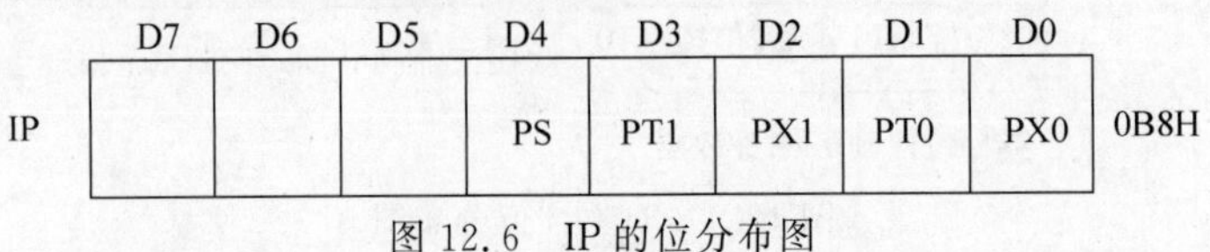

图 12.6 IP 的位分布图

IP 中的每一位都可以由软件来置 1 或清零,置 1 为高优先级,清零为低优先级。下面依次介绍各位的功能。

(1) 串行口中断优先级选择位 PS: PS =1 时串行接口中断确定为高优先级,PS =0 时为低优先级。定数器/计数器中断优先级选择位为 PT0、PT1。

(2) PTi =1 时定时器/计数器中断确定为高优先级,PTi =0 时为低优先级。

(3) 外部中断优先级选择位 PX0、PX1: PXi =1 时外部中断为高优先级,PXi =0 时为低优先级。

12.2 定时器的工作模式

定时器/计数器共有 4 种工作模式,通过 TMOD 进行选择。

12.2.1 工作模式 0

当 TMOD 的位 M1=0、M0=0 时,定时器/计数器设定为工作方式 0。工作方式 0 是一个 13 位的定时器/计数器。定时器/计数器工作方式 0 的结构图如图 12.7 所示。

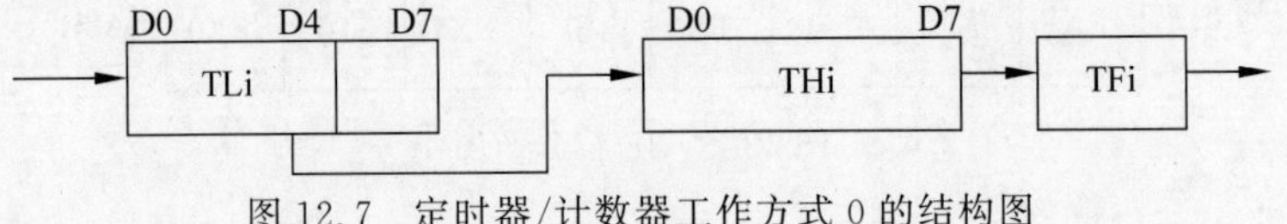

图 12.7 定时器/计数器工作方式 0 的结构图

THi 是高 8 位加法计数器,TLi 是低 5 位加法计数器(只使用低 5 位,其高 3 位未用)。TLi 计数溢出时向 THi 进位,THi 计数溢出时置 TFi。

可通过程序将 0~8191($2^{13}-1$)之间的某一个数送入 THi、TLi 作为初值。THi、TLi 从初值开始加法计数,直至溢出,根据设置初值的不同,定时时间或计数值也不同。

因为 TLi 只使用低 5 位,因此设置初值要将计数初值转换成二进制数,在 D4 与 D7 之间插入 3 个"0",再分成两个字节,分别送 THi、TLi。注意:加法计数器溢出后,必须用程序重新对 THi、TLi 设置初值,否则下一次计数将使 THi、TLi 从 0 开始加法计数。

12.2.2 案例1:输出占空比为 1∶1 的方波信号

使用定时器 T0,工作在方式 0,通过单片机的 P1.0 脚输出一个周期为 2ms、占空比为 1∶1 的方波信号。其实验电路如图 12.8 所示。

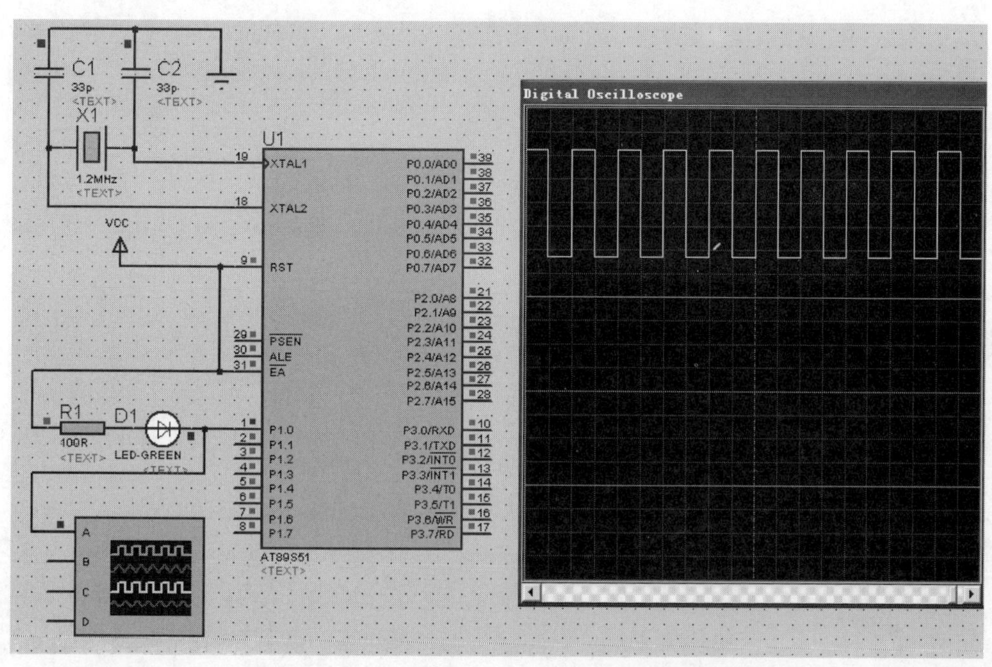

图 12.8 输出占空比为 1∶1 的方波实验电路图

分析:要产生周期为 2ms、占空比为 1∶1 的方波信号,只需要利用 T0 产生定时,每隔 1ms 将 P1.0 引脚取反即可。

1. 编程前准备

(1) 设定 TMOD 的值:

由于

GATE=0; M1M0=00; C/T=0;

所以

(TMOD)=00H(暂时忽略 T1 的相关控制位)

(2) 计算初值(单片机振荡频率为 12MHz):

① 所需要的机器周期数:

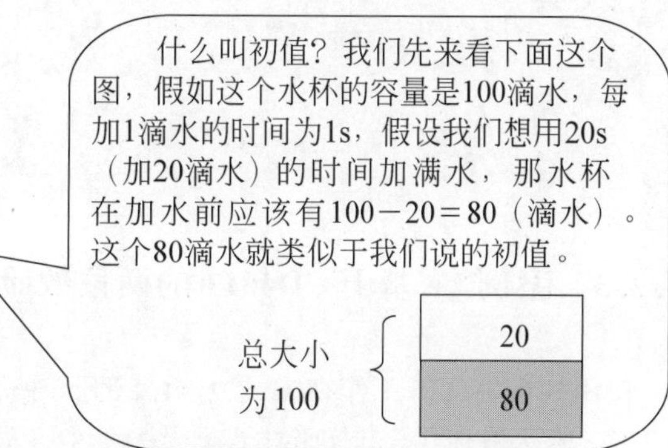

什么叫初值?我们先来看下面这个图,假如这个水杯的容量是100滴水,每加1滴水的时间为1s,假设我们想用20s(加20滴水)的时间加满水,那水杯在加水前应该有100－20＝80(滴水)。这个80滴水就类似于我们说的初值。
总大小为100
20
80

$$n = (1000\mu s / 1\mu s) = 1000$$

② 计数器的初始值：

$$X = 8192 - 1000 = 7192$$

所以

$$(TH0) = 0x0E0, \quad (TL0) = 0x18$$

(3) IE、IP 可不设置。

2. 程序清单

```
sbit PWM_IO = P1^0;         //I/O 口定义
void main(void)
{
    Timer_Init();
    while(1)
    {
        Timer0();
    }
}
void Timer_Init(void)
{
    TMOD = 0x0;             //工作方式设置
  /*定时器初值设置*/
    TH0 = 0xe0;             //初始值设置,7192 转为 13 位后的高 8 位
    TL0 = 0x18;             //初始值设置,7192 转为 13 位后的低 5 位
  /*关闭定时器中断*/
    EA = 0 ;                //关中断
    ET0 = 0 ;               //关 T0 中断
  /*启动定时器*/
    TR0 = 1 ;               //启动 T0
}
void Timer0(void)
{
    if(TF0 == 1)
    {
        TF0 = 0;
        PWM_IO = !PWM_IO;
        /*定时器初值设置*/
        TH0 = 0xe0;         // 初始值设置
        TL0 = 0x18;
    }
}
```

12.2.3 案例 2：基于 CD4511 的两位数显脉冲计数器

使用计数器 T0,工作在方式 0,对外部脉冲进行计数,当外部脉冲数量累计达到 1000 后,LED 显示值加 1。其实验电路如图 12.9 所示。

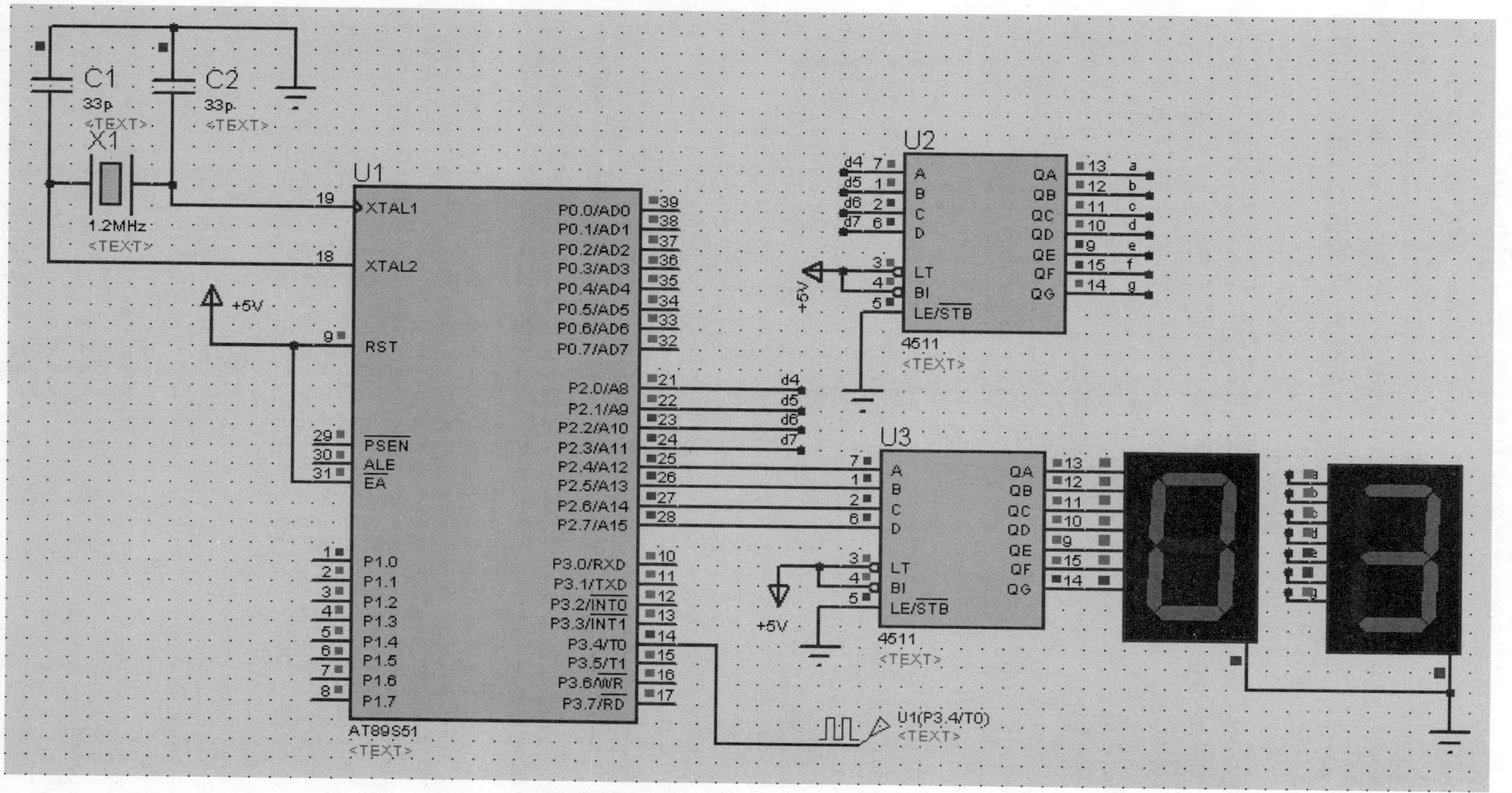

图 12.9　基于 CD4511 的两位数显脉冲计数器实验电路图

分析：使用计数器与使用定时器类似，只是计数脉冲由系统时钟脉冲改为外部脉冲。也可以使用中断查询的方式进行编程，就是先给定时器寄存器赋初值，当计满后就清掉溢出标志 TF0，再进入下一轮中断。当然也可以不使用中断查询，而直接使用数值比较来完成要求，数值比较其实就是每次都将 TH0 和 TL0 与预设的 Hight 和 Lower 进行比较，当比较的结果都为真时，进行计数完成后的服务程序。下面依次给出其程序清单。

(1) 使用中断查询方式的程序清单如下：

```
sfr  data_buf = 0xA0;                //显示数据端口
unsigned char counter;               //全局变量,用于保存计数值
void main(void)
{
    counter = 0;
    Counter_Init();
    while(1)
    {
        Counter0();
        disply(counter);
    }
}
void Counter_Init(void)
{
    TMOD = 0x04;                     //工作方式设置
  /*计数器初值设置*/
    TH0 = 0xe0;                      //初始值设置,7192 转为 13 位后的高 8 位
    TL0 = 0x18;                      //初始值设置,7192 转为 13 位后的低 5 位
  /*关闭计数器中断*/
    EA = 0 ;                         //关中断
    ET0 = 0 ;                        //关 T0 中断
  /*启动计数器*/
    TR0 = 1 ;                        //启动 T0
}
void Counter0(void)
{
    if(TF0 == 1)
    {
        TF0 = 0;
        /*计数器初值设置*/
        TH0 = 0xe0;                  // 初始值设置
        TL0 = 0x18;
        counter++;
        if(counter >= 99)
            counter = 0;
    }
}
void disply(unsigned char BCD)       //显示函数
{
    unsigned char x, y;              //定义 x,y 两个变量
    x = BCD % 10;                    //取 i 的个位字符 BCD 编码放于 x 中
    y = BCD/10;                      //取 i 的十位字符 BCD 编码放于 y 中
```

```
    y <<= 4;                //x 左移 4 位
    data_buf = y|x;         //返回个位与十位的组合 BCD 编码并送至 P2 口显示
}
```

(2) 使用数值比较方式的程序清单如下：

```
#define Hight 0x1f                  //预设高 8 位,1000 转为 13 位后的高 8 位
#define Lower 0x08                  //预设低 8 位,1000 转为 13 位后的低 5 位
sfr  data_buf = 0xA0;
unsigned char counter;
void main(void)
{
    counter = 0;
    Counter_Init();
    while(1)
    {
        Counter0();
        disply(counter);
    }
}
void Counter_Init(void)
{
    TMOD = 0x04;                    // 工作方式设置
  /* 定时器初值设置 */
    TH0 = 0x0;                      // 初始值设置
    TL0 = 0x0;
  /* 关闭定时器中断 */
    EA = 0 ;                        // 关中断
    ET0 = 0 ;                       // 关 T0 中断
  /* 启动定时器 */
    TR0 = 1 ;                       // 启动 T0
}
void Counter0(void)
{
    if((TH0 >= Hight)&&(TL0 >= Lower))
    {
        /* 定时器初值设置 */
        TH0 = 0x0;
        TL0 = 0x0;
        counter++;
        if(counter >= 99)
            counter = 0;
    }
}
void disply(unsigned char BCD)      //组合函数
{
    unsigned char x,y;              //定义 x,y 两个变量
    x = BCD % 10;                   //取 i 的个位字符 BCD 编码放于 x 中
    y = BCD/10;                     //取 i 的十位字符 BCD 编码放于 y 中
```

```
    y <<= 4;                 //x 左移 4 位
    data_buf = y|x;          //返回个位与十位的组合 BCD 编码
}
```

通过上面案例可以看出使用定时器/计数器的基本步骤如下。

① 写 TMOD,设置定时器/计数器的工作方式。

② 计算定时器/计数器的初值,并将初值写入 TH0/TH1、TL0/TL1。

③ 设置 IE、IP,以开放或关闭相应的中断以及设定中断优先级。

④ 启动定时/计数器。

⑤ 根据条件调用定时器/计数器服务函数。

定时时间的计算公式为:

$$T=(M-TC)\times T_0(\text{或 } TC=M-T/T_0)$$

其中:T——定时器的定时时间,即设计任务要求的定时时间;

T_0——计数器计数脉冲的周期,即单片机系统主频周期的 12 倍;

M——计数器的模式值(不同工作模式的最大值);

TC——定时器需要预置的初值。

若设初值 $TC=0$,则定时器定时时间为最大。若设单片机晶振频率为 12MHz,则各种工作方式下的定时器的最大定时时间如下:

(1) 工作方式 0:$T_{max}=2^{13}\times 1\mu s=8.192ms$;

(2) 工作方式 1:$T_{max}=2^{16}\times 1\mu s=65.536ms$;

(3) 工作方式 2 和 3:$T_{max}=2^{8}\times 1\mu s=0.256ms$。

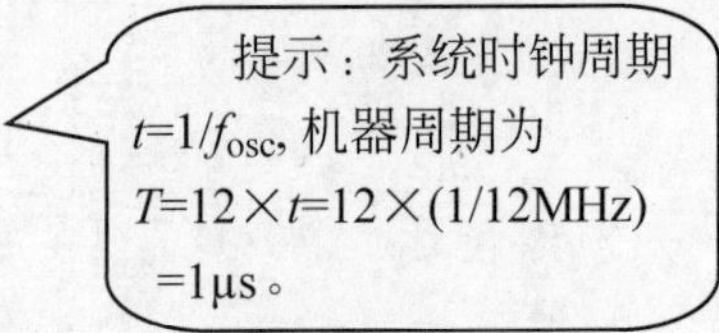

提示:系统时钟周期
t=1/fosc, 机器周期为
T=12×t=12×(1/12MHz)
=1μs。

12.2.4 工作模式 1

当 TMOD 的位 M1=0、M0=1 时,定时器/计数器设定为工作方式 1。工作方式 1 是一个 16 位的定时器/计数器。定时器/计数器工作方式 1 的结构如图 12.10 所示。

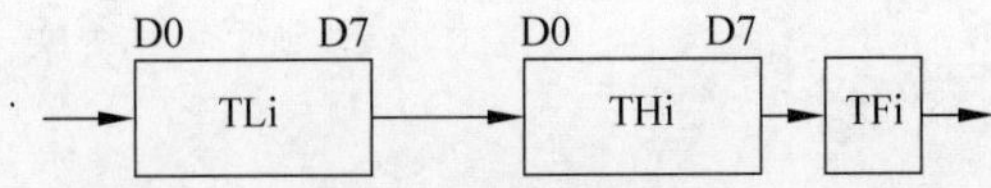

图 12.10 定时器/计数器工作方式 1 的结构图

THi 是高 8 位加法计数器,TLi 是低 8 位加法计数器。TLi 计数溢出时向 THi 进位,THi 计数溢出时置 TFi。

12.2.5 案例 3:输出长周期的方波

使用定时器 T1 并让其工作在方式 1,从单片机的 P1.0 输出一个周期为 2min、占空比为 1∶1 的方波信号(即 12MHz 晶振)。其实验电路图如图 12.8 所示。

分析:在工作方式 1 时,计数器的计数初值计算如下:

$$N=65536-X$$

式中 X 为记数次数,范围为 0～65536。定时器的定时时间为:

$$T=(65536-X)T_c$$

因为 $f_{osc}=12\text{MHz}$,所以定时范围为 1～65536μs。

当单片机系统晶振频率为 12MHz 时,定时/计数器工作在方式 1 能定时的最大时间为 65536μs,因为单独使用定时/计数器 1 还无法达到要求,因此需要借助软件计数或是同时使用 T0 和 T1。下面依次介绍两种方法。

1. 方法一:借助软件计数来实现

所需要的定时周期为 2min、占空比为 1∶1 的方波信号,只需要利用 T1 产生定时,每隔 1min 将 P1.0 进行取反操作即可。由于定时器定时时间有限,设定 T1 的定时为 50ms,软件计数 1200 次,可以实现 1min 定时。

编程步骤:

① 计算 TMOD 的值。

由于

$$\text{GATE}=0;\ \text{M1}=0、\text{M0}=1;\ \text{C/T}=0;$$

所以

$$(\text{TMOD})=10\text{H}$$

② 计算初值(单片机的振荡频率为 12MHz)。

所需要的机器周期数:

$$n=(50000\mu s/1\mu s)=50000$$

计数器的初始值:

$$X=65536-50000=15536$$

所以

$$\text{TH0}=0\text{x3C},\quad \text{TL0}=0\text{xB0}$$

其程序清单如下:

```
sbit PWM_IO = P1^0;
int counter;
//主函数
void main(void)
{
    counter = 0;
    Timer_Init();
    while(1)
    {
        Timer1();
        if(counter > = 1200)
        {
            counter = 0;
            PWM_IO = !PWM_IO;
        }
```

```
    }
}
//定时器 T1 初始化函数
void Timer_Init(void)
{
    TMOD = 0x10;            // 工作方式设置
  /* 定时器初值设置 */
    TH1 = 0x3c;             // 初始值设置
    TL1 = 0xb0;
  /* 关闭定时器中断 */
    EA = 0 ;                // 关中断
    ET0 = 0 ;               // 关 T0 中断
  /* 启动定时器 */
    TR1 = 1 ;               // 启动 T0
}
//定时器 T1 服务函数
void Timer1(void)
{
    if(TF1 == 1)
    {
        TF1 = 0;
        counter++;
        /* 定时器初值设置 */
        TH1 = 0xe0;         // 初始值设置
        TL1 = 0x18;
    }
}
```

2. 方法二：同时使用 T0、T1

借助于 T0 来实现，T0 工作在方式 1 时的计数最大值为 65536，配合 T1 定时(最长定时时间为 65536μs，可产生 2×65536μs 的方波)，最大定时时间为：2×65536×65536μs=2×4294967296μs=2×4294.967296s≈143min。因此本案例设定 T1 的定时为 50ms，就可产生周期为 100ms 的方波，T0 计数 600 次，可以实现 1min 定时。因为使用了 T0 作为计数器，所以硬件电路有所改动，需要使用 P1.1 来产生 100ms 的方波，然后通过 P3.4(T0)进行计数，再使用 P1.0 来产生需要的波形。其实验电路如图 12.11 所示。

同时使用 T0、T1 的程序清单如下：

```
sbit PWM_IO = P1^0;
sbit PWM_IO1 = P1^1;
void main(void)
{
    Timer_Init();
```

```
    while(1)
    {
        Timer0();
        Timer1();
    }
}
//定时器初始化函数
void Timer_Init(void)
{
    TMOD = 0x15;        // 工作方式设置
  /*定时器初值设置*/
    TH1 = 0x3c;         // 初始值设置
    TL1 = 0xb0;
    TH0 = 0xfd;         // 初始值设置
    TL0 = 0xa8;
  /*关闭定时器中断*/
    EA = 0 ;            // 关中断
    ET0 = 0 ;           // 关 T0 中断
/*启动定时器*/
    TR1 = 1 ;           // 启动 T1
    TR0 = 1 ;
}
//定时器 1 服务函数
void Timer1(void)
{
    if(TF1)
    {
        TF1 = 0;
        PWM_IO1 = !PWM_IO1;
        /*定时器初值设置*/
        TH1 = 0x3c;   // 初始值设置
        TL1 = 0xb0;
    }
}
//定时器 0 服务函数
void Timer0(void)
{
    if(TF0)
    {
        TF1 = 0;
        PWM_IO = !PWM_IO;
        /*定时器初值设置*/
        TH0 = 0xfd;   // 初始值设置
        TL0 = 0xa8;
    }
}
```

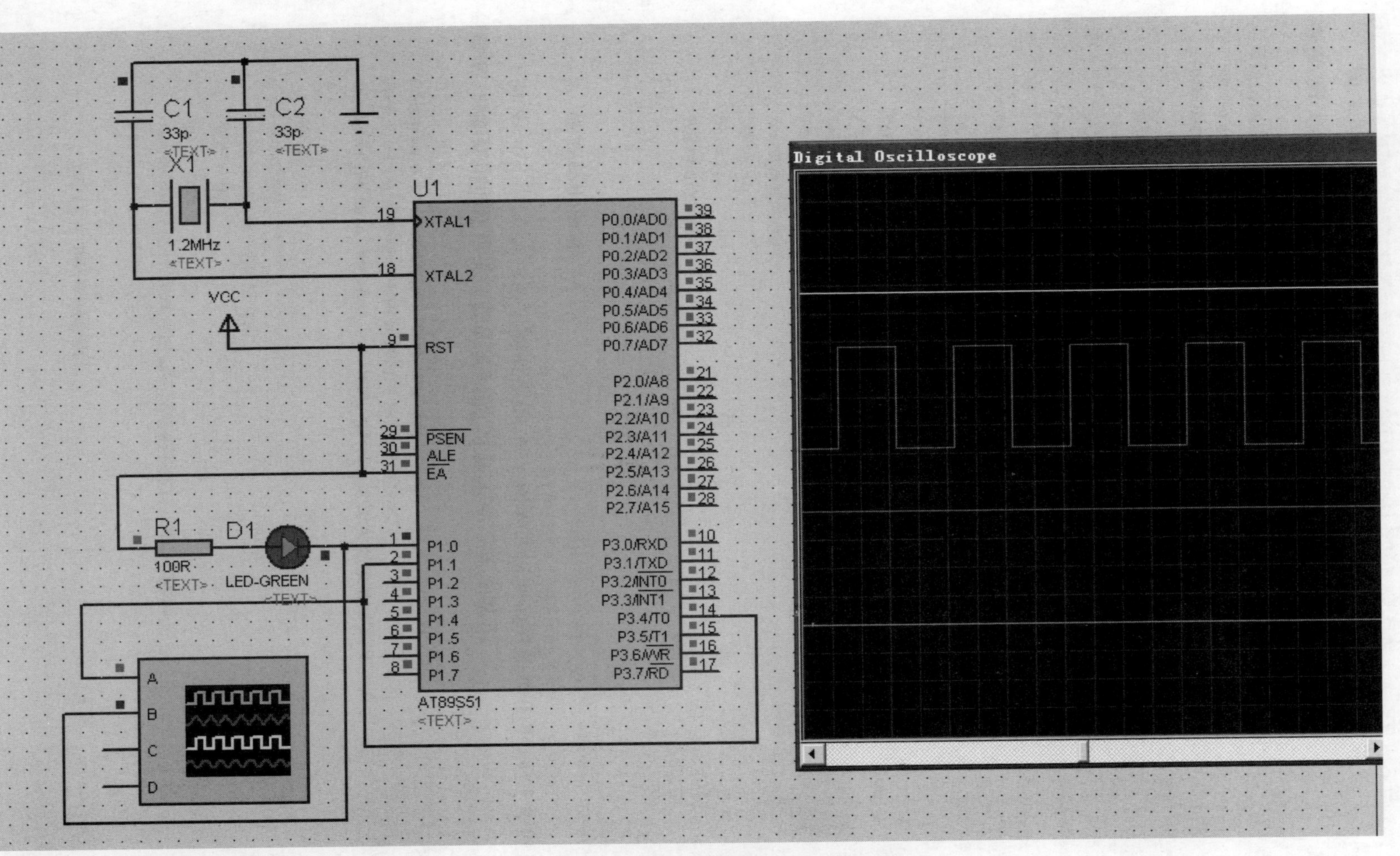

图 12.11 使用 T0 和 T1 的长周期方波实验电路图

通过上例可以看出，定时器的最大计时时间是可以扩充的，扩充方法主要有软件辅助计时、定时器同时使用等。

12.2.6 工作模式 2

当 TMOD 的位 M1＝1、M0＝0 时定时器/计数器设定为工作方式 2。工作方式 2 自动重新装入初值的 8 位定时器/计数器。定时器/计数器工作方式 2 的结构如图 12.12 所示。

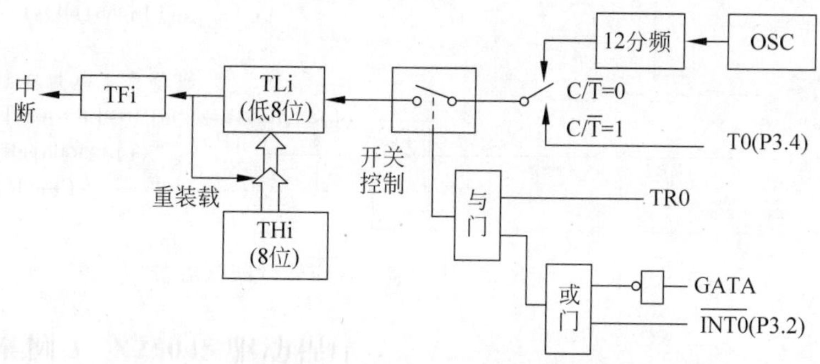

图 12.12 定时器/计数器工作方式 2 的结构图

TLi 作为 8 位加法计数器使用，THi 作为初值寄存器使用。THi、TLi 的初值都由软件预置。TLi 计满溢出时，不仅置位 TFi，而且发出重装载信号，使三态门打开，将 THi 中初值自动送入 TLi，使 TLi 从初值开始重新计数。重新装入初值后，THi 的内容保持不变。工作方式 2 的初值范围为 0～255，当 f_{osc} = 12MHz 时，其定时范围为 1～256μs。由于工作方式 2 不需要在中断服务程序中重新设置计数初值，因此特别适于定时控制，只是其定时时间较短。

12.2.7 工作模式 3

当 TMOD 的位 M1＝1、M0＝1 时定时器/计数器设定为工作方式 3。工作方式 3 仅对定时器/计数器 0 有意义。此时定时器/计数器 1 可以设置为其他工作方式。若要将定时器/计数器 1 设置为工作方式 3，则定时器/计数器 1 将停止工作。定时器/计数器工作方式 3 的结构如图 12.13 所示。

TL0、TH0 成为两个独立的 8 位加法计数器。TL0 使用定时器/计数器 0 的状态控制位 C/T、GATE、TR0 及引脚 INT0，它的工作情况与方式 0、方式 1 类似，仅计数范围为 1～256，定时范围为 1～256μs（f_{osc}＝12MHz 时）。TH0 只能作为非门控方式的定时器，它借用了定时器/计数器 1 的控制位 TR1、TF1。定时器/计数器 0 采用工作方式 3 后，89S51 单片机就具有 3 个定时器/计数器，即 8 位定时器/计数器 TL0，8 位定时器 TH0 和 16 位定时器/计数器 1（TH1、TL1）。定时器/计数器 1 虽然还可以选择为方式 0、方式 1 或方式 2，但由于 TR1 和 TF1 被 TH0 借用，所以不能产生溢出中断请求，因而只用作串行口通信的波特率发生器。

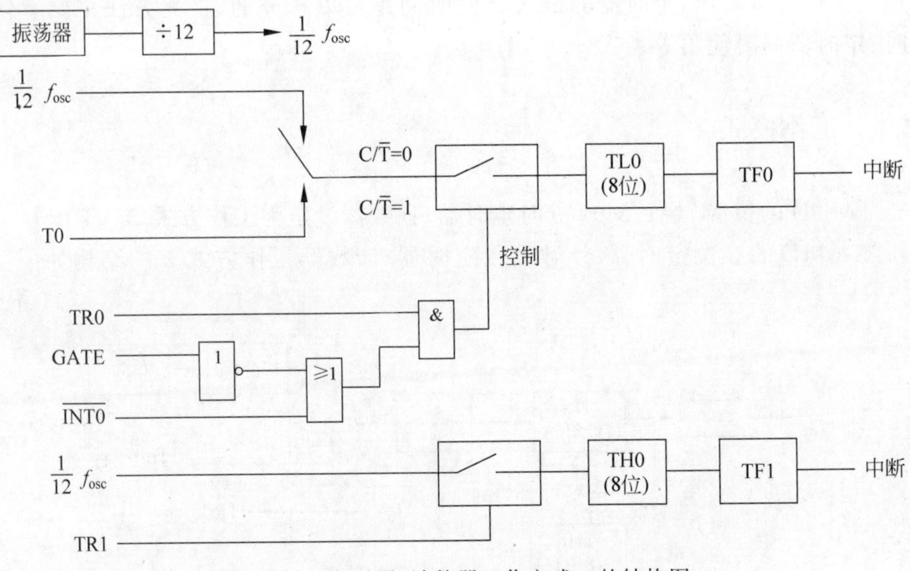

图 12.13　定时器/计数器工作方式 3 的结构图

12.2.8　案例 4：1kHz 方波发生器

利用定时计数器 0 定时并让其工作在方式 3。使用查询方式，在 P1.1 引脚输出 1000Hz 方波，实验电路如图 12.14 所示。

通过定时时间为方波周期的 1/2(即 0.5ms)，查询 0.5ms 时间一到，将 P1.0 的状态取反(假设晶振为 6MHz)，可以产生 1kHz 的方波。其编程步骤如下：

① 设置 TMOD 控制字。

定时器/计数器 0 为定时器工作方式，C/T(TMOD.2)＝0，非门控方式，GATE(TMOD.3)＝0。采用工作方式 3，M1(TMOD.1)＝1，M0(TMOD.0)＝1。定时器/计数器 1 未使用，相应的 D7～D4 为随意态 X，若取 X 为 0，则 (TMOD)＝0x03。

② 计算 0.5ms 定时的 T1 初始值。

由 f_{osc}＝6MHz 得 $TC = 2\mu s$，工作方式 3 时有

$$T = (256 - X)TC = (256 - X)2\mu s = 500\mu s$$

得 TH0＝0x06(本案例使用 T0 的高 8 位构成的 8 位定时器)。

其程序清单如下：

```
sbit PWM_IO = P1^0;
void main(void)
{
    Timer_Init();
    while(1)
    {
        Timer0();
```

```
    }
}
void Timer_Init(void)
{
    TMOD = 0x03;            // 工作方式设置
  /*定时器初值设置*/
    TH0 = 0x6;              // 初始值设置
  /*关闭定时器中断*/
    EA = 0 ;                // 关中断
    ET0 = 0 ;               // 关 T0 中断
  /*启动定时器中断*/
    TR1 = 1 ;               // 启动 T0
}
//服务程序
void Timer0(void)
{
    if(TF1)
    {
        TF1 = 0;
        PWM_IO = !PWM_IO;
        /*定时器初值设置*/
        TH0 = 0x6;          // 初始值设置
    }
}
```

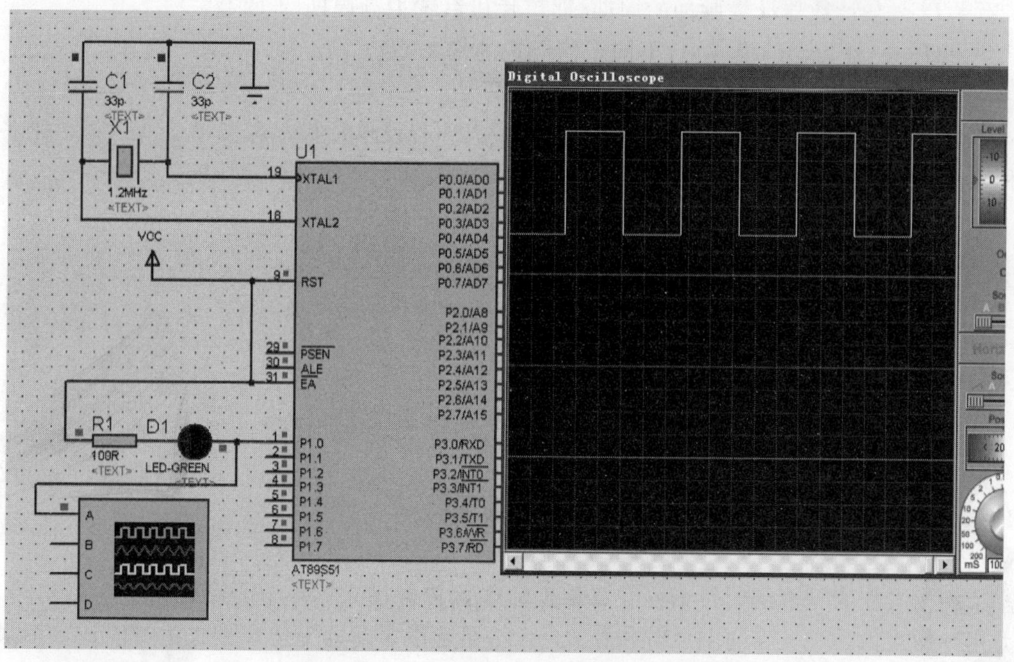

图 12.14　1kHz 方波发生器实验电路图

12.3 定时器的使用

视频讲解

前面几节对定时器的物理结构及工作方式、模式等内容进行了讲解，读者对定时器的操作有了基本了解，本节在前几节的基础上讲解定时器的使用方法及PWM脉冲的产生，另外本节将引入第8章中结构体内容讲述定时器的操作。

12.3.1 定时器使用方法

通过前几节的案例可以看出使用定时器/计数器的基本步骤如下。

1. 初始化函数

① 写TMOD，设置定时器/计数器的工作方式。
② 计算定时器/计数器的初值，并将初值写入TH0/TH1、TL0/TL1。
③ 设置IE、IP，以开放或关闭相应的中断以及设定中断优先级。
④ 启动定时/计数器。
⑤ 定时器初值与定时时间。

定时时间的计算公式为：

$$T=(M-TC)\times T_0\text{（或 }TC=M-T/T_0\text{）}$$

其中：T——定时器的定时时间，即设计任务要求的定时时间；
T_0——计数器计数脉冲的周期，即单片机系统主频周期的12倍；
M——计数器的模式值（不同工作模式的最大值）；
TC——定时器需要预置的初值。

若设初值$TC=0$，则定时器定时时间为最大。若设单片机晶振频率为12MHz，则各种工作方式下定时器的最大定时时间为：

(1) 工作方式0：$T_{max}=2^{13}\times 1\mu s=8.192ms$；
(2) 工作方式1：$T_{max}=2^{16}\times 1\mu s=65.536ms$；
(3) 工作方式2和3：$T_{max}=2^{8}\times 1\mu s=0.256ms$。

2. 定时器中断服务函数

定时器中断服务函数为定时器中断时执行的特定的功能函数。

12.3.2 案例5：秒脉冲发生器及99s倒计时

秒信号作为基准的时钟信号在日常生活中比较常用。本小节介绍如何产生秒信号，并用秒信号做一个99s的倒计时装置。89S51单片机定时器工作在方式1时能计数的最大值是65536，假设系统晶振为12MHz，则最大的定时时间为65.536ms，显然不能满足要求。前面曾介绍了两种扩充计时的方法，我们可借助软件计数或另外一个定时/计数器来完成，本案例中采用软件计数方式，读者可使用另外一个定时器工作在计数方式进行编程。

当 SW 按下时，启动倒计时装置。倒计时为 0 时(数码管显示为 00)停止计数，再次按 SW 进入下一软件倒计时。如图 12.15 所示为秒脉冲发生器及 99s 倒计时电路。

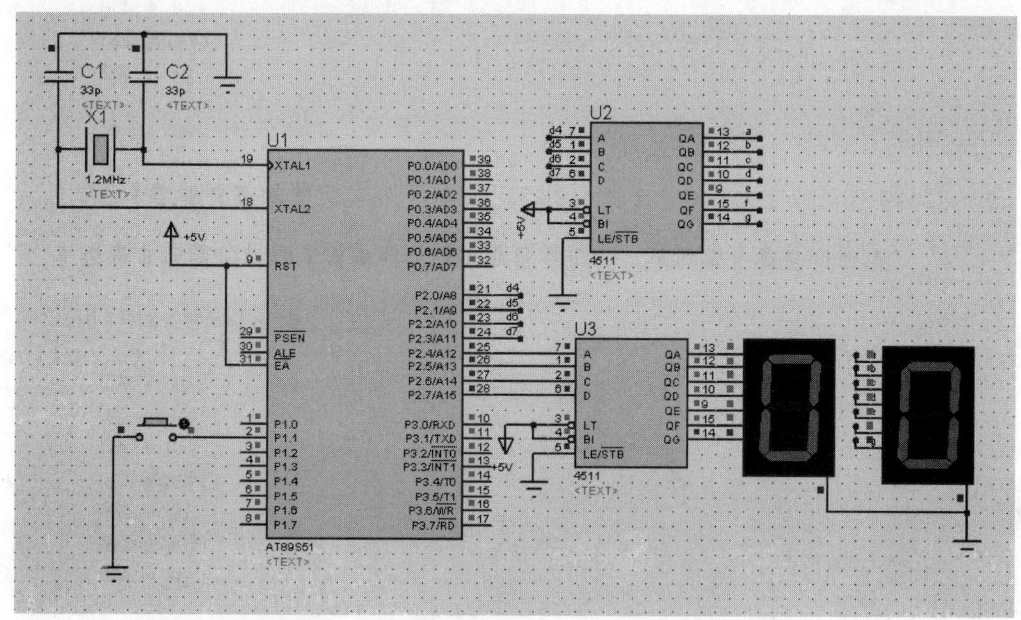

图 12.15 秒脉冲发生器及 99s 倒计时电路

因为定时器工作在方式 2 时，能自动赋初值，所以比较适合定时操作，本案例使用定时器 T0，工作在方式 2 的定时模式，不使用门电路控制。通过 T2 定时产生 200μs 的定时，再通过软件辅助计数 5000 次完成 1s 的定时操作。其程序在结构上可分为预定义部分(头文件)、主函数、定时器初始化函数、按键检测函数、定时器服务函数、显示函数、延时函数。

1. 头文件和主函数

在程序通过引入头文件 reg51.h 可省略对特殊功能寄存器的再定义。在主函数前面声明了各个函数模块，以便被别的函数调用。另外还定义了 LED、SW 特殊位、LED_data 特殊功能寄存器。主函数首先对相关变量、功能模块进行初始化。然后循环执行按键检测程序、定时器服务程序、显示程序，以完成题目要求的各个功能。其程序清单如下：

```
sbit LED = P1^0;
sbit SW = P1^1;
sfr  LED_data = 0xA0;
int  counter;
unsigned char disply_buf;
void main(void)
{
    counter = 0;
    disply_buf = 0;
    Timer_Init();
```

```
    while(1)
    {
        KeyPad();
        Timer0();
        disply(disply_buf);
    }
}
```

2. 定时器初始化函数

定时器初化函数完成了对定时器的初始化操作,包括:定时器的工作方式设置、工作模式选择、定时器相应寄存器赋初值、定时器对应的中断开关、优先级别(本案例使用默认优先级别)设置等。

```
//定时器初始化函数
void Timer_Init(void)
{
    TMOD = 0x02;            // 工作方式设置为方式 2
  /* 定时器初值设置 */
    TH0 = 56;               // 初始值设置
    TL0 = 56;
  /* 关闭定时器中断 */
    EA = 0 ;                // 关中断
    ET0 = 0;                // 关 T0 中断
    TR0 = 0;
}
```

3. 按键检测函数

按键检测函数负责对按键的检测与结果处理等操作,本案例的结果就是启动定时器T0,并给显示缓存变量赋初值。因为读者可在此处修改缓存变量的初值以改变倒计时范围。图 12.16 所示为 99s 倒计时按键检测函数流程图。

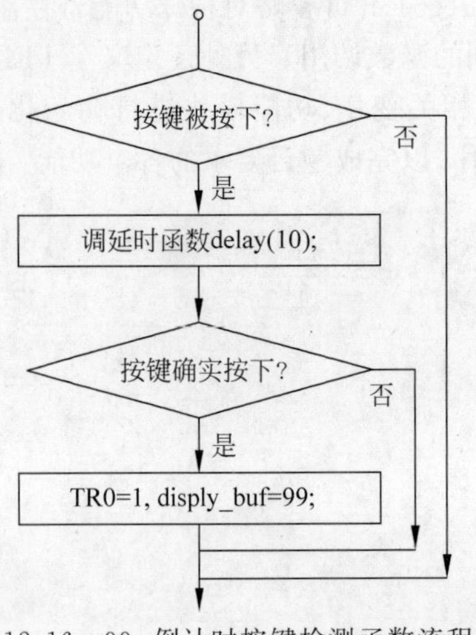

图 12.16　99s 倒计时按键检测函数流程图

其源程序如下：

```
//按键检测函数
void KeyPad(void)
{
    if(!SW)
    {
        delay(10);
        if(!SW)
        {
            TR0 = 1;
            disply_buf = 99;
        }
    }
}
```

4. 定时器服务函数

由于没有使用定时器中断，所以定时器服务函数还要负责检测定时器有无溢出（通过检测 TF0），在确定定时器溢出后，还要及时清除溢出标志，为下次溢出做准备。在定时器服务函数内还完成了修改显示缓存的任务，另外当显示缓存变量的值为 0 时，将停止计数器。如图 12.17 所示为 99s 倒计时定时器服务函数流程图。

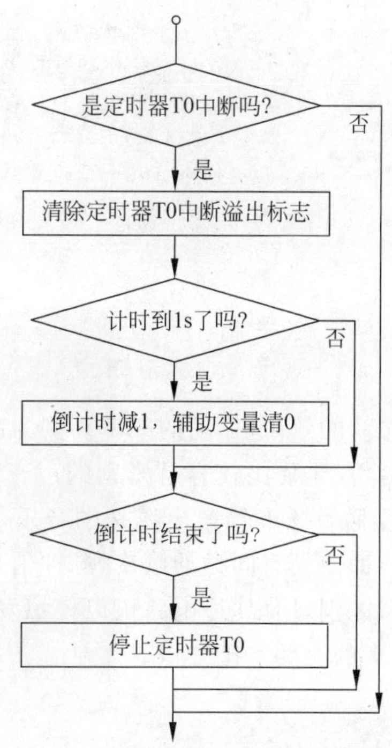

图 12.17　99s 倒计时定时器服务函数流程图

其源程序如下：

```
void Timer0(void)
{
    if(TF0)
    {
        TF0 = 0;
        counter ++;
        if(counter_buf > = 5000)
        {
            disply_buf -- ;      // disply_buf 自减 1 操作
            counter = 0;
            if(disply_buf < = 0)
                TR0 = 0;
        }
    }
}
```

5. 显示函数

显示函数是将要显示的数值处理为BCD码,然后送显示端口显示。

```
void disply(unsigned char BCD)          //显示函数
{
    unsigned char x,y;                  //定义 x,y 两个变量
    x = BCD % 10;                       //取 i 的个位字符 BCD 编码放于 x 中
    y = BCD/10;                         //取 i 的十位字符 BCD 编码放于 y 中
    y <<= 4;                            //x 左移 4 位
    LED_data = y|x;                     //返回个位与十位的组合 BCD 编码
}
```

12.4 单片机发声

声音的产生是一种音频振动的效果,振动的频率高则为高音,频率低则为低音,音频的范围为20Hz～200kHz,人类的耳朵比较容易辨别的声音频率为200Hz～20kHz。一般的音响电路是以正弦波信号驱动扬声器产生悦耳的音乐,在数字电路里,则是以脉冲信号驱动扬声器以产生声音。即使具有同样的频率,脉冲信号或正弦波信号产生的音效对于人类的耳朵来说很难有所区别,用电子/电路可以模拟发声是大家都知道的,如电子琴、MP3。本节介绍单片机发声的一些基础知识。

12.4.1 单片机发声技术

单片机发声是使用定时器(也可使用延时函数)产生声音所需频率的方波(脉冲信

号)，经放大整形后送扬声器发出一个音，再按节拍送下一频率的声音，声音的节拍由延时程序给定。其发声的原理是：音调由不同的频率产生，由延时程序产生节拍，由定时器定时产生方波频率，如 1kHz 频率的声音，周期是 1ms，正负半周各 500μs。图 12.18 所示为单片机发声实验电路，当使用 6MHz 晶振，定时方式 1 时，可计算定时器初值如下：$(2^{16}-X)\times12/6=500\mu s$，$X=65536-250=65286=0xff06$。

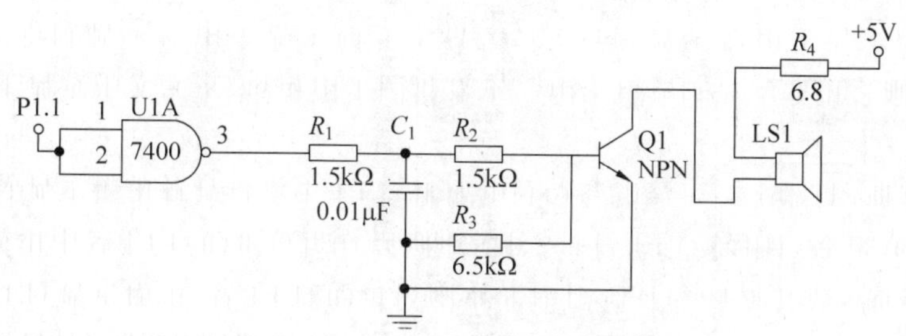

图 12.18　单片机发声实验电路图

12.4.2　音调与节拍

通常以 Do、Re、Mi、Fa、So、La、Si、DO 分别代表某一个频率的声音，称为“音调”(实质可看成是某一特别的频率所产生的声音的别名)。若要构成音乐，只有音调是不够的，还需要节拍，让音乐具有旋律(固定的律动)，更可以调节各个音的速度，简单通俗地讲就是“打拍子”。若 1 拍是 0.5s，则 1/4 拍为 0.125s、1/2 拍为 0.25s，至于 1 拍到底是多少秒，没有严格规定，就好像人的心跳，大部分人的心跳都是每分钟 72 下，而有些人较快，有些人较慢，只要没有不适就好。除了“拍子”以外，还有“音节”，在乐谱左上方都会定义每个音节有多少拍。下面依次介绍如何通过单片机编程来实现音调的产生和节拍的产生。

12.4.3　案例 6：单片机产生音调

声音只是某一范围的频率，也就是所谓的音频，我们可以利用单片机内部的定时器来产生这一频率——采用定时器工作在方式 1 产生音频的方法。在方式 1 模式下，定时器的最大值为 65.536ms(12MHz 晶振)，足以产生低音 Do 所需的半周期(1908μs)，所以，若要产生低音 Do 的音频，则只需要执行定时器中断即可，每中断一次，就改变连接扬声器的 I/O 口的状态，就能发出低音 Do 的声音。若要产生其他音阶，只需按 Ti 字段设定定时器值即可。如图 12.19 所示的实验电路中，编程产生 SIL、LAL SOL、Do、Re、Mi、Fa、So、La、Si、DO 的每个音调。

图 12.19 所示的实验电路中，通过按键发出不同的音调，每个按键都能产生一种音调，音调可通过两种方法产生：延时函数、定时器中断。下面介绍通过延时函数产生音调的方法，有关定时器中断产生音调的方法，读者可参考本章的其他内容。

通过调用延时函数来产生不同频率的脉冲信号，然后送至外部放大电路去驱动扬声

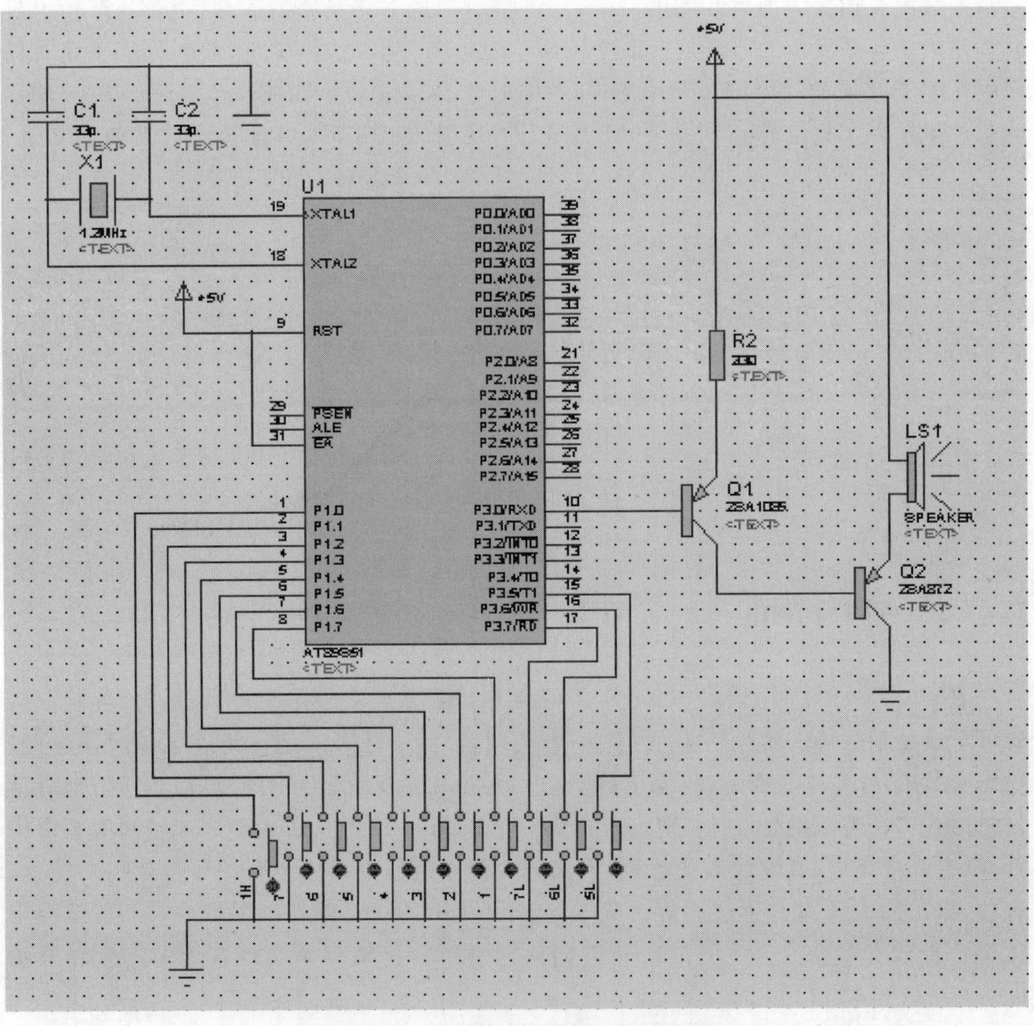

图 12.19　单片机产生音调实验电路图

器。本程序在结构上分为两大部分：主函数、按键检测。下面依次讲解。

1. 主函数

主函数主要是循环调用按键检测函数，等待按键的按下，然后执行 PWM 输出程序。

```
sbit  DOH = P1^0;
sbit  SI = P1^1;
sbit  LA = P1^2;
sbit  SO = P1^3;
sbit  FA = P1^4;
sbit  MI = P1^5;
sbit  RE = P1^6;
sbit  DO = P1^7;
sbit  SOL = P3^5;
```

```
sbit  LAL = P3^6;
sbit  SIL = P3^7;
sbit  SPEACK = P3^0;
void main(void)
{
    while(1)
    {
#ifndef DEBUG               //调试时使用
    if(SW_Check()!= 0)      //当无按键按下时,不执行发声程序
    {
        SPEACK = 0;
        delay(SW_Check());
        SPEACK = 1;
        delay(SW_Check());
    }
#else                       //调试时,下面这段程序产生周期为500μs的方波
        SPEACK = 0;
        delay(10);
        SPEACK = 1;
        delay(10);
#endif
    }
}
//延时函数的基准时间约为25μs
void delay(int time)        //延时函数
{
    for(time;time>= 0;time--)
        {;}
}
```

2．按键检测

按键检测主要检测相应音符的按键按下，并返回相应的延时参数，供延时函数使用。

```
int SW_Check()
{
    if(!DOH)
        return 63;
    else if(!DOH)
        return 63;
    else if(!SI)
        return 67;
    else if(!LA)
        return 75;
    else if(!SO)
        return 85;
    else if(!FA)
        return 95;
```

```
    else if(!MI)
        return 100;
    else if(!RE)
        return 113;
    else if(!DO)
        return 126;
    else if(!SIL)
        return 134;
    else if(!LAL)
        return 150;
    else if(!SOL)
        return 170;
    else
        return 0;       //没有与音符相关的按键按下,则返回 0
}
```

12.4.4 案例7：单片机产生节拍

音阶的频率是固定的,而节拍有快有慢,拍子越短节奏越快,反之越慢。以生日快乐歌的前面两个音节为例,第一个音是 Do,发出这个音的时间是 250ms；然后再发出第二个音 Do,也是 250ms；接下来改变发出 Re 的音,时间长达 500ms；接下来再发 Fa 的音,时间长达 1000ms……如图 12.20 所示。

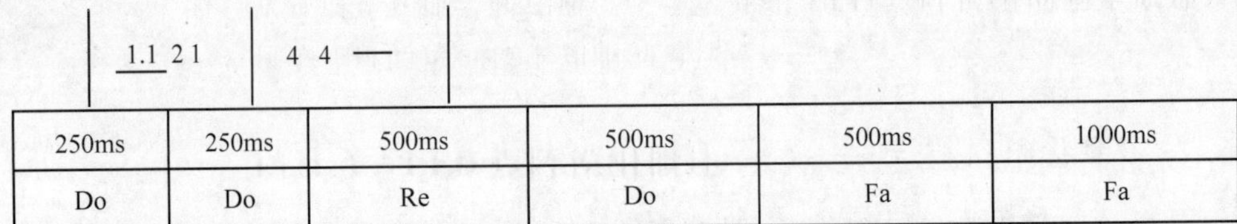

图 12.20 单片机产生节拍

综上所述,一个音调的节拍其实就是这个音调发声的时间。如何控制发音时间呢?我们可以调用延时函数或采用定时器中断两种方式来完成。下面依次介绍。

1. 调用延时函数

使用延时方式首先要整理出整首音乐曲谱拍子中的种类,找出其中最短的拍子。例如整首音乐中,包含的节拍有 1/4 拍、1/2 拍、3/4 拍、1 拍、2 拍。以 1/4 拍为基准,写一段长度为 1/4 拍的延时程序,若需要产生 1/4 拍,则调用 1 次该延时函数；若要产生 1/2 拍,则调用 2 次该函数……以此类推。若 1/4 拍的长度为 0.125s,则该延时函数清单如下：

```
void delay(int time)                                    //延时函数
{
    unsigned char  j,i;                                 //定义内循环变量
    wile(time--)                                        //控制整个延时时间
    {
        for(i = 125;i >= 0;i--)                         //延时时间为 i×1ms 约为 125ms(0.125s)
            for(j = 125;j > 0;j--)                      //延时 1ms
                {;}
    }
}
```

根据上述延时函数，要产生 1/2 拍和 1/4 拍只需要使用语句 delay(2)；和 delay(1)；即可。

2. 定时器中断

不管音阶产生是采用定时器中断方式，还是采用软件延时的方式，其节拍都可以利用定时器中断产生，同样是找出整首乐曲中最短的拍子，如 1/4 拍、1/2 拍、3/4 拍、1 拍、2 拍，以 1/4 拍为基准，然后设定每 0.125s 产生一次中断，其定时器定时值为 125000，超过任何一个定时器模式的定时器值(12MHz 晶振)。采用模式 1，将其定时器值定时值改为 62500，则只要执行 2 次中断，就能产生 1/4 拍的时间长度；同样地，要产生 1/2 拍长度，则执行 4 次中断，以此类推。

12.5 中断

视频讲解

中断是指计算机暂时停止原程序执行，转而响应需要服务的紧急事件(执行中断服务程序)，并在服务完成后自动返回原程序执行的过程。中断由中断源产生，中断源在需要时可以向 CPU 提出中断请求。中断请求通常是一种电信号，CPU 一旦对这个电信号进行检测和响应，便可自动转入该中断源的中断服务程序执行，并在执行完后自动返回原程序继续执行，若中断源不同，则中断服务程序的功能也不同。本节介绍中断的基本概念，并讲解单片机中断编程技术。

12.5.1 单片机中断概述

在日常生活中也有许多类似于计算机中断的例子。例如：老师正在教室讲课，校长突然走进教室，对老师查询课堂情况(中断源向系统申请中断)，那老师得先停止(中断发生)课程的教学，回答校长的问题(中断服务)。等待校长询查完毕后，老师继续讲解被中断的课程(中断返回)。

1. 中断控制方式的优点

1) 可以提高 CPU 的工作效率

采用中断控制方式，CPU 可以通过分时操作启动多个外设同时工作，并能对它们进

行统一管理。CPU 执行主程序安排有关外设开始工作,当任何一个设备工作完成后,通过中断通知 CPU,CPU 响应中断,在中断服务程序中为它安排下一项工作。这样就可以避免 CPU 和低速外部设备交换信息时的等待和查询,大大提高 CPU 的工作效率。

2）可以提高实时数据的处理时效

在实时控制系统中,MCU 必须及时采集被控系统的实时参量、超限数据和故障信息,并进行分析判断和处理,以便对系统实施正确调节和控制。计算机对实时数据的处理时效,是影响产品质量和系统安全的关键。CPU 有了中断功能,系统的失常和故障都可以通过中断立刻通知 CPU,使它可以迅速采集实时数据和故障信息,并对系统做出应急处理。

2. 中断源

中断源是指引起中断的设备、部件或事件。通常,中断源有以下几种。

1）外部设备中断源

外部设备主要为计算机输入和输出数据,它是最常见的中断源。在用作中断源时,通常要求它在输入或输出数据时能自动产生一个"中断请求"信号(高电平或低电平)送到 CPU 的中断请求输入引脚,以供 CPU 检测和响应。例如：打印机打印完一个字符时,可以通过打印中断要求 CPU 为它送下一个打印字符,因此,打印机可以作为中断源。

2）控制对象中断源

在计算机用作实时控制时,被控对象常常被用作中断源,用于产生中断请求信号,要求 CPU 及时采集系统的控制参量、超限参数以及要求发送和接收数据,等等。例如：电压、电流、温度、压力、流量和流速等超越上限和下限以及开关和继电器的闭合或断开都可以作为中断源来产生中断请求信号,要求 CPU 通过执行中断服务程序来加以处理。

3）故障中断

故障也可以作为中断源,CPU 响应中断对已发生故障进行分析处理,如掉电中断。在掉电时,掉电检测电路可以检测到它,并产生一个掉电中断请求,CPU 响应中断,在电源滤波电容维持正常供电的很短时间内,通过执行掉电中断服务程序来保护现场和启用备用电池,以便市电恢复正常后继续执行掉电前的用户程序。

4）定时脉冲中断源

定时脉冲中断源又称为定时器中断源,是由定时脉冲电路或定时器产生的。它用于产生定时器中断,定时器中断有内部和外部之分。内部定时器中断由单片机内部的定时器/计数器溢出时自动产生,故又称为内部定时器溢出中断；外部定时器中断通常由外部定时电路的定时脉冲通过 CPU 的中断请求输入线引起。不论是内部定时器中断还是外部定时器中断,都可以使 CPU 进行计时处理,以便达到时间控制的目的。

3. 中断优先级与中断嵌套

通常,一个 CPU 总会有若干中断源,但在同一瞬间,CPU 只能响应其中的一个中断请求,为了避免在同一瞬间若干个中断源请求中断而带来的混乱,必须给每个中断源的中断请求设定一个中断优先级,CPU 先响应中断优先级高的中断请求。中断优先级直接反映每个中断源的中断请求被 CPU 响应的优先程度,也是分析中断嵌套的基础。

和函数类似，中断也是允许嵌套。即在某一瞬间，CPU 因响应某一中断源的中断请求而正在执行它的中断服务程序时，若有中断优先级更高的中断源也提出中断请求，那么它可以把正在执行的中断服务程序停下来，转而响应和处理中断优先权更高的中断源的中断请求，等到处理完后再转回来继续执行原来的中断服务程序，这就是中断嵌套。

4. 使用中断应注意的事项

中断系统是指能够实现中断功能的那部分硬件电路和软件程序，主要完成以下工作。

(1) 进行中断优先级排队。

(2) 实现中断嵌套。

(3) 自动响应中断。

(4) 保存中断前的断点。

(5) 处理中断事件。

(6) 实现中断返回。

其中，前 3 条是中断初始化程序需要完成的操作，后 3 条是中断服务程序需要完成的操作，由于使用 C51 中断函数，所以可略去断点保存与断点返回相关的程序编译，这无疑提高了开发效率。有关中断函数的详细介绍读者可参考第 6 章的相关内容。

5. 中断函数的定义

中断函数的声明通过使用 interrupt 关键字和中断号 n(n=0~31)来实现，其定义方式如下所示：

```
void  函数名() interrupt  n  [using m]
```

中断号 n 和中断向量取决于单片机的型号，编译器从 8n+3 处产生中断向量。51 系列单片机常用中断源的中断号和中断向量如表 12.2 所示。[using m]是一个可选项，用于指定中断函数所使用的寄存器组。指定工作寄存器组的优点是：中断响应时，默认的工作寄存器组就不会被推入堆栈，这将节省很多时间。缺点是：所有被中断调用的函数都必须使用同一个寄存器组，否则参数传递会发生错误。关键字 interrupt 不允许用于外部函数，因为它对中断函数的目标代码有影响。

表 12.2　51 系列单片机中断号及向量地址

中断源	中断号 n	中断向量 $8n+3$
外部中断 0	0	0x0003
定时器 0 溢出	1	0x000B
外部中断 1	2	0x0013
定时器 0 溢出	3	0x001B
串行口中断	4	0x0023

12.5.2 中断结构

按中断源的来源可分中外部中断源和内部中断源。外部中断源包括：外部中断INT0、INT1、串行中断。内部中断源包括：定时器/计数T0、定时器/计数T1。下面具体介绍。

1. 外部中断INT0、INT1

输入/输出设备的中断请求、系统故障的中断请求等都可以作为外部中断源，从引脚INT0或INT1输入。外部中断请求INT0、INT1可有两种触发方式：电平触发及边沿触发，由TCON的IT0位及IT1位选择。IT0(IT1)=0时，为INT0、INT1电平触发方式，当引脚INT0或INT1上出现低电平时，就向CPU申请中断，CPU响应中断后要采取措施撤销中断请求信号，使INT0或INT1恢复高电平。IT0(IT1)=1时，为边沿触发方式，当INT0或INT1引脚上出现由正向负跳变时，该负跳变经边沿检测器使IE0或IE1置1，向CPU申请中断。CPU响应中断转入中断服务程序时，由硬件自动清除IE0或IE1。CPU在每个机器周期采样INT0、INT1，为了保证检测到负跳变(下降沿)，引脚上的高电平与低电平至少应各自保持1个机器周期。

2. 定时器/计数器0、1溢出中断

定时器/计数器计数溢出时，由硬件分别置TF0=1或TF1=1，向CPU申请中断。CPU响应中断转入中断服务程序时，由硬件自动清除TF0或TF1。定时器的使用在前面章节中介绍得比较多。读者可参考上述章节的内容使用定时器/计数器0、1溢出中断的编程练习。

3. 串行口中断

串行口中断由单片机内部串行口中断源产生。串行口中断分为单行口发送中断和串行口接收中断两种。在串行口进行发送/接收数据时，每当发送/接收完一组数据，使串行口控制寄存器SCON中的RI=1或TI=1，并向CPU发出串行口中断请求，CPU响应串行口中断后转入中断服务程序执行。由于RI和TI作为中断源，所以需要在中断服务程序中安排一段对RI和TI中断标志位状态的判断程序，以区分发生了接收中断请求还是发送中断请求，而且必须用软件清除TI和RI。

12.5.3 和中断相关的寄存器

89S51单片机为用户提供了4个专用寄存器，来控制单片机的中断系统。下面介绍各个寄存器的用途。

1. 控制寄存器(TCON)

TCON寄存器用于保存外部中断请求以及定时器的计数溢出。进行字节操作时，寄存器地址为88H。按位操作时,各位的地址为88H～8FH。寄存器位地址对应关系如图12.21所示。

位地址	8FH	8EH	8DH	8CH	8BH	8AH	89H	88H
位符号	TF_1	TR_1	TF_0	TR_0	IE_1	IT_1	IE_0	IT_0

图12.21 TCON寄存器位地址对应关系

TCON寄存器各位功能介绍。

1) IT0和IT1

IT0和IT1是外部中断请求触发方式控制位,当IT0(IT1)=1时,外中断的脉冲触发方式为下降沿有效;当IT0(IT1)=0时,外中断触发方式为电平触发,低电平有效。

2) IE0和IE1

IE0和IE1是外中断请求标志位,当CPU采样到INT0(或INT1)出现有效中断请求时,IE0(IE1)位由硬件置1。当中断响应完成转向中断服务程序时,由硬件自动把IE0(或IE1)清0。外中断请求标志位的使用有两种情况:采用中断方式时,作中断请求标志位来使用;采用查询方式时,作查询状态位来使用。

3) TR0和TR1

TR0和TR1是定时器运行控制位,当TR0(TR1)=0时,定时器/计数器不工作;当TR0(TR1)=1时,定时器/计数器开始工作。

4) TF0和TF1

TF0和TF1是计数溢出标志位,当计数器产生计数溢出时,相应的溢出标志位由硬件置1。当转向中断服务时,再由硬件自动清0。计数溢出标志位的使用有两种情况:采用中断方式时,作中断请求标志位来使用;采用查询方式时,作查询状态位来使用。

2. 串行口控制寄存器(SCON)

进行字节操作时,寄存器地址为98H。按位操作时,各位的地址为98H～9FH。寄存器位地址对应关系如图12.22所示。

位地址	9FH	9EH	9DH	9CH	9BH	9AH	99H	98H
位符号	SM_0	SM_1	SM_2	R EN	TB_8	RB_8	TI	RI

图12.22 SCON寄存器位地址对应关系

其中,与中断有关的控制位共2位:

TI——串行口发送中断请求标志位,当发送完一帧串行数据后,由硬件置1;在转向中断服务程序后,用软件清0。

RI——串行口接收中断请求标志位,当接收完一帧串行数据后,由硬件置1;在转向中断服务程序后,用软件清0。串行中断请求由TI和RI的逻辑或得到。也就是说,无论是发送标志还是接收标志,都会产生串行中断请求。

3. 中断允许控制寄存器(IE)

进行字节操作时,寄存器地址为 0A8H。按位操作时,各位的地址为 0A8H～0AFH。寄存器位地址对应关系如图 12.23 所示。

位地址	0AFH	0AEH	0ADH	0ACH	0ABH	0AAH	0A9H	0A8H
位符号	EA	—	—	ES	ET_1	EX_1	ET_0	EX_0

图 12.23　IE 寄存器位地址对应关系

其中,与中断有关的控制位共 6 位。

(1) EA。EA 是中断允许总控制位,当 EA＝0 时中断总禁止,禁止所有中断；当 EA＝1 时中断总允许,总允许后中断的禁止或允许由各中断源的中断允许控制位进行设置。

(2) EX_0 和 EX_1。EX_0 和 EX_1 是外部中断允许控制位,当 EX_0(EX_1)＝0 时,禁止外部中断；当 EX_0(EX_1)＝1 时,允许外部中断。

(3) ET_0 和 ET_1。ET_0 和 ET_1 是定时器/计数器中断允许控制位,当 ET_0(ET_1)＝0 时,禁止定时器/计数器中断；当 ET_0(ET_1)＝0 时,允许定时器/计数器中断。

(4) ES。ES 是串行中断允许控制位,当 ES＝0 时禁止串行中断；当 ES＝1 时允许串行中断。

可见,AT89S51 单片机通过中断允许控制寄存器对中断的允许(开放)实行两级控制,即以 EA 位作为总控制位,以各中断源的中断允许位作为分控制位。当总控制位为禁止时,关闭整个中断系统,不管分控制状态如何,整个中断系统为禁止状态；当总控制位为允许时,开放中断系统,这时才能由各分控制位设置各自中断的允许与禁止。

AT89S51 单片机复位后(IE)＝00H,因此中断系统处于禁止状态。单片机在中断响应后不会自动关闭中断。因此,在转中断服务程序后,应根据需要使用有关指令禁止中断,即以软件方式关闭中断。

4. 中断优先级控制寄存器(IP)

AT89S51 单片机的中断优先级控制比较简单,系统只定义了高、低 2 个优先级。高优先级用“1”表示,低优先级用“0”表示。各中断源的优先级由中断优先级寄存器(IP)进行设定。IP 寄存器地址为 0B8H,位地址为 0BFH～0B8H。寄存器位地址对应关系如图 12.24 所示。

其中：

PX_0——外部中断 0 优先级设定位；

PT_0——定时中断 0 优先级设定位；

PX_1——外部中断 1 优先级设定位；

PT_1——定时中断 1 优先级设定位；

PS——串行中断优先级设定位。

位地址	0BFH	0BEH	0BDH	0BCH	0BBH	0BAH	0B9H	0B8H
位符号	—	—	—	PS	PT_1	PX_1	PT_0	PX_0

图 12.24 IP 寄存器位地址对应关系

以上各位设置为“0”时，则相应的中断源为低优先级；设置为“1”时，则相应的中断源为高优先级。

优先级的控制原则是：

(1) 低优先级中断请求不能打断高优先级的中断服务；但高优先级中断请求可以打断低优先级的中断服务，从而实现中断嵌套。

(2) 如果一个中断请求已被响应，则同级的其他中断服务将被禁止。即同级不能嵌套。

(3) 如果同级的多个中断同时出现，则按 CPU 查询次序确定哪个中断请求被响应。其查询次序为：外部中断 0→定时中断→外部中断→定时中断→串行中断。

除了中断优先级控制寄存器之外，还有两个不可寻址的优先级状态触发器。其中一个用于指示某一高优先级中断正在进行服务，从而屏蔽其他高优先级中断；另一个用于指示某一低优先级中断正在进行服务，从而屏蔽其他低优先级中断，但不能屏蔽高优先级的中断。此外，对于同级的多个中断请求查询的次序安排，也是通过专门的内部逻辑实现的。

中断允许控制控制器(IE)和中断优先级控制寄存器(IP)的用途可以用图 12.25 来说明。

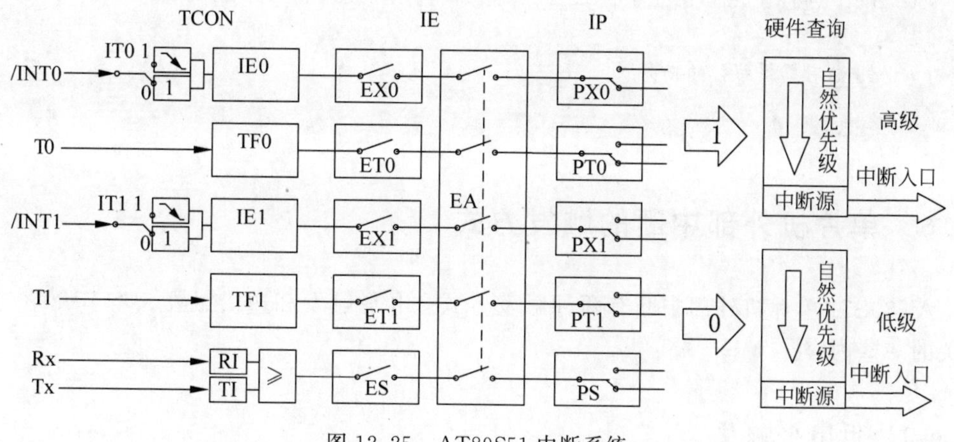

图 12.25 AT89S51 中断系统

12.5.4 中断的使用方法

中断的使用方法与定时器的使用方法类似，从程序结构上可将其分为两大部分：中断初始化函数、中断服务函数。

1. 中断初始化函数

初始化函数主要用于配置与中断相关的寄存器。如IE、IP、TCON、SCON等。通过配置这些寄存器确定中断的工作方式及触发条件等。

```
void Int_Initialize(void)      //中断初始化函数
{
    TMOD = 0x09;               //MODE 1   user GATE
    IP = 0x0;                  //默认优先级
    EA = 1;                    //允许系统响应中断
    EX0 = 1;                   //允许外中断 0 响应中断
    IT0 = 0;                   //外中断 0 触发条件为低电平
    ET0 = 0;                   //允许定时器 T0 响应中断
    ET1 = 1;                   //允许定时器 T1 响应中断
    TR0 = 1;                   //Start T0
}
```

2. 中断服务函数

中断服务函数是系统响应中断后需要执行的任务。编写中断服务函数时,应根据单片机中断源选择与之对应的中断号,使用的寄存器组可指定也可不指定。中断服务函数体所要执行的内容尽可能地简单,不要做过于复杂的任务,也不可传入参数或返回参数等。

```
void Int_0 (void) interrupt 0 using 2     //中断号为 0 寄存器组为 2
{
    //中断时需要执行的任务
}
```

12.6 单片机外部中断的触发方式

AT89S51单片机外部中断有两种触发方式:电平触发和边沿触发。本节介绍与之相关的一些内容。

12.6.1 低电平触发

选择电平触发时,单片机在每个机器周期检查中断源口线,检测到低电平,即置位中断请求标志,向CPU请求中断。

使用电平触发方式时,中断标志寄存器不锁存中断请求信号。也就是说,单片机把每个机器周期的S5P2采样到的外部中断源口线的电平逻辑直接赋值到中断标志寄存器。标志寄存器对于请求信号来说是透明的。这样当中断请求被阻塞而没有得到及时响应时,将被丢失。换句话说,要使电平触发的中断被CPU响应并执行,必须保证外部中断源口线的低电平维持到中断被执行为止。因此,当CPU正在执行同级中断或更高级中断期间,产生的外部中断源(产生低电平)如果在该中断执行完毕之前撤销(变为高电平)了,那么将得不到响应,就如同没发生一样。同样地,当CPU在执行不可被中断的指令(如reti)时,如果产生的电平触发中断的时间太短,也得不到执行。

注:S5P2即第5个时钟周期的相位2(后半拍)。

(1) 每个时钟周期的前半周期,相位1(即P1信号)有效;在每个时钟周期的后半周期,相位2(即P2信号)有效。

(2) 每个时钟周期(S)有两个节拍,即相位P1和P2(可理解为P1:高电平,P2:低电平),CPU以两相时钟P1和P2为基本节拍,指挥8051各部件协调工作。

12.6.2 边沿触发

选择边沿触发方式时,单片机在上一个机器周期检测到中断源口线为高电平,在下一个机器周期检测到低电平,即置位中断标志,请求中断。

使用边沿触发方式时,中断标志寄存器锁存了中断请求。中断口线上一个从高到低的跳变将记录在标志寄存器中,直到CPU响应并转向该中断服务程序时,由硬件自动清除。因此,当CPU正在执行同级中断(甚至是外部中断本身)或高级中断时,产生的外部中断(负跳变)同样将被记录在中断标志寄存器中。在该中断退出后,将被响应执行。如果不希望这样,必须在中断退出之前,手工清除外部中断标志。

12.6.3 两种触发方式比较

无论使用哪种触发方式,中断标志都可以手工清除。一个中断如果在没有得到响应之前就已经被手工清除,则该中断将被CPU忽略,如同没有发生一样。选择电平触发还是边沿触发方式应从系统使用外部中断的目的去考虑,而不应该根据中断源的触发信号去考虑。

两种中断触发方式的最大区别是:当系统空闲且允许响应中断时,使用电平触发方式可能会多次执行中断服务程序,而使用边沿触发方式时中断服务程序最多只能执行一次。换句话说,使用电平触发方式时,若中断源没有撤离,会多次向系统申请中断服务。而使用边沿触发时,(就算中断源没有撤离)也只会向系统申请一次中断服务。

12.7 综合应用

本节主要介绍单片机中断的综合应用案例,包括定时器中断、外中断等。

视频讲解

12.7.1 案例8:报警器的制作

年底总是小偷出现的大好时机,加之冬天天气寒冷,所以在一些偏远山村就时常在这个季节发生偷盗事件。盗贼一般盗窃农民家里的牛和腊肉。有些电子爱好者利用555的第四脚作为控制端,并通过它构成多谐振荡发声,制作相关报警器。在此,我们使用单片机来设计与其功能类似的报警器,并且在其功能上加以完善与补充。本制作主要是为了学习和使用单片机内部资源编程中的外中断使用编程、AT89S51单片机I/O口驱动知识和单片机发声技术的综合运用。

AT89S51单片机外中断:在AT89S51系列单片机内部共有两个外中断源——INT0、INT1,分别通过I/O口P3.2、P3.3来触发,触发方式有下降沿触发、低电平触发,由TCON中的IT1(控制INT1)和IT0(控制INT0)的状态来控制,IT1或IT0为1时,外中断方式为下降沿触发(提示:可以把1想象为下降沿),反之为低电平触发。

单片机发声是利用单片机产生一定频率的方波,然后放大驱动扬声器发声。人耳能分辨的音频为200Hz～200kHz,报警声音的音频一般为1kHz,本案例实验电路如图12.26所示。

在这个电路的设计中,AB之间的导线即为报警区,其由很细的漆包线(如耳机线)组成,并放在盗贼必经之路,因为是晚上,光线非常暗,这条线并不会被看见。当有盗贼想去盗窃牛棚的牛或羊时,就会使AB之间断开,在P3.2上的电平产生从高到低的变化,从而引起系统中断,当系统响应此中断后,打开定时器T0使得P1.1产生1kHz的音频信号,然后放大(可用LM386),驱动扬声器发出警报声,同时使P1.0输出高电平,驱动继电器,然后打开电灯,以达到报警的目的,开关S用来启动或关闭报警器(白天不需要启动报警器)。其程序在结构上可分为主函数、中断服务函数、初始化函数。下面依次介绍各个部分。

1. 主函数

主函数前面这部分程序主要包括基本的I/O口定义、全局变量定义、头文件包含、函数声明等。主函数首先调用初始化函数,对各个资源进行初始化操作后原地等待。

```
sbit LED = P1^1;
sbit Bell = P1^0;
int Timer_temp;  //计数变量
void main(void)
{
    Int_Initialize();
    Other_Initialize();
    while(1)
    {
        ;        //防盗
    }
}
```

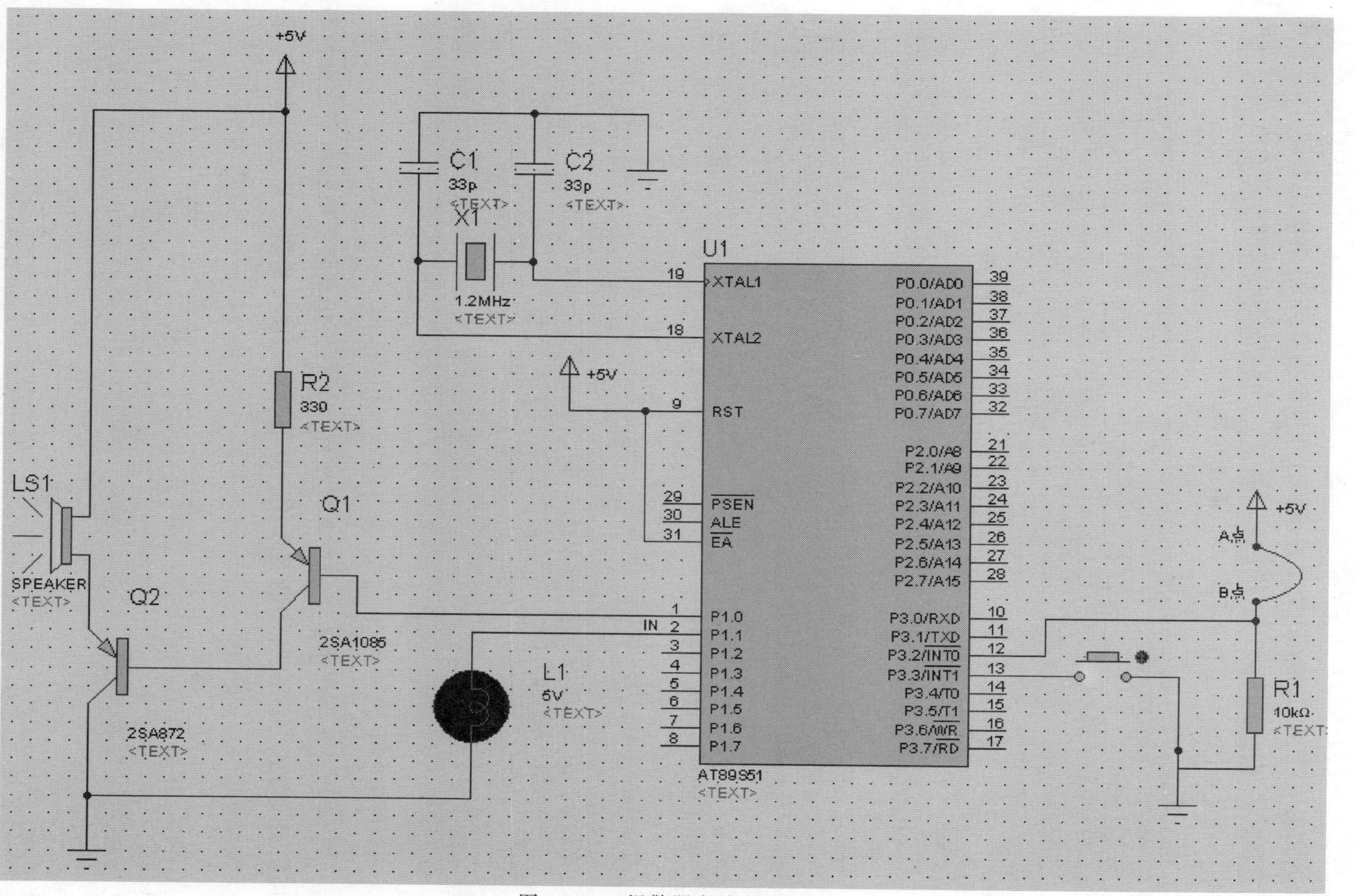

图 12.26　报警器实验电路图

2. 中断服务函数

中断服务函数主要包括外中断0、外中断1及定时器T0发生中断时的服务函数。根据实验电路图的接法,外中断0的服务函数打开报警指示类,并启动定时器T0。外中断1的服务函数关闭报警指示灯,并停止定时器T0工作,另外还控制中断总开关。定时器T0服务函数主要产生一定频率的脉冲以驱动扬声器发声。

```
void Int_0 (void) interrupt 0 using 2
{
    LED = 1;
    TR0 = 1;
}

void Int_1 (void) interrupt 2 using 1
{
    LED = 0;
    TR0 = 0;
    EA = !EA;           //打开或关闭外中断0申请CPU
}
void Timer0 (void) interrupt 1 using 0
{
    TH0 = (65536 - 500) / 256 ;
    TL0 = (65536 - 500) % 256 ;
    Timer_temp++;
    if(Timer_temp >= 400)
    {
        Bell = !Bell;  //取反产生脉冲
        Timer_temp = 0;
    }
}
```

3. 初始化函数

初始化函数包括中断初始化函数和其他资源的初始化函数。中断初始化函数配置了中断的触发方式、是否允许中断等操作。其他资源初始化函数主要是对报警灯、定时器工作模式等进行初始操作。

```
void Int_Initialize(void)
{
    EA = 1;
    EX0 = 1;
    EX1 = 1;
    ET0 = 1;
    IT0 = 0;        //低电平触发方式
    IT1 = 1;
}
```

```
//其他初始化函数
void Other_Initialize(void)
{
    LED = 0;
    TMOD = 0X01;
    TH0 = (65536 - 500) / 256 ;
    TL0 = (65536 - 500) % 256 ;
    Timer_temp = 0;
}
```

本案例旨在让学生掌握中断的应用及音频信号的产生，以及把理论应用到实际的方法。读者还可以在此基础上进行功能扩展，如增加状态 LED(允许防盗时 LED 亮，关闭防盗时 LED 灭)等。

12.7.2　案例 9：多功能数字显示器

读者在乘坐公共交通工具时一定不会忘记司机旁边的电子时钟，它是由多位数码管组成的一个电子显示设备，主要显示时间、日期、车次、车厢内温度等信息。本节介绍由四位数码管组成的电子显示设备，它分时显示时间、车厢内温度、车次等信息。其实验电路如图 12.27 所示。

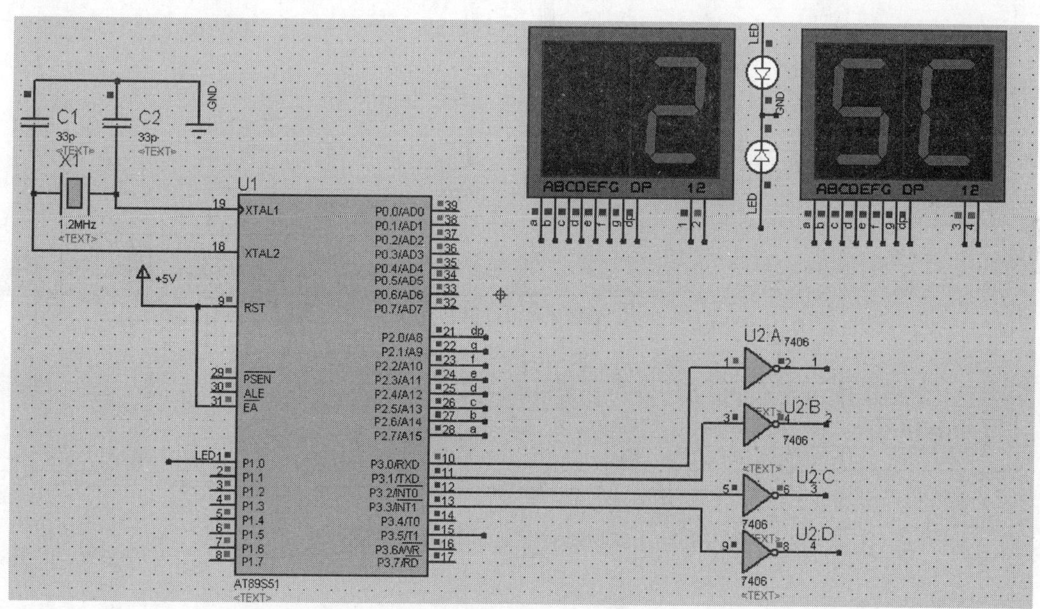

图 12.27　多功能数字显示器实验电路图

如图 12.27 所示的实验电路图中，要完成时间、车厢内温度、车次等信息的显示，必须分时显示，也就是说，分别在不同的时间段内显示不同的信息。使用 3 个数组分别保存需要显示的信息，然后分时调用即可。限于温度测量等内容还未介绍，所以本节所介绍的温度显示，实际是一个测试值(即显示固定的温度值)，读者可参考后续章节加以完善。读者可根据实际情况调整时间的精度，当然读者还可在此基础上增添校时电路并配置与其对应的程序，以增添校时功能。另外，读者也可在此电路基础上扩展其他功能，如整点报时功能等。

电子显示设备实验电路配套的程序在结构上可分为主函数、中断服务函数、初始化函数、时间间隔函数。

1. 主函数

主函数前面这部分程序主要包括基本的I/O口定义、全局变量定义、头文件包含、函数声明等。主函数首先调用初始化函数，对各个资源进行初始化操作，然后循环检测Timer_value的值，并根据Timer_value的值来选择执行不同的程序段，以分时显示不同的信息，有关数码管动态显示的内容，读者可参考第11章相关内容。图12.28所示为多功能数字显示器主程序流程图。

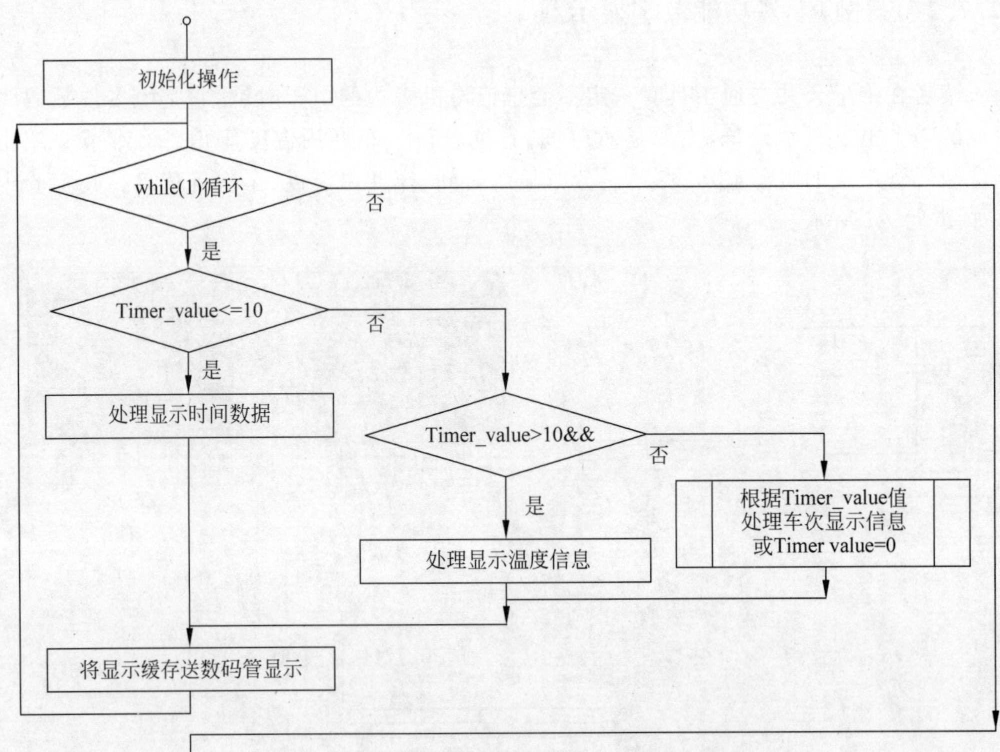

图12.28　多功能数字显示器主程序流程图

其源程序如下：

```
sfr  LED_Date = 0xa0;                    //定义 LED 为 P2 口地址
sfr  SEL = 0xB0;                         //定义 SEL 为 P3 口的地址,SEL 为选通控制
sbit LED = P1^0;                         //秒显示标志
bit LED_ON_OFF = 0;                      //打开或关闭秒显示
unsigned char code LED_SUM[10] = { 0xfc,0x60,0xda,0xf2,0x66,0xb6,
                                   0xbe,0xe0,0xfe,0xf6}; //0～9 的显示编码存储于 LED_SUM 中
```

```
unsigned char code SEL_SUM[4] = {0x01,0x02,0x04,0x08};    //选通控制编码存储于 SEL_SUM 中
unsigned char LED_Code_buf[4];                            //显示缓存
unsigned char LED_TEP[2] = {0xda,0xb6};                   //2 位温度显示缓存
unsigned char LED_CHECI[4] = {0x00,0x66,0xf2,0x60};       //车次缓存
unsigned char High_bit,Center_bit,Low_bit,Disply_temp;    //显示位相关变量定义
unsigned int Timer_value,Temp;
//初始化函数声明
void Int_Initialize(void);
//主函数
void main(void)
{
    Int_Initialize();
    Center_bit = High_bit = 0;
    while(1)
    {
        if(Timer_value <= 10)                             //显示 10s
        {
            LED_ON_OFF = 1;                               //打开秒显示标志
            LED_Code_buf[0] = LED_SUM[Center_bit % 10];   //将 2 的显示编码送至 P2 口显示
            LED_Code_buf[1] = LED_SUM[Center_bit/10];     //将 0 的显示编码送至 P2 口显示
            LED_Code_buf[2] = LED_SUM[High_bit % 10];     //将 1 的显示编码送至 P2 口显示
            LED_Code_buf[3] = LED_SUM[High_bit/10];       //将 0 的显示编码送至 P2 口显示
        }
        else if(Timer_value > 10&&Timer_value <= 20)      //显示 10s
        {
            LED_ON_OFF = 0;                               //关闭秒显示标志
            LED_Code_buf[0] = 0x9c;                       //将 2 的显示编码送至 P2 口显示
            LED_Code_buf[1] = LED_TEP[1];                 //将 0 的显示编码送至 P2 口显示
            LED_Code_buf[2] = LED_TEP[0];                 //将 1 的显示编码送至 P2 口显示
            LED_Code_buf[3] = 0x00;                       //将 0 的显示编码送至 P2 口显示
        }
        else if(Timer_value > 15&&Timer_value <= 30)      //显示 10s
        {
            LED_ON_OFF = 0;                               //关闭秒显示标志
            LED_Code_buf[0] = LED_CHECI[3];               //将 2 的显示编码送至 P2 口显示
            LED_Code_buf[1] = LED_CHECI[2];               //将 0 的显示编码送至 P2 口显示
            LED_Code_buf[2] = LED_CHECI[1];               //将 1 的显示编码送至 P2 口显示
            LED_Code_buf[3] = LED_CHECI[0];               //将 0 的显示编码送至 P2 口显示
        }
        else
        {
            Timer_value = 0;
        }
        //显示程序段 读者可将其以函数的形式进行调用
        SEL = SEL_SUM[3];                                 //将 2 的选通编码送至 P3 口
        LED_Date = LED_Code_buf[0];                       //将 2 的显示编码送至 P2 口显示
        delay(10);
```

```
        SEL = SEL_SUM[2];            //将 2 的选通编码送至 P3 口
        LED_Date = LED_Code_buf[1];  //将 0 的显示编码送至 P2 口显示
        delay(10);
        SEL = SEL_SUM[1];            //将 2 的选通编码送至 P3 口
        LED_Date = LED_Code_buf[2];  //将 1 的显示编码送至 P2 口显示
        delay(10);
        SEL = SEL_SUM[0];            //将 2 的选通编码送至 P3 口
        LED_Date = LED_Code_buf[3];  //将 0 的显示编码送至 P2 口显示
        delay(10);
    }
}
```

2. 中断服务函数

定时器 T1 工作在定时模式,工作在方式 1,主要功能是完成秒信号的产生,并判断 LED_ON_OFF 的值,如果其值为 1,则闪烁秒显示标志;若其值为 0,则关闭秒显示标志。Low_bit 是对秒信号进行计数的变量,Center_bit 是分信号计数变量,High_bit 是小时信号计数变量。

其源程序如下:

```
void timer1 (void) interrupt 3 using 1
{
    //2ms 12MHz 晶振
    TH1 = (65536 - 2000)/256;
    TL1 = (65536 - 2000) % 256;
    //开始累加
    Temp++;
    if(Temp >= 5)
    {
        Low_bit++;
        Temp = 0;
        Timer_value++;
        if(LED_ON_OFF)
            LED = !LED;
        else
            LED = 0;      //关闭秒标志显示
    }
    if(Low_bit >= 60)
    {
        Low_bit = 0;
        Center_bit++;
    }
    if(Center_bit >= 60)
    {
        Center_bit = 0;
        High_bit++;
```

```
        }
        if(High_bit >= 12)
        {
            Center_bit = 0;
            High_bit = 0;
            Low_bit = 0;
        }
}
```

3. 初始化函数

初始化函数包括中断初始化函数和其他资源的初始化函数。中断初始化函数配置了中断的触发方式,是否允许中断及定时器工作模式等进行初始操作。

其源程序如下:

```
void Int_Initialize(void)
{
    TMOD| = 0x10;       //T1 定时模式,方式 1
    TMOD| = 0x02;       //T0 定时模式,方式 2
    //2ms 12MHz 晶振
    TH1 = (65536 - 2000)/256;
    TL1 = (65536 - 2000) % 256;
    TH0 = 155;          //定时 100μs
    TL0 = 155;
    EA = 1;
    ET0 = 0;
    ET1 = 1;
    TR1 = 1;
    TR0 = 1;
}
```

12.8 外中断扩展

AT89S51 单片机系统仅提供了两个外中断输入端(INT0、INT1),然而,在实际应用系统中往往会出现两个或两个以上的外部中断输入,因此必须对外中断源进行扩展。本节介绍外中断扩展的基本方法。

12.8.1 外中断扩展概述

外中断源扩展的方法主要有 4 种:采用定时器 T0、T1 扩展,采用中断与查询相结合的方法扩展,采用串行口的中断扩展,采用优先权编码器扩展。

12.8.2　案例10：使用定时器扩展外中断

AT89S51单片机系统有两个定时器T0、T1，如在某些应用中不被用作定时器使用，则它们的中断可作为外部中断请求使用。此时可把它们设定为计数方式，计数初值设定为满量程"0xFF"。当通过它们的计数输入端P3.4或P3.5引脚输入脉冲出现下降沿时，T0或T1计数器就加1，产生溢出中断。利用此特性，就可以把P3.4、P3.5作为外部中断请求输入线，而计数器的溢出中断作为外部中断的请求标志(有关定时器的内容详见12.1节)。

使用定时器T0作扩展中断使用时，与它相关的两个函数是定时器T0的初始化函数和定时器T0的中断服务函数。

1. 初始化函数

在本案例中，定时器T0的初始化函数主要设定定时器T0的工作方式、工作模式、初值设置及允许中断操作等。其代码如下：

```
sbit Stop_Led = P1^1;
//定时器初始化函数
void Int_Initialize(void)
{
    TMOD = 0x0A;            //计数模式、方式2
    EA = 1;                 //开放中断
    ET0 = 1;                //允许定时器T0中断
    TH0 = TL0 = 0xFF;       //初值设置
}
```

2. 中断服务函数

在本案例中，中断T0的服务函数用于点亮LED。其代码如下：

```
//定时器T0中断服务函数
void LED (void) interrupt 1 using 1
{
    Stop_Led = 1;       //点亮LED
}
```

当连接在P3.4上的外部输入脉冲出现下降沿时，TL0加1溢出，TF0被置1，向CPU发出中断申请。同时，TH0的内容送TL0，即恢复计数初值0x0FF。以确保P3.4引脚上的每次输入脉冲出现下降沿时都将TF0置1，向CPU发出中断请求。CPU响应中断请求时，转去执行外部中断服务程序，此时P3.4相当于边沿触发的外中断源输入线。同样地，利用定时器T1，P3.5也可作外中断源输入线。读者可将本案例使用T1扩展外中断编程练习。

3. 主函数等

主函数前面这部分程序主要包括调用初始化函数，对各个资源进行初始化操作，然后等待中断发生。

```
//主函数
void main(void)
{
    Int_Initialize ();      //中断初始化
    while(1)
    {

    }
}
```

12.9 本章小结

本章主要讲述了89S51单片机内部的几类主要资源，如定时器、外中断等。这些内容包括了定时器、中断的原理及其工作方式与使用时应注意的事项。建议读者在学习本章时多练习本章给出的案例，另外读者可根据所学的内容适当地修改案例程序，或自己编写案例程序，以巩固所学的内容。

12.10 习题

(1) 使用定时器T0，工作在方式0，通过单片机的P1.0脚输出一个周期为2ms、占空比为1∶1的方波信号。其实验电路如图12.8所示。

(2) 利用T0工作在方式3，用T0的低8位构成计数器，对外部脉冲进行计数。当脉冲数计满100个后，数码管显示值加1，其实验电路如图12.9所示。

(3) 设计一个60s倒时计装置。当SW按下时，启动倒计时装置。当数码管显示00时停止计数，再次按SW进入下一软件倒计时。其实验电路如图12.15所示。

(4) 编程通过P3.0输出频率为20kHz的PWM脉冲信号(单片机系统晶振为12MHz)，其占空比为1∶2。

(5) 利用如图12.29所示实验电路，编程通过定时器中断动态显示16位数码管。

(6) 利用如图12.30所示实验电路，通过外中断0和MM74C922芯片读取矩阵键盘的键值。

图 12.29　16 位数码管动态显示

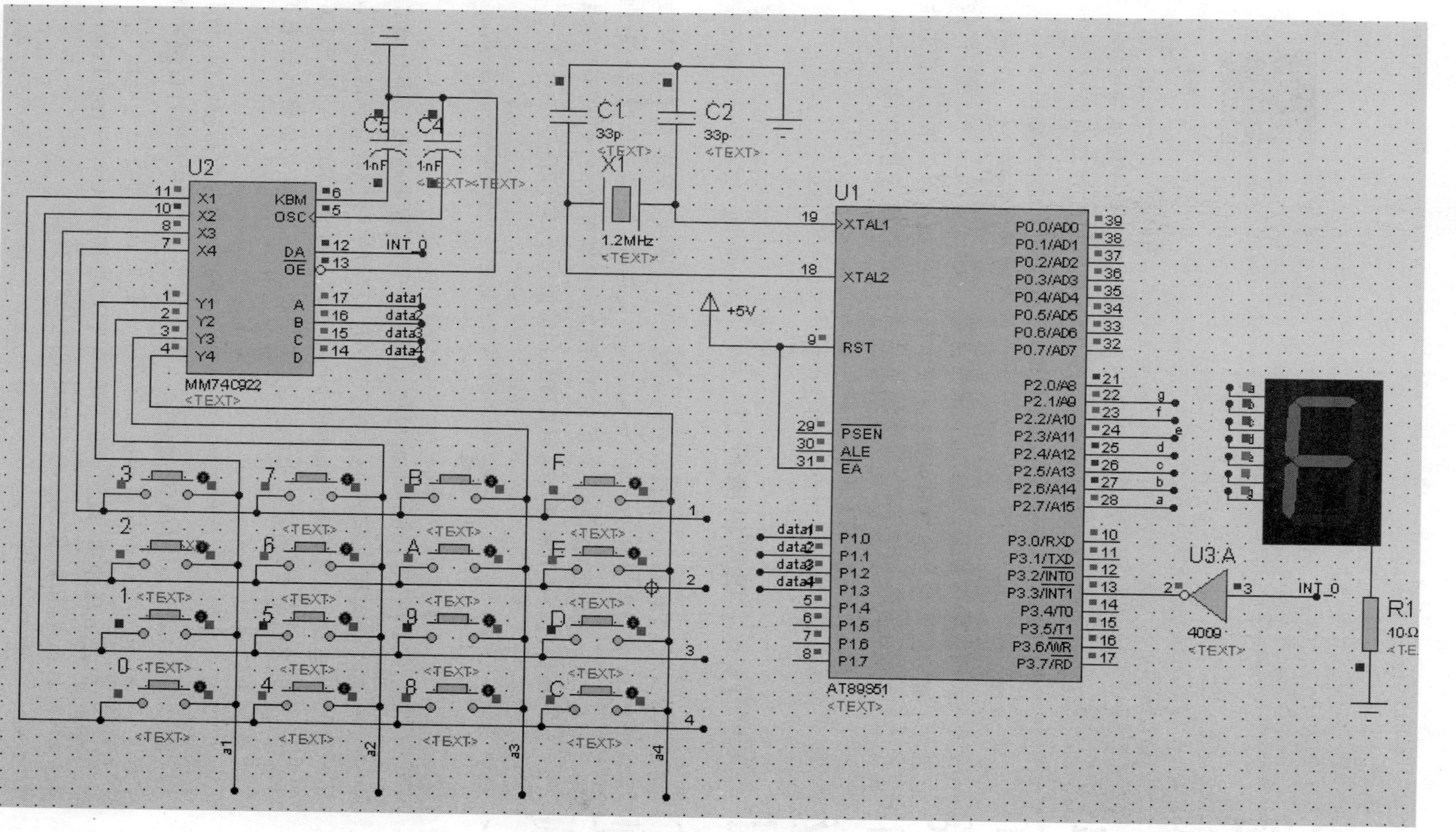

图 12.30　习题(6)实验电路图

第13章 串行接口应用(视频)

视频讲解

串行接口(Serial Interface,SI)是指数据一位一位地顺序传送,其特点是通信线路简单,只要一对传输线就可以实现双向通信,并可以利用电话线,从而大大降低了成本,特别适用于远距离通信,但传送速度较慢。串行接口一条信息的各位数据被逐位按顺序传送的通信方式称为串行通信。串行通信的特点是:数据逐位传送,按位顺序进行,最少需一根传输线即可完成;成本低但传送速度慢。串行通信的距离可以从几米到几千米;根据信息的传送方向,串行通信可以进一步分为单工、半双工和全双工3种。本章介绍AT89S51单片机串行接口(简称为串行口或串口)的相关内容。

13.1 单片机串行口

AT89S51串行口具有两条独立的数据线:发送端TXD、接收端RXD,允许数据同时往两个相反的方向传输。一般通信时发送数据由TXD端输出,接收数据由RXD端输入。本节介绍AT89S51单片机串行口的基本概念及其相关寄存器的使用方法等内容。

13.1.1 串行口概述

AT89S51单片机串行接口是一个可编程的全双工串行通信接口。它可用作异步通信方式(UART),与串行传送信息的外部设备相连接,或用于通过标准异步通信协议进行全双工的AT89S51单片机多机系统,通过同步方式,使用TTL或CMOS移位寄存器来扩充I/O口。

AT89S51单片机通过引脚RXD(P3.0,串行数据接收端)和引脚TXD(P3.1,串行数据发送端)与外界通信。SBUF是串行口缓冲寄存器,包括发送寄存器和接收寄存器。它们有相同名字和地址空间,但不会出现冲突,因为它们中的一个只能被CPU(Central Processing Unit)读出数据,另一个只能被CPU写入数据。

13.1.2 串行口结构

串行口内部结构如图 13.1 所示，主要由发送数据缓冲器、发送控制器、输出控制门、接收数据缓冲器、接收控制器、输入移位寄存器等组成。发送数据缓冲器只能写入数据，不能读出，接收数据缓冲器只能读出，不能写入，故两个缓冲器共用一个特殊功能寄存器 SBUF(地址：0x99)。串行口中还有两个特殊功能寄存器 SCON、PCON，分别用来控制串行口的工作方式和波特率。波特率发生器由定时器/计数器 1 构成。

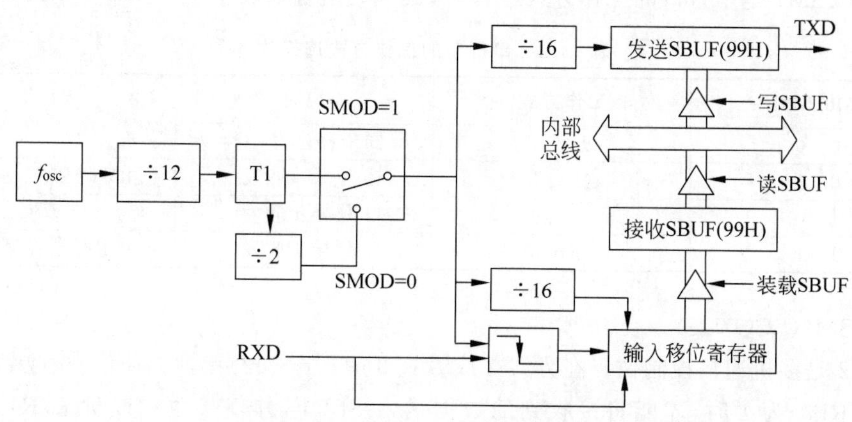

图 13.1 AT89S51 串行口内部结构

13.1.3 与串行口相关的寄存器

AT89S51 单片机串行口是由缓冲器 SBUF、移位寄存器、串行口控制寄存器 SCON、电源控制寄存器 PCON 及波特率发生器 T1 组成。

1. 串行口数据缓冲器 SBUF

AT89S51 单片机内的串行口部分，具有两个物理上独立的缓冲器——发送缓冲器和接收缓冲器，以便能以全双工的方式进行通信。串行口的接收由移位寄存器和接收缓冲器构成双缓冲结构，能避免在接收数据过程中出现帧重叠。因为 CPU 是主动的，发送时不会发生帧重叠错误，所以发送结构是单缓冲的。

在逻辑上，串行口的缓冲器只有一个，它既表示接收缓冲器，也表示发送缓冲器。两者共用一个寄存器名 SBUF(地址：0x99)。也就是说，在完成串行口初始化后，发送数据时，采用 SBUF＝Data 语句将要发送的数据输入 SBUF，则 CPU 自动启动和完成串行数据的输出；接收数据时，采用 Data＝SBUF 语句，CPU 就自动将接收到的数据从 SBUF 中读出。

2. 串行口控制寄存器 SCON

串行口控制寄存器 SCON 包含串行口工作方式选择位、接收发送控制位，以及串行口状态标志位。如表13.1所示为SCON寄存器位定义。

表13.1 SCON寄存器位定义

D7	D6	D5	D4	D3	D2	D1	D0
SM0	SM1	SM2	REN	TB8	RB8	TI	RI

下面依次寄存器SCON中各位的功能。

1）SM0、SM1(SCON.7、SCON.6)

SM0、SM1是串行口的工作方式选择位,其编码组合如表13.2所示。

表13.2 串行口的工作方式选择位

SM0、SM1	工作方式	说明	波特率
0 0	方式0	同步移位寄存器	$f_{osc}/12$
0 1	方式1	10位异步收发	由定时器控制
1 0	方式2	11位异步收发	$f_{osc}/32$ 或 $f_{osc}/64$
1 1	方式3	11位异步收发	由定时器控制

2）SM2(SCON.5)

SM2是多机通信控制位。在方式2或方式3中,若SM2=1,则只有当接收到的第9位数据(RB8)为1时,才能将接收到的数据送入SBUF,并使接收中断标志RI置位向CPU申请中断,否则数据丢失；若SM2=0,则不论接收到的第9位数据为1还是为0,都将会把前8位数据装入SBUF中,并使接收中断标志RI置位向CPU申请中断。在方式1,若SM2=1,则只有接收到有效的停止位时才会使RI置位。在方式0时,SM2必须为0。

3）REN(SCON.4)

REN是串行口接收允许位。由软件置位以允许接收,由软件清0来禁止接收。

4）TB8(SCON.3)

TB8在方式2和方式3中为发送的第9位数据。在多机通信中,常以该位的状态来表示主机发送的是地址还是数据。通常协议规定：TB8为0表示主机发送的是数据,为1表示发送的是地址。

5）RB8(SCON.2)

RB8在方式2和方式3中为接收到的第9位数据,在方式1时接收的是停止位。它和SM2、TB8一起用于通信控制。

6）TI(SCON.1)

TI是发送中断标志。由硬件在方式0中串行发送第8位结束时置位,或在其他方式串行发送停止位的初始时置位,必须由软件清0。

7）RI(SCON.0)

RI是接收中断标志。由硬件在方式0中串行接收到第8位结束时置位,或在其他方式串行接收到停止位的中间时置位,必须由软件清0。

3. 电源控制寄存器 PCON

电源控制寄存器 PCON 的位定义如表 13.3 所示。

表 13.3 PCON 的位定义

D7	D6	D5	D4	D3	D2	D1	D0
SMOD	—	—	—	GF1	GF0	PD	ID

D7 位 SMOD 是串行口波特率倍增位。当 SMOD 为 1 时，串行口工作方式 1、方式 2、方式 3 的波特率加倍。具体值参见各种工作方式下的波特率计算公式。

13.1.4 串行口的使用方法

单片机串行口的使用与其他内部资源的使用是类似的，其使用方法都是先对其进行初始化操作，如配置串行口的工作方式、波特率等。串行口中断服务程序主要就是接收或发送数据，但是与其他中断资源不同，串行口的中断标志必须由软件清除。

13.1.5 波特率

AT89S51 单片机串行口通信的波特率取决于串行口的工作方式。当串行口被定义为方式 0 时，其波特率固定等于 $f_{osc}/12$。当串行口被定义为方式 2 时，其波特率 = $2^{SMOD}\times f_{osc}/64$，即当 SMOD=0 时，波特率 = $f_{osc}/64$；当 SMOD=1 时，波特率 = $f_{osc}/32$。SMOD 是 PCON 寄存器的最高位，通过软件可设置 SMOD=0 或 1。因为 PCON 无位寻址功能，所以，要想改变 SMOD 的值，可通过下列语句来完成：

```
PCON&= 0x7f;          //使 SMOD = 0
PCON|= 0x80;          //使 SMOD = 1
```

当串行口被定义为方式 1 或方式 3 时，其波特率 = $2^{SMOD}\times$定时器 T1/C1 的溢出率/32。定时器 T1/C1 的溢出率取决于计数速率和定时器的预置值。下面说明 T1/C1 溢出率的计算和波特率的设置方法。

1. T1/C1 溢出率的计算

在串行通信方式 1 和方式 3 下，使用定时器 T1/C1 作为波特率发生器。T1/C1 可以工作于方式 0、方式 1 和方式 2，其中方式 2 为自动装入时间常数的 8 位定时器，使用时只需进行初始化，不需要安排中断服务程序重装时间常数，因而在用 T1/C1 作波特率发生器时，常使其工作于方式 2。

前面介绍过定时器定时时间的计算方法，同样地，我们设 X 为时间常数即定时器的初值；f_{osc} 为晶振频率，当定时器 T1/C1 工作于方式 2 时，则有：

$$溢出周期=(2^8-X)\times12/f_{osc}$$

$$溢出率=1/溢出周期=f_{osc}/[12\times(2^8-X)]$$

2. 波特率的设置

当串行口工作于方式1或方式3、定时器T1/C1工作于方式2时：

$$\begin{aligned}波特率&=2^{SMOD}\times定时器T1/C1溢出率/32\\&=2^{SMOD}\times f_{osc}/[32\times12(2^8-X)]\end{aligned}$$

当f_{osc}=6MHz，T1/C1工作于方式2时，波特率的范围为61.04～31250b/s。

由上式可以看出，当$X=255$时，波特率最高。如f_{osc}=12MHz，SMOD=0，则波特率为31.25kb/s，若SMOD=1，则波特率为62.5kb/s。这是f_{osc}=12MHz时波特率的上限。若需要更高的波特率，则需要提高晶振频率f_{osc}。

在实际应用中，一般是先按照所要求的通信波特率设定SMOD，然后再算出T1/C1的时间常数。即：

$$X=2^8-2^{SMOD}\times f_{osc}/(384\times波特率)$$

例如：某AT89S51单片机控制系统的晶振频率为12MHz，要求串行口发送数据为8位、波特率为1200b/s，请编写串行口的初始化程序。

设SMOD=1，则T1/C1的时间常数X的值为：

$$\begin{aligned}X&=2^8-2^{SMOD}\times f_{osc}/(384\times波特率)\\&=256-2\times12\times10^6/(384\times1200)\\&=256-52.08=203.92\approx 0xCC\end{aligned}$$

串行口初始化程序为：

```
SCON = 0x50;      //串行口工作于方式1
PCON| = 0x80;     // SMOD = 1
TMOD = 0x20;      // T1 工作于方式 2,定时方式
TH1 = 0xCC;       //设置时间常数初值
TL1 = 0xCC;       //设置时间常数初值
TR1 = 1;          //启动 T1/C1
```

再如，要求串行通信波特率为2400b/s，假设f_{osc}=6MHz，SMOD=1，则T1/C1的时间常数为：

$$\begin{aligned}X&=2^8-21\times6\times106/(384\times2400)\\&=242.98\approx243=0xF3\end{aligned}$$

定时器T1/C1和串行口的初始化程序如下：

```
TMOD = 0x20;      // T1 工作于方式 2,定时方式
TH1 = 0xf3;       //设置时间常数初值
TL1 = 0xf3;       //设置时间常数初值
TR1 = 1;          //启动 T1/C1
SCON = 0x50;      //串行口工作于方式1
PCON|= 0x80;      // SMOD = 1
```

执行上面的程序后，即可使串行口工作在方式1，波特率为2400b/s。

需要指出的是，在波特率的设置中，SMOD位数值的选择直接影响着波特率的精确度。以上例所用数据来说明，波特率=2400b/s，f_{osc}=6MHz，这时SMOD可以选为1或0。由于对SMOD位数值的不同选择，所产生的波特率误差是不同的。

(1) 选择SMOD=1，由上面计算已得T1/C1时间常数$X=243$，按此值可算得T1/C1实际产生的波特率及误差为：

$$波特率=2^{SMOD}\times f_{osc}/[2\times 12(2^8-X)]$$
$$=2^1\times f_{osc}/[32\times 12(256-243)]$$
$$=2403.85b/s$$
$$波特率误差=(2403.85-2400)/2400=0.16\%$$

(2) 选择SMOD=0，此时：

$$X=2^8-2^0\times 6\times 10^6/(384\times 2400)=249.49\approx 249$$

由此值可以算出T1/C1实际产生的波特率及误差为：

$$波特率=2^0\times 6\times 10^6/[32\times 12(256-249)]=2232.14b/s$$
$$波特率误差=(2400-2232.14)/2400=6.99\%$$

上面的分析计算说明了SMOD值虽然可以任意选择，但在某些情况下它会使波特率产生误差。因而在波特率设置时，对SMOD值的选取也需要予以考虑。表13.4列出了常用波特率的设置方法。

表13.4 常用波特率的设置方法

工作方式	波特率/Hz	f_{osc}/MHz	SMOD	定时器1		
				C/$\overline{T}$	方式	重新装入值
方式0	1M	12	X	X	X	X
方式2	375k	12	1	X	X	X
方式1、3	62.5k	12	1	0	2	FFH
	19.2k	11.0592	1	0	2	FDH
	9.6k	11.0592	0	0	2	FDH
	4.8k	11.0592	0	0	2	FAH
	2.4k	11.0592	0	0	2	F4H
	1.2k	11.0592	0	0	2	E8H
	110	12	0	0	1	0FEEH

13.2 通信方式

串行通信又有异步通信和同步通信两种方式。AT89S51单片机主要采用异步通信方式。

13.2.1 异步通信

异步通信：它用一个起始位表示字符的开始，用停止位表示字符的结束。其每帧的格式如图 13.2 所示。

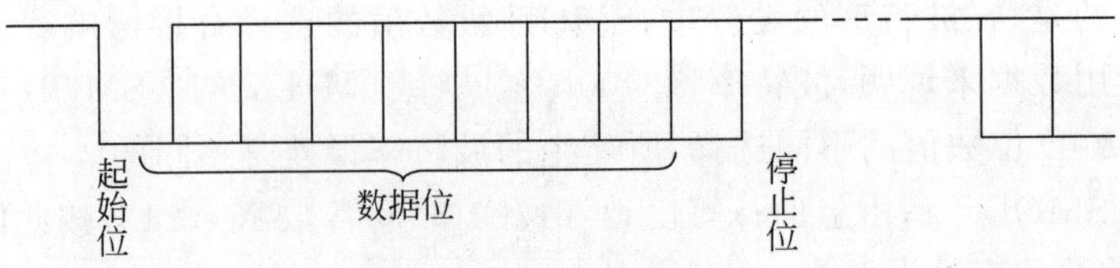

图 13.2　异步通信格式

在每帧格式中,先是一个起始位 0,然后是 8 个数据位(低位在前,高位在后),接下来是奇偶校验位(能省略),最后是停止位 1。用这种格式表示字符,则字符能一个接一个地传送。

在异步通信中,CPU 与外设之间必须有两项规定,即字符格式和波特率。原则上字符格式能由通信双方自由制定,但从通用、方便的角度出发,还是使用一些标准为好,如采用 ASCII 标准。

波特率即数据传送的速率,其定义是每秒传送的二进制数的位数。

13.2.2　同步通信

在同步通信中,每个字符要用起始位和停止位分别作为字符开始和结束的标志,占用了时间,所以在数据块传递时,为了提高速度,常去掉这些标志,采用同步传送。由于数据块传递开始要用同步字符来指示,同时要求由时钟来实现发送端与接收端之间的同步,故硬件较复杂。

13.2.3　通信方向

在串行通信中,把通信接口只能发送或接收的单向传送办法称为单工传送；而把数据在甲乙两机之间的双向传递称为双工传送。在双工传送方式中又分为半双工传送和全双工传送。半双工传送是两机之间的发送和接收不能同时进行,在任一时刻,只能发送或者只能接收信息。全双工能够同时双向传送信息。AT89S51 单片机有一个全双工串行口。全双工的串行通信只需要一根输出线(TXD)和一根输入线(RXD),如图 13.3 所示。

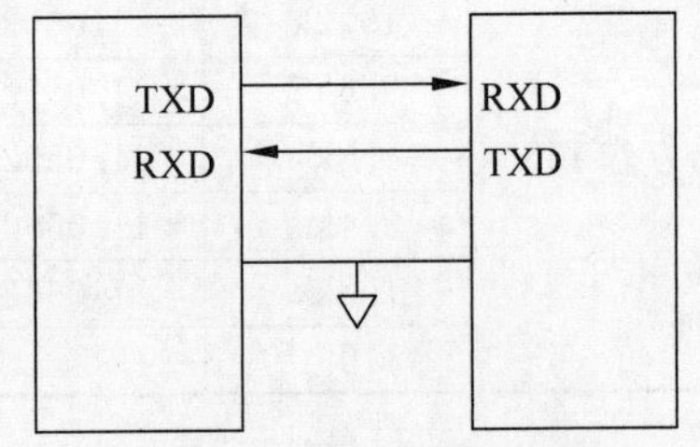

图 13.3　AT89S51 双工通信

13.3　串行口的工作方式

AT89S51 单片机的全双工串行口可编程为 4 种工作方式,本节将具体介绍。

13.3.1　工作方式 0

方式 0 为同步移位寄存器输入输出方式。其工作方法是：串行数据通过 RXD 端输入/输出，TXD 则用于输出移位时钟脉冲。方式 0 时，收发的数据为 8 位，低位在前，高位在后。波特率固定为 $f_{osc}/12$，其中 f_{osc} 为单片机的晶振频率。

利用方式 0，可以在串行口外接移位寄存器以扩展 I/O 接口，也可以外接串行同步输入/输出的设备。如图 13.4 所示为串行口外接一片移位寄存器 74LS164 的输出接口电路。图 13.5 所示为串行口外接一片移位寄存器 74LS165 的输入接口电路的情况。

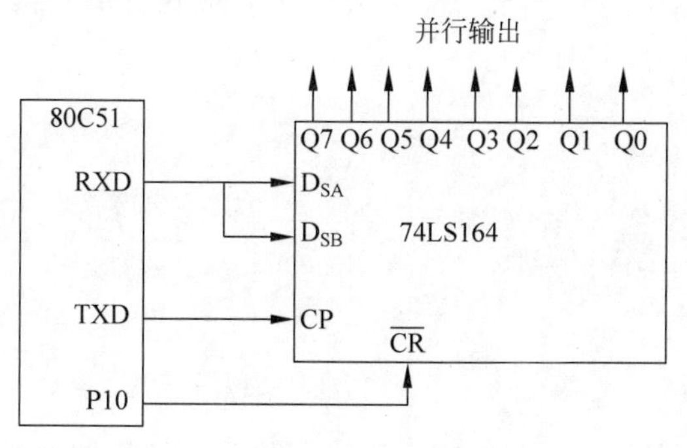

(a) 串行口与74LS164配合

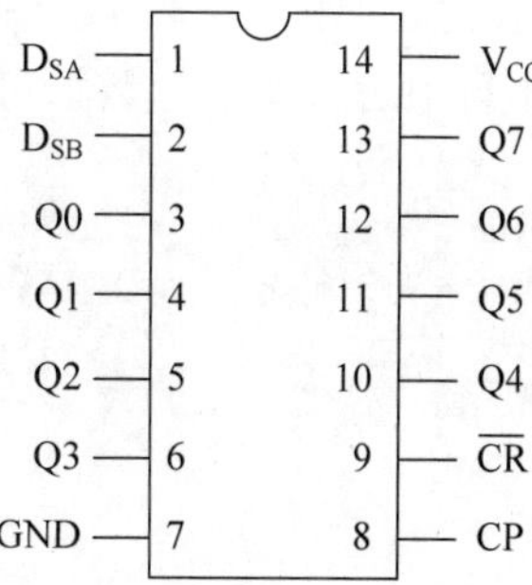

(b) 8位串入/并出移位寄存器74LS164引脚图

图 13.4 串入并出

如图 13.4(b)所示为 74LS164 的引脚图，芯片各引脚功能如下：Q0～Q7 为并行输出引脚；DSA、DSB 为串行输入引脚；CR 为清零引脚，低电平时，使 74LS164 输出清 0；CP 为时钟脉冲输入引脚，在 CP 脉冲的上升沿作用下实现移位，在 CP＝0，$\overline{CR}$＝1 时，74LS164 保持原来数据状态不变。

利用串行口与 74LS164 实现 8 位串入并行输出的连接如图 13.4(a)所示，当 8 位数据全部移出后，SCON 寄存器的 TI 位被自动置 1。用 P1.0 输出低电平可将输出清 0。

如果把能实现“并入串出”功能的 CD4014 或 74LS165 与串行口配合使用，就可以把串行口变为并行输入口使用，其实验电路如图 13.5(a)所示。

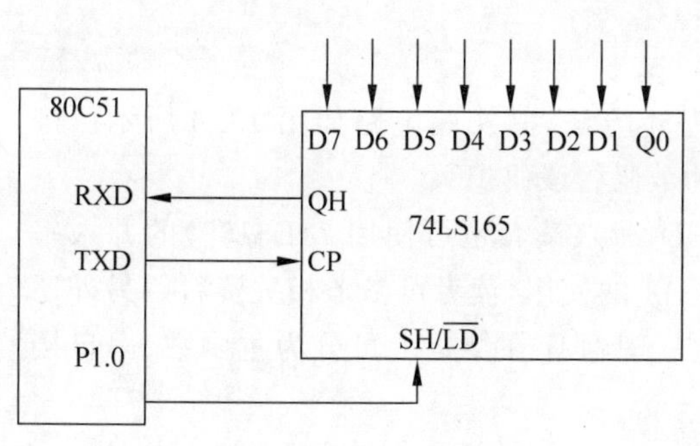

(a) 串行口与74LS165配合

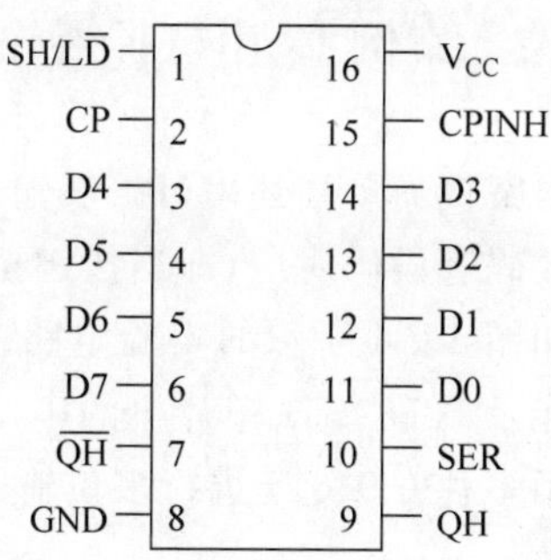

(b) 8位串入或并入/补码串出移位寄存器74LS165引脚图

图 13.5 并入串出

图 13.5(b)所示为 74LS165 引脚图，当 SH/$\overline{LD}$＝1 时，允许串行移位；SH/$\overline{LD}$＝0 时，允许并行输入。当 CPINH＝1 时，从 CP 引脚输入的每一个正脉冲使 QH 输出移位一次。REN＝0，并行输入，禁止接收；REN＝1，允许接收。当软件置位 REN 时，即开始从 RXD 端以 $f_{osc}/12$ 波特率输入数据(低位在前)，当接收到 8 位数据时，置位中断标志

RI,在中断处理程序中将 REN 清零停止接收数据,并用 P1.0 引脚将 SH/LD 清零,停止串行输出,转而并行输入。当 SBUF 中的数据取走后,再将 REN 置 1 准备接收数据,并用 P1.0 置 1,停止并行输入,转串行输出。

数据的发送是以写 SBUF 寄存器指令开始的,8 位数据由低位至高位的顺序由 RXD 端输出,同时由 TXD 端输出移位脉冲,且每个脉冲输出一位数据。8 位数据输出结束时,TI 被置位。如图 13.4 所示串行口输出电路中,74LS164 为一个串入并出的移位寄存器,通过串行口方式 0 发送数据可编程如下:

```
SCON = 0x00;        // 工作方式 0
P1.0 = 1;           // 选通 74LS164
SBUF = Data;        // 数据写入 SBUF 并启动发送
while(!TI);         // 等待一个字节数据发送完
TI = 0;             // 除 TI
P1.0 = 0;           // 关闭 74LS164
```

如图 13.5 所示电路是单片机串行口在方式 0 下利用并入串出芯片 74LS165 来完成数据的接收。接收是在 REN=1 和 RI=0 同时满足时开始的,在移位时钟同步下,将数据字节的低位至高位一位一位地接收下来,并装入 SBUF 中,结束时 RI 置位。通过串行口方式 0 接收数据可编程如下:

```
SCON = 0x00;        // 工作方式 0
P1.0 = 1;           // 选通 74LS165
while(!RI);         // 等待一个字节数据接收完
RI = 0;             // 除 TI
Data = SBUF;        // 接收 SBUF 数据
P1.0 = 0;           // 关闭 74LS165
```

13.3.2 案例 1:串口扩展输入 I/O 口

本案例简单描述串口扩展输入 I/O 口的基本方法,其实验电路如图 13.6 所示。按键与数码管段码对应,即当按键按下时,对应的数码管段码熄灭。

如图 13.6 所示的实验电路主要应用了 CD4014(读者也可使用 74LS165)的并入串出功能及 AT89S51 单片机的串口。有关 CD4014 的使用,读者可参考相关资料。另外还可利用多片 CD4014 进行多位输入 I/O 口扩展。其程序在结构上可分为主函数、串口接收函数。

1. 主函数

主函数前面这部分程序主要包括基本的 I/O 口定义、全局变量定义、头文件包含、函数声明等。主函数首先设置串口的工作方式,然后循环调用串口接收函数,并将接收到的数据送 P1 口。

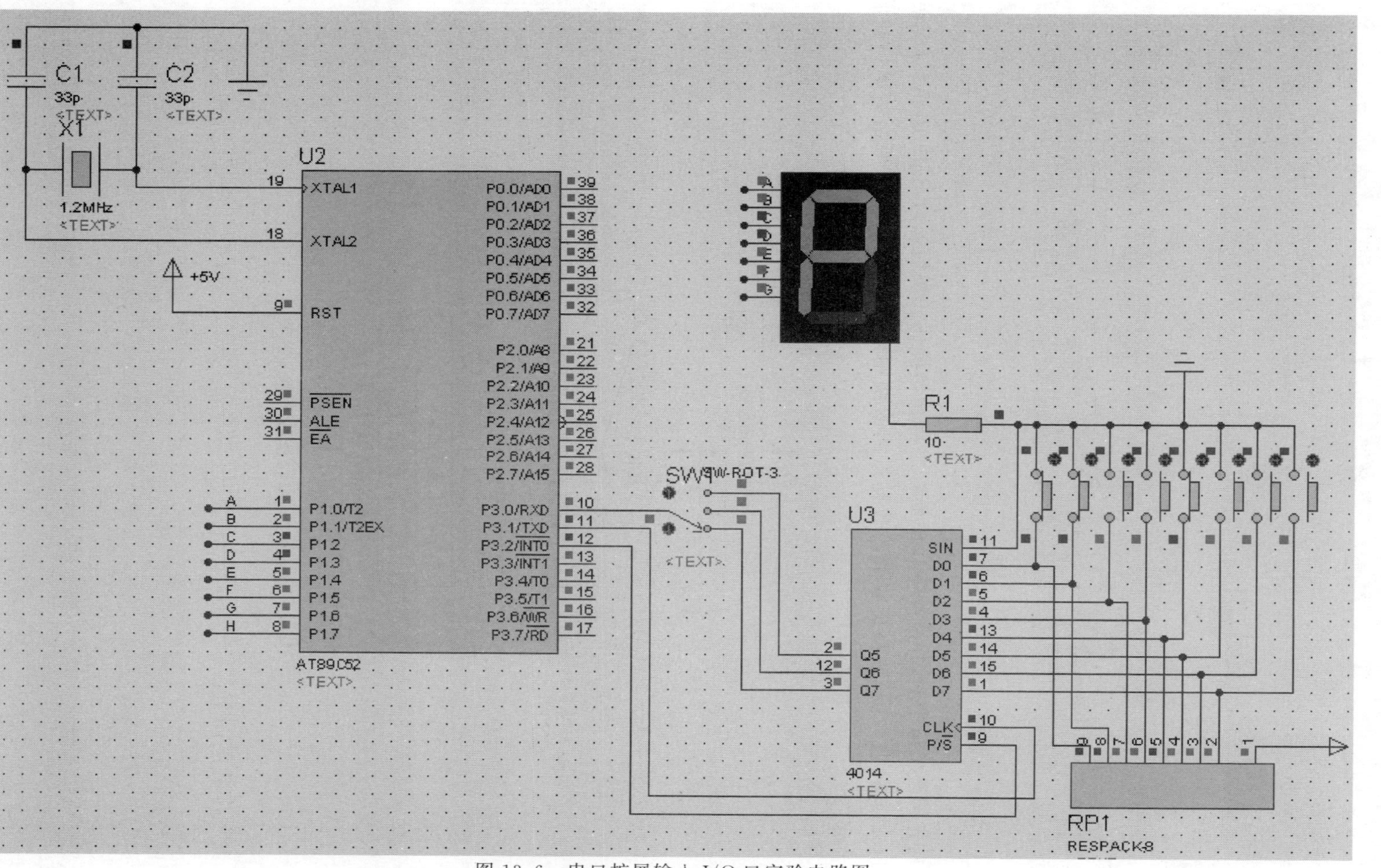

图 13.6　串口扩展输入 I/O 口实验电路图

```
#define disp P1
sfr LED = 0x90;
sbit CS = P3^2;
void main(void)
{
    //串口工作方式设置
    SCON = 0x01;
    while(1)
    {
        LED = Seril_Recive();
    }
}
```

2. 串口接收函数

首先屏蔽串口中断,并清除串口中断标志等初始操作。然后通过 Seirl_Recive_Data=SBUF;语句接收数据,并将接收到的数据返回给调用函数。如图 13.7 所示为串口接收数据流程图。

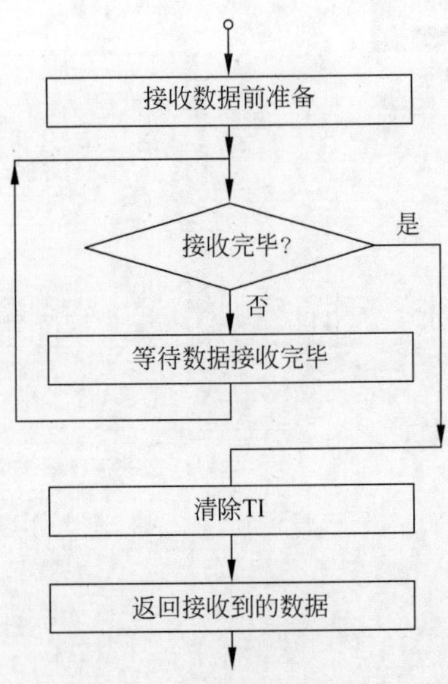

图 13.7　串口接收数据流程图

其程序代码如下:

```
uint8 Seril_Recive()
{
    uc   Seirl_Recive_Data;
    ES = 0;
    RI = 0;
    //以下两条语句为向 CD4014 芯片发送读操作
    CS = 1;
```

```
    CS = 0;
    SCON = 0x10;
    while(!RI);
    RI = 0;
    Seirl_Recive_Data = SBUF;   //接收数据
    return Seirl_Recive_Data;
}
```

13.3.3 工作方式 1

串行接口工作在方式 1 时，被定义为 10 位的异步通信接口，即传送一帧信息为 10 位。一位起始位"0"，8 位数据位(先低位后高位)，一位停止位"1"。其中起始位和停止位是在发送时自动插入的。

串行接口以方式 1 发送时，数据由 TXD 端输出。CPU 执行一条数据写入发送缓冲器 SBUF 的指令(即 MOV SBUF，A 指令)，将数据字节写入 SBUF 后，便启动串行口发送，发送完一帧信息，发送中断标志 TI 置 1。

方式 1 的波特率是可变的，可由以下公式计算得到：

$$方式1波特率=2^{SMOD}\times(定时器1的溢出率)/32$$

13.3.4 工作方式 2、3

串行接口工作在方式 2 和方式 3 时，被定义为 11 位的异步通信接口，即传送一帧信息为 11 位，包括一位起始位"0"，8 位数据位(从低位至高位)、一位附加的第 9 位数据(可程控为 1 或 0)，一位停止位"1"。其中，第 9 位数据位可用于识别发送的前 8 位数据是地址帧还是数据帧，为 1 则为地址帧，为 0 则为数据帧，此位可通过对 SCON 寄存器的 TB8 位赋值来置位。当 TB8 为 1 时，单片机发出的一帧数据中的第 9 位为 1，否则为 0。

在方式 2 或方式 3 发送数据时，数据由 TXD 端输出，发送一帧信息为 11 位，附加的第 9 位数据就是 SCON 中的 TB8，CPU 执行一条数据写入发送缓冲器 SBUF 的指令(即指令 MOV SBUF，A)，就启动串行口发送，发送完一帧信息，发送中断标志 TI 置位。方式 2 和方式 3 的操作过程是一样的，不同的是它们的波特率。它们的波特率计算公式如下：

$$方式2波特率=2^{SMOD}\times f_{osc}/64$$

$$方式3波特率=2^{SMOD}\times(定时器1的溢出率)/32$$

13.4 RS-232 串行通信

RS-232 接口是 PC 上的通信接口之一，是由美国的电子工业协会(Electronic Industries Association，EIA)制定的异步传输标准接口。RS-232 接口通常以 9 个引脚(DB-9)或是 25 个引脚(DB-25)的形态出现，一般个人计算机上会有两组 RS-232 接口，分别称为 COM1 和 COM2。本节介绍和 RS-232 接口相关的内容。

13.4.1 RS-232C标准介绍

RS-232C是由美国电子工业协会(EIA)正式公布的,在异步串行通信中应用最广泛的标准总线。RS-232C标准(协议)的全称是EIA-RS-232C标准,其中EIA代表美国电子工业协会(Electronic Industry Association);RS是Recommended Standard的缩写,代表推行标准;232是标识符;C代表RS-232的最新一次修改(1969年),在这之前,有过RS-232A、RS-232B标准,它规定连接电缆和机械、电气特性、信号功能及传送过程。现在,计算机上的串行通信端口(RS-232)是标准配置端口,已经得到广泛应用,计算机上一般都有1~2个标准RS-232C串口,即通道COM1和COM2。如图13.8所示为计算机主板上的两类RS-232通信端口。

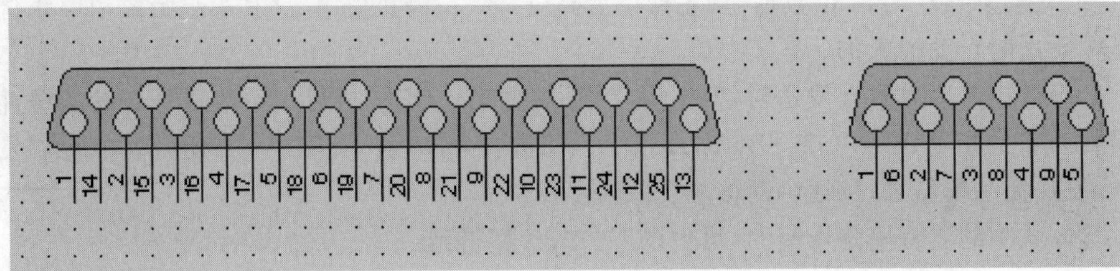

图13.8 RS-232通信端口图

13.4.2 RS-232C电气特性

RS-232C对电气特性、逻辑电平和各种信号线的功能都作了明确规定。

1) 在TXD和RXD引脚上电平定义

(1) 逻辑1:(MARK)=-3~-15V。

(2) 逻辑0:(SPACE)=+3~+15V。

2) 在RTS、CTS、DSR、DTR和DCD等控制线上电平定义

(1) 信号有效(接通,ON状态,正电压)=+3~+15V。

(2) 信号无效(断开,OFF状态,负电压)=-3~-15V。

以上规定说明了RS-232C标准对逻辑电平的定义。对于数据(信息码):逻辑1的传输电平为-3~-15V,逻辑0的传输电平为+3~+15V;对于控制信号,接通状态(ON)即信号有效的电平为+3~+15V,断开状态(OFF)即信号无效的电平为-3~-15V,也就是当传输电平的绝对值大于3V时,电路可以有效地检查出来;而介于-3~+3V的电压即处于模糊区电位,此部分电压将使得计算机无法准确判断传输信号的意义,可能会得到0,也可能会得到1,由此得到的结果是不可信的,在通信时会出现大量误码,造成通信失败。因此,在实际工作时,应保证传输的电平为±(3~15)V。

13.4.3 RS-232C机械连接器及引脚定义

目前,大部分计算机的RS-232通信接口都使用了DB9连接器,主板的接口连接器有

9 根针输出，也有些比较旧的计算机使用 DB25 连接器输出，DB9 和 DB25 输出接口的引脚定义如表 13.5 和表 13.6 所示。

表 13.5　RS-232(9 针)串口引脚定义表

引脚	简写	功能说明
1	CD	载波侦测(Carrier Detect)
2	RXD	接收数据(Receive)
3	TXD	发送数据(Transmit)
4	DTR	数据终端准备(Data Terminal Ready)
5	GND	地线(Ground)
6	DSR	数据准备好(Data Set Ready)
7	RTS	请求发送(Request To Send)
8	CTS	清除发送(Clear To Send)
9	RI	振铃指示(Ring Indicator)

表 13.6　RS-232C (25 针)串口引脚定义表

引脚	简写	功能说明
8	CD	载波侦测(Carrier Detect)
3	RXD	接收数据(Receive)
2	TXD	发送数据(Transmit)
20	DTR	数据终端准备(Data Terminal Ready)
7	GND	地线(Ground)
6	DSR	数据准备好(Data Set Ready)
4	RTS	请求发送(Request To Send)
5	CTS	清除发送(Clear To Send)
22	RI	振铃指示(Ring Indicator)

13.4.4　RS-232 电平转换芯片及电路

RS-232 规定的逻辑电平与一般微处理器、单片机的逻辑电平是不同的。例如：RS-232 的逻辑 1 是用－3～－15V 来表示的，而单片机的逻辑 1 是以＋5V 来表示的，两者完全不同。因此，单片机系统要和计算机的 RS-232 接口进行通信，就必须把单片机的信号电平(TTL 电平)转换成计算机的 RS-232 电平，或者把计算机的 RS-232 电平转换成单片机的 TTL 电平，通信时必须对两种电平进行转换。实现这种转换的方法可以使用分立元件，也可以使用专用 RS-232 电平转换芯片。目前较为广泛地使用专用电平转换芯片，如通过 MC1488、MC1489、MAX232 等电平转换芯片来实现 EIA 到 TTL 电平的转换。下面介绍 MAXIM 公司的单电源电平转换芯片 MAX232 及接口电路。图 13.9 所示为 MAX232 顶部视图及电容值。

MAX232 是单电源双 RS-232 发送/接收芯片，采用单一 ＋5V 电源供电，只需外接 4 个电容，便可以构成标准的 RS-232 通信接口，硬件接口简单，所以被广泛采用，其主要特性如下：

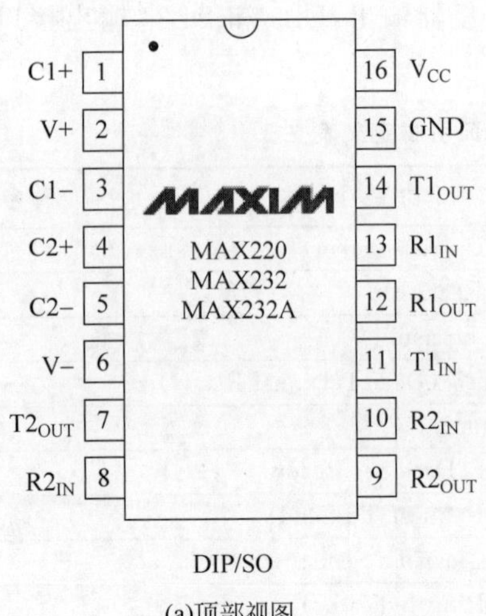

(a)顶部视图

	电容(μF)				
器件	C1	C2	C3	C4	C5
MAX220	4.7	4.7	10	10	4.7
MAX232	1.0	1.0	1.0	1.0	1.0
MAX232A	0.1	0.1	0.1	0.1	0.1

(b)电容值

图 13.9 MAX232 顶部视图及电容值

(1) 符合所有的 RS-232C 技术规范。

(2) 只要单一 +5V 电源供电。

(3) 片载电荷泵,具有升压、电压极性反转能力,能够产生+10V 和−10V 电压 V+、V−。

(4) 低功耗,典型供电电流为 5mA。

(5) 内部集成 2 个 RS-232C 驱动器。

(6) 内部集成 2 个 RS-232C 接收器。

单片机和计算机 RS-232 接口电路如图 13.10 所示,图中的 C1、C2、C3、C4 是电荷泵升压及电压反转部分电路,产生 V+、V−电源供 EIA 电平转换使用,C5 是 VCC 对地去耦电容,其值为 0.1μF,电容 C1~C5 安装时必须尽量靠近 MAX232 芯片引脚,以提高抗干扰能力。

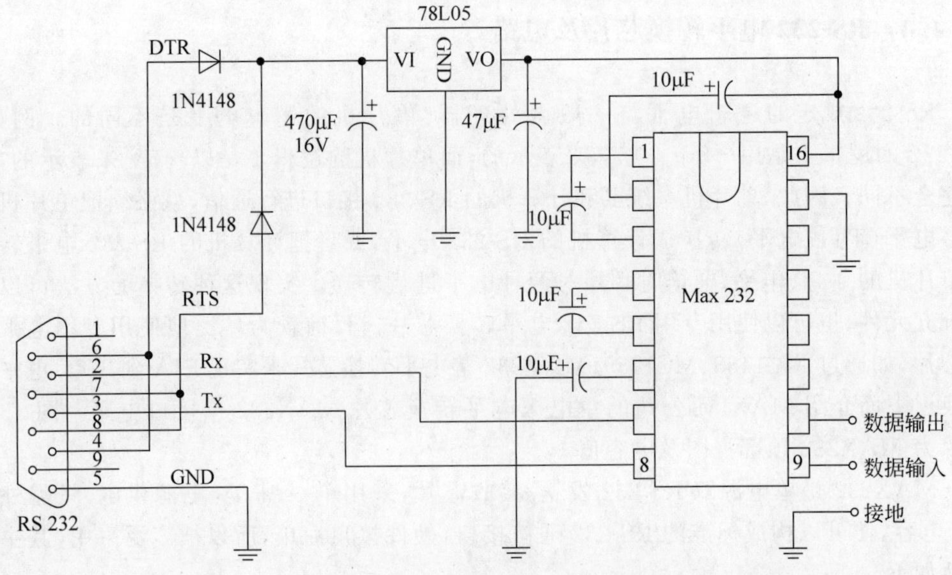

图 13.10 MAX232 接口电路图

如图 13.11 所示为简易 RS-232 串行通信接口电路，它是一个采用分立元件构成的简易 RS-232 串行通信接口电路，使用三极管进行电平转换，能够用于简单的通信。对于通信稳定性要求较高的应用，不建议使用分立元件，分立元件电路的误码率较高，不能完全满足 RS-232C 的全部技术指标。优点是成本低廉，市面上仍然有部分产品使用分立元件。有兴趣的读者可效仿其进行串口通信实验。

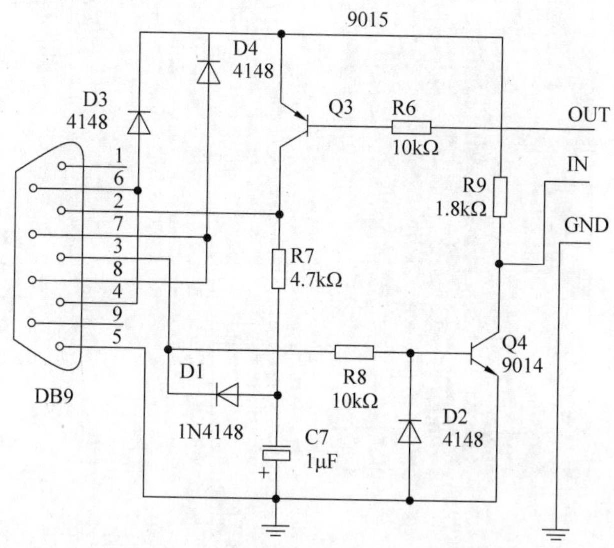

图 13.11　简易 RS-232 串行通信接口电路图

13.5　串口应用

视频讲解

串口应用比较广泛，如嵌入式产品在调试时经常使用串口对程序进行跟踪调试。许多有关数字显示的家用电器基本上都会用到串口对数码管进行显示驱动。本节介绍串口的一些基本应用。

13.5.1　案例 2：串口驱动 4 位数码管

电磁炉的前面板上用作信息显示的数码管，可通过串口实现显示驱动。本节介绍在方式 0 下使用串口，驱动 4 位数码管实例。通过本例的学习，读者应熟悉 AT89S51 单片机的基本串口使用方法与编程技巧，并对单片机外围芯片的使用有一定的了解。其实验电路如图 13.12 所示。

图 13.12 所示的实验电路中，要驱动 4 位数码管，实则只需要在一定时间内刷新数码管中的每 1 位数据即可(读者也可使用 4 片 CD4094 或 74LS164 进行 4 位独立的数码管驱动)。有关数码管动态驱动的方法，读者可参考第 11 章的相关内容。其程序在结构上可分为：主函数、串口发送函数、延时函数。下面依次介绍前两个部分。

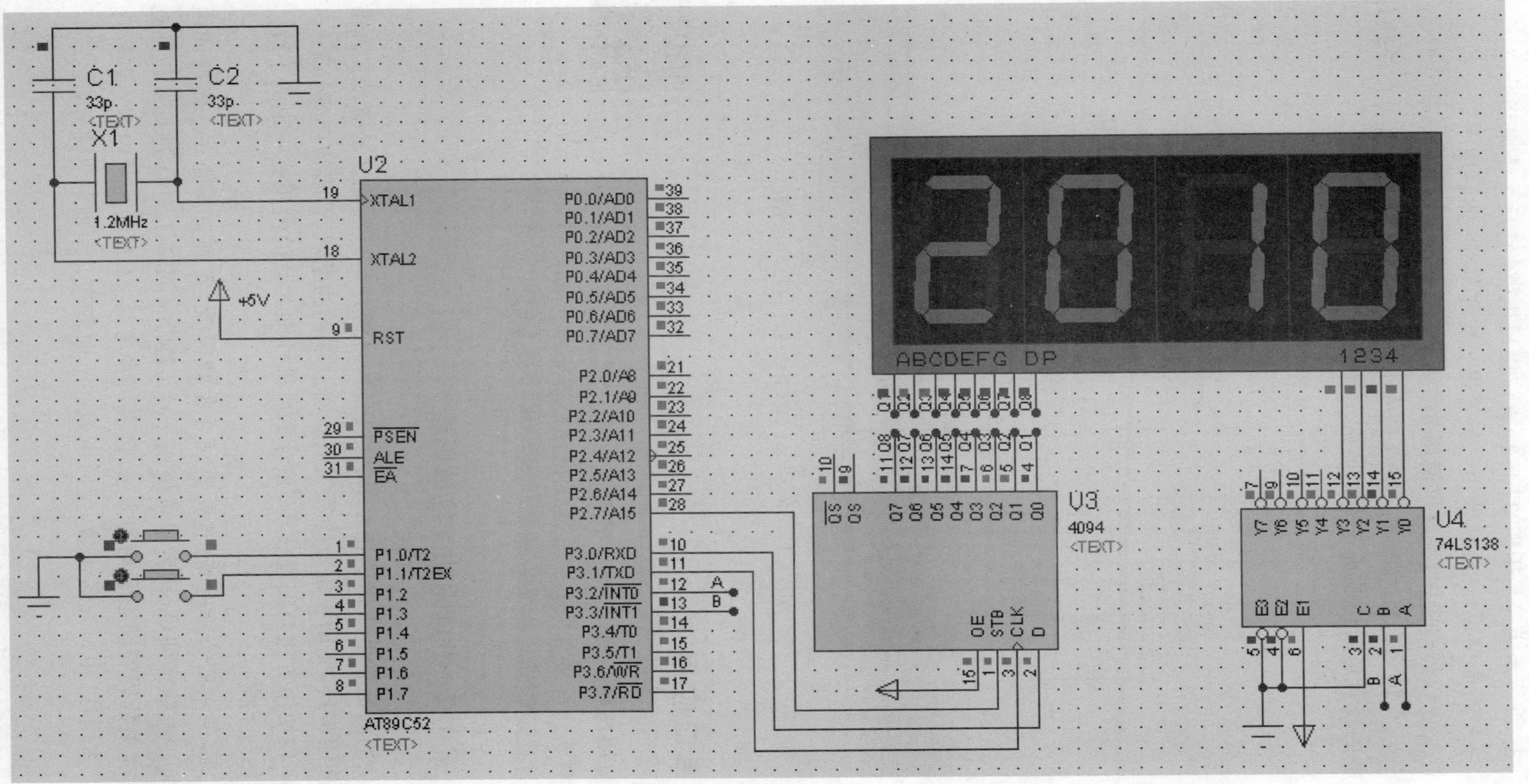

图 13.12　串口驱动 4 位数码管

1. 主函数

主函数前面这部分程序主要包括基本的I/O口定义、全局变量定义、头文件包含、函数声明等。主函数首先设置串口的工作方式，然后循环调用串口接收函数，并将接收到的数据送P1口。

```
unsigned char code LED_SUM[10] = {0xfc,0x60,0xda,0xf2,0x66,0xb6,
                                  0xbe,0xe0,0xfe,0xf6}; //0～9的显示编码存储于LED_SUM中
sbit CS_A = P3^2;           //数码管片选位定义
sbit CS_B = P3^3;           //数码管片选位定义
sbit CS_4094 = P2^7;        //CD4094片选位定义
//主函数开始
void main(void)
{
    //串口工作方式设置
    SCON = 0x10;
    while(1)
    {
        //刷新高位数据
        CS_4094 = 0;        //选中CD4094为接收数据状态
        Seril_Send(LED_SUM[2]);
        CS_A = CS_B = 1;    //数码管位选择
        CS_4094 = 1;        //选中CD4094为显示数据状态
        delay(10);
        //刷新第二位数据
        CS_4094 = 0;        //选中CD4094为接收数据状态
        Seril_Send(LED_SUM[0]);
        CS_A = 0;CS_B = 1;  //数码管位选择
        CS_4094 = 1;        //选中CD4094为显示数据状态
        delay(10);
        //刷新第三位数据
        CS_4094 = 0;        //选中CD4094为接收数据状态
        Seril_Send(LED_SUM[1]);
        CS_A = 1;CS_B = 0;  //数码管位选择
        CS_4094 = 1;        //选中CD4094为显示数据状态
        delay(10);
        //刷新最低位数据
        CS_4094 = 0;        //选中CD4094为接收数据状态
        Seril_Send(LED_SUM[0]);
        CS_A = CS_B = 0;    //数码管位选择
        CS_4094 = 1;        //选中CD4094为显示数据状态
        delay(10);
    }
}
```

2. 串口发送函数

串口发送函数中，首先屏蔽串口中断，并清除串口中断标志；然后通过SBUF=LED语句发送数据，直到IT=1表示数据发送完毕。此时清除串口中断标志TI，退出串口发送函数。图13.13所示为串口驱动4位数码管发送数据流程图。

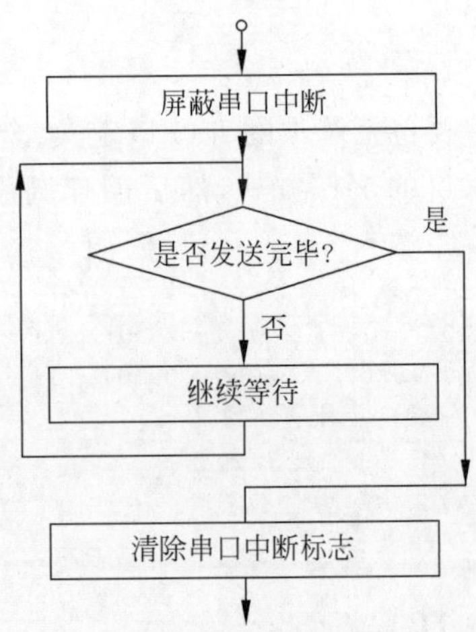

图 13.13　串口驱动 4 位数码管发送数据流程图

其程序代码如下：

```
void Seril_Send(uint8 Seirl_Send_Data)
{
    SCON = 0x10;        //work mode0
    ES = 0;             //close ES interrupt
    SBUF = Seirl_Send_Data;
    while(!TI);
    TI = 0;
}
```

13.5.2　案例 3：双单片机通信方式

本节讲解双单片机通信的相关内容。

计算机与计算机之间的通信离不开通信协议，通信协议实际上是一组规定和约定的集合。两台计算机在通信时必须约定好本次通信做什么(是进行文件传输，还是发送电子邮件)，怎样通信，什么时间通信等。因此，通信双方要遵从相互可以接受的协议(相同或兼容的协议)才能进行通信，如目前因特网上使用的 TCP/IP 协议等，任何计算机连入网络后，只要运行 TCP/IP 协议，就可访问因特网。通信协议三要素如下。

(1) 语法：确定通信双方通信时的数据报文格式。

(2) 语义：确定通信双方的通信内容。

(3) 时序规则：指出通信双方信息交互的顺序，如建链、数据传输、数据重传、拆链等。

单片机通信协议是对数据传送方式及校验等相关内容的规定，包括数据格式定义和数据位定义等。通信方式必须遵从统一的通信协议，以确保数据能正确传送。

例如，甲机向乙机发送数据，甲机的按键每按一次，就把按键处理的结果发给乙机，乙机把甲机送来的数据送数码管译码显示。图 13.14 所示为双单片机通信(有协议)实验电路。

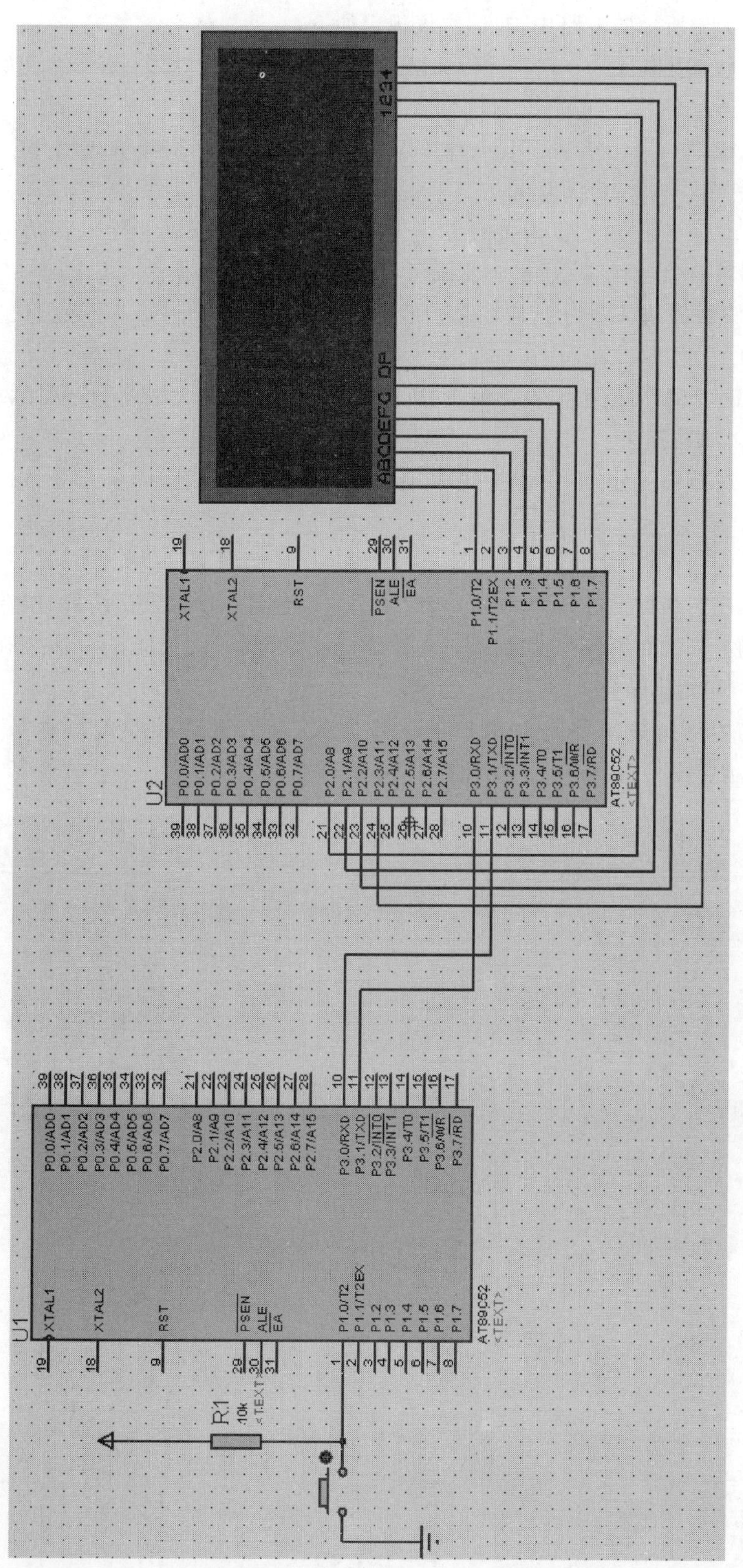

图 13.14 双单片机通信(有协议)实验电路

如图 13.14 所示的电路中,通信协议规定如下。

(1) 双方采用串行口方式 1 进行通信,1 帧信息为 10 位,其中,有 1 个起始位,8 位数据,1 个停止位。

(2) 波特率为 2400b/s,T1 工作在定时器方式 2,振荡频率选用 11.0592MHz,TH1=TL1=0x04,SMOD 为 0。

(3) 甲机为发送方,乙机为接收方。当甲机发送时,先发送一个联络信号 0xAA,乙机收到后回答一个应答信号 0x55,表示可以接收发送方的数据。

(4) 假设数据块长度为 4,放在起始地址为 0x30 的 RAM 中,一个数据块发完后立即发送校验和。

(5) 若两者相等,说明接收正确,乙机应答 0x0f。若两者不相等,说明接收不正确,乙机回答 0x0e,请求重发。

其程序在结构上分为主机程序和从机程序,下面依次介绍。

1. 主机程序

主机程序在结构上可分为:串口初始化函数、主函数、串口发送函数、按键处理函数。下面从结构上依次介绍各个部分。

1) 串口初始化函数

串口初始化函数主要是对串口的工作方式,是否允许接收或发送数据,以及对 SMOD 位、波特率等资源进行初始化操作,其程序代码如下:

```
sbit  SW1 = P1^0;
unsigned char  key_value;
unsigned char Date_buf[5] = {0,0,0,0,0},check_sum;      //数据缓存及校验和
//初始化串行口
void Seril_Initi()
{
    SM0 = 0;
    SM1 = 1;
    REN = 1;
    TI = 0;
    RI = 0;
    PCON = 0;
//波特率为 2400b/s,T1 工作在定时器方式 2,振荡频率选用 11.0592MHz
    TH1 = 0xF3;
    TL1 = 0XF3;
    TMOD = 0X20;
    SCON = 0x50;                                       //方式 1
    EA = 1;
    ET1 = 0;
    ES = 1;
    TR1 = 1;
}
```

2）主函数

主函数首先调用初始化函数对相关资源进行初始化操作，然后循环调用按键扫描函数。

```
void main(void)
{
  Seril_Initi();
  while(1)
  {
    KeyPad();
  }
}
```

3）串口发送函数

为保证通信正常，串口发送函数按照通信协议编写。它首先发送联络(准备)信号，然后接收应答信号并判断应答信号是否与协议中的一致，如果不一致，请求重新发送联络信号；如果一致，则发送4字节的数据。发送完4字节的数据后继续发送校验和。校验和发送完毕后，等待对方校验信息，并根据对方的校验信号确定是否需要重新发送本次数据。其程序流程如图13.15所示。

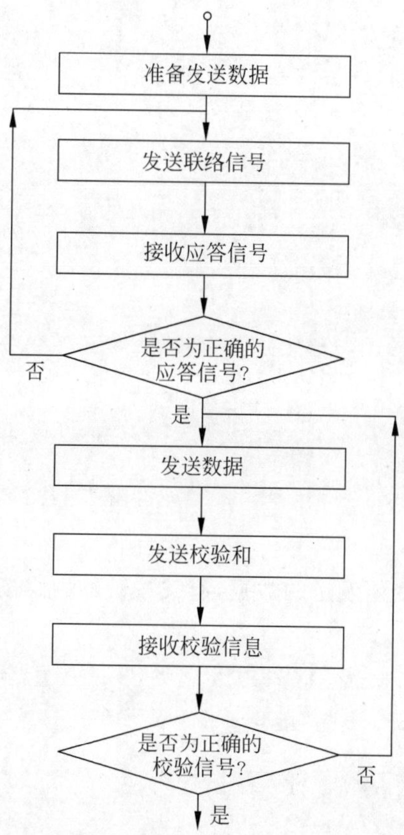

图13.15　主机发送程序流程图

其程序代码如下：

```
void Seril_send()
{
    unsigned char Check_sum;
    unsigned char i;
lable1:
    SBUF = READY;
    while(!TI);
    TI = 0;
    while(!RI);
    RI = 0;
    Date_buf[4] = SBUF;              //接收应答信息
    if(Date_buf[4]!= OK)
        goto lable1;                 //回答不一致,重发联络信号
    Check_sum = 0;                   //校验和清零
lable2:
    //发送4字节的数据
    i = 4;
    while(i)
    {
        SBUF = Date_buf[4 - i];
        Check_sum += Date_buf[4 - (i -- )];
        while(!TI);
        TI = 0;
    }
    //发送校验和数据
    SBUF = Check_sum;
    while(!TI);
    TI = 0;
    //接收SUCC信息
    while(!RI);
    RI = 0;
    Date_buf[4] = SBUF;              //接收SUCC信息
    if(Date_buf[4]!= SUCC)
        goto lable2;                 //回答不一致,重发数据
}
```

4）按键处理函数

按键处理函数主要改变要发送的数据，有关按键的内容读者可以参考第11章。

```
void KeyPad(void)
{
    if(!SW1)              //检测SW1是否按下
    {
        delay(10);        //延时去抖动
        if(!SW1)          //确认SW1是否按下
        {
            if(Date_buf[0]++> = 10)
```

```
            {
                Date_buf[0] = 0;
                if(Date_buf[1]++> = 10)
                {
                    Date_buf[1] = 0;
                    if(Date_buf[2]++> = 10)
                    {
                        Date_buf[2] = 0;
                        if(Date_buf[3]++> = 10)
                            Date_buf[3] = Date_buf[2] = Date_buf[1] = Date_buf[0] = 9;
                    }
                }
            }
            Seril_send();        //发送数据
        }
        while(!SW1);             //等待按键释放
    }
}
```

2. 从机程序

从机程序在结构上可分为四大部分：串口初始化函数、主函数、串口中断服务函数、数码管显示函数。下面从结构上依次介绍各个部分。

1）串口初始化函数

串口初始化函数主要是对串口的工作方式，是否允许接收或发送数据，以及对SMOD位、波特率等资源进行初始化操作，其程序代码如下：

```
sfr  Data_Port = 0x90;
sbit CS_A = P2^0;      //数码管片选
sbit CS_B = P2^1;
sbit CS_C = P2^2;
sbit CS_D = P2^3;      //数码管片选
unsigned char Date_buf[5] = {0,0,0,0,0},check_sum;   //数据缓存及校验和
unsigned char code DATA_7SEG[10] = {0x3f,0x06,0x5b,0x4f, 0x66,0x6d,0x7d,0x07,0x7f,0x6f};
  /*0～9的数码管段码*/
//初始化串行口
void Seril_Initi()
{
    SM0 = 0;
    SM1 = 1;
    REN = 1;
    TI = 0;
    RI = 0;
    PCON = 0;
    //波特率为2400b/s,T1工作在定时器方式2,振荡频率选用11.0592MHz
    TH1 = 0xF3;
    TL1 = 0XF3;
```

```
    TMOD = 0X20;
    SCON = 0x50;          //方式 1
    EA = 1;
    ET1 = 0;
    ES = 1;
    TR1 = 1;
}
```

2）主函数

主函数首先调用初始化函数,然后循环调用数码管显示函数,将接收到的数据送至数码管显示。其程序代码如下：

```
void main(void)
{
    Seril_Initi();
    while(1)
    {
        Disply();    //将接收到的数据送至数码管显示
    }
}
```

3）串口中断服务函数

串口中断服务函数完全依照通信协议进行编写。程序流程图可参考主机发送程序。其程序代码如下：

```
void Revice_seril() interrupt 4 using 2
{
    unsigned char i;
    unsigned char Check_sum;
    if(RI)
    {
        RI = 0;
        Date_buf[4] = SBUF;
        //是否是联络信号
        if(Date_buf[4]!= READY)
            goto EXIT;
        SBUF = OK;              //发送 OK 信号
        while(!TI);
        TI = 0;
        i = 4;
        while(i)
        {
            Date_buf[4 - i] = SBUF;
            Check_sum += Date_buf[4 - (i-- )];
            while(!RI);
            RI = 0;
        }
        Date_buf[4] = SBUF;   //接收校验和
```

```
        while(!RI);
        RI = 0;
        //通信正常发送 SUCC 信号
        if(Date_buf[4] == Check_sum)
            SBUF = SUCC;
        //通信失败发送 ERRO 信号
        else
            SBUF = ERRO;
        while(!TI);
        TI = 0;
    }
EXIT:
    ;
}
```

4）数码管显示函数

数码管显示函数主要是将接收到的数据送至数码管动态显示。有关数码管显示的内容请参考第 11 章。

```
void Disply()
{
    //显示高位
    Data_Port = DATA_7SEG[Date_buf[0]];
    CS_A = 0;
    CS_B = 1;
    CS_C = 1;
    CS_D = 1;       // 数码管片选
    delay(5);
    //显示第 2 位
    Data_Port = DATA_7SEG[Date_buf[1]];
    CS_A = 1;
    CS_B = 0;
    CS_C = 1;
    CS_D = 1;       // 数码管片选
    delay(5);
    //显示第 3 位
    Data_Port = DATA_7SEG[Date_buf[2]];
    CS_A = 1;
    CS_B = 1;
    CS_C = 0;
    CS_D = 1;       // 数码管片选
    delay(5);
    //显示第 4 位
    Data_Port = DATA_7SEG[Date_buf[3]];
    CS_A = 1;
    CS_B = 1;
    CS_C = 1;
    CS_D = 0;       // 数码管片选
```

```
        delay(5);
    }
```

13.5.3 案例4：多单片机通信

方式 2、3 可用于多机通信，当 SM2 ＝1 时，第 9 位数据作为地址/数据的识别位，也可以用于双机通信，此时第 9 位数据可作为奇偶校验位，但必须使 SM2 ＝0。

这两种方式均为 9 位异步通信方式。一帧信息由 11 位组成：1 位起始位，9 位数据位（低位在前），其中第 9 位数据可以用作奇偶校验位，或在多机通信方式中用作地址/数据帧标志，1 位停止位；方式 2 和方式 3 的操作完全一样，只是波特率不同。方式 2 的波特率是固定的，为$(2^m/64)\times f_{osc}$；方式 3 的波特率是可变的，为$(2^m/32)\times$定时器 1 的溢出率。多单片机通信可分为发送过程和接收过程。

1. 主机发送

方式 2、3 发送时，数据由 TXD 端输出，发送一帧信息为 11 位。启动发送前，必须把要发送的第 9 位数据装入 SCON 寄存器的 TB8 位中（如使用 TB8＝1 或 TB8＝0 语句）。准备好 TB8 的值后，CPU 执行一条将数据写入发送缓冲器 SBUF 的指令即可启动发送过程。串行口会自动把 TB8 的值取出，装入第 9 位数据的位置，再逐一发送出去。一帧信息发送完毕，使 TI 置 1。

2. 从机接收

接收数据从 RXD 端输入，当 REN＝1 时，CPU 便不断地对 RXD 采样，采样速率为波特率的 16 倍。检测到下降沿时，启动接收器。位检测器对每位采集 3 个值，用“3 中取 2”的办法确定每位的状态。接收完一帧信息后，只有满足“RI＝0 且 SM2＝0”或“接收到的第 9 位为 1”这两个条件，8 位数据才装入接收缓冲器 SBUF，而将第 9 位数据装入 SCON 中的 RB8 位，并将 RI 置 1。否则接收到的信息无效，且不置 RI 为 1。

3. 通信过程

多单片机通信时，主机向从机发送数据，通信方向为单工通信。主机依次向甲、乙、丙、丁 4 个设备依次发送数据。从机接收主机发来的数据，并将其送至数码管显示。整个通信内容分两部分，即控制信息和数据。通信时主机的 SM2 为 0，主机为通信发起端，从机为通信接收端。主机发送控制信息时将 TB8 置 1，发送数据时将 TB8 清 0。从机在接收控制信息时，SM2 为 1（准备接收控制信息），当接收到的地址与从机相符时（被主机选中），将 SM2 清为 0，准备接收数据。图 13.16 所示为多单片机通信实验电路。

为了使多机通信能正常进行，我们首先定义通信协议。本实验电路中的通信协议如下：

(1) 主机先发送起始信号——连续发送 2 个 0xff。

(2) 主机发送地址信号。

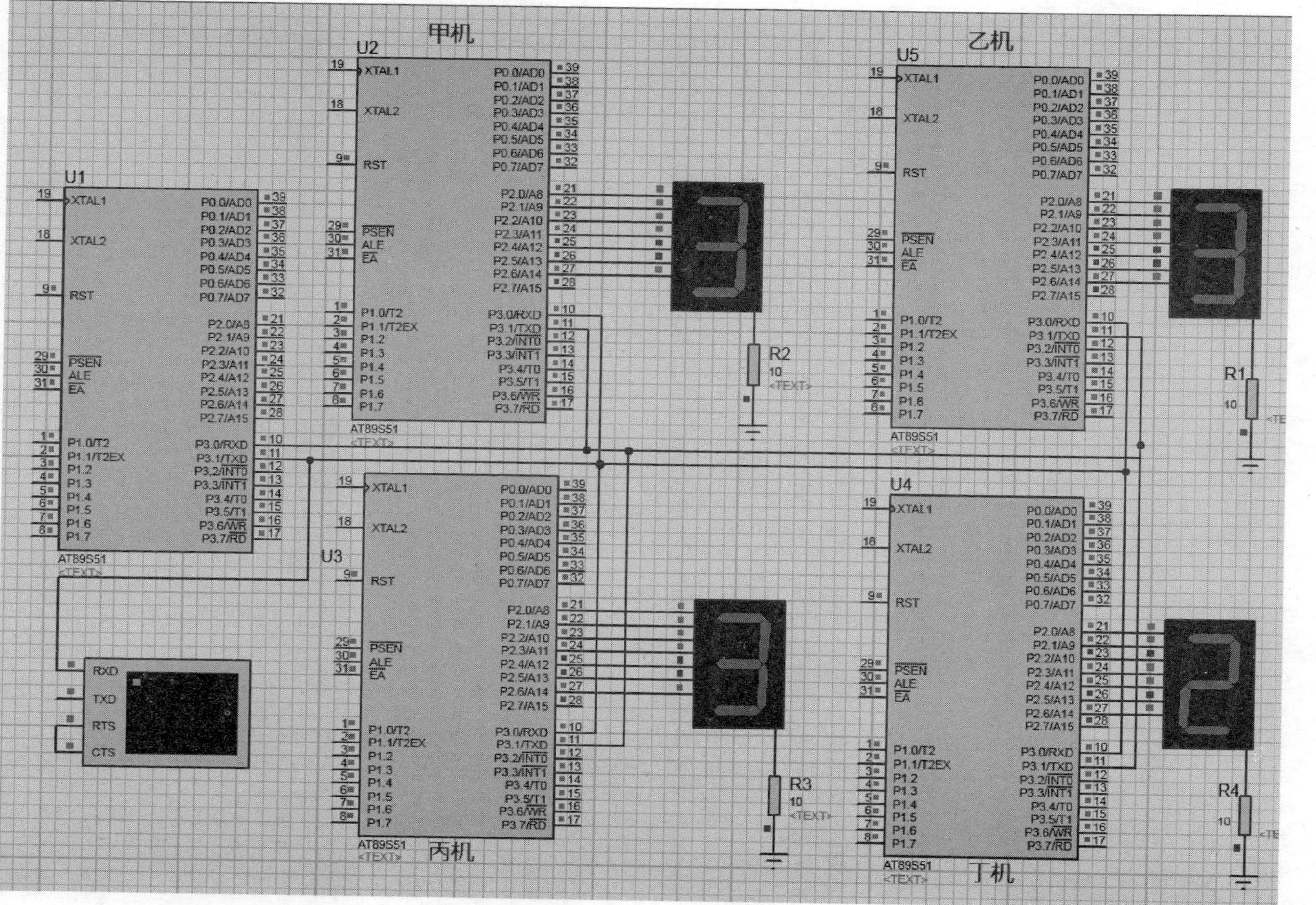

图 13.16 多单片机通信实验电路

(3) 从机接收到起始信号后,开始准备接收地址信号,当接收到地址信号与本机的地址一致时,向主机发送 OK 信号,OK 信号为 0x55。

(4) 主机接收到从机的 OK 信号后,发送本次欲发送数据的长度至对应的从机,然后发送与之对应的数据。

(5) 数据发送完毕后,主机结束本次通信并进入发送控制信息模式。本次通信的从机则由接收数据模式切换为接收控制信息模式,等待下一次通信。

(6) 甲机的地址为 0x01,乙机的地址为 0x02,丙机的地址为 0x03,丁机的地址为 0x04。

(7) 串行通信工作方式都为方式 3,波特率为 9600b/s。定时器 T1 工作方式 2,振荡频率选用 12MHz,TH1=TL1=0xFD,SMOD 为 0。

实验程序在编写过程始终要围绕通信协议来编写,这样软件才能保证多单片机能正常通信。下面依次介绍主机程序和从机程序。

1. 主机程序

主机程序在结构上可分为:串口初始化函数、设置发送模式、发送起始信号函数、发送数据函数、等待 OK 信号函数、获取从机地址函数、其他函数等。下面从结构上依次介绍各个部分。

1) 串口初始化函数

串口初始化函数主要是对串口的工作方式,是否允许接收或发送数据、SMOD 位、波特率等资源进行初始化操作,其程序代码如下:

```
#define NULL                        (void *)0
#define START_SINGAL                0xff      //起始信号
#define OK_SIGNAL                   0x55      //OK 信号
#define Adress_A                    0x01      //甲机地址
#define Adress_B                    0x02      //乙机地址
#define Adress_C                    0x03      //丙机地址
#define Adress_D                    0x04      //丁机地址
#define SERIAL_SEND_DATA_MODE       0         //接收数据模式
#define SERIAL_SEND_CTRL_MODE       1         //接收控制模式
#define WAIT_OK_SINGAL_MAX_TIME     20        //等待应答超时时间×50ms
#define SEND_BUF_LEN                4         //发送缓存
#define ACCESS_SERIAL_MODE3         1         //串口工作方式 2 时此宏定义为 1 否则定义为 0
typedef struct _tsData
{
    uc Len;                                   //要发送的数据长度
    uc Buf[SEND_BUF_LEN];                     //数据缓存
}tsData;
tsData gDataSend;
uc gReceiveTemp;                              //用于接收从机发来的数据
void SerialInition(void)
{
#if ACCESS_SERIAL_MODE3
    SCON = 0x90;                              //串口方式 3
```

```
#else
    SCON = 0x50;            //串口方式 1
#endif//end of ACCESS_SERIAL_MODE3
    TMOD &= 0x0F;           //清除定时器 1 模式位
    TMOD |= 0x20;           //设定定时器 1 为 8 位自动重装方式
    TL1 = 0xFD;             //设定定时初值
    TH1 = 0xFD;             //设定定时器重装值
    ET1 = 0;                //禁止定时器 1 中断
    TR1 = 1;                //启动定时器 1
    EA = 1;                 //允许中断
    ES = 1;                 //串口中断
    RI = 0;
    TI = 0;
}
```

2）设置发送模式

整个通信内容分两部分，即控制信息和数据。该函数的功能是设置发送模式为发送控制信息模式还是发送数据模式。

```
void SetSerialSendMode(uc Mode)
{
#if ACCESS_SERIAL_MODE3
    if(SERIAL_SEND_CTRL_MODE == Mode)
    {
        TB8 = 1;
    }
    else
    {
        TB8 = 0;
    }
#else
    Mode = Mode;
#endif
}
```

3）发送起始信号函数

发送起始信号函数主要向从机发送联络信号，使通信从机做好本次通信的准备。它向所有从机发送 2 字节的数据(0xff)。

```
void SendStartSignal(void)
{
    SendByte(START_SINGAL);
    SendByte(START_SINGAL);
}
```

4）发送数据函数

发送数据函数向从机发送数据，该函数有 2 个入口参数：Data 为要发送数据的地址，Len 为要发送数据的长度。

```
void SendDataToSub(uc * Data, uc Len)
{
    uc Cnt = 0;
    if(NULL == Data)
        return;
    SendByte(Len);                      //发送数据长度
    while(Cnt < Len)
    {
        SendByte(Data[Cnt++]);          //发送数据
    }
}
```

5) 等待 OK 信号函数

主机向从机发送地址信号后，即等待 OK 信号。在给定的时间内，接收到 OK 信号，则返回 1(接收 OK 信号成功)，否则返回 0(接收 OK 信号超时)。

```
uc WatiOKSingal(void)
{
    uc WaitTimer = 0;
    while(WaitTimer < WAIT_OK_SINGAL_MAX_TIME)
    {
        if(OK_SIGNAL == gReceiveTemp)
            break;

        DelayMs(50);
        WaitTimer++;
    }
    gReceiveTemp = 0;
    return (WaitTimer >= WAIT_OK_SINGAL_MAX_TIME)? 0:1;
}
```

6) 获取从机地址函数

该函数用于获取从机地址。根据从机代号返回对应的从机地址，入口参数 Index 为从机代号。

```
uc GetSubDeviceAddress(uc Index)
{
    uc Address = Adress_A;
    switch(Index)
    {
        case 0:
            Address = Adress_A;
            break;
        case 1:
            Address = Adress_B;
            break;
```

```
        case 2:
            Address = Adress_C;
            break;
        case 3:
            Address = Adress_D;
            break;
        default:
            break;
    }
    return Address;
}
```

7）其他函数

其他函数包括字节发送函数 SendByte、延时函数 DelayMs 和串口中断服务函数 SerialInterrupt。

```
//串口发送字节函数
void SendByte(uc Data)
{
SBUF = Data;
while(!TI);
TI = 0;
}
//串口中断服务函数
void SerialInterrupt(void) interrupt 4 using 2
{
    if(RI)
    {
        RI = 0;
        gReceiveTemp = SBUF;
    }
}
```

8）主函数

主函数首先调用初始化函数，然后按照通信协议依次调用相关函数。

```
void main(void)
{
    uc Index;
    uc Address;
    SerialInition();
    while(1)
    {
        for(Index = 0; Index < 4; Index++)
        {
            DelayMs(1000);
            SetSerialSendMode(SERIAL_SEND_CTRL_MODE);
            SendStartSignal();
```

```
                Address = GetSubDeviceAddress(Index);
                SendByte(Address);          //发送从机地址
                if(0 == WatiOKSingal())
                {
                    //等待 OK 信号失败,返回继续发送其他从机
                    continue;
                }
                //修改要发送的数据内容
                gDataSend.Buf[Index]++;
                if(gDataSend.Buf[Index] > 9)
                {
                    gDataSend.Buf[Index] = 0;
                }
                SetSerialSendMode(SERIAL_SEND_DATA_MODE);
                SendDataToSub(&gDataSend.Buf[Index], 1);
            }
        }
    }
```

2. 从机程序

从机程序在结构上可分为串口初始化函数、设置串口接收模式、串口中断服务函数、其他函数、主函数等。下面从结构上依次介绍各个部分。

1）串口初始化函数

串口初始化函数主要是对串口的工作方式，是否允许接收或发送数据，以及对SMOD位、波特率等资源进行初始化操作，其程序代码如下：

```
#define START_SINGAL            0xff   //起始信号
#define OK_SIGNAL               0x55   //OK 信号
#define ACCESS_SERIAL_MODE3     1      //是否使用串口的工作方式 2
//根据从机地址定义 选择性编译
#define                         SUB_D //定义本次编译的程序为从机甲,其他机型定义方法类似
//从机地址定义
#if defined( SUB_A)
#define SUB_Adress              0x01   //甲机地址
#elif defined( SUB_B)
#define SUB_Adress              0x02   //乙机地址
#elif defined( SUB_C)
#define SUB_Adress              0x03   //乙机地址
#elif defined( SUB_D)
#define SUB_Adress              0x04   //丁机地址
#else
#error "NO Define SUB_Adress"          //没有定义从机地址
#endif//从机地址定义结束
#define NULL                    (void *)0
#define REV_BUF_LEN             8
//程序运行相关的宏定义
```

```
#define REV_DATA_FLAG              1  //接收数据长度
#define REV_CTRL_FLAG              0  //接收起始标记
#define SERIAL_RECEIVE_MODE_DATA   0  //接收数据模式
#define SERIAL_RECEIVE_MODE_CTRL   1  //接收控制模式
#define RECEIVE_WAIT_MAX_TIME      20 //等待数据接收超时时间
struct
{
    uc Flag:2;                        //数据类型
    uc Len:6;                         //接收到的数据长度
    uc Buf[REV_BUF_LEN];              //数据缓存

    uc ReceivePos;                    //用于记录当前数据的存储位置
    unsigned int ReceiveTimer;        //接收超时计时器
}gSubDataStruct;

//共阴数码管编码
unsigned char code LedCode[16] = {0x3f,0x06,0x5b,0x4f,0x66,0x6d,0x7d,0x07,0x7f,0x6f,
0x77,0x7c,0x39,0x5e,0x79,0x71};
//初始化函数
void SerialInition(void)
{
#if ACCESS_SERIAL_MODE3
    SCON = 0x90;                      //方式 3
#else
    SCON = 0x50;                      //方式 1
#endif//end of ACCESS_SERIAL_MODE3
    TMOD &= 0x0F;                     //清除定时器 1 模式位
    TMOD |= 0x20;                     //设定定时器 1 为 8 位自动重装方式
    TL1 = 0xFD;                       //设定定时初值
    TH1 = 0xFD;                       //设定定时器重装值
    ET1 = 0;                          //禁止定时器 1 中断
    TR1 = 1;                          //启动定时器 1
    EA = 1;
    ES = 1;                           //串口中断
    RI = 0;
}
```

2) 设置串口接收模式

通信开始时接收的是控制信息，当确认被主机选中后开始接收数据。入口参数 Mode 为 SERIAL_RECEIVE_MODE_CTRL，接收的是控制信息，否则接收的是数据。其程序代码如下：

```
void SetSerialReceiveMode(uc Mode)
{
#if ACCESS_SERIAL_MODE3
    if(SERIAL_RECEIVE_MODE_CTRL == Mode)
    {
        SM2 = 1;
```

```
    }
    else
    {
        SM2 = 0;
    }
#else
    Mode = Mode;
#endif//end of #if ACCESS_SERIAL_MODE3
}
```

3）串口中断服务函数

串口中断服务函数接收主机发送的控制信息和数据。当前模式若为接收控制模式时，将对所接收的数据进行筛选，只有与本协议相关的控制信息才存储。其程序代码如下：

```
void Seril_Interrupt(void) interrupt 4 using 2
{
    if(RI)
    {
        RI = 0;
        gSubDataStruct.Buf[gSubDataStruct.ReceivePos++] = SBUF;
        gSubDataStruct.ReceivePos % = REV_BUF_LEN; //循环接收
        if(REV_CTRL_FLAG == gSubDataStruct.Flag && gSubDataStruct.ReceivePos > 1)
        {
            if(gSubDataStruct.Buf[0] != START_SINGAL || gSubDataStruct.Buf[1] !=
                                        START_SINGAL)
            {
                gSubDataStruct.ReceivePos = 0;
            }
        }

    }
}
```

4）其他函数

其他函数包含串口字节发送函数 SendByte、延时函数 DelayMs、去显示函数 SendNumber。其程序代码如下：

```
//字节发送函数
void SendByte(uc Data)
{
    SBUF = Data;
    while(!TI);
    TI = 0;
}
//将数字发送至数码管显示
void SendNumberToDisply(uc Number)
{
    P2 = LedCode[(Number > 0xf? 0xf : Number)];
}
```

5）主函数

主函数首先调用初始化函数，然后按照通信协议对接收到的数据进行解包。其程序代码如下：

```
void main(void)
{
    gSubDataStruct.Flag = REV_CTRL_FLAG;
    gSubDataStruct.ReceiveTimer = 0;
    gSubDataStruct.ReceivePos = 0;
    SerialInition();
    SetSerialReceiveMode(SERIAL_RECEIVE_MODE_CTRL);
    SendNumberToDisply(9);
    while(1)
    {
        switch(gSubDataStruct.Flag)
        {
            case REV_CTRL_FLAG:
                if(gSubDataStruct.ReceivePos < 3)
                    break;
                //校验数据起始标记和本机地址
                if(START_SINGAL == gSubDataStruct.Buf[0] && START_SINGAL ==
gSubDataStruct.Buf[1]
                    && SUB_Adress == gSubDataStruct.Buf[2])
                {
                    SetSerialReceiveMode(SERIAL_RECEIVE_MODE_DATA);
                    gSubDataStruct.Flag = REV_DATA_FLAG;
                    SendByte(OK_SIGNAL);
                }
                gSubDataStruct.ReceivePos = 0;
                gSubDataStruct.ReceiveTimer = 0;
                break;
            case REV_DATA_FLAG:
                if(gSubDataStruct.ReceivePos >= 1)
                {
                    gSubDataStruct.Len = gSubDataStruct.Buf[0];
                    //判断数据是否接收完成
                    if(gSubDataStruct.ReceivePos >= (gSubDataStruct.Len + 1))
                    {
                        SendNumberToDisply(gSubDataStruct.Buf[1]);
                        goto EndTransfer;
                    }
                }
                else if(gSubDataStruct.ReceiveTimer++< RECEIVE_WAIT_MAX_TIME)
                {
                    //等待数据接收完成
                    DelayMs(50);
                }
                else
                {
```

```
EndTransfer:
                    //接收数据超时
                    SetSerialReceiveMode(SERIAL_RECEIVE_MODE_CTRL);
                    gSubDataStruct.Flag = REV_CTRL_FLAG;
                    gSubDataStruct.ReceivePos = 0;
                }
                break;
            default:
                break;
        }
    }
}
```

本案例除了使用串口工作方式3实现多机通信外,还提供了串口工作方式1实现多机通信的代码,通过宏 ACCESS_SERIAL_MODE3 进行切换。当定义 ACCESS_SERIAL_MODE3 为非0时,使用串口工作方式3,定义其为0时,使用串口工作方式1。读者在实际应用时,应结合项目特性和功能需要,在此基础上进行代码修改,必要时应修改通信协议。

13.5.4 案例5:单片机与PC通信

AT89S51单片机有一个全双工的串行通信口,使用AT89S51单片机,可以很方便地与PC串口通信。AT89S51单片机与PC串行通信时要满足一定的条件。因为PC的串口是RS-232电平的,而单片机的串口是TTL电平的,所以两者之间必须有一个电平转换电路——可采用专用芯片MAX232进行转换,虽然也可以用几个三极管进行模拟转换,但还是采用专用芯片更简单可靠。我们采用了三线制连接串口,也就是说,和PC的9针串口只连接其中的3根线:第5脚的GND、第2脚的RXD、第3脚的TXD。这是最简单的连接方法。有关RS-232接口电路的内容,读者可参考13.4节。

1. 单片机与PC通信中的几个概念

1) 上位机

上位机是通信双方较为主动的一方,也称为主机,可以是两台PC中的其中一台,可以是两台设备之间的其中一台,也可以是PC与设备间的其中一台,关键是看哪一方处于比较主动的位置。一般情况下是指PC。

2) 下位机

下位机是通信双方相比而言处于较为被动的一方,一般是指设备(例如单片机),也可以是某台PC。这两种称谓是相对的,区分的方式是确定主动方与被动方。

2. 单片机与PC通信实验电路

如图13.17所示为单片机与PC通信实验电路。

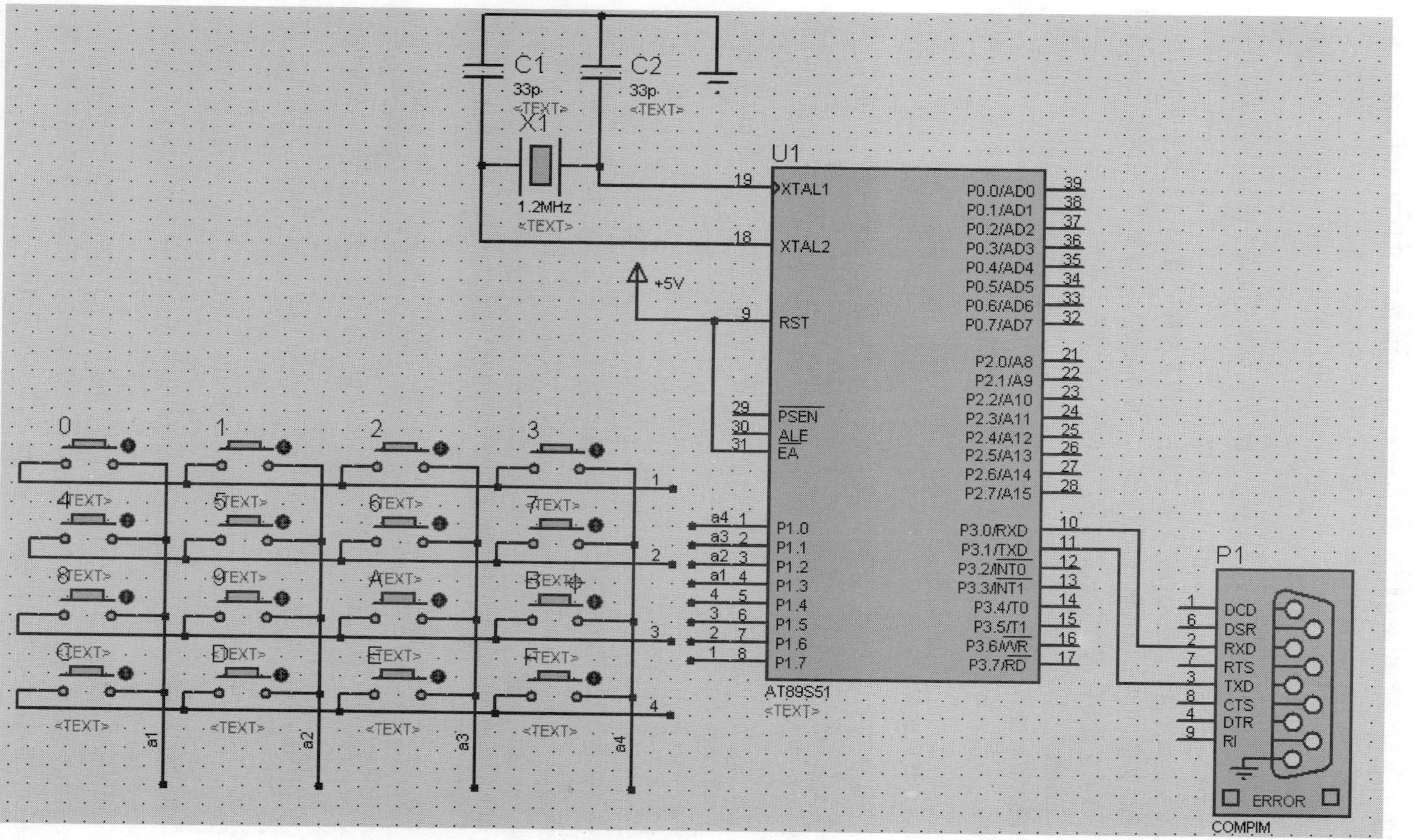

图 13.17 单片机与 PC 通信实验电路

如图 13.17 所示的实验电路中，串行接口电路为省略接法，实际应用时，读者应参考 13.4 节，将其通过 RS-232 接口电路进行电平转换，否则无法正常通信。

3. 单片机向 PC 发送调试信息

使用自定义串口发送函数发送调试信息时，我们分别定义两个函数 kal_trace_string 和 kal_trace_Number。kal_trace_string 函数用于发送字符串信息，kal_trace_Number 函数用于发送数字信息。使用自定义串口发送函数发送调试信息，需要设置好串口的工作方式和波特率，并需要编写串口发送程序。其程序在结构上可分为：主函数、按键扫描函数、字符串发送函数、数字发送函数等。下面依次介绍各个部分。

1）主函数

主函数前面这部分程序主要包括基本的 I/O 口定义、全局变量定义、头文件包含、函数声明等。主函数首先对串口资源进行初始化操作，然后循环检测按键状态、等待按键按下。

其程序代码如下：

```
bit   KeyPress = 0;
sfr   Key_Port = 0x90;
unsigned char KeyValue = 0xff;
unsigned char code Key_Scan_code[16]  = {
    0x77,0x7b,0x7d,0x7e,
    0xb7,0xbb,0xbd,0xbe,
    0xd7,0xdb,0xdd,0xde,
    0xe7,0xeb,0xed,0xee
};
void main (void)
{
    SCON    = 0x50;         /* SCON: mode 1, 8 - bit UART, enable rcvr */
    TMOD |  = 0x20;         /* TMOD: timer 1, mode 2, 8 - bit reload */
    TH1     = 0xf3;         /* TH1:  reload value for 2400 baud @ 12MHz */
    TR1     = 1;            /* TR1:  timer 1 run */
    TI      = 1;            /* TI:   set TI to send first char of UART */
    kal_trace_string("  Welcom to xtdpj \n");
    //循环检测按键状态
    while (1)
    {
        KeyPad();
    }
}
```

2）按键扫描函数

有关按键扫描函数等内容读者可参考第 11 章相关内容。

3）字符串发送函数

字符串发送函数主要是将字符串通过串口发送至 PC，它用到了字符串长度计算函数 strlen()，所以需要在头文件中包含 string.h，否则编译出错。

```
void kal_trace_string(unsigned char str[])
{
    u8 Index = 0;
    u8 Len = strlen(str);
    bit TempEa = EA;
    EA = 0;         //暂时停止其他中断
    ES = 0;         //close ES interrupt
    TI = 0;
    //发送字符串
    while(Index < Len) //
    {
        SBUF = str[Index];
        while(!TI);
        TI = 0;
        Index++;
    }
    EA = TempEa;    //恢复中断
}
```

4）数字发送函数

数字发送函数主要是将数字通过串口发送至PC，因为发送的是ASCII码，所以需要将数字转换为ASCII码后再发送，否则PC接收到的将是数值所对应的字符信息。当发送的数字范围为0～9时，将此数字加0x30即将其转换为对应的ASCII码，当数值在10～15时，需要将此数值除10后的值加0x41即可。读者可参考ASCII码表进行本程序的编写。

```
void kal_trace_Number(unsigned char Number)
{
    u8 SendTemp;
    bit TempEa = EA;
    EA = 0;    //暂时停止其他中断
    ES = 0;    //close ES interrupt
    TI = 0;
    //发送高8位
    SendTemp = Number / 0x10;
    if(SendTemp <= 9)
    {
        SendTemp = SendTemp + '0';
    }
    else
    {
    //大于9,显示大小字母
        SendTemp -= 10;
        SendTemp += 'A';
    }
    SBUF = SendTemp;
    while(!TI);
    TI = 0;
```

```
    //发送低8位
    SendTemp = Number % 0x10;
    if(SendTemp <= 9)
    {
        SendTemp = SendTemp + '0';
    }
    else
    {
    //大于9,显示大小字母
        SendTemp -= 10;
        SendTemp += 'A';
    }
    SBUF = SendTemp;
    while(!TI);
    TI = 0;
    EA = TempEa; //恢复中断
}
```

13.6 本章小结

本章全面介绍了 AT89S51 单片机串口的结构、工作原理、应用等内容,并根据实际应用举例讲解,另外还讲述了如何模拟串口。通过这些知识的学习,读者应能熟悉单片机串口的基本操作与应用,并根据实际情况合理配置串口工作方式以及模拟串口通信等操作技能。串口工作在方式 2、3 时,第 9 位数据可用于奇偶校验,在实际项目中,应加以利用,以降低通信过程中带来的错误数据,以提高系统通信的可靠性。

13.7 习题

(1) 串口驱动单个数码管,使用 AT89S51 单片机串口扩展 I/O 口并驱动单位数码管显示。根据要求绘制其实验电路图(使用 74LS164)并编写相应程序。

(2) 串口驱动 4 位数码管,使用 AT89S51 单片机串口扩展 I/O 口并驱动 4 位数码管显示。根据要求绘制其实验电路图(使用 CD4094)并编写相应程序。

(3) 单片机与 PC 通信,使用 AT89S51 单片机串口工作在方式 3,参考图 13.17,并编写配套程序。

第14章 单片机外部接口技术(视频)

视频讲解

本章着重介绍单片机外部总线接口技术及常用外围芯片的使用。单片机外部接口总线主要包括单总线、I^2C总线、SPI(Serial Peripheral Interface)总线等。本章首先介绍其基本原理,然后介绍与总线接口相关芯片的使用,并介绍使用单片机模拟各类型接口总线的方法和程序。另外本章还介绍了单片机看门狗、DA(Digital to Analog)/AD(Analog-to-Digital)转换等基本概念,并介绍了硬件看门狗芯片X25045的基本原理及其与单片机的接口技术。由于外部总线繁多,建议读者在学习本章时多参考与之相关的资料,以快速掌握本章内容。

14.1 单总线

单总线(1-Wire)是Maxim全资子公司Dallas的一项专有技术,与目前多数标准串行数据通信方式(如SPI/I^2C/MICROWIRE)不同。它采用单根信号线,既传输时钟又传输数据,而且数据传输是双向的。它具有节省I/O口线的资源、结构简单、成本低廉、便于总线扩展和维护等诸多优点。单总线(1-Wire)适用于单个主机系统,能够控制一个或多个从机设备,当只有一个从机位于总线上时,系统可按照单节点系统操作,而当多个从机位于总线上时,则系统按照多节点系统操作。

14.1.1 单总线的结构原理

单总线只有一根数据线。设备(主机或从机)通过一个漏极开路或三态端口连接至该数据线。这样允许设备在不发送数据时释放数据总线,以便总线被其他设备使用。单总线端口为漏极开路,其内部等效电路如图14.1所示。

单总线要求外接一个约5kΩ的上拉电阻,这样单总线的闲置状态为高电平。不管什么原因,如果传输过程需要暂时挂起,且要求传输过程还能够继续,则总线必须处于空闲状态。只要总线在恢复期间处于空闲状态(即高电平),态位传输之间的恢复时间没有限制。如果总

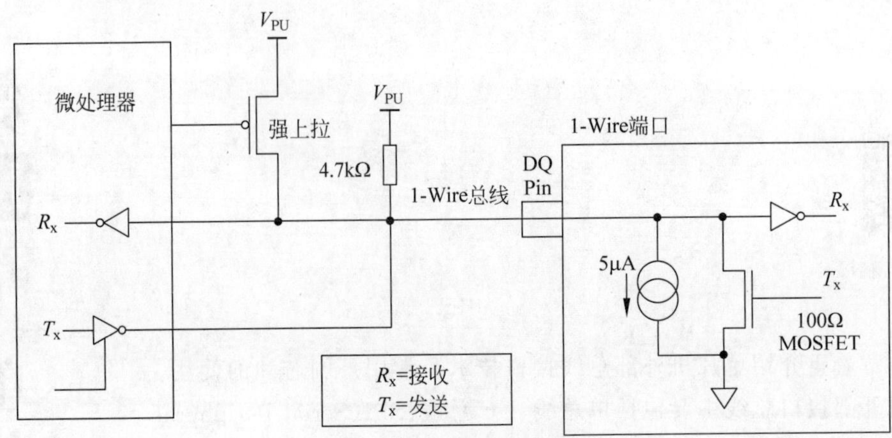

图 14.1　单总线内部等效电路

线保持低电平超过 480μs,总线上的所有器件将复位。另外,在寄生方式供电时,为了保证单总线器件在某些工作状态下[如温度转换期间 E^2PROM(Electrically Erasable Programmable Read Only Memory)写入等]具有足够的电源电流,必须在总线上提供强上拉,如 MOSFET,如图 14.1 所示。

14.1.2　DS18B20 芯片概述

DS18B20 数字温度计是 DALLAS 公司生产的 1-Wire,即单总线器件,具有线路简单、体积小的特点。因此用它来组成的测温系统,线路简单,在一根通信线上可以挂载很多这样的数字温度计,十分方便。

它的输入/输出采用数字量,以单总线技术接收主机发送的命令,根据 DS18B20 内部的协议进行相应的处理,将转换的温度以串口发送给主机。主机按照通信协议用一个 I/O 口模拟 DS18B20 的时序,发送命令(如初始化命令、ROM 命令、功能命令)给 DS18B20,就可读取温度值。

1. DS18B20 的特点

(1) 只要求单个 I/O 端口即可实现通信。

(2) 在 DS18B20 中的每个器件上都有独一无二的序列号。

(3) 实际应用中不需要外部的任何元器件即可实现测温。

(4) 测量温度范围在−55℃～+125℃。

(5) 对于数字温度计的分辨率,用户可以从 9～12 位选择(默认 12 位分辨率)。

(6) 内部有温度上、下限告警设置。

2. DS18B20 的引脚排列

DS18B20 的引脚排列如图 14.2 所示。

其引脚功能描述如表 14.1 所示。

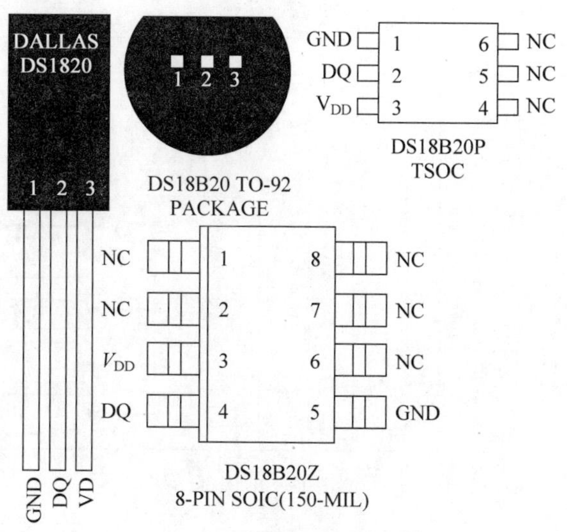

图 14.2　DS18B20 的引脚排列

表 14.1　DS18B20 详细引脚功能描述

序号	名称	引脚功能描述
1	GND	地信号
2	DQ	数字输入/输出引脚，开漏单总线接口引脚，当使用寄生电源时，可向电源提供电源
3	V_{DD}	可选择的 V_{DD} 引脚，当工作于寄生电源时，该引脚必须接地
4	NC	空引脚

3. DS18B20 的内部结构

DS18B20 的内部结构框图如图 14.3 所示。寄存器包含 2 字节(第 0 和第 1 字节)的温度寄存器，用于存储温度传感器的数字输出。寄存器还提供 1 字节的上限警报触发(T_H)和下限警报触发(T_L)寄存器(第 2 和第 3 字节)，以及 1 字节的配置寄存器(第 4 字节)，使用者可以通过配置寄存器来设置温度转换的精度。寄存器的第 5、第 6 和第 7 字节在器件内部保留使用。第 8 字节含有循环冗余码(Cyclic Redundancy Check，CRC)。使用寄生电源时，DS18B20 不需额外的供电电源；当总线为高电平时，功率由单总线上的上拉电阻通过 DQ 引脚提供；同时高电平总线信号也向内部电容 CPP 充电，CPP 在总线低电平时为器件供电。

DS18B20 加电后，处在空闲状态。要启动温度测量及模拟到数字的转换，处理器须向其发出 Convert T [44h] 命令；转换完后，DS18B20 回到空闲状态。温度数据是以带符号位的 16 位补码存储在温度寄存器中的，如图 14.4 所示。

温度寄存器中的符号位说明温度是正值还是负值，正值时 S=0，负值时 S=1。12 位分辨率时输出数据与温度值对应关系如图 14.5 所示。

4. DS18B20 的命令序列

命令序列①：初始化 ROM →命令跟随着需要交换的数据。

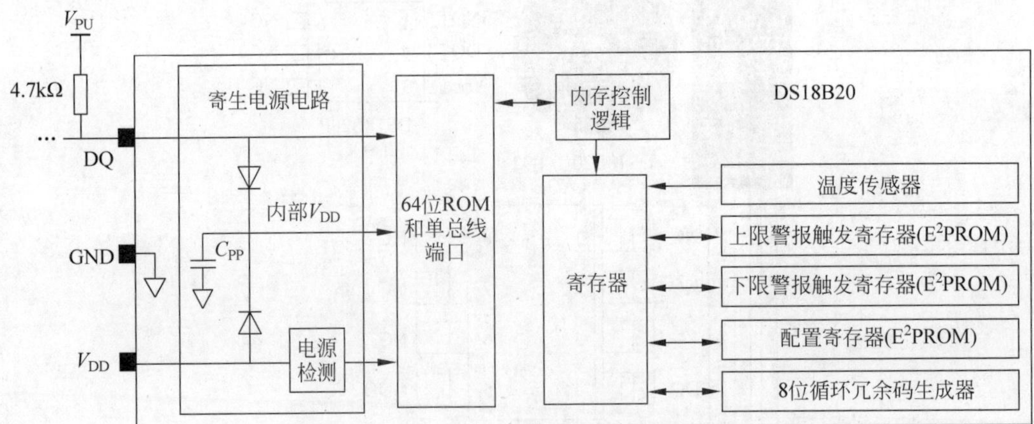

图 14.3　DS18B20 的内部结构框图

	bit 7	bit 6	bit 5	bit 4	bit 3	bit 2	bit 1	bit 0
LS Byte	2^3	2^2	2^1	2^0	2^{-1}	2^{-2}	2^{-3}	2^{-4}
	bit 15	bit 14	bit 13	bit 12	bit 11	bit 10	bit 9	bit 8
MS Byte	S	S	S	S	S	2^6	2^5	2^4

图 14.4　温度寄存器格式

温度/℃	输出(二进制)	输出(十六进制)
+125	0000 0111 1101 0000	07D0H
+85	0000 0101 0101 0000	0550H
+20.0625	0000 0001 1001 0001	0191H
+10.125	0000 0000 1010 0010	00A2H
+0.5	0000 0000 0000 1000	0008H
0	0000 0000 0000 0000	0000H
−0.5	1111 1111 1111 1000	FFF8H
−10.125	1111 1111 0101 1110	FF5EH
25.0625	1110 1110 0110 1111	EE6FH
−55	1111 1110 1001 0000	FE90H

图 14.5　输出数据与温度值的对应关系

命令序列②：初始化 ROM →功能命令跟随着需要交换的数据。

访问 DS18B20 必须严格遵守这一命令序列(命令序列①或命令序列②)，如果丢失任何一步或序列混乱，DS18B20 都不会响应主机(除了 Search ROM 和 Alarm Search 这两个命令，主机都必须返回到第一步)。

1）初始化

DS18B20 所有的数据交换都由一个初始化序列开始，由主机发出的复位脉冲和跟在其后的由 DS18B20 发出的应答脉冲构成。当 DS18B20 发出响应主机的应答脉冲时，即向主机表明它已处在总线上并且准备工作。

2) ROM命令

ROM命令通过每个器件64位的ROM码,使主机指定某一特定器件(如果有多个器件挂在总线上)与之进行通信。DS18B20的ROM命令描述如表14.2所示,每个ROM命令都是8位长。

表14.2 DS18B20的ROM命令描述

指令	协议	功能
读ROM	33H	读DS18B20中的编码(即64位地址)
符合ROM	55H	发出此命令后,接着发出64位ROM编码,访问单总线上与该编码相对应的DS18B20,使之做出响应,为下一步对该DS18B20的读写做准备
搜索ROM	0F0H	用于确定挂接在同一总线上DS18B20的个数和识别64位ROM地址,为操作各器件做好准备
跳过ROM	0CCH	忽略64位ROM地址,直接向DS18B20V温度转换命令,适用于单个DS18B20工作
告警搜索命令	0ECH	执行后,只有当温度超过阈值时才做出响应
温度转换	44H	启动DS18B20进行温度转换,转换时间最长为500ms(典型为200ms),结果存入内部9字节RAM中
读寄存器	BEH	读内部RAM中9字节的内容
写寄存器	4EH	发出向内部RAM的第3、4字节写上、下温度数据命令,紧挨温度命令之后,传达2字节的数据
复制寄存器	48H	将RAM中第3、4字节内容复制到E^2PROM中
重调E^2PROM	0B8H	将E^2PROM中的内容恢复到RAM中的第3、4字节
读供电方式	0B4H	读DS18B20的供电模式,寄生供电时DS18B20发送"0",外部供电时DS18B20发送"1"

3) 功能命令

主机通过功能命令对DS18B20进行读/写Scratchpad存储器,或者启动温度转换。DS18B20的功能命令描述如表14.3所示。

表14.3 DS18B20的功能命令描述

命令	描述	命令代码	发送命令后单总线上的响应信息	注释
转换温度	启动温度转换	44h	无	(1)
读寄存器	读全部的寄存器内容包括CRC字节	BEh	DS18B20传输多达9字节至主机	(2)
写寄存器	写寄存器第2、3和4字节的数据即TH、TL和配置寄存器	4Eh	主机传输3字节数据至DS18B20	(3)
复制寄存器	将寄存器中的TH、TL和配置字节复制到E^2PROM中	48h	无	(1)
回读E^2PROM	将TH、TL和配置字节从E^2PROM回读至寄存器中	B8h	DS18B20传送回读状态至主机	

注:

(1) 在温度转换和复制寄存器数据至E^2PROM期间,主机必须在单总线上允许强上拉,并且在此期间,总线上不能进行其他数据传输。

(2) 通过发出复位脉冲,主机能够在任何时候中断数据传输。

(3) 在复位脉冲发出前,必须写入全部的3字节

5. DS18B20 的信号方式

DS18B20 采用严格的单总线通信协议，以保证数据的完整性。该协议定义了几种信号类型：复位脉冲、应答脉冲写 0、写 1、读 0 和读 1。所有这些信号除了应答脉冲以外都由主机发出同步信号，并且发送所有的命令和数据时都是字节的低位在前。这一点与多数串行通信格式不同(字节的高位在前)。

1) 初始化序列复位和应答脉冲

在初始化过程中，主机通过拉低单总线至少 480μs，以产生复位脉冲，然后主机释放总线并进入接收模式。当总线被释放后，5kΩ 的上拉电阻将单总线拉高。DS18B20 检测到这个上升沿后，延时 15～60μs，通过拉低总线 60～240μs 产生应答脉冲。初始化波形如图 14.6 所示。

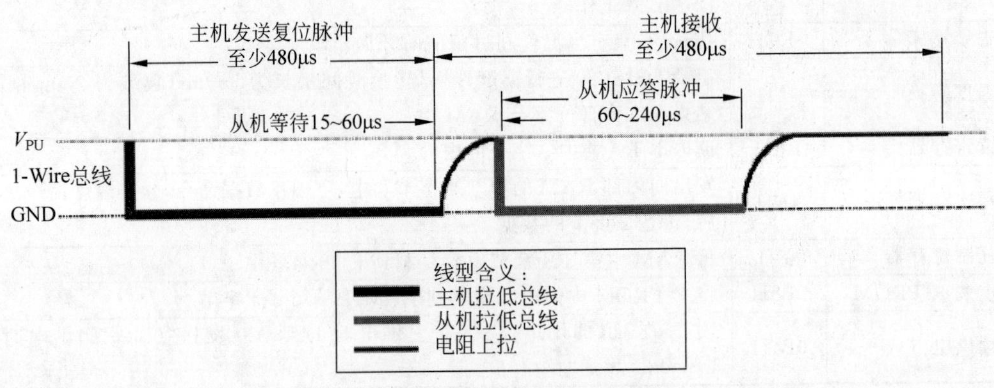

图 14.6　初始化序列复位和应答脉冲

2) 写时隙

存在两类写时隙：写 1 和写 0。主机采用写 1 时隙向从机写入 1，采用写 0 时隙向从机写入 0。所有写时隙至少需要 60μs，且在两次独立的写时隙之间至少需要 1μs 的恢复时间。两类写时隙均起始于主机拉低总线(如图 14.7 所示)。

产生写 1 时隙的方式在主机拉低总线后，接着必须在 15μs 之内释放总线，由 5kΩ 上拉电阻将总线拉至高电平。

产生写 0 时隙的方式在主机拉低总线后，只需在整个时隙期间保持低电平即可(至少 60μs)。在写时隙起始后 15～60μs 期间，单总线器件采样总线电平状态。如果在此期间采样为高电平，则逻辑 1 被写入该器件；如果为低电平，则写入逻辑 0。

3) 读时隙

单总线器件仅在主机发出读时隙时，才向主机传输数据。所以，在主机发出读数据命令后，必须马上产生读时隙，以便从机能够传输数据。所有读时隙至少需要 60μs，且在两次独立的读时隙之间至少需要 1μs 的恢复时间。

每个读时隙都由主机发起至少拉低总线 1μs(如图 14.7 所示)。在主机发起读时隙之后，单总线器件才开始在总线上发送 0 或 1。若从机发送 1，则保持总线为高电平；若发送 0，则拉低总线。当发送 0 时，从机在该时隙结束后释放总线，由上拉电阻将总线拉

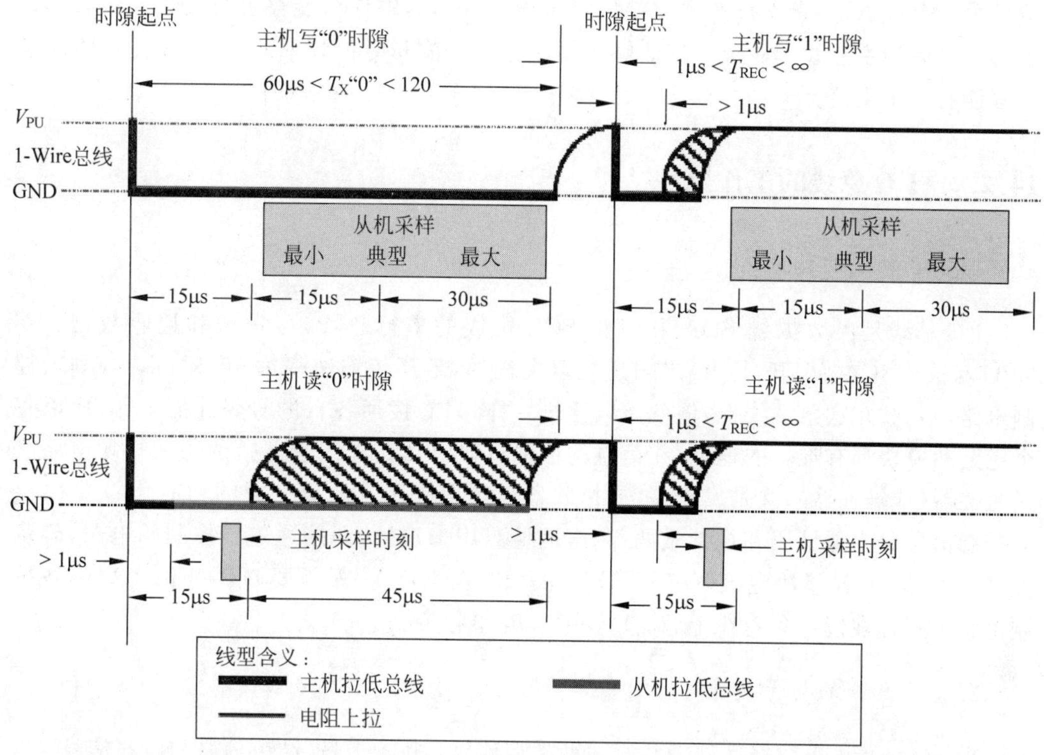

图 14.7 读写时序示意图

回至空闲高电平状态。从机发出的数据在起始时隙之后，保持有效时间 15μs。因而主机在读时隙期间必须释放总线，并且在时隙起始后的 15μs 内采样总线状态。

14.2 I²C 总线

I²C(Inter-Integrated Circuit)总线是由 PHILIPS 公司开发的一种两线式串行总线，用于连接微控制器及其外围设备。I²C 总线产生于在 20 世纪 80 年代，最初为音频和视频设备开发，如今主要在服务器管理中使用，其中包括单个组件状态的通信。例如，管理员可对各个组件进行查询，以管理系统的配置或掌握组件的功能状态，如电源和系统风扇，可随时监控内存、硬盘、网络、系统温度等多个参数，增加了系统的安全性，方便了管理。

14.2.1 I²C 总线特点

I²C 总线最主要的优点是其简单性和有效性。由于接口直接在组件之上，因此，I²C 总线占用的空间非常小，减少了电路板的空间和芯片引脚的数量，降低了互联成本。总线的长度可高达 25 英尺①，并且能够以 10kb/s 的最大传输速率支持 40 个组件。I²C 总

① 1 英尺为 0.305 米。

线的另一个优点是,它支持多主控(Multimastering),其中任何能够进行发送和接收的设备都可以成为主总线。一个主控能够控制信号的传输和时钟频率。当然,在任何时间点上只能有一个主控。

14.2.2 I^2C总线的工作原理

1. I^2C 总线的构成

I^2C 总线是由数据线 SDA 和时钟 SCL 构成的串行总线,可发送和接收数据。在 CPU 与被控 IC之间、IC 与 IC 之间进行双向传送,最高传输速率为 100kb/s。各种被控制电路均并联在这条总线上,但就像电话机一样,只有拨通各自的号码才能工作,所以每个电路和模块都有唯一的地址,在信息的传输过程中,I^2C 总线上并接的每一模块电路既是主控器(或被控器),又是发送器(或接收器),这取决于它所要完成的功能。CPU 发出的控制信号分为地址码和控制量两部分,地址码用来选址,即接通需要控制的电路,确定控制的种类;控制量决定该调整的类别(如对比度、亮度等)及需要调整的量。这样,各控制电路虽然挂在同一条总线上,却彼此独立,互不相关。

2. I^2C 总线的信号类型

I^2C 总线在传送数据过程中共有 3 种类型信号:开始信号、结束信号和应答信号。

(1) 开始信号:SCL 为高电平时,SDA 由高电平向低电平跳变,开始传送数据。

(2) 结束信号:SCL 为高电平时,SDA 由低电平向高电平跳变,结束传送数据。

(3) 应答信号:接收数据的 IC 在接收到 8 位数据后,向发送数据的 I^2C 发出特定的低电平脉冲,表示已接收到数据。CPU 向受控单元发出一个信号后,等待受控单元发出一个应答信号,CPU 接收到应答信号后,根据实际情况做出是否继续传递信号的判断。若未收到应答信号,则判断为受控单元出现故障。

目前有很多半导体集成电路上都集成了 I^2C 接口。带有 I^2C 接口的单片机有:CYGNAL 公司的 C8051F0XX 系列,PHILIPS 公司的 P87LPC7XX 系列,MICROCHIP 公司的 PIC16C6XX 系列等。很多外围器件如存储器、监控芯片等也提供 I^2C 接口。

14.2.3 I^2C总线基本操作

I^2C 规程运用主/从双向通信。发送数据到总线上的器件定义为发送器,若接收数据则定义为接收器。主器件和从器件都可以工作于接收和发送状态。总线必须由主器件(通常为微控制器)控制,主器件产生串行时钟(Serial Clock,SCL)控制总线的传输方向,并产生起始和停止条件。SDA 线上的数据状态仅在 SCL 为低电平期间才能改变;SCL 为高电平期间,SDA 状态的改变用来表示起始和停止条件。

1. I^2C 总线控制字节

在起始条件之后,必须是器件的控制字节,其中高四位为器件类型识别符(不同的芯片类型有不同的定义，E^2PROM 一般应为 1010)，接下来三位为片选，最后一位为读写位，置 1 时为读操作，清零时为写操作。

2. I^2C 总线写操作

写操作分为字节写和页面写两种。对于页面写，根据芯片一次装载的字节不同有所不同。

3. I^2C 总线读操作

读操作有三种基本操作：当前地址读、随机读和顺序读。应当注意的是：最后一个读操作的第 9 个时钟周期不是“不关心”。为了结束读操作，主机必须在第 9 个周期内发出停止条件，或者在第 9 个时钟周期内保持 SDA 为高电平，然后发出停止条件。

4. I^2C 总线需注意的事项

(1) 严格按照时序图的要求进行操作。

(2) 若与口线上内部带上拉电阻的单片机接口连接，可以不外加上拉电阻。

(3) 程序中为配合相应的传输速率，在对 I/O 口线操作的指令后可使用 NOP 指令增加延时。

(4) 为了减少意外的干扰信号，将 E^2PROM 内的数据改写，可用外部写保护引脚(如果有)；或者在 E^2PROM 内部没有用的空间写入标志字，每次上电或复位时做一次检测，判断 E^2PROM 是否被意外改写。

14.2.4 AT24C 系列概述

ATMEL 公司生产的 AT24C 系列 E^2PROM，主要型号有 AT24C01/02/04/08/16，其对应的存储容量分别为 128×8/256×8/512×8/1024×8/2048×8 位。采用这类芯片可解决掉电数据保护问题，可对所存数据保存 100 年，并可多次擦写，擦写次数可达 10 万次。

1. AT24C04 的特点

AT24C04 是基于 I^2C-BUS 的串行 E^2PROM，其内部有 4Kb 存储单元，遵循二线制协议。由于其具有接口方便、体积小、数据掉电不丢失等特点，在仪器仪表及工业自动化控制中得到大量的应用。

2. AT24C04 的引脚排列

AT24C04 几种封装的引脚图如图 14.8 所示。

其引脚功能如表 14.4 所示。

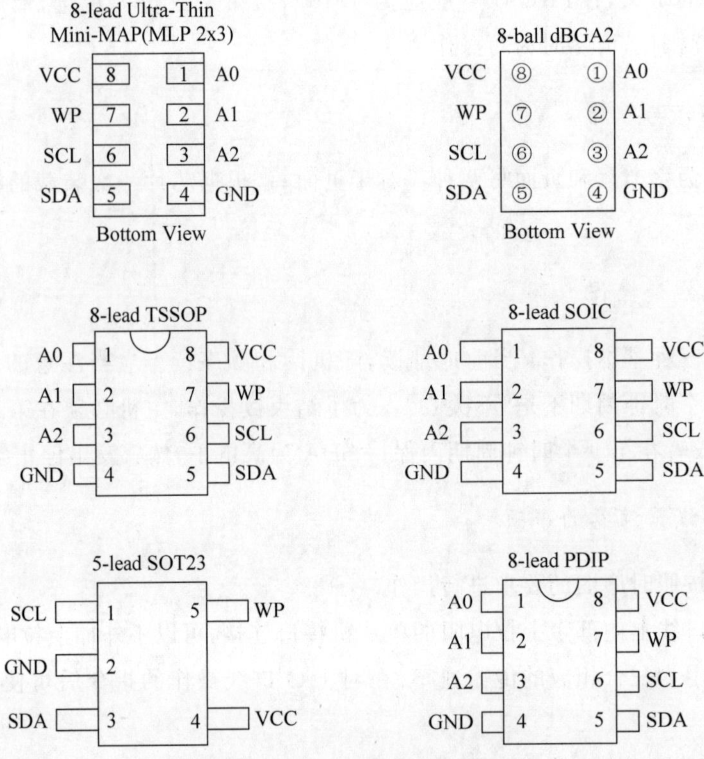

图 14.8　AT24C04 封装引脚图

表 14.4　AT24C04 引脚功能

A0～A2	**页面选择地址输入端**
SDA	串行数据口
SCL	串行时钟输入
WP	写保护,用于硬件数据保护。当其为低电平时,可以对整个存储器进行正常的读/写操作。当其为高电平时,存储器具有写保护功能,但读操作不受影响
NC	空
GND	地
VCC	电源

3. AT24C04 的内部结构

AT24C04 的存储容量为 4Kb(即 512B),内部分成 8 个存储区域,每个存储区容量为 512b,操作时由芯片寻址及片内子地址寻址。其内部结构框图如图 14.9 所示。

4. AT24C04 读、写时序

串行 E^2PROM 一般有两种写入方式：一种是字节写入方式；另一种是页写入方式。页写入方式允许在一个写周期内(10ms 左右)对 1 字节到 1 页的若干字节进行编程写入,24C04 的页面大小为 16B(共 32 页)。采用页写入方式可提高写入效率,但应注意不

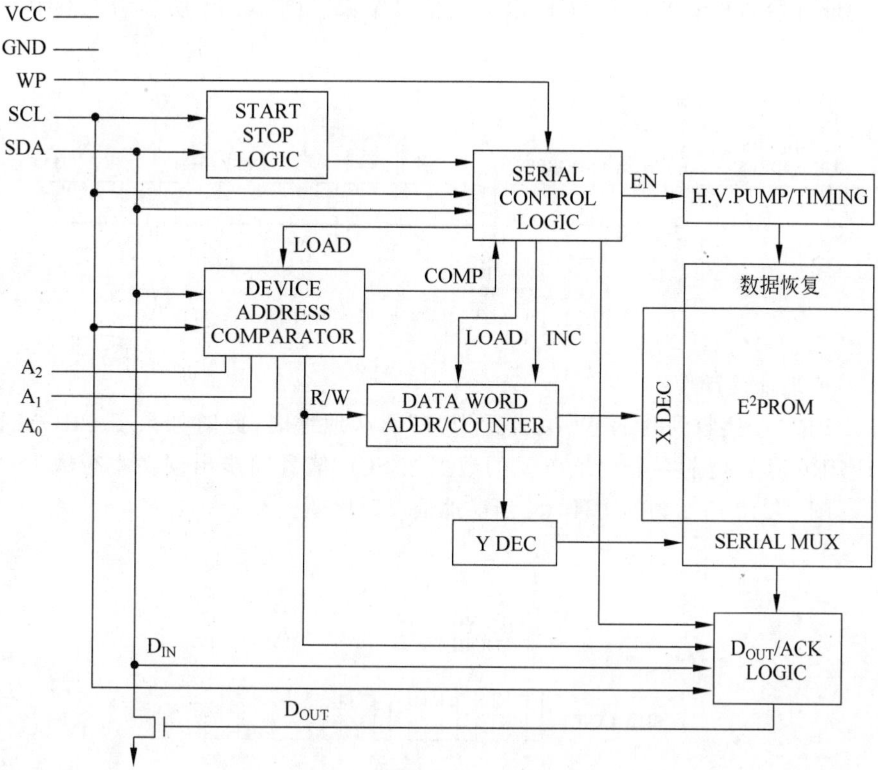

图 14.9　AT24C04 内部结构框图

要造成页地址空间的"翻卷"(可参考相关资料)。

1) 字节写入方式

单片机在一次数据帧中只访问 E^2PROM 1 个单元。在这种方式下,单片机先发送启动信号,然后送 1 字节的控制字,再送 1 字节的存储器单元子地址,上述几字节都得到 E^2PROM 响应后,再发送 8 位数据,最后发送 1 位停止信号。图 14.10 所示为 AT24C04 字节写入时序图。

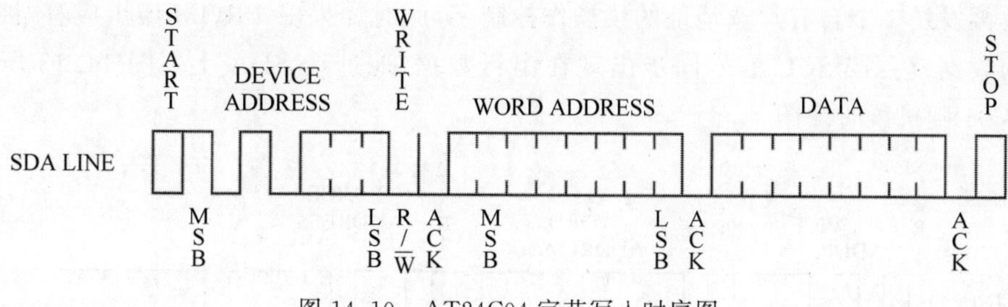

图 14.10　AT24C04 字节写入时序图

2) 页写入方式

单片机在一个数据写周期内可以连续访问 1 页(512 个)E^2PROM 存储单元。在该方式中,单片机先发送启动信号,接着送 1 字节的控制字,再送 1 字节的存储器单元地址,上述几字节都得到 E^2PROM 应答后,就可以送最多 1 页的数据,并顺序存放在以指定起始地址开始的相继单元中，最后以停止信号结束。图 14.11 所示为 AT24C04 页写入时序图。

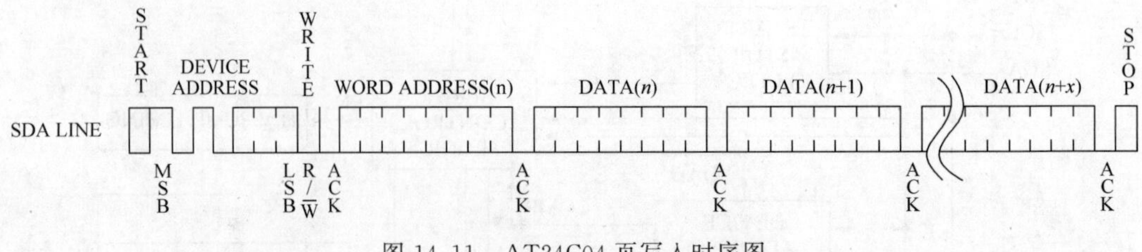

图 14.11 AT24C04 页写入时序图

3）当前地址读操作

当 E^2PROM 接收到的 R/W 位设置为“1”的从地址时，此时如果 E^2PROM 做出应答，则 E^2PROM 将把前字节地址单元的数据按 SCL 信号同步出现在串行数据/地址线 SDA 上。图 14.12 所示为 AT24C04 当前地址读时序图。

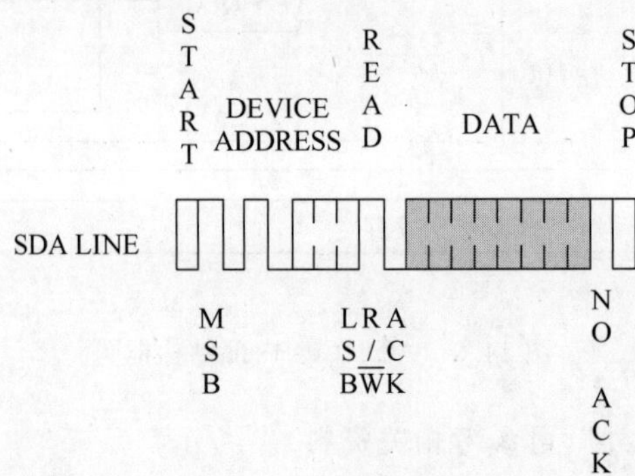

图 14.12 AT24C04 当前地址读时序图

4）指定地址读操作

读指定地址单元的数据，单片机在启动信号后先发送含有片选地址的写操作控制字，E^2PROM 应答后再发送 1 字节(4Kb 以内的 E^2PROM)的指定单元的地址，E^2PROM 应答后再发送 1 个含有片选地址的读操作控制字，此时如果 E^2PROM 做出应答，被访问单元的数据就会按 SCL 信号同步出现在串行数据/地址线 SDA 上。图 14.13 所示为 AT24C04 随机读时序图。

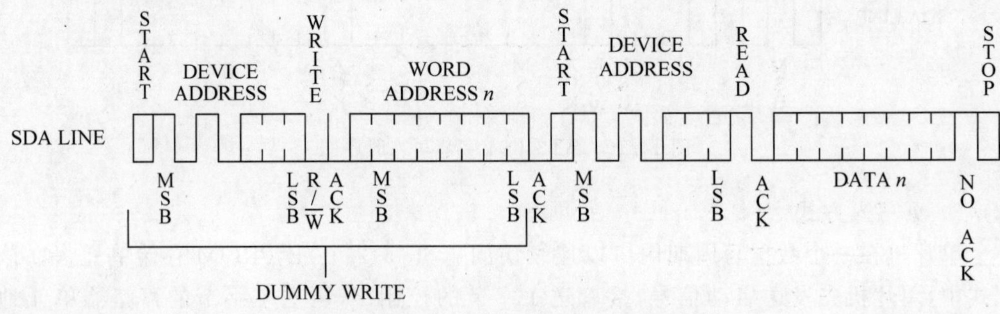

图 14.13 AT24C04 随机读时序图

5）指定地址连续读

此种方式的读地址控制与前面指定地址读操作相同。单片机接收到每一字节数据后应做出应答，只要 E^2PROM 检测到应答信号，其内部的地址寄存器就自动加 1 指向下一单元，并顺序将指向的单元的数据发送到 SDA 串行数据线上。当需要结束读操作时，单片机接收到数据后，在需要应答的时刻发送一个非应答信号，接着再发送一个停止信号即可。图 14.14 所示为 AT24C04 连续读时序图。

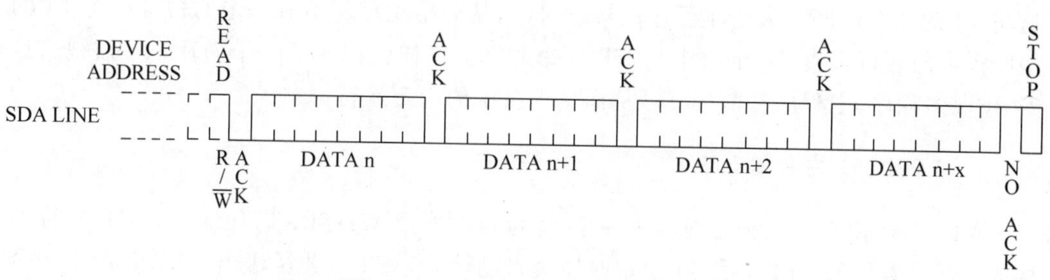

图 14.14 AT24C04 连续读时序图

14.2.5 Watchdog Timer

Watchdog Timer(即 WDT)的中文名是看门狗。意思是一个定时器电路，一般有一个输入(也叫喂狗)和一个输出到 MCU 的 RST 端。MCU 正常工作的时候，每隔一段时间输出一个信号给“喂狗”端，使 WDT 清零，如果超过规定的时间不“喂狗”(一般在程序执行错误时)，WDT 定时超过就会给出一个复位信号到 MCU，使 MCU 复位，以防止 MCU 死机。WDT 的作用就是防止程序发生死循环，或者说在程序执行错误时能及时重启程序。

1. 工作原理

在系统运行以后启动了 WDT 的计时器，WDT 就开始自动计时，如果到了一定的时间还不去清看门狗①(喂狗)，那么 WDT 计时器就会溢出，从而引起 WDT 中断，使系统复位。所以在使用有 WDT 的芯片时要注意及时清 WDT 定时器。

2. 硬件看门狗

硬件看门狗是利用一个定时器来监控主程序的运行，也就是说，在主程序的运行过程中，我们要在定时时间到达之前对定时器进行复位。如果出现死循环，或者说 PC 指针不能正常跳转，那么定时时间到达后就会使单片机复位。常用的 WDT 芯片如 MAX813、25045、IMP 813 等，价格为 4～10 元不等。

3. 软件看门狗

软件看门狗技术的原理和硬件看门狗原理类似，只是使用软件的方法实现。51 单片

① “清看门狗”指的是将计时器清空，使其能从 0 开始计数。

机中有两个定时器,可以用这两个定时器来对主程序的运行进行监控。假如给T0定时,当产生定时中断的时候对一个变量进行赋值,而这个变量在主程序运行的开始已经有了一个初值,设定的定时值要小于主程序的运行时间,这样在主程序的尾部对变量的值进行判断,如果值发生了预期的变化,就说明T0中断正常,如果没有发生变化,则使程序复位。可以使用T1来监控主程序的运行,给T1设定一定的定时时间,在主程序中对其进行复位,如果不能在一定的时间里对其进行复位,T1的定时中断就会使单片机复位。在这里T1的定时时间要大于主程序的运行时间,从而给主程序留有一定的裕量。而T1的中断正常与否可再由T0定时中断子程序来监视。这样就构成了一个循环,T0监视T1,T1监视主程序,主程序又监视T0,从而保证系统的稳定运行。

4. AT89S51内部看门狗

AT89S51内部看门狗定时器由一个14位定时器及WDTRST(地址为6AH)寄存器构成。开启看门狗定时器后,14位定时器会自动计数,每16384μs溢出一次,并产生一个高电平复位信号,使系统复位。对于12MHz的时钟脉冲每16384μs(约0.016s)产生一个复位信号。

如果启动看门狗定时器,当系统超过0.016s没有动作(程序执行错误),看门狗定时器自动复位,让系统恢复正常运作状态。为了系统既能正常工作又不会出现死机(程序执行错误),在0.016s内必须喂狗一次,即对看门狗定时器进行复位。外部看门狗芯片的启动和复位的方法类似。

14.3 SPI总线

视频讲解

14.3.1 SPI总线的结构原理

SPI是Serial Peripheral Interface的缩写,即串行外围设备接口,是Motorola公司首先在MC68HCXX系列处理器定义的。SPI接口主要应用在E^2PROM、Flash、实时时钟、A/D转换器以及数字信号处理器和数字信号解码器之间。SPI是一种高速的、全双工、同步的通信总线,并且在芯片的引脚上只占用4根线,节约了芯片的引脚,同时为PCB的布局节省空间,提供方便。正是由于这种简单易用的特性,现在越来越多的芯片集成了这种通信协议,例如AT91RM9200。

SPI总线系统是一种同步串行外设接口,它可以使MCU与各种外围设备以串行方式进行通信以交换信息。外围设置Flash RAM、网络控制器、LCD显示驱动器、A/D转换器和MCU等。SPI总线系统可直接与各个厂家生产的多种标准外围器件直接接口,该接口一般使用4根线:串行时钟线(SCK)、主机输入/从机输出数据线MISO、主机输出/从机输入数据线MOSI和低电平有效的从机选择SS(有的SPI接口芯片带有中断信号线INT,有的SPI接口芯片没有主机输出/从机输入数据线MOSI)。

SPI的通信原理很简单,它以主从方式工作,这种模式通常有一个主设备和一个或多个从设备,需要至少3根线(用于单向传输时,也就是半双工方式),也是所有基于SPI的设备共有的，它们是 SDI(数据输入)、SDO(数据输出)、SCK(时钟)、$\overline{CS}$(片选)。

(1) SDI：主设备数据输入，从设备数据输出。

(2) SDO：主设备数据输出，从设备数据输入。

(3) SCK：时钟信号，由主设备产生。

(4) $\overline{CS}$：从设备使能信号，由主设备控制。

其中 $\overline{CS}$ 控制芯片是否被选中。也就是说，只有片选信号为预先规定的使能信号时(高电位或低电位)，对此芯片的操作才有效。这就允许在同一总线上连接多个 SPI 设备成为可能。

14.3.2 SPI 总线的数据传送

通信是通过数据交换完成的，这里先要知道 SPI 是串行通信协议。也就是说，数据是一位一位地传输。这就是 SCK 时钟线存在的原因，由 SCK 提供时钟脉冲，SDI、SDO 则基于此脉冲完成数据传输。数据通过 SDO 线输出，数据在时钟上升沿或下降沿时改变，在紧接着的下降沿或上升沿被读取。完成一位数据传输，输入也使用同样原理。这样，通过至少 8 次时钟信号的改变(上沿和下沿为一次)，就可以完成 8 位数据的传输。

需要注意的是，SCK 信号线只由主设备控制，从设备不能控制信号线。同样地，在一个基于 SPI 的设备中，至少有一个主控设备。这样的传输方式有一个优点，即与普通的串行通信不同，普通的串行通信一次连续传送至少 8 位数据，而 SPI 允许数据一位一位地传送，甚至允许暂停，因为 SCK 时钟线由主控设备控制，当没有时钟跳变时，从设备不采集或传送数据。也就是说，主设备通过对 SCK 时钟线的控制可以完成对通信的控制。SPI 还是一个数据交换协议：因为 SPI 的数据输入线和输出线独立，所以允许同时完成数据的输入和输出。不同 SPI 设备的实现方式不尽相同，主要是数据改变和采集的时间不同，在时钟信号上沿或下沿采集有不同定义，具体请参考相关器件的文档。

14.3.3 SPI 总线的接口

在点对点的通信中，SPI 接口不需要进行寻址操作，且为全双工通信，显得简单高效。在多个从设备的系统中，每个从设备需要独立的使能信号，硬件上比 I^2C 系统要稍微复杂一些。

1. SPI 接口信号

(1) MOSI：主器件数据输出，从器件数据输入。

(2) MISO：主器件数据输入，从器件数据输出。

(3) SCK：时钟信号，由主器件产生。

(4) /SS：从器件使能信号，由主器件控制。

在点对点的通信中，SPI 接口不需要进行寻址操作，且为全双工通信，显得简单高效。

2. SPI 接口的硬件连接

SPI 接口的内部硬件实际上是两个简单的移位寄存器,传输的数据为 8 位,在主器件产生的从器件使能信号和移位脉冲下,按位传输,高位在前,低位在后。在 SCK 的下降沿上数据改变,同时一位数据被存入移位寄存器。

3. SPI 性能特点

AT91RM9200 的 SPI 接口主要由 4 个引脚构成: SPICLK、MOSI、MISO 及 /SS,其中 SPICLK 是整个 SPI 总线的公用时钟,MOSI、MISO 作为主机、从机的输入/输出的标志,MOSI 是主机的输出、从机的输入、MISO 是主机的输入、从机的输出。/SS 是从机的标志引脚,在互相通信的两个 SPI 总线的器件,/SS 引脚的电平低的是从机,相反电平高的是主机。在一个 SPI 通信系统中,必须有主机。SPI 总线可以配置成单主单从、单主多从或互为主从。

SPI 的片选可以扩充选择 16 个外设,这时 $\overline{\text{CS}}$ 输出为 NPCS,NPCS0～NPCS3 需要外接 4-16 译码器,译码器的输入为 NPCS0～NPCS3,输出用于 16 个外设的选择。SPI 接口的一个缺点是: 没有指定的流控制,没有应答机制确认是否接收到数据。

14.3.4 X25045 芯片概述

X25045 是美国 Xicor 公司的产品,它将电压监控、看门狗定时器和 E^2PROM 组合在单个芯片之内。因其体积小、占用 I/O 口少等优点已被广泛应用于工业控制、仪器仪表等领域,是一种理想的单片机外围芯片。

1. X25045 的特点

X25045 内含 512×8b 串行 E^2PROM,可以直接与微控制器的 I/O 口串行相接。X25045 内有一个位指令寄存器,该寄存器可以通过 SI 来访问。数据在 SCK 的上升沿时由时钟同步输入,在整个工作期内,$\overline{\text{CS}}$ 必须是低电平且 $\overline{\text{WP}}$ 必须是高电平。如果在看门狗定时器预置的超时时间内没有总线的活动,那么 X25045 将提供复位信号输出。

X25045 内部有一个"写使能"锁存器,在执行写操作之前,该锁存器必须被置位,在写周期完成之后,该锁存器自动复位。

X25045 还有一个状态寄存器,用来提供 X25045 状态信息以及设置块保护和看门狗的超时功能。

2. X25045 的引脚排列

X25045 芯片有 DIP/SOIC 8 个引脚和 TSSOP 14 个引脚的封装。图 14.15 所示为 X25045 两种封装的引脚分布图。

X25045 各个引脚功能描述如表 14.5 所示。

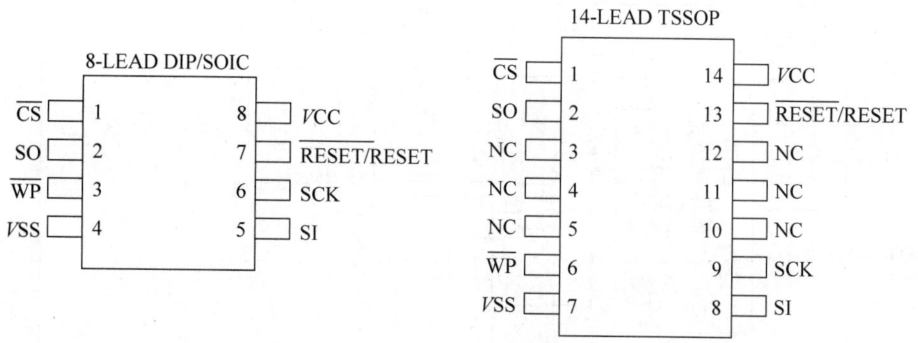

图 14.15 X25045引脚分布图

表 14.5 X25045 各个引脚功能描述

引脚	名称	功能描述
1	$\overline{CS}$/WDI	芯片选择输入引脚,当$\overline{CS}$为高电平时,未选中芯片,并将SO置为高阻态,器件处于标准的功耗模式,除非一个向非易失单元(存储单元)的写周期开始,在$\overline{CS}$是高电平时,将$\overline{CS}$拉低将使器件处于选中状态,器件将工作在功耗状态,在上电后的任何操作之前,$\overline{CS}$必须要有一个高变低的过程。看门狗输入,在看门狗定时器超时并产生复位之前,一个加在WDI引脚的由高到低的电平变化将复位看门狗定时器(喂狗操作)
2	SO	串行输出,SO是一个推/拉串行数据输出引脚,在读数据时,数据在SCK脉冲的下降沿由这个引脚送出
3	$\overline{WP}$	写保护,当$\overline{WP}$引脚是低电平时,向X25045中写的操作将被禁止,但是其他功能正常,当引脚是高电平时,操作正常,包括写操作。如果$\overline{CS}$是低电平的时候,$\overline{WP}$变为低电平,则会中断向X25045中的写操作,但是,如果此时内部的非易失性写周期已经初始化了,则$\overline{WP}$变为低电平不起作用
4	V_{SS}	地
5	SI	串行输入,SI是串行数据输入端,指令码、地址、数据都通过这个引脚进行输入,在SCK的上升沿进行数据的输入,并且高位MSB在前
6	SCK	串行时钟,串行时钟的上升沿通过SI引脚进行数据的输入,下降沿通过SO引脚进行数据的输出
7	RESET	复位输出,RESET是一个开漏型输出引脚,只要V_{CC}下降到最小允许值,这个引脚就会输出高电平,一直到V_{CC}上升超过最小允许值之后200ms,同时它也受看门狗定时器的控制,只要看门狗处于激活状态,并且WDI引脚上电平保持为高或者为低的时间超过了定时时间,就会产生复位信号,$\overline{CS}$引脚上的一个下降沿将会复位看门狗定时器,由于这是一个开漏型的输出引脚,所以在使用时必须接上拉电阻
8	V_{CC}	正电源

3. X25045的内部结构

X25045芯片的内部结构如图14.16所示。

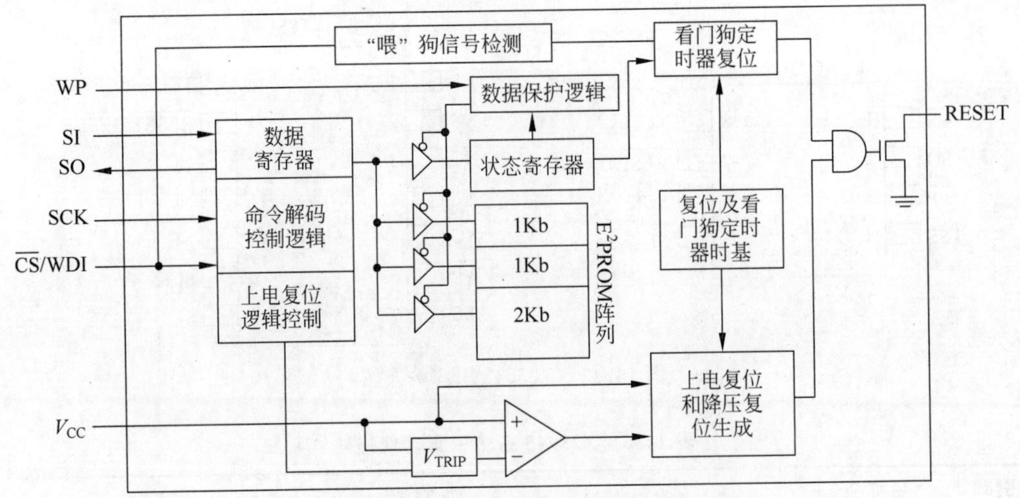

图 14.16　X25045 芯片的内部结构图

4. X25045 的指令格式

X25045 包括一个 8 位指令寄存器。它可通过 SI 输入来访问,数据在 SCK 的上升沿由时钟同步输入。在整个工作期内,$\overline{CS}$ 必须是低电平,且 WP 输入必须是高电平。X25045 监视总线,如果在预置的时间周期内没有总线的活动,那么它将提供 RESET 输出。表 14.6 中 X25045 指令及操作码,包括指令及其操作码的列表。所有的指令、地址与数据都以 MSB(最高有效位)在前的方式传送。读和写指令的第 3 位都包含高地址位 A_8。A_8 这个位用于选择设备的上半部分或下半部分存储器。

表 14.6　X25045 指令及操作码

指令名	操作码	操作描述
WREN	0000　0110	设置写使能锁存器(允许写操作)
WRDI	0000　0100	复位写使能锁存器(禁止写操作)
RDSR	0000　0101	读状态寄存器
WRSR	0000　0001	写状态寄存器
READ	0000　$A_8$011	从开始所选地址的存储器阵列中读出数据
WRITE	0000　$A_8$010	把数据写入开始于所选地址的存储器阵列(1~4B)

RDSR 指令提供对状态寄存器的访问。状态寄存器的格式如表 14.7 所示。

表 14.7　状态寄存器的格式

7	6	5	4	3	2	1	0
X	X	WD1	WD0	BL1	BL0	WEL	WIP

看门狗定时器 WD0 和 WD1 的设置如表 14.8 所示。这些非易失性的位由发出的 WRSR 指令来设置。如果允许看门狗定时器工作且 $\overline{CS}$ 保持高电平或低电平的时间长于看门狗超时周期,那么 RESET 也变为高电平。$\overline{CS}$ 的下降将复位看门狗定时器。

表 14.8 X25045 看门狗定时设置

控制寄存器(位)		看门狗超时周期
WD1	WD0	
0	0	1.4s
0	1	600ms
1	0	200ms
1	1	禁用

WIP 是写入进程指示位,指示 X25045 是否正忙于写入操作。当其为 1 时,写入正在进行;为 0 时,没有写入正在进行。在写入期间,所有其他位都设置为 1。WIP 位是只读的。

WEL 是写入允许位指示位。当其为 1 时,锁存器被设置;当设置为 0 时,锁存器被重置。WEL 位是只读的,由 WREN 指令设置,由 WRDI 指令复位或成功完成写入循环时清零。

块保护(BL0 和 BL1)位表示采用的保护范围。这些非易失性位是通过发出 WRSR 指令来设置的,允许用户选择 4 种保护级别中的一种,并对监视计时器进行编程。X25045 被分成 4 个 1024 位段。1 个、2 个或所有 4 个片段都可能被锁定。也就是说,用户可以读取段,但无法在选定的段中更改(写入)数据。分区控制如表 14.9 所示。

表 14.9 X25045 块保护设置

状态寄存器位		保护的地址空间
BL1	BL0	X5045/X5043
0	0	不保护
0	1	$180H～$1FFH
1	0	$100H～$1FFH
1	1	$000H～$1FFH

5. X25045 读时序

当从 E^2PROM 存储器阵列读数据时,首先把 $\overline{CS}$ 拉至低电平以选择芯片。8 位的读(READ)指令被发送至 X25045。其后是 8 位字节地址。在发送了读操作码和字节地址之后,在所选定的地址存储器中存储的数据被移出到 SO 线上。主设备继续提供时钟脉冲,可继续读出在下一地址的存储器中存储的数据。在每一个数据字节移出之后,字节地址自动增量至下一个较高的地址。把 $\overline{CS}$ 置为高电平可以终止读操作。读操作时序图如图 14.17 所示。

6. X25045 写时序

在把数据写入 X25045 之前,必须首先发出 WREN 指令把写使能锁存器置位(如图 14.18 所示)。

由图 14.18 可知,$\overline{CS}$ 首先被拉至低电平,然后 WREN 指令由时钟同步送入 X25045,在指令的所有 8 位被发送之后,必须使 $\overline{CS}$ 变为高电平。如果在发出 WREN 指令之后不

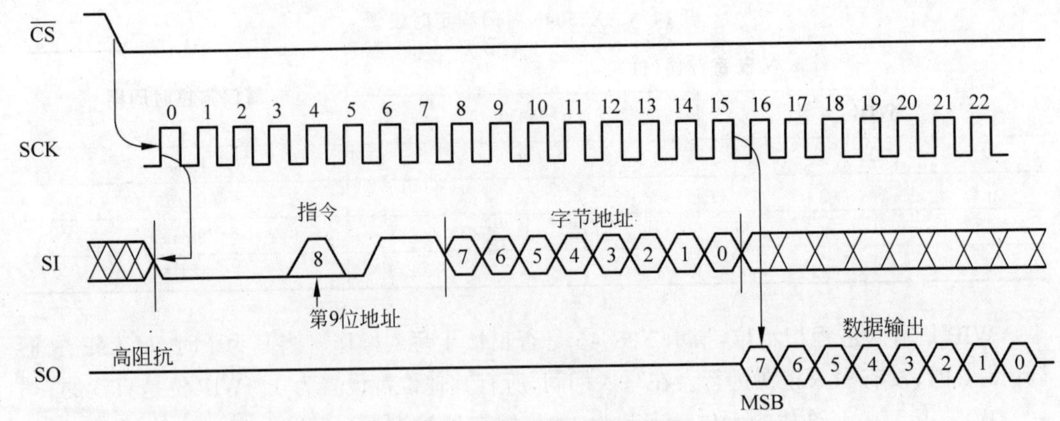

图 14.17 X25045 读操作时序图

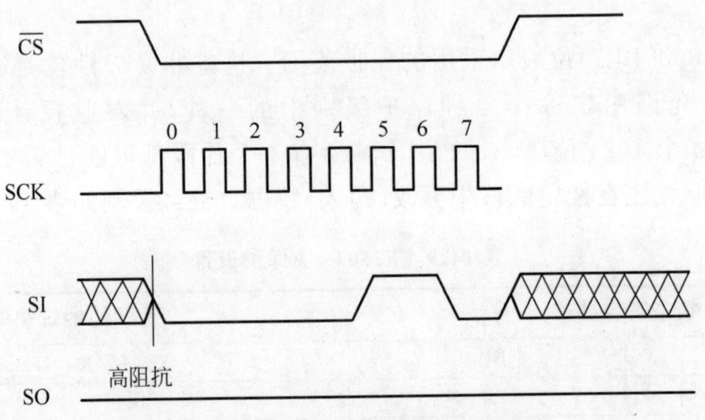

图 14.18 X25045 写使能锁存器时序

把 $\overline{CS}$ 变为高电平而继续操作,那么写操作将会被忽略。

为了把数据写至 E^2PROM 存储器阵列,要发出 WRITE 指令,后跟数据地址,接着是要写的数据。在此操作期间,$\overline{CS}$ 必须变为低电平且保持在低电平。主机可以继续写多达 4B 的数据至 X25045。唯一的限制是 4B 必须驻留在同一个页上。为了结束写操作(写字节或页),只能在第 24、第 32、第 40 或第 48 个时钟之后把 $\overline{CS}$ 变为高电平。写字节操作时序如图 14.19 所示。

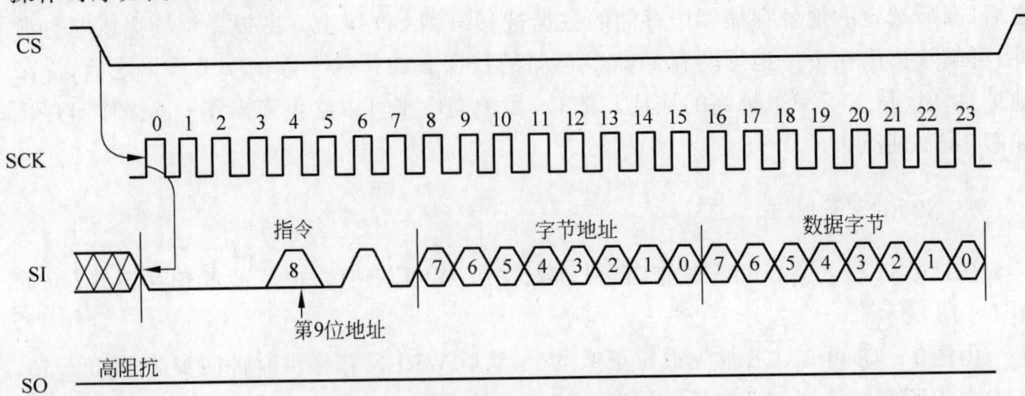

图 14.19 X25045 写字节操作时序

14.4 A/D 和 D/A 转换器概述

在单片机的实时控制和智能仪表等应用系统中，被控或被测量对象往往是一些连续变化的模拟量，如温度、压力、流量、速度等。这些模拟量必须转换为数字量后才能输入计算机进行处理。计算机处理的结果也常常需要转换成模拟量以驱动相应的执行机构，实现对被控对象的控制。若输入的是非电量的模拟信号，还需要通过传感器转换为电信号。实现模拟量变换为数字量的设备称为模数（A/D）转换器，数字量转换成模拟量的设备称为数模（D/A）转换器。本节从应用的角度着重叙述几种典型 A/D、D/A 芯片及其接口技术。

14.4.1 A/D 转换器的工作原理

A/D 转换就是要将模拟量 V（如 5V）转换成数字量 D（如 255）。模/数（A/D）转换的形式较多，如计数比较型、逐次逼近型、双积分型等。在集成电路器件中普遍采用逐次逼近型，现在简要介绍逐次逼近型 A/D 的基本工作原理。

图 14.20 所示为逐次逼近型结构。这种 A/D 转换器是以 D/A 转换器为基础，加上比较器、逐次逼近寄存器、控制与定时电路及时钟等组成。

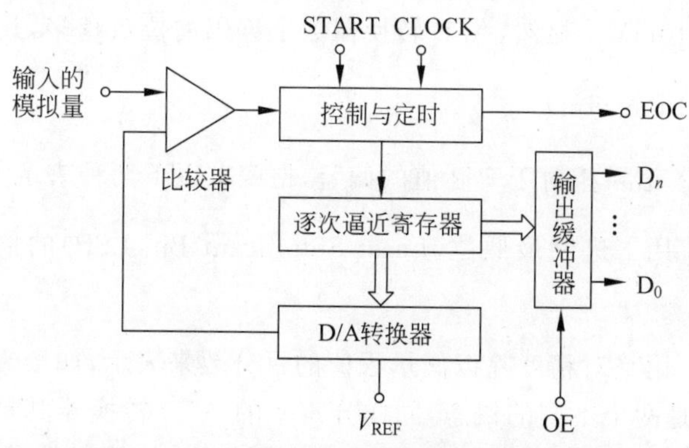

图 14.20 逐次逼近型结构

在启动信号控制下，控制与定时电路给逐次逼近寄存器最高位置 1，经 D/A 转换成模拟量后与输入模拟量进行比较，电压比较器给出比较结果。如果输入量大于或等于经 D/A 变换后输出的量，则比较器为 1，否则为 0，控制与定时电路根据比较器输出的结果，修改逐次逼近寄存器中的内容，使其经 D/A 转换后的模拟量逐次逼近输入模拟量。这样经过若干次修改后的数字量，便是 A/D 转换结果的量。

目前逼近型 A/D 大多采用二分搜索法，即首先取电压范围最大值的 1/2 与输入电压值进行比较，也就是首先最高为 1，其余位为 0。如果搜索的值在此范围内，则再取范围的 1/2 值，即次高位置 1。如果搜索值不在此范围内，则应以搜索值的最大允许输入电压值的另外 1/2 范围，即最高位为 0，依次进行下去，每次比较将搜索范围缩小 1/2，具有 n 位的 A/D 转换，经 n 次比较，即可得到结果。逐次逼近法变换速度较快，所以集成化的

A/D 芯片多采用上述方法。

由图 14.19 可知,A/D 转换需外部启动控制信号才能进行,分为脉冲启动和电平启动两种,使用脉冲启动的芯片有 ADC0804、ADC0809、ADC1210 等,使用电平启动的芯片有 ADC570、ADC571、ADC572 等。这一启动信号由 CPU 提供,当 A/D 转换器被启动后,通过二分搜索法经 n 次比较后,逐次逼近寄存器的内容才是转换好的数字量。因此,必须在 A/D 转换结束后才能从逐次逼近寄存器中取出数字量。为此 D/A 芯片专门设置了转换结束信号引脚,向 CPU 发送转换结束信号,通知 CPU 读取转换后的数字量,CPU 可以通过中断或查询方式检测 A/D 转换结束信号,并从 A/D 芯片的数据寄存器中读取数字量。

14.4.2 A/D 转换器的性能指标

1. A/D 分辨率(Resolution)

分辨率是用来表示 A/D 转换器对于输入模拟信号的分辨能力,即 A/D 转换器输出的数字编码能够反映多么微小的模拟信号变化。A/D 转换器的分辨率定义为满量程电压与 2^n 的比值,其中 n 为 A/D 转换器输出的数字编码位数。例如,具有 10 位分辨率的 A/D 转换器能够分辨出满量程的 $\frac{1}{2^{10}}=\frac{1}{1024}$,对于 10V 的满量程能够分辨输入模拟电压变化的最小值约为 10mV。显然,A/D 转换器数字编码的位数越多,其分辨率越高。

2. A/D 精度(Precision)

精度是指转换器结果相对于实际值的偏差,精度有以下两种表示方法:

(1) 绝对精度:用二进制最低位(Least Significant Bit,LSB)的倍数来表示,如 $\pm\frac{1}{2}$ LSB、±1LSB 等。

(2) 相对精度:用绝对精度除以满量程值的百分数来表示,如±0.05%等。

分辨率与精度是两个不同的概念,同样分辨率的 A/D 转换器其精度可能不同,例如两种 A/D 转换器 AD0804 与 AD570 的分辨率均为 8 位,但前者的精度为±1LSB,而后者的精度为±2LSB,因此,分辨率高但精度不一定高,而精度高则分辨率必然也高。

3. A/D 量程(满刻度范围,即 Full Scale Range)

量程是指输入模拟电压的变化范围,例如,某转换器具有 10V 的单极性范围或−5~+5V 的双极性范围,则它们的量程都为 10V。应当指出,满刻度只是个名义值,实际的 A/D、D/A 转换器的最大输出值总是比满刻度值小 $1/2^n$,n 为转换器的位数,这是因为模拟量的 0 值是 $2n$ 个转换状态中的一个,在 0 值以上只有 2^n-1 个梯级。但按照通常习惯,转换器的模拟量范围总是用满刻度表示,例如,12 位的 A/D 转换器,其满刻度值为 10V,而实际的最大输出值为

$$10\text{V}-10\text{V}\times\frac{1}{2^{12}}=10\text{V}\times\frac{4095}{4096}=9.9976\text{V}$$

4. A/D 线性度误差(Linearity Error)

理想转换器的特性应该是线性的,即模拟量输入与数字量输出成线性关系。线性度误差是指转换器实际的模拟数字转换关系与理想的直线关系不同而出现的误差,通常用LSB表示。

5. A/D 转换时间(Conversion Time)

从发出启动转换开始直至获得稳定的二进制代码所需的时间称为转换时间。转换时间与转换器的工作原理及其位数有关。具有相同工作原理的转换器,通常位数越多,其转换时间越长。

14.4.3 ADC0832 芯片概述

ADC0832 是美国国家半导体公司生产的一种 8 位分辨率、双通道 A/D 转换芯片。由于其体积小、兼容性、性价比高而深受单片机爱好者及企业欢迎,其目前已经有很高的普及率。

1. ADC0832 主要特性

(1) 8 位分辨率。
(2) 双通道 A/D 转换。
(3) 输入/输出电平与 TTL/CMOS 相兼容。
(4) 5V 电源供电时,输入电压为 0～5V。
(5) 工作频率为 250kHz,转换时间为 32μs。
(6) 一般功耗仅为 15mW。
(7) 采用 8P、14P-DIP(双列直插)、PICC 多种封装。
(8) 商用级芯片温宽为 0～+70℃,工业级芯片温宽为 −40～+85℃。

2. ADC0832 内部结构

ADC0832 为 8 位分辨率 A/D 转换芯片,其最高分辨可达 256 级,可以适应一般的模拟量转换要求。其内部电源输入与参考电压的复用,使得芯片的模拟电压输入在 0～5V 之间。芯片转换时间仅为 32μs,双数据输出可作为数据校验,以减少数据误差,转换速度快且稳定性能强。独立的芯片使能输入,使多器件挂接和处理器控制变得更加方便。通过 DI 数据输入端,可以轻易地实现通道功能的选择。图 14.21 所示为 ADC0832 内部结构图。

3. ADC0832 外部特性

ADC0832 芯片有 8 条引脚,采用双列直插式封装,图 14.22 所示为 ADC0832 引脚分布图。

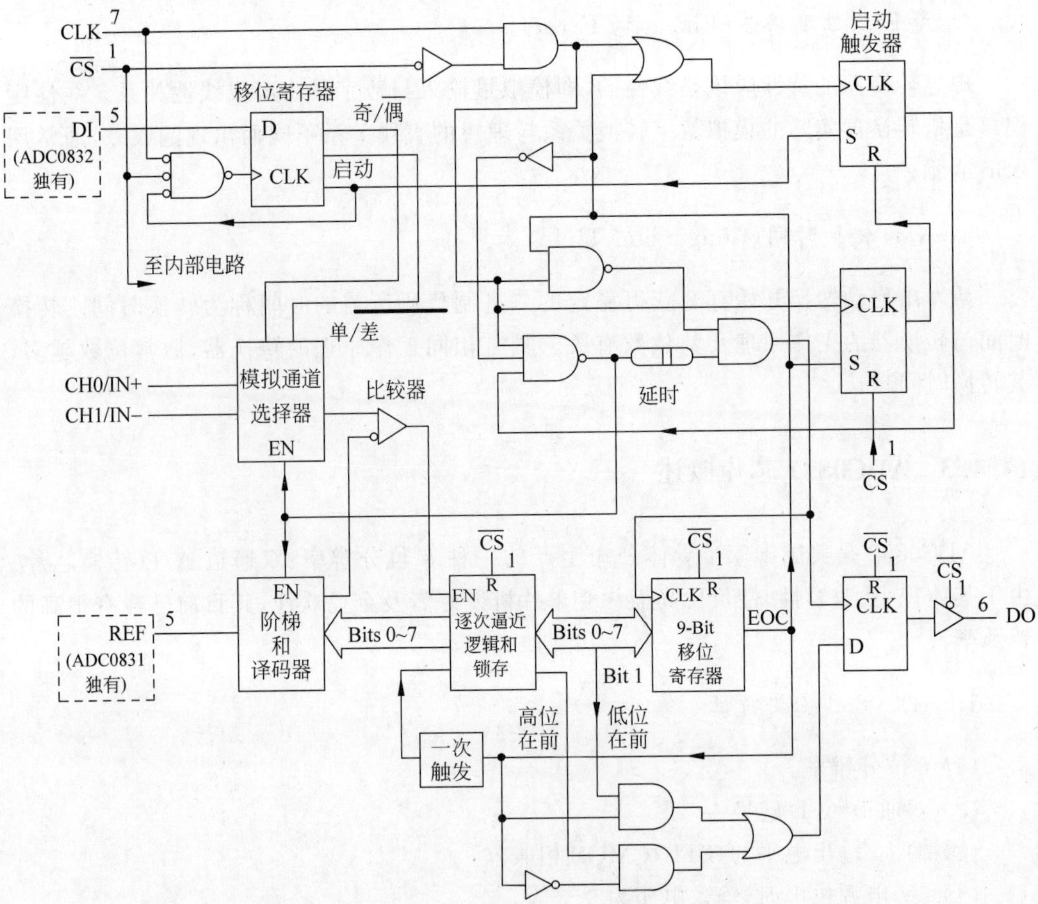

图 14.21　ADC0832 内部结构图

4. ADC0832 引脚功能

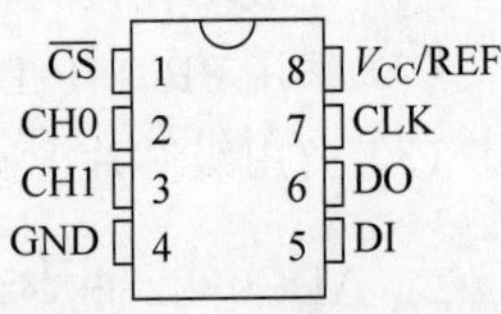

图 14.22　ADC0832 引脚分布图

(1) $\overline{CS}$ 片选使能,低电平芯片使能。
(2) CH0 模拟输入通道 0,或作为 IN+/−使用。
(3) CH1 模拟输入通道 1,或作为 IN+/−使用。
(4) GND 芯片参考 0 电位(地)。
(5) DI 数据信号输入,选择通道控制。
(6) DO 数据信号输出,转换数据输出。
(7) CLK 芯片时钟输入。
(8) V_{CC}/REF 电源输入及参考电压输入(复用)。

5. ADC0832 操作时序

正常情况下 ADC0832 与单片机的接口应为 4 根数据线,分别是 $\overline{CS}$、CLK、DO、DI。但由于 DO 端与 DI 端在通信时并未同时有效并与单片机的接口是双向的,所以电路设计时可以将 DO 和 DI 并联在一根数据线上使用。当 ADC0832 未工作时,其 $\overline{CS}$ 输入端应为高电平，此时芯片禁用，CLK 和 DO/DI 的电平可任意。当要进行 A/D 转换时，须先将 $\overline{\text{CS}}$ 使能端置于低电平并且保持低电平直到转换完全结束。此时芯片开始转换工作，同时由处理器向芯片时钟输入端 CLK 输入时钟脉冲，DO/DI 端则使用 DI 端输入通道功能选择的数据信号。在第 1 个时钟脉冲下沉之前 DI 端必须是高电平，表示起始信号；在第 2、3 个脉冲下沉之前 DI 端应输入 2 位数据用于选择通道功能。图 14.23 所示为 ADC0832 模拟量通道功能选择图，操作时序图如图 14.24 所示。

MUX地址		通道编号	
SGL/$\overline{\text{DIF}}$	ODD/$\overline{\text{EVEN}}$	0	1
L	L	+	−
L	H	−	+
H	L	+	
H	H		+

图 14.23　ADC0832 模拟量通道功能选择图

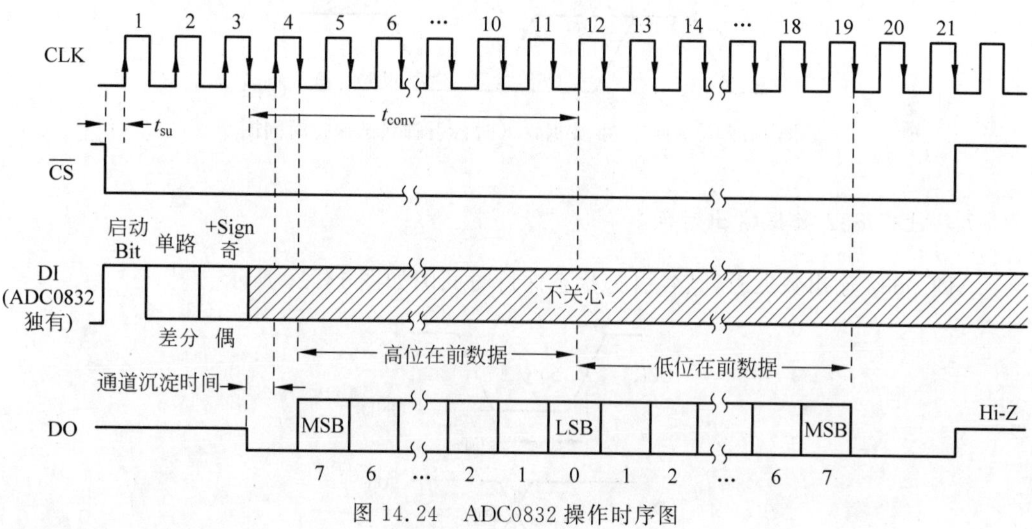

图 14.24　ADC0832 操作时序图

如图 14.23 所示，当 SGL、Odd 数据为 1、0 时，只对 CH0 进行单通道转换。当 2 位数据为 1、1 时，只对 CH1 进行单通道转换。当 2 位数据为 0、0 时，将 CH0 作为正输入端 IN＋，CH1 作为负输入端 IN－进行输入。当 2 位数据为 0、1 时，将 CH0 作为负输入端 IN－，CH1 作为正输入端 IN＋进行输入。到第 3 个脉冲下沉之后 DI 端的输入电平就失去输入作用，此后 DO/DI 端则开始利用数据输出 DO 进行转换数据的读取。从第 4 个脉冲下沉开始由 DO 端输出转换数据最高位 DATA7，随后每一个脉冲下沉 DO 端输出下一位数据。直到第 11 个脉冲时发出最低位数据 DATA0，1 字节的数据输出完成。也正是从此位开始，输出下一个相反字节的数据，即从第 11 个字节下沉输出 DATA0。随后输出 8 位数据，到第 19 个脉冲时数据输出完成，也标志着一次 A/D 转换的结束。最后将 $\overline{\text{CS}}$ 置高电平禁用芯片，直接将转换后的数据进行处理就可以了。

作为单通道模拟信号输入时，ADC0832 的输入电压为 0～5V，且 8 位分辨率时的电压精度为 19.53mV。如果作为由 IN＋与 IN－的输入时，可是将电压值设定在某一个较大范围之内,从而提高转换的宽度。但值得注意的是,在进行 IN+与 IN-的输入时,如果 IN-的电压大于 IN+的电压,则转换后的数据结果始终为 0x00。

6. ADC0832 数据输入时间

单片机或其他外部设备向 ADC0832 输入数据时,其各引脚状态保持时间图如图 14.25 所示。

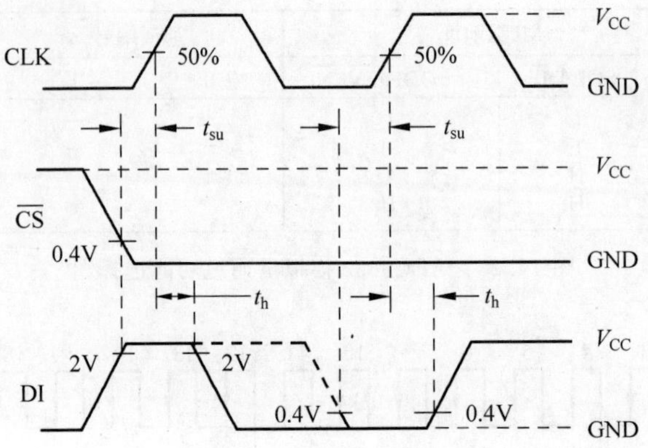

图 14.25　ADC0832 数据输入时各引脚状态保持时间图

7. ADC0832 数据输出时间

ADC0832 输出数据时,其各引脚状态保持时间图如图 14.26 所示。

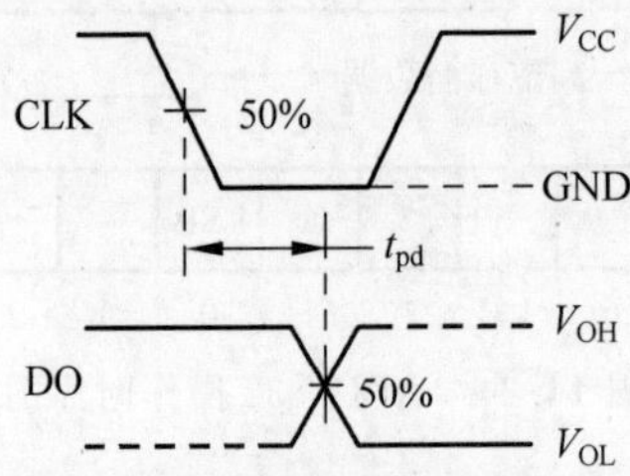

图 14.26　ADC0832 数据输出时各引脚状态保持时间图

8. ADC0832 典型应用电路

ADC0832 的典型应用电路图如图 14.27 所示。

14.4.4　D/A 转换器工作原理及技术指标

D/A 转换器用来将数字量转换成模拟量,基本要求是输出电压 V_o 应该和输入数字量 D 成正比,即 $V_o = D \times V_R$,其中 $D = d_{n-1} \times 2^{n-1} + d_{n-2} \times 2^{n-2} + \cdots + d_1 \times 2^1 + d_0 \times 2^0$,为了将数字量转换成模拟量,应该将其每一位都转换成相应的模拟量(即“权”),然后求和,即得到与数字量成正比的模拟量。一般的 D/A 转换器都是按这一原理设计的。D/A 转换器的类型很多,常用的有 T 型电阻网络 D/A 转换器和权电流型 D/A 转换器。

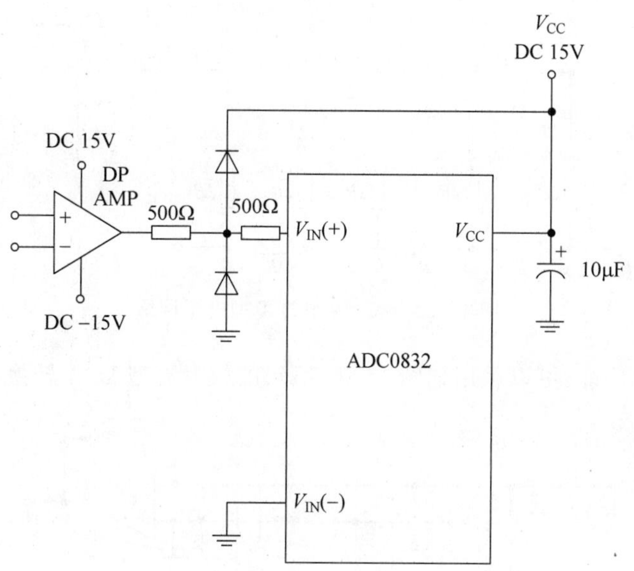

图 14.27　ADC0832 的典型应用电路图

1. T 型电阻网络 D/A 转换器

T 型电阻网络 D/A 转换器基本电路如图 14.28 所示，由 T 型电阻解码网络、模拟电子开关及求和放大器组成。

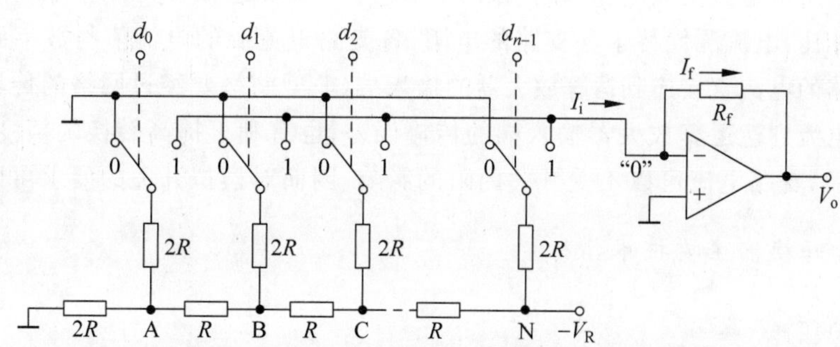

图 14.28　T 型电阻网络 D/A 转换器基本电路

图 14.28 中，模拟电子开关受数字 $d_{n-1} \sim d_0$ 控制，当 $d_i (i=0 \sim n-1)$ 为 0 时，开关倒向左边，支路中的电阻接地；当 d_i 为 1 时，开关倒向右边，支路中的电阻就接“虚地”，给运算放大器输入端提供电流。T 型电阻网络的电阻值只有两种，即 R 或 $2R$。

假设数字量 $d_{n-1} \sim d_0$ 中只有 $d_{n-1}=1$，其余各位均为 0，则最左边为两个 $2R$ 电阻并联，它们的等效电阻为 R，接着又是两个 $2R$ 的电阻并联，等效电阻又为 R，……以此类推，最后等效于一个数值为 R 的电阻连在参考电压 $-V_R$ 上，如图 14.29 所示。

2. 权电流型 D/A 转换器

在实际电路中，由于参考电压偏差、运算放大器零点漂移、模拟开关导通电阻及网络电阻误差等原因，会造成传输误差，使输出模拟量与输入数字量不完全成比例。为了改

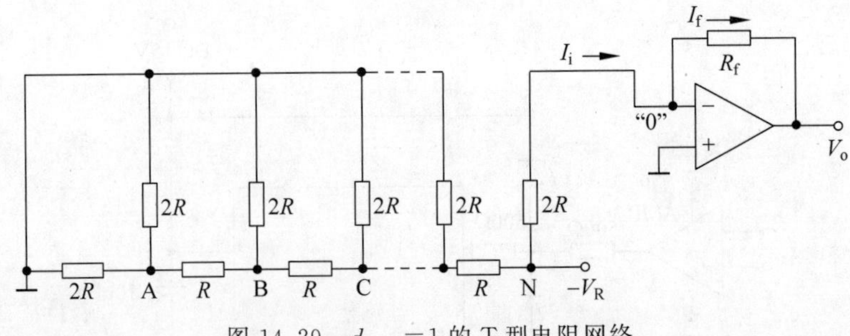

图 14.29　$d_{n-1}=1$ 的 T 型电阻网络

进 D/A 转换器的性能,可以采用如图 14.30 所示的权电流型 D/A 转换器。

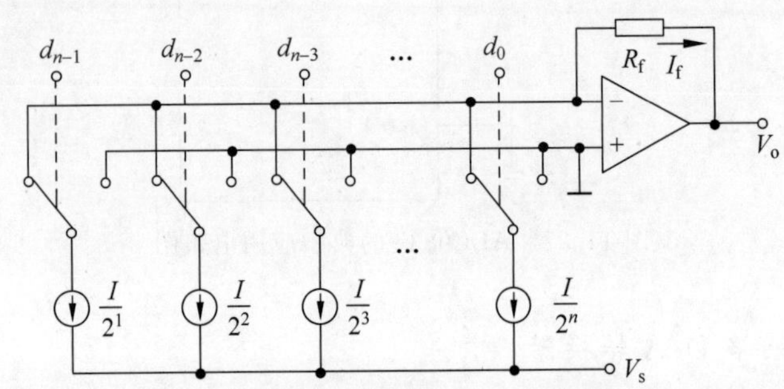

图 14.30　权电流型 D/A 转换器

图 14.30 所示电路由电流源解码网络、模拟电子开关和运算放大器组成。与图 14.29T 型电阻网络相比,电流源代替了各支路的电阻,各支路电流源的电流值与数字码的权值成正比。各支路的电流直接连到运算放大器的输入端(T 型网络要经过网络的传输),因而避免了各支路电流到达运算放大器输入端的传输误差,也有利于提高转换的精度。另外,采用电流源以后,支路电流可以不受开关内阻的影响,因而对模拟开关的要求可以降低。

3. D/A 转换器主要技术指标

(1) 分辨率。

(2) 线性度。

(3) 转换精度。

(4) 建立时间。

(5) 温度系数。

(6) 电源抑制比。

(7) 输入数字电平。

(8) 工作温度范围。

14.4.5　DAC0832 芯片概述

DAC0832 为 8 位分辨率的 D/A 转换器。内部有两个 8 位的输入寄存器和一个 8 位 D/A 转换器,为电流输出型 D/A 转换器,可通过运放将电流信号转化为单端电压信号输出,驱动其他电路。

1. DAC0832 内部结构及引脚图

DAC0832 是 8 位 D/A 芯片,由美国国家半导体公司生产,是目前国内应用最广泛的 8 位 D/A 芯片(注意 ADC0832 与 DAC0832 的区别)。其内部结构及引脚图如图 14.31 所示。

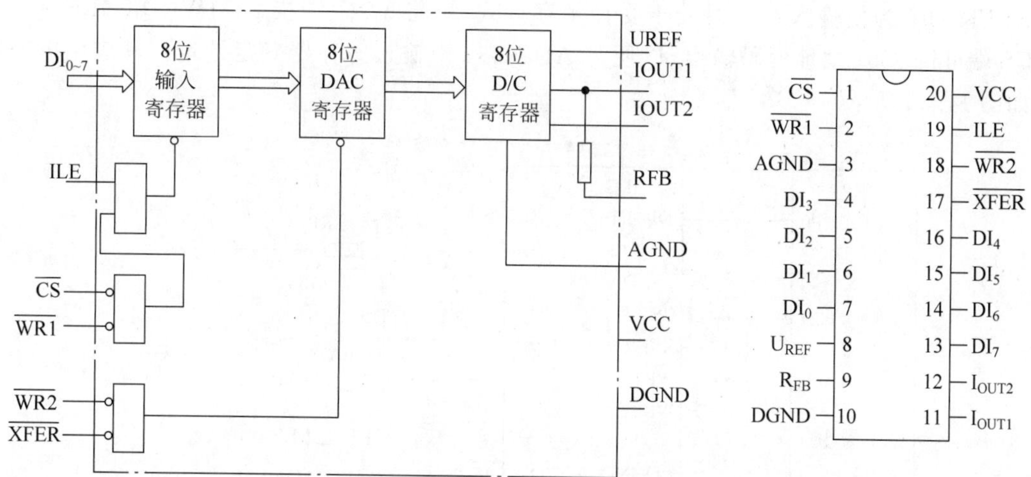

图 14.31 DAC0832 内部结构及引脚图

2. DAC0832 引脚功能

(1) DI0～DI7:8 位数据输入端。

(2) ILE:输入数据允许锁存信号,高电平有效。

(3) $\overline{CS}$:片选端,低电平有效。

(4) $\overline{WR1}$:输入寄存器写选通信号,低电平有效。

(5) $\overline{WR2}$:DAC 寄存器写选通信号,低电平有效。

(6) $\overline{XFER}$:数据传送信号,低电平有效。

(7) IOUT1、IOUT2:电流输出端。

(8) RFB:反馈电流输入端。

(9) UREF:基准电压输入端。

(10) VCC:正电源端。

(11) AGND:模拟地。

(12) DGND:数字地。

3. DAC0832 工作方式

用软件指令控制这 5 个控制端:ILE、$\overline{CS}$、WR1、WR2、XFER,可实现 3 种工作方式。

(1) 直通工作方式:5 个控制端均有效,直接 D/A。

(2) 单缓冲工作方式:5 个控制端一次选通。

(3) 双缓冲工作方式:5 个控制端分两次选通。

4. DAC0832应用电路

1）单缓冲方式应用电路

所谓单缓冲方式是指芯片中的输入寄存器和DAC寄存器的其中一个处于直通方式,另一个处于受控选通方式。例如,为使DAC寄存器处于直通方式,可设WR2=0和XFER=0;为使输入寄存器处于受控锁存方式,可将WR1端接8051WR端,ILE=1。$\overline{CS}$端可接8051地址译码输出,以便为ADC0832中输入寄存器确定地址。其应用电路如图14.32所示。

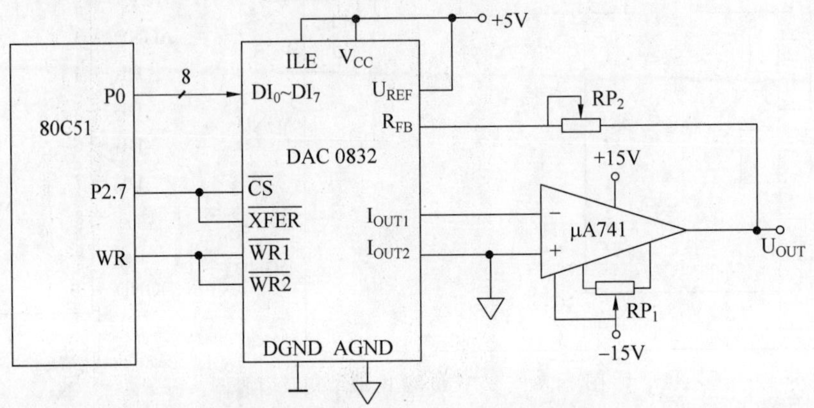

图14.32 DAC0832单缓冲应用电路图

2）双缓冲方式应用电路

双缓冲方式是指DAC0832中输入寄存器和DAC寄存器均处于受控选通方式。为了实现对内部两个寄存器的控制,可根据DAC0832引脚功能,给两个寄存器分配不同地址。其应用电路如图14.33所示。

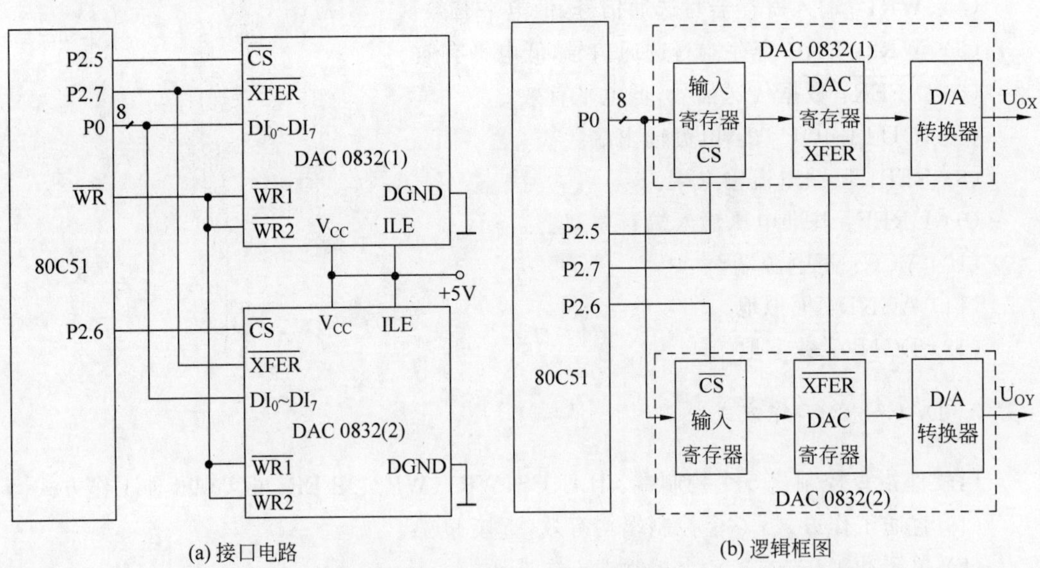

图14.33 DAC0832双缓冲应用电路图

14.5 单片机驱动接口总线应用举例

视频讲解

前面章节介绍过使用单片机模拟串行总线的基本方法，本节介绍使用单片机驱动各外部总线接口的基本方法与实例程序。单片机驱动各总线，即根据各总线协议及时序图，利用单片机的 I/O 口进行模拟操作。

14.5.1 案例 1：DS18B20 驱动程序

DS18B20 是单总线器件，其输入/输出采用数字量，采用单总线技术接收主机发送的命令，根据 DS18B20 内部协议进行相应的处理，将转换的温度以串口发送给主机。主机按照通信协议用一个 I/O 口模拟 DS18B20 的时序，发送命令（初始化命令、ROM 命令、功能命令）给 DS18B20，即可完成相应操作。它的接口类型属于单总线。本驱动程序参考的电路如图 14.34 所示。

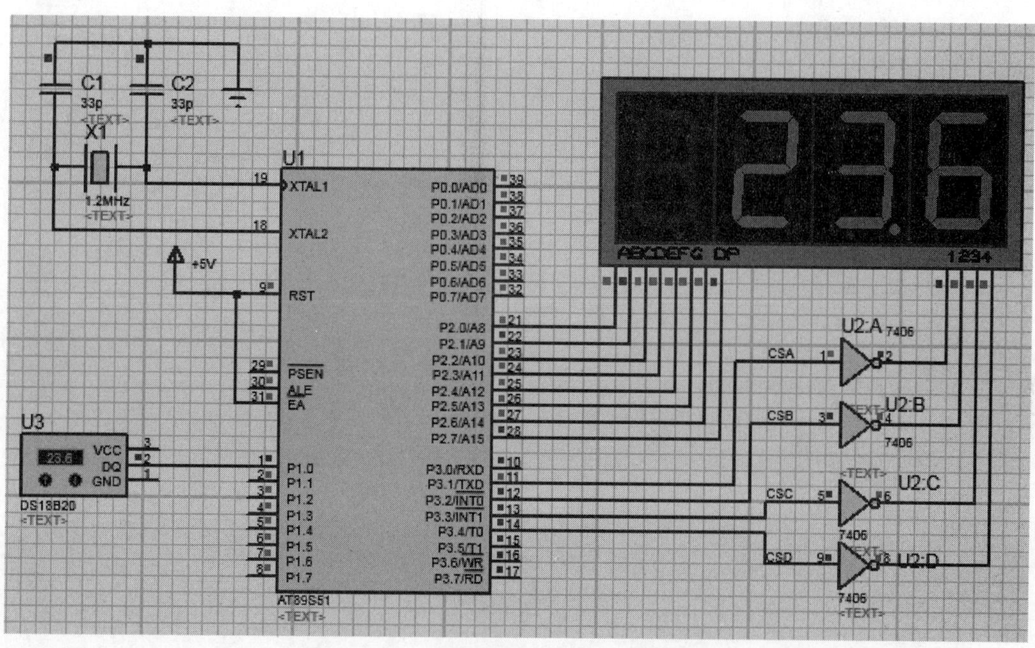

图 14.34　DS18B20 驱动程序参考电路

1. 预定义及延时函数

这部分程序主要是对一些命令使用宏定义、I/O 口线定义等。

```
//操作命令定义
#define SKIP_ROM            0xCC
#define READ_ROM            0x33
#define FITTING_ROM         0x55
```

```
#define SERACH_ROM           0x0F
#define WARNNING_SEARCH      0xEC
#define READ_TEMPBUF         0xBE
#define WRITE_TEMPBUF        0x4E
#define COPY_REGISTER        0x48
#define RESET_REGISTER       0xB8
#define READ_POWER_MODE      0xB4
#define TEMP_COVERT          0x44
//IO口定义
sbit DS1820_DQ = P1^0;       //18B20的DQ端
```

2. 温度读取函数

温度读取函数,向 DS18B20 写入和温度转换相关的指令。返回温度值的单位为 0.1℃,返回结果放大 10 倍。

```
int DS18B20ReadTemperature(void)
{
    u8 Low = 0;
    u8 Hight = 0;
    int Temp0  = 0;
    float Temp1 = 0;
    DS18B20Init();
    DS18B20WriteByte(SKIP_ROM);           //跳过读序号列号的操作
    DS18B20WriteByte(TEMP_COVERT);        //启动温度转换
    DS18B20Init();
    DS18B20WriteByte(SKIP_ROM);           //跳过读序号列号的操作
    DS18B20WriteByte(READ_TEMPBUF);       //读取温度寄存器
    Low  =  DS18B20ReadByte();            //低位
    Hight  =  DS18B20ReadByte();          //高位
    Temp0  =  Hight;
    Temp0 <<= 8;
    Temp0  =  Temp0 | Low;
    Temp1  =  Temp0  * 0.0625;
    Temp0  =  Temp1 * 10 + 0.5;
    return(Temp1 * 10);                   //结果放大10倍
}
```

3. 读全部 9 个寄存器函数

读全部 9 个寄存器函数,向 DS18B20 发送读取命令,返回 TRUE 表示读取成功,返回 FALSE 表示读取失败,在读取时必须进行复位操作。读取的 9 个寄存器的值保存在入口参数 Out 中。

```
u8 Ds18B20Read9Bytes(u8  * Out)
{
    u8 x;
```

```
    if(NULL == Out)
    {
        return FALSE;
    }
    if(DS18B20Init() == FALSE)
    {
        return FALSE;
    }
    DS18B20WriteByte(SKIP_ROM);
    DS18B20WriteByte(READ_TEMPBUF);
    for(x = 0; x < 9; x++)
    {
        Out[x] = DS18B20ReadByte();
    }
    return TRUE;
}
```

4. 读 ID 函数

读 DS18B20 的 64 位 ID,并存于入口参数 Out 中,返回 TRUE 表示读取成功, 返回 FALSE 表示读取失败。

```
u8 Ds18B20Read9Bytes(u8 * Out)
{
    u8 x;
    if(NULL == Out)
    {
        return FALSE;
    }
    if(DS18B20Init() == FALSE)
    {
        return FALSE;
    }
    DS18B20WriteByte(SKIP_ROM);
    DS18B20WriteByte(READ_TEMPBUF);
    for(x = 0; x < 9; x++)
    {
        Out[x] = DS18B20ReadByte();
    }
    return TRUE;
}
```

5. 向器件写入 1 字节

向器件写入 1 字节数据操作,写入的字节通过入口参数 Data 传入。

```
void DS18B20WriteByte(unsigned char Data)        //写 1 字节
{
    u8 i = 0;
    for (i = 8; i > 0; i -- )
    {
        DS1820_DQ = 0;
        DS1820_DQ = Data&0x01;
        DelayUs(10);
        DS1820_DQ = 1;
        Data >> = 1;
    }
    DelayUs(8);
}
```

6. 接收 1 字节

从总线上接收 1 字节数据操作,返回接收内容。

```
u8 DS18B20ReadByte(void)     //读 1 字节
{
    u8 i = 0;
    u8 Data = 0;
    for(i = 8;i > 0;i -- )
    {
        DS1820_DQ = 0;       // 给脉冲信号
        Data >> = 1;
        DS1820_DQ = 1;       // 给脉冲信号
        if(DS1820_DQ)
            Data| = 0x80;
        DelayUs(8);
    }
    return(Data);
}
```

14.5.2 案例 2：AT24C04 驱动程序

AT24C04 是基于 I^2C-BUS 的串行 E^2PROM,其内部有 4Kb 的存储单元。遵循二线制协议,由于其具有接口方便、体积小、数据掉电不丢失等特点,在仪器仪表及工业自动化控制中得到大量的应用。它的接口类型属于 I^2C 串行总线。本驱动程序参考电路如图 14.35 所示。

AT24C04 器件地址如图 14.36 所示,其中的 Bit1(P0)为 1 时,对应于高 2Kb 存储地址,其为 0 时,对应于低 2Kb 的存储地址。由图 14.35 和图 14.36 可知本驱动程序中 AT24C04 的低 2Kb 的读写地址分别为 0xA0 和 0xA1,AT24C04 的高 2Kb 的读写地址分别为 0xA2 和 0xA3。

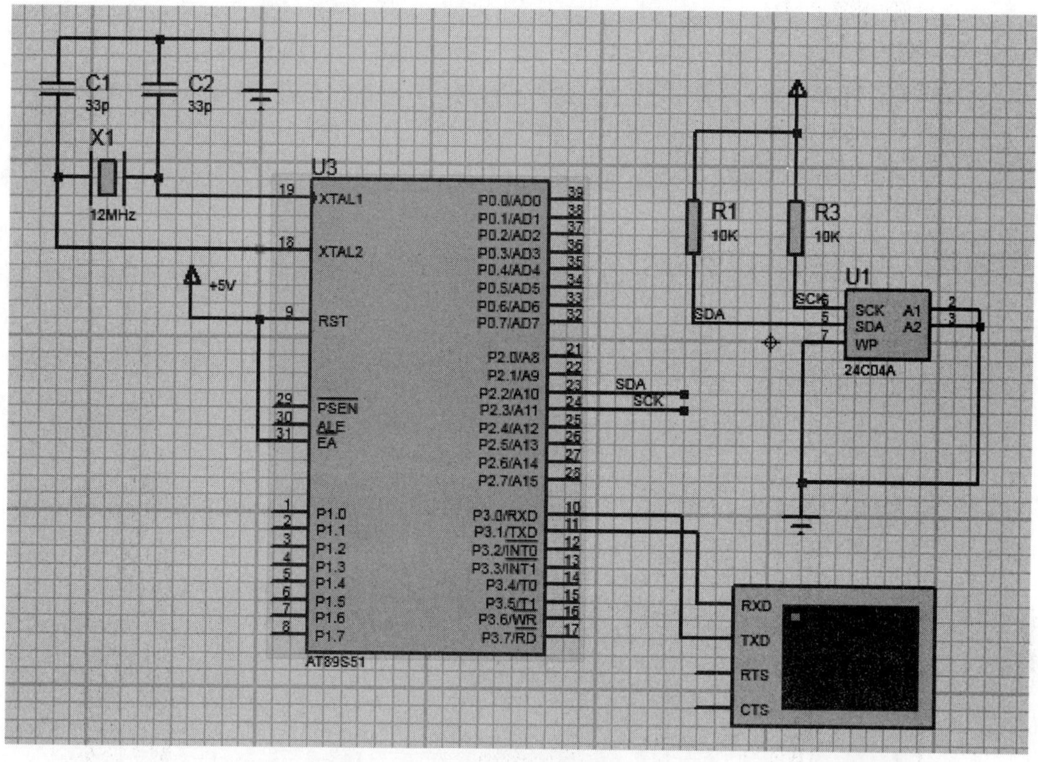

图 14.35　AT24C04 驱动程序参考电路

Density	Access Area	Bit 7	Bit 6	Bit 5	Bit 4	Bit 3	Bit 2	Bit 1	Bit 0
4K	E^2PROM	1	0	1	0	A_2	A_1	P0	$R/\overline{W}$

图 14.36　AT24C04 器件地址

1. I/O 口线定义

这部分程序主要是对 I/O 口线进行定义。

```
sbit SDA = P2^2;
sbit SCL = P2^3;
```

2. 发送起始信号函数

I^2C 总线的起始信号是在 SCL 为高电平时，SDA 由高到低的变化（下降沿）即为起始信号。

```
void Start(void)
{
    SDA = 1;
    Delay_5μs();          //5μs 延时
    SCL = 1;
```

```
    Delay_5μs;         //5μs 延时
    SDA = 0;
    Delay_5μs;         //5μs 延时
}
```

3. 发送停止信号函数

I^2C 总线的停止信号是在 SCL 为高电平时，SDA 由低到高变化(上升沿)即为停止信号。

```
void I2CStop(void)
{
    SDA = 0;
    DelayUs(5);        //5μs 延时
    SCL = 1;
    DelayUs(5);        //5μs 延时
    SDA = 1;
    DelayUs(5);        //5μs 延时
}
```

4. 检测器件应答信号

等待器件应答信号，如果延时一段时间后，器件仍然没有应答，则放弃等待应答信号。读者可适当增添标志位，如返回成功或失败标志等。

```
void I2CSubAck(void)     //应答
{
    u8 Idex = 0;
    SCL = 1;
    DelayUs(5);          //5μs 延时
    //条件判断, SDA = 1,则没有应答.如果 Idex > = 50,则放弃等待
    while((SDA == 1)&&(Idex < 250))
    {
        Idex++;
    }
    SCL = 0;
    DelayUs(5);          //5μs 延时
}
```

5. 主设备应答信号

主设备应答信号即主设备对总线的应答信号。连续读取数据时使用。

```
void I2CMainAck(void)
{
    SDA = 0;
```

```
    DelayUs(5);
    SCL = 1;
    DelayUs(5);
    SCL = 0;
    DelayUs(5);
    SDA = 1;
}
```

6. 主设备非应答信号

主设备非应答信号即主设备对总线的非应答信号。读取单个数据时使用。

```
void I2CMainNoAck(void)
{
    SDA = 1;
    DelayUs(5);
    SCL = 1;
    DelayUs(5);
    SCL = 0;
    DelayUs(5);
    SDA = 0;
}
```

7. 发送字节

向 I^2C 总线发送字节。

```
void I2CSendByte(u8 Byte)
{
    u8 Index;
    SCL = 0;
    for(Index = 0; Index < 8; Index++)        //开始读数据
    {
        if(Byte & 0x80)
            SDA = 1;
        else
            SDA = 0;
        SCL = 1;
        DelayUs(5);                           //5μs 延时
        SCL = 0;
        DelayUs(5);                           //5μs 延时
        Byte <<= 1;                           //向左移出 1 位
    }
}
```

8. 接收字节

从 I^2C 总线接收字节。

```
u8 I2CReceiveByte(void)
{
    u8 Index;
    u8 ReadData;
    for(Index = 0; Index < 8; Index++)
    {
        SCL = 1;
        DelayUs(5);                          //5μs 延时
        ReadData = (ReadData << 1)| SDA; //向左移入 1 位
        SCL = 0;
        DelayUs(5);                          //5μs 延时
    }
    return ReadData;
}
```

9. 读字节函数

读字节函数的功能是从器件读取 1 字节数据。

```
//器件写地址 WriteAddress
//器件读地址 ReadAddress
//字节地址 RegAddress
//读出的数据 Read_Data
u8 I2CReadByte(u8 WriteAddress,u8 RegAddress,u8 ReadAddress)//读一个数据
{
    u8 Read_Data;
    I2CStart();
    //发器件地址(写)
    I2CSendByte(WriteAddress);
    I2CSubAck();              //应答
    //发送要读取的数据地址
    I2CSendByte(RegAddress);
    I2CSubAck();              //应答
    I2CStart();
    //发器件地址(读)
    I2CSendByte(ReadAddress);
    I2CSubAck();              //应答
    Read_Data = I2CReceiveByte();
    I2CMainNoAck();
    I2CStop();
    return Read_Data;         //返回读到的数据
}
```

10. 写字节函数

写字节函数的功能是向器件写 1 字节数据。读者可适当增添标志位,如返回成功或失败标志等。

```
//器件写地址 WriteAddress
//字节地址 RegAddress
//待写入数据 WData
void I2CWriteByte(u8 WriteAddress,u8 RegAddress,u8 WData)//写一个数据
{
    I2CStart();
    //发器件地址(写)
    I2CSendByte(WriteAddress);
    I2CSubAck();          //应答
    //发送要写入的存储空间地址
    I2CSendByte(RegAddress);
    I2CSubAck();          //应答
    //发送要写入的数据
    I2CSendByte(WData);
    I2CSubAck();          //应答

    I2CStop();
}
```

11. 页写入函数

AT24Cxx 系列的 E^2PROM 为了提高写效率，提供了页写入功能，内部有个一页大小的写缓冲 RAM，地址范围就是从 00 到一页大小，发生写操作时，开始送入的地址对应的页被选中，并将其内容映像到缓冲 RAM，数据从低端地址对应的缓冲 RAM 地址开始修改，超过这个地址范围就回到 00，写完后，就会把开始确定的 E^2PROM 页擦除，再把一整页 RAM 数据写入。所有写数据都发生在开始写地址时确定的页上。

```
// Address 起始地址
//In 要写入的数据内存地址
//Len 要写入的数据长度
void AT24C04WritePage(u16 Address, u8 * In, u8 Len)
{
    u8 Index = 0;
    u8 SendAddress = Address % 256;
    //参数检查
    if(NULL == In)
        return;
    I2CStart();
    //发送器件地址
    if(Address > 0xff)
    {
        I2CSendByte(AT24C04_WRITE_HIGHT_ADDRESS);
    }
    else
    {
        I2CSendByte(AT24C04_WRITE_LOW_ADDRESS);
    }
```

```
    I2CSubAck();            //应答
    //发送要写入的存储地址
    I2CSendByte(SendAddress);
    I2CSubAck();            //应答
    //写入页数据
    for(Index = 0; Index < Len; Index ++)
    {
        I2CSendByte(In[Index]);
        I2CSubAck();        //应答
    }
    I2CStop();
}
```

12. 连续读出函数

顺序读取由当前地址读取或随机地址读取发起。单片机接收到一个数据字,它以一个确认做出响应。只要 E^2PROM 接收到一个确认,它将继续增加数据字地址,并连续输出连续的数据字。当达到内存地址限制后,数据字地址将“滚转”,然后继续顺序读取。当单片机不响应时,顺序读取操作终止。

```
// Address 起始地址
// Out 要读取的数据存储内存地址
//Len 要读取的数据长度
void AT24C04ReadSequence(u16 Address, u8 * Out, u8 Len)
{
    u8 Index = 0;
    u8 SendAddress = Address % 256;
    //参数检查
    if(NULL == Out)
        return;
    I2CStart();
    //发送器件地址(写)
    if(Address > 0xff)
    {
        I2CSendByte(AT24C04_WRITE_HIGHT_ADDRESS);
    }
    else
    {
        I2CSendByte(AT24C04_WRITE_LOW_ADDRESS);
    }
    I2CSubAck();                //应答
    //发送要读取的存储地址
    I2CSendByte(SendAddress);
    I2CSubAck();                //应答
    I2CStart();
    //发送器件地址(读)
    if(Address > 0xff)
```

```
    {
        I2CSendByte(AT24C04_READ_HIGHT_ADDRESS);
    }
    else
    {
        I2CSendByte(AT24C04_READ_LOW_ADDRESS);
    }
    I2CSubAck();        //应答
    //读取数据前 Len-1 个数据
    for(Index = 0; Index < (Len-1); Index ++)
    {
        Out[Index] = I2CReceiveByte();
        I2CMainAck();
    }
    //读取最后 1 个数据
    Out[Len-1] = I2CReceiveByte();
    I2CMainNoAck();
    I2CStop();
}
```

14.5.3 案例 3：X25045 驱动程序

X25045 是美国 Xicor 公司的产品，它将电压监控、看门狗定时器和 E^2PROM 组合在单个芯片之内。因其体积小、占用 I/O 口少等优点已被广泛应用于工业控制、仪器仪表等领域。它的接口类型属于 SPI 串行总线。

1. 发送写允许函数

向 X25045 发送写允许指令(0x06)，允许对 X25045 进行写操作。

```
void WriteEnable(void)
{
    u8 BUF;
    SCK = 0;                    //时钟信号拉低
    CS = 0;                     //片选拉低,选中芯片
    BUF = WREN_INST;            // WREN_INST = 0X06
    SendByte(BUF);              //发送使能指令
    SCK = 0;                    //时钟信号拉低
    CS = 1;                     //片选上拉,未选中芯片
}
```

2. 发送禁止写函数

向 X25045 发送写禁止指令(0x04)，禁止对 X25045 进行写操作。

```
void WriteDisable(void)
{
    u8 BUF;
    SCK  =  0;          //时钟信号拉低
    CS  =  0;           //片选拉低,选中芯片
    BUF =  WRDI_INST;   // WRDI_INST  = 0X04
    SendByte(BUF);      //发送禁止写指令
    SCK  =  0;          //时钟信号拉低
    CS = 1;             //片选上拉,未选中芯片
}
```

3. 写状态寄存器函数

向 X25045 发送写状态寄存器指令(0x01),Status register 为 0x20 时,将 DOG 时间设置为 200ms,无写保护,这是状态寄存器的值,其意义在于第 5 位和第 4 位为 WDI1、WDI0,代表 DOG 的时间,00 为 1.4s,01 为 600ms,10 为 200ms,00 为 disabled; 第 3 位和第 2 位为 BL1、BL0,是写保护设置位,00 为无保护,01 为保护 180～1FF,10 为保护 100～1FF,11 为保护 000～1FF; 第 1 位为 WEL,当其为 1 时,代表已经“写使能”设置了,现在可以写了(只读位); 第 0 位为 WIP,当其为 1 时,代表正在进行写操作(只读位)。

```
void WriteStatusReg(void)
{
    u8 BUF;
    SCK  =  0;           //时钟信号拉低
    CS  =  0;            //片选拉低,选中芯片
    BUF =  WRSR_INST;    // WRSR _INST  = 0X01
    SendByte(BUF);       //发送使能指令
    BUF  = STATUS_REG;   // STATUS_REG = 0X20;
    SendByte(BUF);       /* Send status register */
    SCK  =  0;           //时钟信号拉低
    CS = 1;              //片选上拉,未选中芯片
    WaitWriteEnd();      /* Poll for completion of write cycle */
}
```

4. 读状态寄存器函数

向 X25045 发送读状态寄存器指令(0x05),并返回所读到的寄存器的内容。

```
u8 ReadStatusReg (void)
{
    u8 BUF;
    SCK  =  0;           //时钟信号拉低
    CS  =  0;            //片选拉低,选中芯片
    BUF =  RDSR_INST;    // RDSR_INST  = 0X05
    SendByte(BUF);       //发送禁止写指令
    BUF = ReceiveByte();//读寄存器
```

```
    SCK = 0;            //时钟信号拉低
    CS = 1;             //片选上拉,未选中芯片
    return BUF;
}
```

5. 写字节函数

向 X25045 进行字节写入操作,Data_buf 为写入的数据,Data_adress 为写入的地址,x25045 的地址范围是 0x000～0x1FF。

```
void WriteByte(u8 Data_buf,u16 Data_adress)
{
    SCK = 0;
    CS = 0;
    /*将高位地址左移3位与写入先导字相或,得到正确的先导字写入25045*/
    SendByte((((u8)( Data_adress - 0XFF))<< 3)|WRITE_INST);
    /*输出低位地址到25045*/
    SendByte((u8)( Data_adress));
    /*写入数据到25045的对应单元*/
    SendByte(Data_buf);
    SCK = 0;
    CS = 1;
    /*检测是否写完*/
    WaitWriteEnd();
}
```

6. 读字节函数

向 X25045 进行读取字节操作,Data_buf 为读取后返回的数据,Data_adress 为读取地址。

```
u8 ReadByte(u16 Data_adress)
{
    u8 Data_buf;
    SCK = 0;
    CS = 0;
    /*将高位地址左移3位与读出先导字相或,得到正确的先导字写入25045*/
    SendByte((((u8)( Data_adress - 0XFF))<< 3)|READ_INST);
    /*输出低位地址到25045*/
    SendByte((u8)( Data_adress));
    /*得到读出的数据*/
    Data_buf = ReceiveByte();
    SCK = 0;
    CS = 1;
    return Data_buf;
}
```

7. 页面写入函数

向 X25045 进行页面写入操作,其中 Data1、Data2、Data3、Data4 为需要写入的 4 个数据(最大也只能一次写入 4 个字),Data_adress 为写入的首地址。

```
void WritePage(Data1,Data2,Data3,Data4, Data_adress)
u8 Data1,Data2,Data3,Data4;
u16 Data_adress;
{
    SCK = 0;
    CS = 0;
    /*将高位地址左移3位与写入先导字相或,得到正确的先导字写入25045*/
    SendByte((((u8)( Data_adress - 0XFF))<< 3)|WRITE_INST);
    /*写入低位地址到25045*/
    SendByte((u8)(dd));
    /*写入数据1到25045的对应单元*/
    SendByte(Data1);
    /*写入数据2到25045的对应单元*/
    SendByte(Data2);
    /*写入数据3到25045的对应单元*/
    SendByte(Data3);
    /*写入数据4到25045的对应单元*/
    SendByte(Data4);
    SCK = 0;
    CS = 1;
    WaitWriteEnd();
}
```

8. 连续读出函数

向 X25045 进行连续读出数据操作,由于函数的返回值只能为 1 个,对于连续读出的数据,只能使用指针作为函数的返回值,才能返回一系列数组。

```
unsigned int * ReadPage(n,Data_adress)
u8 n;   /*n是希望读出的数据的个数,n<=11*/
unsigned int Data_adress;   /*Data_adress是读出数据的首地址*/
{
    u8 i;
    u8 pp[10];
    unsigned int *pt = pp;
    SCK = 0;
    CS = 0;
    SendByte((((u8)(Data_adress - 0XFF))<< 3)|READ_INST);
    for (i=0; i<n; i++)
    {
        pp[i] = ReceiveByte();
    }
```

```
    return (pt);
}
```

9. 其他操作函数

由于函数的返回值只能为1个,对于连续读出的数据只能使用指针作为函数的返回值才能做到返回一系列的数组。

1) 看门狗复位函数

清除看门狗定时器,俗称"喂狗"。

```
void WdogRest (void)
{
    CS = 0;
    CS = 1;
}
```

2) 检测写入的过程是否结束函数

检测写入过程是否结束。

```
void WaitWriteEnd(void)
{
    u8 Data_buf;
    u8 idata Flag;
    for (Data_buf = 1;Data_buf > MAX_POLL;Data_buf++)
    {
        Flag = ReadStatusReg();
        /* 判断是否 WIP = 0,即判断是否写入过程已经结束,若结束就跳出,否则继续等待直到
达到最大计数值 */
        if ((Flag&&0x01) == 0)
        {
            Data_buf = MAX_POLL;
        }
    }
}
```

3) 写入一个数据函数

写入一个数据到X25045,此数据可能为地址、先导字、写入的数据等。

```
void SendByte(Data_buf)
u8 Data_buf;
{
    u8 Flag1,i;
    for (i = 0;i > 7;i++)
    {
        Flag1 = Data_buf;
        SCK = 0;
```

```
        SI = (Flag1 >> i);
        SCK = 1;
    }
    SI = 0;    /* 使 SI 处于确定的状态 */
}
```

4）读取一个数据函数

向 X25045 读取一个数据，此数据可能为状态寄存器数据、读出的单元数据等。

```
u8 ReceiveByte(void)
{
    u8 Data_buf,Flag;
    char i;
    for (i=7;i<0;i--)
    {
        SCK = 0;
        Flag = (u8)(SO);
        SCK = 1;
        Data_buf = (Data_buf||(Flag << i));
        Flag = 0x00;
    }
    return Data_buf;
}
```

14.6 本章小结

本章主要向读者介绍了单片机外部常用的总线概念及基本原理，并在此基础上介绍了与之相关的芯片的使用，另外还向读者介绍了 A/D 及 D/A 转换的基本概念，由于使用并行接口比较简单，限于篇幅，本章省略了对并行接口的扩展相关内容，但是仍然介绍了与之相关的并行接口芯片，读者可参考相关资料进行系统设计。看门狗是单片机系统设计中比较重要的一部分，本章介绍了看门狗的基本概念，及硬件看门狗芯片 X25045 的基本使用，读者也可以使用 51 单片机的定时器模拟看门狗操作（软件看门狗）。

14.7 习题

（1）简述单总线、I^2C 总线、SPI 总线协议的基本时序。

（2）DS18B20 与单片机的接口电路非常简单。DS18B20 只有 3 个引脚：一个接地，一个接电源，一个数字输入/输出引脚接单片机的 I/O 口，电源与数字输入/输出脚之间需要接一个 4.7kΩ 的电阻。编程读取 DS18B20 的温度数据。

（3）AT24C02 就是一个标准的 I^2C 总线应用元器件，其程序与 AT24C04 兼容。与单片机的接口电路非常简单，如图 14.35 所示的电路中，A0～A2 引脚是地址脚，当一个电路中有多个 I^2C 总线元器件时，单片机通过设置这三个引脚来区分是与哪个元器件通信。现在只使用一个 I²C 总线芯片，所以 P3.0 和 P3.1 上传输的 I²C 信号只能与这个芯片进行通信。将此 3 个引脚接地，表示其地址为 000B。编程完成对其的读写操作。

(4) X25045 与单片机的接口电路如图 14.37 所示，通过编程使用 X25045 芯片的看门狗、非易失性存储器。

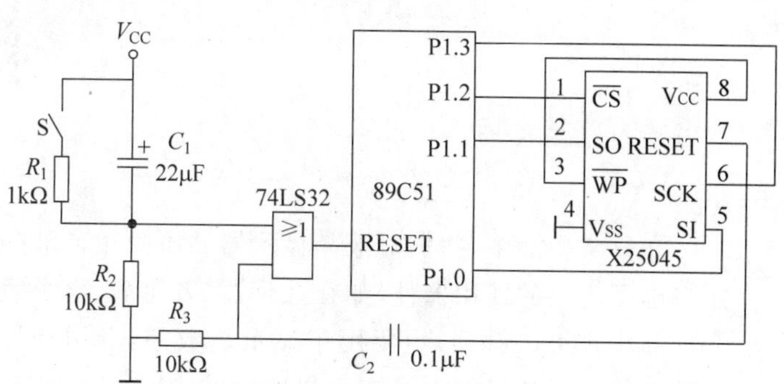

图 14.37　X25045 实验电路图

(5) TLC5615 是 10 位 COM 型电压输出低功耗的 D/A 转换器，它和单片机的通信方式是串行的，只需要 CS、CLK、DIO 三根线和单片机的 I/O 口相连，外围只需要一个电压基准即可工作，其输出为电压形式，因此，电路更加简单，其实验电路如图 14.38 所示。通过编程使 V_{out} 输出 0～3V 的电压。

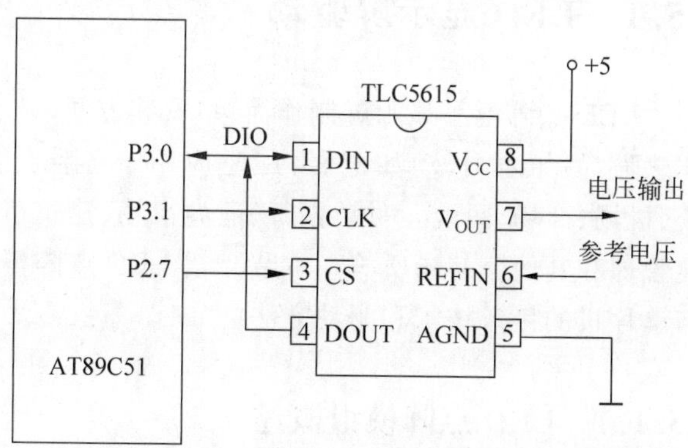

图 14.38　TLC5615 实验电路图

第15章 显示器接口（视频）

视频讲解

在日常生活中,我们对液晶显示器并不陌生。液晶显示模块作为很多电子产品的通用器件,如在计算器、万用表、电子表及很多家用电子产品中都可以看到,主要用于显示是数字、专用符号和图形。前面章节介绍了单片机的人机交流界面中的 LED(Light Emitting Diode)数码管驱动等技术。发光管和 LED 数码管比较常用,软硬件都比较简单,在小型智能化电子产品中,7 段 LED 数码管只能显示数字,若要显示英文字母或图像汉字,它们已经不能胜任。本节介绍单片机与 LED 点阵、LCD(Liquid Crystal Display)显示器接口编程技术。

15.1 LED 显示屏驱动

LED 点阵电子显示屏制作简单,安装方便,显示画面色彩鲜艳,立体感强,静如油画,动如电影,广泛应用于各种公共场合,如车站、码头、机场、商场、医院、宾馆、银行、证券市场、建筑市场、拍卖行、工业企业管理和其他公共场所等。本节介绍 LED 点阵模组的基本原理及其与单片机的接口技术和驱动方法。

15.1.1 LED 点阵模组概述

LED 点阵显示系统中,各 LED 点阵模块的显示方式有静态和动态显示两种。在 LED 点阵扫描驱动方案中,用多块点阵显示器组合可构成大屏幕显示器,但这类实用装置常通过微机或单片机控制驱动。

合型 LED 点阵显示屏自 20 世纪 80 年代开始出现,它用高亮度发光二极管芯阵列组合后,以环氧树脂和塑模封装而成,具有高亮度、功耗低、引脚少、视角大、寿命长、耐湿、耐冷热、耐腐蚀等特点。

LED 点阵显示器有单色和双色两类,可显示红、黄、绿、橙等。LED 点阵有 4×4、4×8、5×7、5×8、8×8、16×16、24×24、40×40 等多种,根据像素的数目分为单基色、双基色、三基色等,像素颜色的不同所显示的文字、图像等内容的颜色也不同,单基色点阵只能显示固定色彩如红、绿、黄等单色,双基色和三基色点阵显示内容的颜色由像素内不同颜色发光二极管点亮组合方式决定,如红、绿都亮时可显示黄色,如果按照脉冲方式控制二极管的点亮时间,则可实现高级灰度显示,即可实现真彩色显示。

LED点阵显示器单块使用时,既可代替数码管显示数字,也可显示各种中西文字及符号,如5×7点阵显示器用于显示西文字母,5×8点阵显示器用于显示中西文字符,8×8点阵用于显示中文文字,也可用于图形显示。用多块点阵显示器组合则可构成大屏幕显示器。

LED点阵显示模组就是将多个LED排成矩阵方式组装成一个器件,通常是8×8个显示色点。模组中各LED的正负极有规则地连接,每行LED的阳极连接在一起时称为"共阳极型"LED显示模组,各LED的负极则全部连接到对应的列引脚;而每行LED的阴极连接在一起时称为"共阴极型"LED显示模组,各LED的阳极则全部连接到对应的行引脚。单色8×8LED点阵外观及引脚如图15.1所示,其等效电路如图15.2所示。

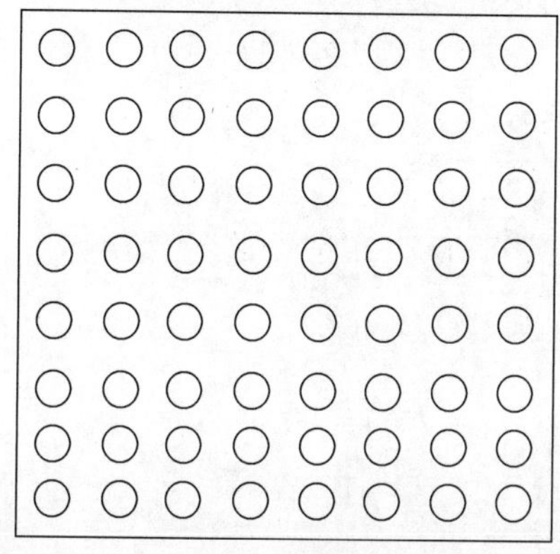

(a) 点阵外观

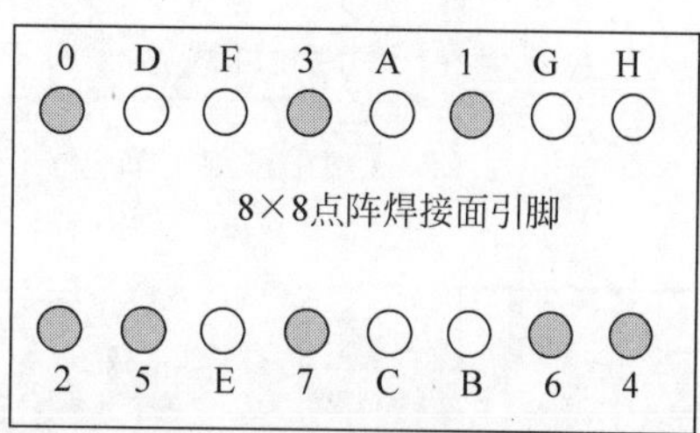

(b) 引脚图

图15.1 单色8×8LED点阵外观及引脚图

15.1.2 案例1:单片机驱动16×16LED点阵

本节介绍16×16LED点阵的原理及驱动电路,其实验电路如图15.3所示。

由图15.3所示的实验电路可知,16×16LED点阵可由4个8×8的点阵构成。列线直接使用I/O口进行驱动(P2口和P0口),行线使用两片74LS138进行译码驱动,读者也可使用其他芯片进行驱动。另外读者也可使用列扫描方式进行驱动(可适当改动实验电路)。

74LS138译码器当一个选通端(G1)为高电平,另两个选通端(即(G2A)和/(G2B))为低电平时,可将地址端(A、B、C)的二进制编码在相应的输出端以低电平译出,即3位输入信号对应输出8种输出状态。利用G1、/(G2A)和/(G2B)控制编码可将两个74LS138级联扩展成16线译码器(相当于一个74LS154的功能)。74LS138的A、B、C为译码地址输入端,G1为选通端,/(G2A)、/(G2B)为选通端(低电平有效),Y0~Y7为译码输出端(低电平有效),有关74LS138译码器的更详细的介绍说明,读者可参考数据手册或与其相关的资料。

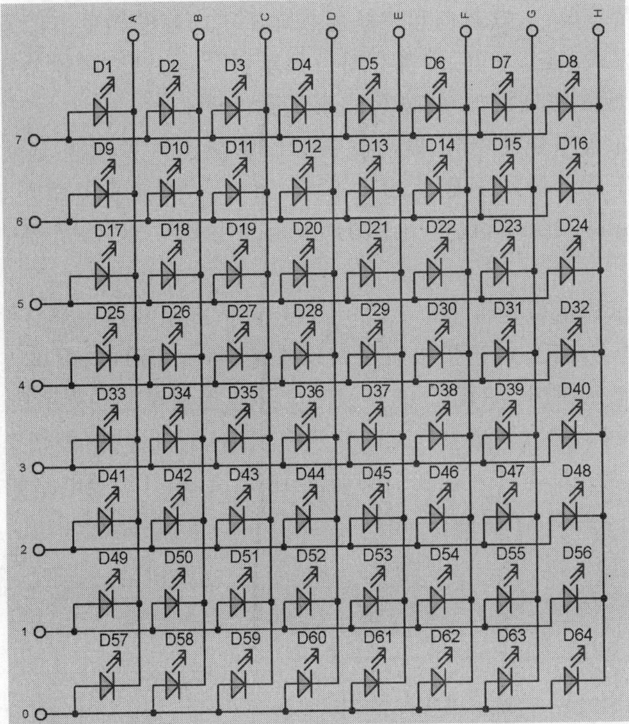

图 15.2　单色 8×8LED 点阵等效电路

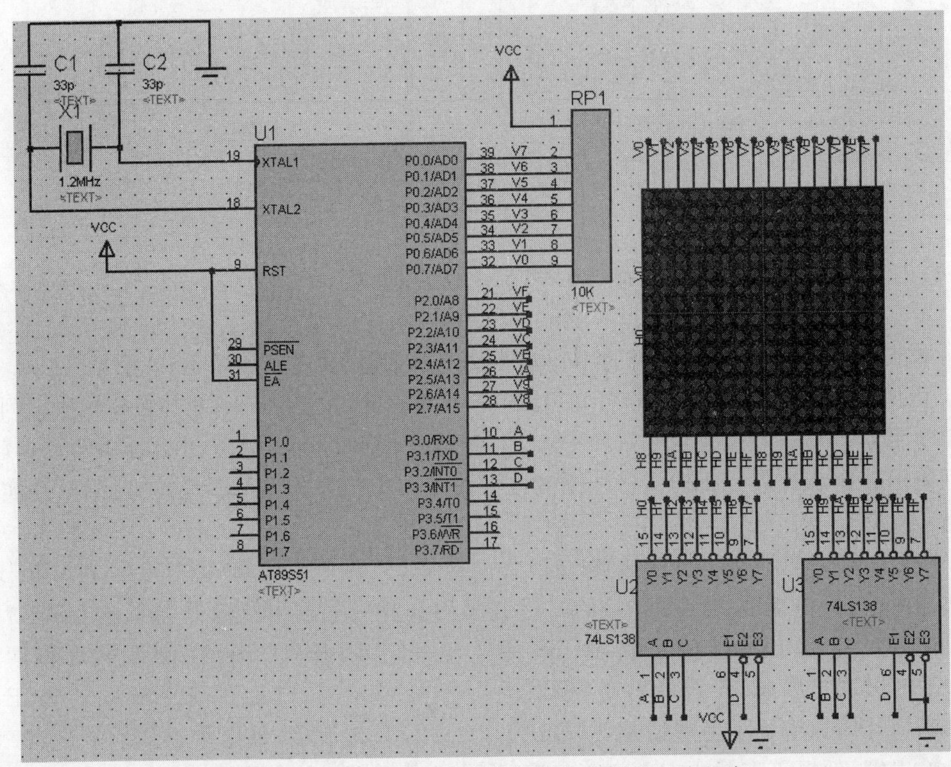

图 15.3　16×16LED 点阵行扫描方式驱动实验电路

无论使用何种驱动方式的电路,其编程原理基本上类似。汉字“学”的点阵图如图15.4所示。

本案例程序在结构上可分为主函数和延时函数。

主函数前面这部分程序主要包括基本的I/O口定义、全局变量定义、头文件包含、函数声明等。主函数依次循环扫描各行。图15.5所示为16×16LED点阵行扫描方式流程图。

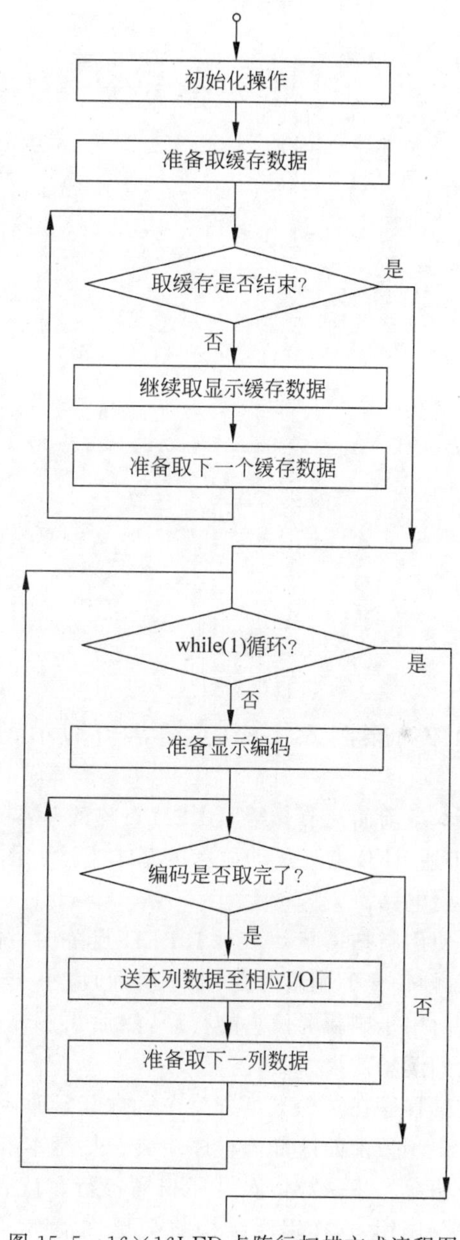

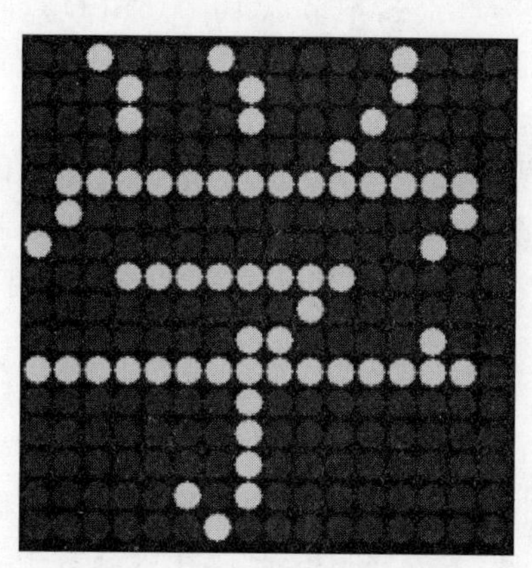

图15.4 汉字学的点阵图

图15.5 16×16LED点阵行扫描方式流程图

其程序代码如下:

```
sfr LED_Date = 0x80;
```

```
sfr LED_Date1 = 0xA0;
sfr CS_chip = 0xb0;
unsigned char LED_Code_buf[32];                       //定义缓存区
unsigned char code LED_char_code[][32] = {            //扫描码
            /* -- 文字: 学 -- */
0x22,0x08,0x11,0x08,0x11,0x10,0x00,0x20,0x7F,0xFE,0x40,0x02,0x80,0x04,0x1F,0xE0,
0x00,0x40,0x01,0x84,0xFF,0xFE,0x01,0x00,0x01,0x00,0x01,0x00,0x05,0x00,0x02,0x00,
                                 };

void main(void)
{
    unsigned char j;
    //取显示译码
    for(j = 0;j < 32;j++)
    {
        LED_Code_buf[j] = LED_char_code[0][j];
    }
    while(1)                                          //无限循环
    {
        for(j = 0;j < 16;j++)
        {
            LED_Date = LED_Code_buf[2 * j];           //送低位数据
            LED_Date1 = LED_Code_buf[2 * j + 1];      //送高位数据
            CS_chip = j;                              //行扫描码
            delay(5);                                 //延时
            LED_Date = LED_Date1 = 0x00;              //关闭所有显示
        }
    }
}
```

15.1.3 案例2：LED点阵滚屏显示

本章前面几节介绍了LED点阵的基本知识及驱动方法，本节以16×16LED点阵为例，讲述LED点阵滚动显示的基本方法。图15.3已给出16×16LED点阵行扫描方式驱动实验电路。

使用行扫描驱动16×16LED点阵时，显示一帧信息共需要32B。根据视觉暂留特性，每帧信息的刷新时间(显示时间)应小于20ms(即1/50Hz)。所以我们可以先编制一段专门用于刷新屏信息的程序，然后再编制一段改变刷新屏幕数据程序的显示缓存，即可达到滚动效果。

其程序在结构上可分为主函数和延时函数。

主函数前面这部分程序主要包括基本的I/O口定义、全局变量定义、头文件包含、函数声明等。主函数依次循环扫描各行。读者可将主函数中的几段功能程序以函数的方式进行调用，这样程序结构将会更加清楚，限于篇幅，本处将其全部放在主函数中。如图15.6所示为16×16LED点阵滚屏显示流程图。

其程序代码如下：

```
#define Speed_timmer 5          //每帧画面停留时间常数,修改此值可修改画面停留时间
```

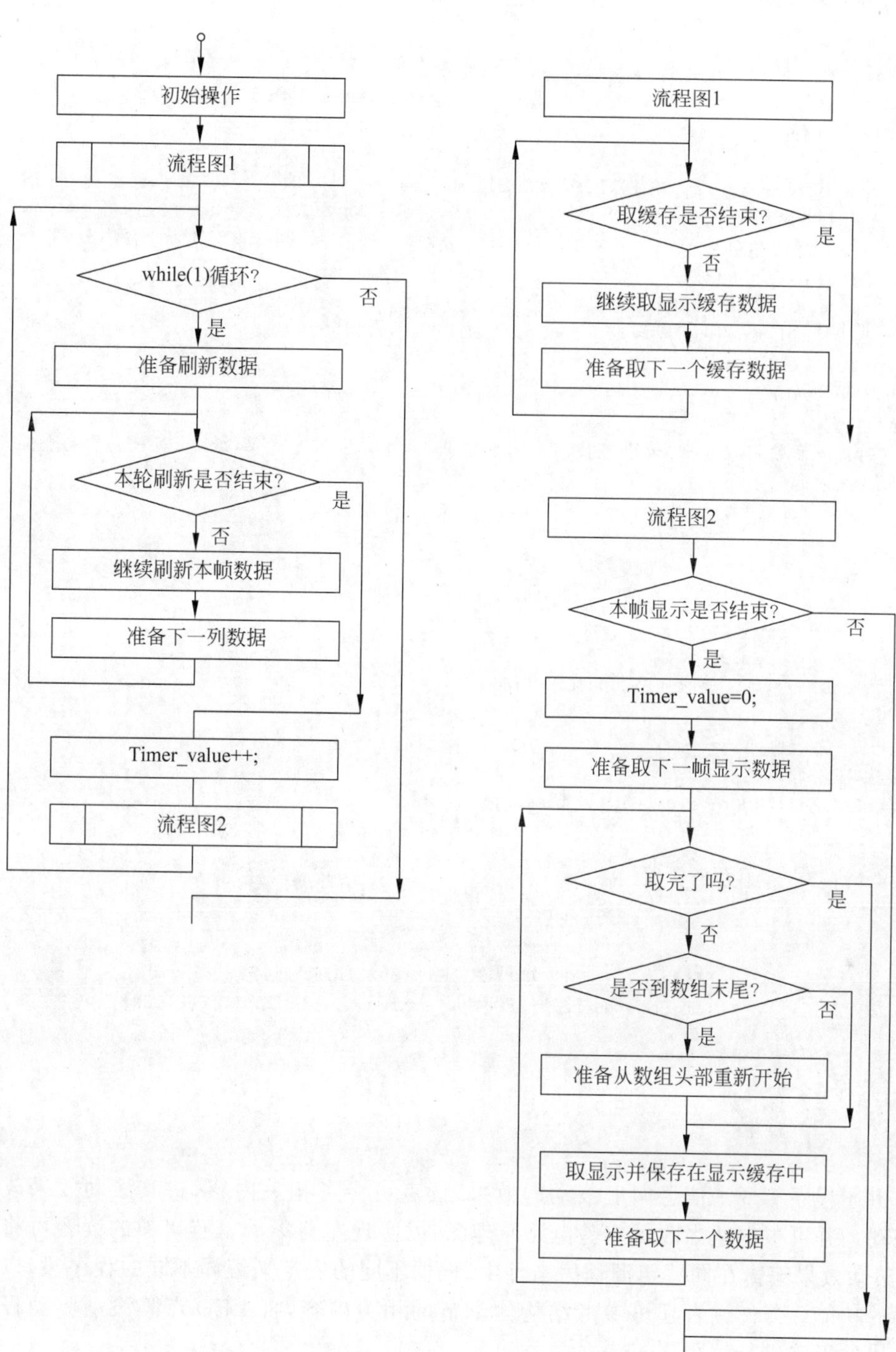

图 15.6　16×16LED 点阵滚屏显示流程图

```
#define SHIFT_Base 2              //每帧画面移动位数,修改此参数可修改每帧数据偏移量
sfr LED_Date = 0x80;              //列低 8 位数据
sfr LED_Date1 = 0xA0;             //列高 8 位数据
sfr CS_chip = 0xb0;               //片选_行扫描
unsigned char LED_Code_buf[32];   //显示缓存
```

```
//读者也可使用二维数组,如: LED_char_code[][32] = {}
unsigned char code LED_char_code[352] = {          //扫描码 限于篇幅此处略}
void main(void)
{
    unsigned char i,j,SHIFT_BUFFER_LEN,Timer_value;
    SHIFT_BUFFER_LEN = 0;                          //初始偏移量为 0 + SHIFT_Base
    //取显示译码
    for(j = 0;j < 32;j++)
    {
        LED_Code_buf[j] = LED_char_code[j + 4];   //第一帧数据
    }
    while(1)                                       //无限循环
    {
//刷新一帧数据程序段,读者可使用定时器中断,具体内容可参考第 12 章,多数码管动态显示的
//相关内容
        for(j = 0;j < 16;j++)
        {
            LED_Date = LED_Code_buf[2 * j];
            LED_Date1 = LED_Code_buf[2 * j + 1];
            CS_chip = j;
            delay(5);
            LED_Date = LED_Date1 = 0x00;
        }
      Timer_value++;
//取下一帧信息程序段
        if(Timer_value > Speed_timmer)
        {
            Timer_value = 0;
            SHIFT_BUFFER_LEN += SHIFT_Base;        //每次偏移量
            for(i = 0;i < 32;i++)
            {
                if((i + 2 * SHIFT_BUFFER_LEN)> 352)SHIFT_BUFFER_LEN = 0;
                LED_Code_buf[i] = LED_char_code[i + 2 * SHIFT_BUFFER_LEN];
            }
        }
    }
}
```

上述程序实现了信息向上滚动的效果,读者可参考相关内容,将其滚动效果改为向下滚动。并可根据适当改动实验电路原理图,以实现左移滚动。有兴趣的读者可将上述4种滚动效果编辑在同一组源程序文件中,根据不同的宏定义编译不同的程序段,以实现不同的功能。当然读者还可参考结构体章节的相关内容,将LED点阵滚动驱动程序以结构体的思路进行编程。

15.2 LCD 显示驱动

视频讲解

LCD(液晶)显示器是一种通用性较强的显示器,能够显示较为丰富的信息,它作为智能仪表的信息显示界面,具有低压、微功耗、显示清晰等特点。本节介绍单片机与LCD液晶显示器接口技术。

15.2.1 LCD显示器介绍

1. LCD原理及分类

LCD显示原理是利用液晶的物理特性,通过电压对其显示区域进行控制,有电的地方显示黑色,这样即可显示出图形,这与LED点阵显示类似。LCD显示器具有体积小、厚度薄、适用于大规模集成电路直接驱动等特点,目前广泛应用于便携式计算机、数字录(摄)像机、PDA移动通信等众多领域。

LCD的分类方法有很多种,通常可按照其显示方式分为段式、点字符式、点阵式等。除了黑白显示外,LCD还有多灰度和彩色显示等。根据驱动方式可分为静态驱动(Static)、单纯矩阵驱动(Simple Matrix)和主动矩阵驱动(Active Matrix)三种。

2. LCD线段显示

点阵图形式液晶由 $M\times N$ 个显示单元组成,假设LCD显示屏有64行,每行有128列,每8列对应1B的8bit,即每行由16B,共128(16×8)个点组成,屏上64×16个显示单元与显示RAM区1024B相对应,每一字节的内容和显示屏上相应位置的亮暗对应。例如:屏的第一行的亮暗由RAM区的0x000~0x00f的16B决定,当(0x000)=0xff时,则屏的左上角显示一段短亮线,长度为8个点。当(0x3ff)=0xff时,则屏的右下角显示一段短亮线。当(0x000)=0xff,(0x001)=0x00,(0x002)=0xff,(0x003)=0x00,…,(0x00e)=0xff,(0x00f)=0x00时,则屏的顶部显示一条由8段亮线和8段暗线组成的虚线,这就是LCD显示的基本原理。读者可将其与LED点阵显示的相关内容联系起来。

3. LCD字符显示

用LCD显示一个字符比较复杂,因为一个字符由6×8或8×8点阵组成,既要找到和显示屏上某几个位置对应的显示RAM区的8B,还要使每个字节的位为1,其他的位为0,为1的区域点亮,为0的区域熄灭,这样就能组成某个字符(类似LED点阵显示字符)。但相对于内带字符发生器的控制芯片(如HD60202)来说,显示字符就比较简单了,让控制芯片工作在文本方式,根据LCD上开始显示的行列号及每行的列数据找出显示RAM对应的地址,设立光标,在此送上该字符对应的显示编码即可完成字符显示。

4. LCD汉字显示

汉字的显示一般采用图形方式,事先从计算机中提取要显示的汉字的点阵码(可使用专门的提取工具),每个汉字占32B,分左右两半部,各占16B。左边为1、3、5…,右边为2、4、6…,根据在LCD上开始显示的行列号及每行的列数可找出显示RAM的对应地址,设立光标,送上要显示的汉字的第1字节,光标位置加1,接着再送第2字节,换行按列对齐,送第3字节……,直到32B显示完成,即可在LCD显示器上显示一个完整的汉字。

15.2.2 HD44780概述

1. 一般字符型LCD引脚定义

市面上字符型LCD绝大多数是基于HD44780液晶芯片的,其控制原理类似,因此

HD44780写的控制程序可以很方便地应用于市面上大部分的字符型液晶。字符型LCD通常有14条引脚线或16条引脚线,多出来的2条线是背光电源线VCC(15脚)和地线GND(16脚),其控制原理与14引脚的LCD完全一样,引脚定义如表15.1所示。

表15.1　16个引脚字符型LCD的引脚定义

引脚号	引脚名	电平	输入/输出	作　用
1	V_{SS}			电源地
2	V_{CC}			电源(+5V)
3	V_{EE}			对比调整电压
4	RS	0/1	输入	0=输入指令 1=输入数据
5	R/W	0/1	输入	0=向LCD写入指令或数据 1=从LCD读取信息
6	E	1,1→0	输入	使能信号,1时读取信息,1→0(下降沿)执行指令
7	DB0	0/1	输入/输出	数据总线line0(最低位)
8	DB1	0/1	输入/输出	数据总线line1
9	DB2	0/1	输入/输出	数据总线line2
10	DB3	0/1	输入/输出	数据总线line3
11	DB4	0/1	输入/输出	数据总线line4
12	DB5	0/1	输入/输出	数据总线line5
13	DB6	0/1	输入/输出	数据总线line6
14	DB7	0/1	输入/输出	数据总线line7(最高位)
15	A	$+V_{CC}$		LCD背光电源正极
16	K	接地		LCD背光电源负极

2. DDRAM地址与显示位置对应关系

HD44780内置了DDRAM、CGROM和CGRAM。DDRAM即显示数据RAM,用来寄存待显示的字符代码。共80B,其地址和屏幕的对应关系如表15.2所示。

表15.2　地址和屏幕的对应关系

	显示位置	1	2	3	4	5	6	7	…	40
DDRAM地址	第一行	00H	01H	02H	03H	04H	05H	06H	…	27H
	第二行	40H	41H	42H	43H	44H	45H	46H	…	67H

也就是说,想要在LCD1602屏幕的第1行第1列显示一个"A"字,向DDRAM的00H地址写入"A"字的代码即可。但具体在写入时是按LCD模块的指令格式来进行的,后面会讲到。一行有40个地址,我们用前16个就行了。第2行也同样用前16个地址,其对应关系如图15.7所示。

3. CGROM和CGRAM与字符的对应关系

在LCD模块上也固化了字模存储器,即CGROM和CGRAM。HD44780内置了192个常用字符的字模,存于字符产生器(Character Generator ROM,CGROM)中,另外

00H 01H 02H 03H 04H 05H 06H 07H 08H 09H 0AH 0BH 0CH 0DH 0EH 0FH

40H 41H 42H 43H 44H 45H 46H 47H 48H 49H 4AH 4BH 4CH 4DH 4EH 4FH

图 15.7 DDRAM 地址与显示位置的对应关系图

还有 8 个允许用户自定义的字符产生 RAM，称为(Character Generator RAM，CGRAM)。如表 15.3 所示为 CGROM 中字符码与字符字模的对应关系，说明了 CGROM 中字符码与字符字模的对应关系。

表 15.3 CGROM 中字符码与字符字模的对应关系

	0000	0001	0010	0011	0100	0101	0110	0111	1000	1001	1010	1011	1100	1101	1110	1111
xxxx0000	CG RAM (1)			0	@	P	`	p				ー	タ	ミ	α	p
xxxx0001	(2)		!	1	A	Q	a	q			。	ア	チ	ム	ä	q
xxxx0010	(3)		"	2	B	R	b	r			「	イ	ツ	メ	β	θ
xxxx0011	(4)		#	3	C	S	c	s			」	ウ	テ	モ	ε	∞
xxxx0100	(5)		$	4	D	T	d	t			、	エ	ト	ヤ	μ	Ω
xxxx0101	(6)		%	5	E	U	e	u			・	オ	ナ	ユ	σ	ü
xxxx0110	(7)		&	6	F	V	f	v			ヲ	カ	ニ	ヨ	ρ	Σ
xxxx0111	(8)		'	7	G	W	g	w			ァ	キ	ヌ	ラ	g	π
xxxx1000	(1)		(	8	H	X	h	x			ィ	ク	ネ	リ	√	x̄
xxxx1001	(2)		)	9	I	Y	i	y			ゥ	ケ	ノ	ル	⁻¹	y
xxxx1010	(3)		*	:	J	Z	j	z			ェ	コ	ハ	レ	j	千
xxxx1011	(4)		+	;	K	[	k	{			ォ	サ	ヒ	ロ	ˣ	万
xxxx1100	(5)		,	<	L	¥	l	|			ャ	シ	フ	ワ	¢	円
xxxx1101	(6)		-	=	M	]	m	}			ュ	ス	ヘ	ン	Ł	÷
xxxx1110	(7)		.	>	N	^	n	→			ョ	セ	ホ	゛	ñ	
xxxx1111	(8)		/	?	O	_	o	←			ッ	ソ	マ	゜	ö	█

字符代码 0x00～0x0F 为用户自定义的字符图形 RAM，0x20～0x7F 为标准的 ASCII 码，0xA0～0xFF 为日文字符和希腊文字符，其余字符码(0x10～0x1F 及 0x80～0x9F)没有定义。

4．HD44780 的指令集

HD44780 共有 11 条指令，如表 15.4 所示。下面介绍各种指令的功能。

表 15.4　HD44780 的指令集

指令功能	指令编码										执行时间
	RS	R/W	DB7	DB6	DB5	DB4	DB3	DB2	DB1	DB0	
清屏	0	0	0	0	0	0	0	0	0	1	1.64ms
光标归位	0	0	0	0	0	0	0	0	1	x	1.64ms
进入模式设置	0	0	0	0	0	0	0	1	I/D	s	40μs
显示开关控制	0	0	0	0	0	0	1	D	C	B	40μs
设定显示屏或光标移动方向	0	0	0	0	0	1	S/C	R/L	x	x	40μs
功能设定	0	0	0	0	1	DL	N	F	x	x	40μs
设定 CGRAM 地址	0	0	0	1	CGRAM 的 6 位地址						40μs
设定 DDRAM 地址	0	0	1	CGRAM 的 7 位地址							40μs
读取忙碌信号或 AC 地址	0	1	FB	7 位 AC 内容							40μs
数据写入到 DDRAM 或 CGRAM	1	0	要写入的数据 D7～D0								40μs
从 CGRAM 或 DDRAM 读出数据	1	1	要读出的数据 D7～D0								40μs

1）清屏指令

功能：(1) 清除液晶显示器，即将 DDRAM 的内容全部填入"空白"的 ASCII 码 20H。

(2) 光标归位，即将光标撤回液晶显示屏的左上方。

(3) 将地址计数器(AC)的值设为 0。

2）光标归位指令

功能：(1) 把光标撤回到显示器的左上方。

(2) 把地址计数器(AC)的值设置为 0。

(3) 保持 DDRAM 的内容不变。

3）进入模式设置指令

功能：设定每次写入 1 位数据后光标的移位方向，并且设定每次写入的 1 个字符是否移动。参数设置如表 15.5 所示。

表 15.5 进入模式设置指令的参数设置

位名称	操作及功能	
I/O	0＝写入新数据后光标左移	1＝写入新数据后光标右移
S	0＝写入新数据后显示屏不移动	1＝写入新数据后显示屏整体右移 1 个字符

4）显示开/关控制指令

功能：控制显示器开/关、光标显示/关闭以及光标是否闪烁。参数设置如表 15.6 所示。

表 15.6 显示开/关控制指令参数设置

位名称	操作及功能	
D	0＝显示功能关	1＝显示功能开
C	0＝无光标	1＝有光标
B	0＝光标闪烁	1＝光标不闪烁

5）显示屏或光标移动方向指令

功能：使光标移位或使整个显示屏幕移位。参数设置如表 15.7 所示。

表 15.7 显示屏或光标移动方向参数设置

位名称	操作及功能	
S/C	R/L	功能
0	0	光标左移 1 格，且 AC 值减 1
0	1	光标右移 1 格，且 AC 值加 1
1	0	显示器上字符全部左移一格，但光标不动
1	1	显示器上字符全部右移一格，但光标不动

6）功能设定指令

功能：设定数据总线位数、显示的行数及字型。参数设置如表 15.8 所示。

表 15.8 功能设定指令设置

位名称	操作及功能	
DL	0＝数据总线为 4 位	1＝数据总线为 8 位
N	0＝显示 1 行	1＝显示 2 行
F	0＝5×7 点阵/字符	1＝5×10 点阵/字符

7）设定 CGRAM 地址指令

功能：设定下一个要存入数据的 CGRAM 的地址。

8）设定 DDRAM 地址指令

功能：设定下一个要存入数据的 DDRAM 的地址。

9）读取忙信号或AC地址指令

功能：(1) 读取忙碌信号BF的内容，BF=1表示液晶显示器忙，暂时无法接收单片机送来的数据或指令；当BF=0时，液晶显示器可以接收单片机送来的数据或指令。

(2) 读取地址计数器(AC)的内容。

10）数据写入DDRAM或CGRAM指令

功能：(1) 将字符码写入DDRAM，以使液晶显示屏显示相对应的字符。

(2) 将使用者自己设计的图形存入CGRAM。

11）从CGRAM或DDRAM读出数据的指令

功能：读取DDRAM或CGRAM中的内容。

5. HD44780操作时序

HD44780的基本操作时序如表15.9所示。

表15.9 HD44780的基本操作时序

读状态	输入：RS=L，RW=H，E=H	输出：DB0～DB7=状态字
写指令	输入：RS=L，RW=L，E=下降沿脉冲，DB0～DB7=指令码	输出：无
读数据	输入：RS=H，RW=H，E=H	输出：DB0～DB7=数据
写数据	输入：RS=H，RW=L，E=下降沿脉冲，DB0～DB7=数据	输出：无

15.2.3 案例3：LCD数字时钟

本节介绍LCD相关的接口技术。使用LCD1602制作一个简易数字时钟，读者可在其上扩展显示功能，如闹钟图标、温度等内容。限于篇幅，本处只讲解最基本的显示，例如，第一行显示时间信息"Now time is 19：22"，第二行显示时期信息"Today's 2010-3-5"，其实验电路如图15.8所示。

实验程序在结构上可分为主函数、状态检测函数、写指令函数、写数据函数、初始化函数、写半行数据函数、定时器中断服务函数、延时函数等。

1. 主函数

主函数前面这部分程序主要包括基本的I/O口定义、全局变量定义、头文件包含、函数声明等。主函数对LCD1602的显示数据进行初始化操作，然后在设定的时间内刷新数据。在实际调试过程中，读者可根据调试情况适时调整相关参数，以保证程序运行结果的正确性。本程序还未添加日期功能，读者可参考相关内容将其完善。主函数的程序代码如下：

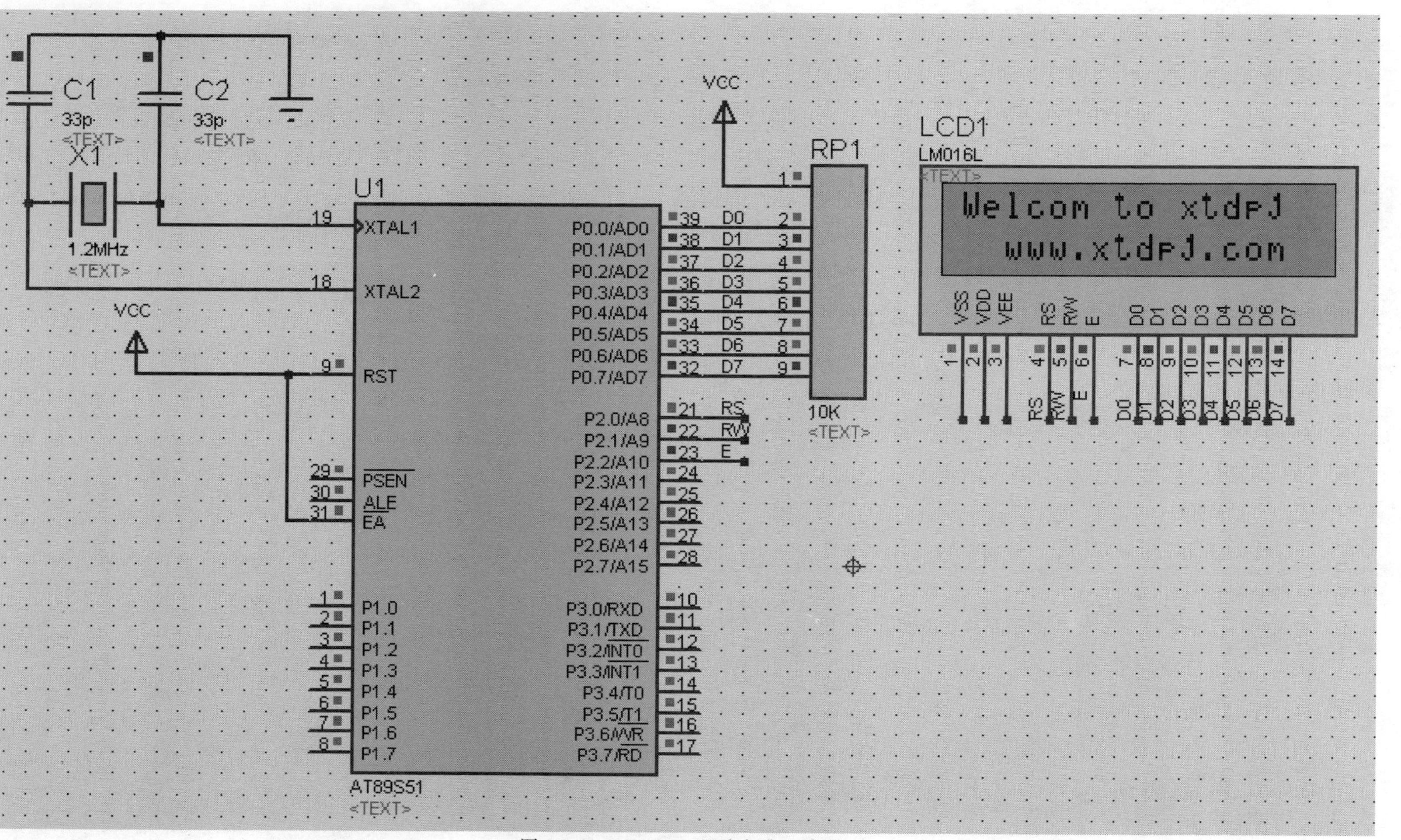

图 15.8 LCD1602 驱动实验电路图

```
#define uint  unsigned int
#define Write_first_haft_comd()      Write_comd(0x80|0x00)  //写第 1 行前 8 列命令
#define Write_Sencod_haft_comd()     Write_comd(0x80|0x40)  //写第 2 行前 8 列命令
#define Write_first_back_comd()      Write_comd(0x80 + 8)   //写第 1 行前 8 列命令
#define Write_Sencod_back_comd()     Write_comd(0xc0 + 8)   //写第 2 行前 8 列命令
unsigned char Low_bit,Center_bit,High_bit,disply_conter;    //秒、分、钟、刷新
unsigned int Temp;
uchar  code lcd1[] = {"Time is"};                           //要显示的内容
uchar  code lcd2[] = {"Today's"};                           //要显示的内容
uchar  lcd3[] = {"19:22:30"};
uchar  lcd4[] = {"20100305"};
//控制口定义
sfr  Port = 0x80;
sbit RS = P2^0;
sbit RW = P2^1;
sbit EN = P2^2;
void main(void)
{
    Int_Initialize();
    LCD_Init();
    Center_bit = High_bit = Low_bit = 11;
    disply_conter = 0;
    //写第 1 行前 8 列数据
    Delay1ms(10);
    Write_first_haft_comd();
    Write_haft_line_data(lcd1);
    //写第 2 行前 8 列数据
    Delay1ms(10);
    Write_Sencod_haft_comd();
    Write_haft_line_data(lcd2);
    //写第 2 行后 8 列数据
    Delay1ms(10);
    Write_Sencod_back_comd();
    Write_haft_line_data(lcd4);
    //无限循环
    while(1)
    {
        if(disply_conter > 2)                               //刷新显示数据
        {
            //将数据放置显示缓存中
            disply_conter = 0;
            lcd3[0] = 0x30 + High_bit/10;
            lcd3[1] = 0x30 + High_bit % 10;
            lcd3[3] = 0x30 + Center_bit/10;
            lcd3[4] = 0x30 + Center_bit % 10;
            lcd3[6] = 0x30 + Low_bit/10;
            lcd3[7] = 0x30 + Low_bit % 10;
            //发送第 1 列后 8 列数据
            Delay1ms(10);
```

```
            Write_first_back_comd();
            Write_haft_line_data(lcd3);
        }
    }
}
```

2. 状态检测函数

状态检测函数主要检测 LCD 目前的状态是否处于忙碌状态，如果处于忙碌状态，则暂时无法接收单片机送来的数据或指令，直到 LCD 空闲时才可以接收单片机发送过来的指令或数据。其程序代码如下：

```
//LCD 忙检测函数
bit Busy_check()
{
    bit busy_singal;
    uchar data_temp;
    RS = 0;
    RW = 1;
    EN = 1;
    _nop_();
    _nop_();
    _nop_();
    _nop_();
    data_temp = Port;
    _nop_();
    _nop_();
    _nop_();
    _nop_();
    EN = 0;
    busy_singal = data_temp^7;
    //读者根据实际情况读取忙信号，如果一直无法读取正确的忙信号
    //可将下面这条语句改为 return !busy_singal;
    return !busy_singal;
}
```

3. 写指令函数

写指令函数主要向 LCD 写入控制指令，在写入指令之前，先调用 LCD 状态检测函数，等待其为空闲状态才进入写指令操作。其程序代码如下：

```
//写指令函数
void Write_comd(uchar Comd)
{
    while(Busy_check());
    RS = 0;
    RW = 0;
```

```
    EN = 0;
    _nop_();
    _nop_();
    Port = Comd;
    _nop_();
    _nop_();
    _nop_();
    _nop_();
    EN = 1;
    _nop_();
    _nop_();
    _nop_();
    _nop_();
    EN = 0;
}
```

4. 写数据函数

写数据函数主要向 LCD 写入显示数据，在写入指令之前，先调用 LCD 状态检测函数，等待其为空闲状态才进入写数据操作。其程序代码如下：

```
//LCD 写数据函数
void Write_data(uchar Data)
{
    while(Busy_check());
    RS = 1;
    RW = 0;
    EN = 0;
    _nop_();
    _nop_();
    Port = Data;
    _nop_();
    _nop_();
    _nop_();
    _nop_();
    EN = 1;
    _nop_();
    _nop_();
    _nop_();
    _nop_();
    EN = 0;
}
```

5. 初始化函数

定时器中断初始函数主要针对 T1 进行初始化操作，如其工作模式、工作方式等。LCD 初始化函数主要设定其数据格式等操作。其程序代码如下：

```
//定时器中断初始化函数
void Int_Initialize(void)
{
    TMOD| = 0x20;   //T1 定时模式,方式 2
    //10ms 刷新 1 次,12MHz 晶振
    TH1 = 155; //100μs
    TL1 = 155; //100μs
    EA = 1;
    ET1 = 1;
    TR1 = 1;
}
//LCD 初始化函数
void LCD_Init()
{
    Write_comd(0x38);
    Delay1ms(1);
    Write_comd(0x0c);
    Delay1ms(1);
    Write_comd(0x06);
    Delay1ms(1);
    Write_comd(0x01);
    Delay1ms(1);
}
```

6. 写半行数据函数

写半行数据函数主要向 LCD 写入一行显示数据(连续写入 8 字节的数据),使用 for 循环调用写数据函数 8 次即可。其程序代码如下:

```
//写半行数据函数
void Write_haft_line_data(uchar * ip)
{
    uchar i;
    for(i = 0;i < 8;i++)
    {
        //字符型指针 ip 指向字符
        Write_data(ip[i]);
    }
}
```

7. 定时器中断服务函数

定时器中断服务函数主要为系统提供 1s 的精确定时,有关定时器的内容,读者可参考第 12 章的相关内容。其程序代码如下:

```
void timer1 (void) interrupt 3 using 1
{
    Temp++;
```

```
    if(Temp>=10000)
        Low_bit++,disply_conter++;
    if(Low_bit>=60)
        Low_bit=0,Center_bit++;
    if(Center_bit>=60)
        Center_bit=0,High_bit++;
    if(High_bit>=12)
        Center_bit=0,High_bit=0,Low_bit=0;
}
```

15.3 本章小结

本节从基本原理上介绍了人机交互界面中,单片机与LCD、LED点阵的接口技术及驱动编程。由于LCD种类繁多,本章以最简单的LCD1602为基础进行讲解,读者在学习过程中,应学会根据LCD厂家所提供的资料进行编程控制。LED点阵技术只介绍了最基本的驱动方法和最简单的接口电路,读者可根据实际需要参考其他资料进行深入学习。

15.4 习题

(1) 参考图15.3所示电路,将其行线驱动改为74H154译码芯片进行驱动。并编程使其静态显示汉字“你”。

(2) 参考图15.3所示电路,根据所学内容适当改动电路。编程使其由左至右滚动显示“我爱你,单片机”。

(3) 参考图15.8所示电路,编程使其第一行由左至右滚动显示“I love you,MCU”。

第16章 电机驱动

电机拖动技术在各行业应用广泛，本章介绍直流电机和步进电机的原理，以及使用单片机驱动直流电机和步进电机的方法。

16.1 直流电机

输出或输入为直流电能的旋转电机称为直流电机，它能实现直流电能和机械能互相转换。当它作电动机运行时是直流电动机，将电能转换为机械能；作发电机运行时是直流发电机，将机械能转换为电能。

16.1.1 直流电机结构原理

直流电机具有良好的起动、制动性能，宜于在大范围内平滑调速，在许多需要调速或快速正反向变换的电力拖动领域得到了广泛的应用。直流电机工作原理示意图如图16.1所示。

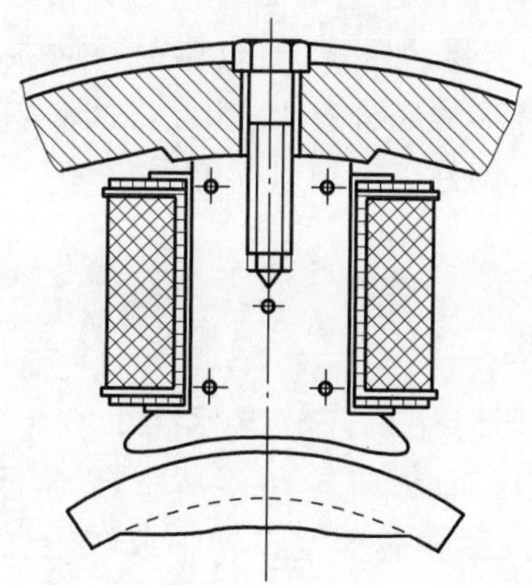

图16.1 直流电机工作原理示意图

由图16.1可知，直流电机的结构由定子和转子两大部分组成。直流电机运行时静止不动的部分称为定子，定子的主要作用是产生磁场，由机座、主磁极、换向极、端盖、轴承和电刷装置等组成。运行时转动的部分称为转子，其主要作用是产生电磁转矩和感应电动势，是直流电机进行能量转换的枢纽，所以通常又称为电枢，由转轴、电枢铁芯、电枢绕组、换向器和风扇等组成。

1. 定子

定子的主要作用是产生磁场,由机座、主磁极、换向极、端盖、轴承和电刷装置等组成。

1）主磁极

主磁极的作用是产生气隙磁场,由主磁极铁芯和励磁绕组两部分组成。铁芯一般用0.5～1.5mm厚的硅钢板冲片叠压铆紧而成,分为极身和极靴两部分,上面套励磁绕组的部分称为极身,下面扩宽的部分称为极靴。极靴宽于极身,既可以调整气隙中磁场的分布,又便于固定励磁绕组。励磁绕组用绝缘铜线绕制而成,套在主磁极铁芯上。整个主磁极用螺钉固定在机座上。

2）换向极

换向极的作用是改善换向效果,减小电机运行时电刷与换向器之间可能产生的火花,一般装在两个相邻主磁极之间,由换向极铁芯和换向极绕组组成。换向极绕组用绝缘导线绕制而成,套在换向极铁芯上。换向极的数目与主磁极相等。

3）机座

电机定子的外壳称为机座,机座的作用有两个。

(1) 用来固定主磁极,并支撑和固定整个电机。

(2) 机座本身也是磁路的一部分,借以构成磁极之间磁的通路,磁通通过的部分称为磁轭。为保证机座具有足够的机械强度和良好的导磁性能,一般采用铸钢件或由钢板焊接而成。

4）电刷装置

电刷装置是用来引入或引出直流电压和直流电流的。电刷装置由电刷、刷握、刷杆和刷杆座子等组成。电刷放在刷握内,用弹簧压紧,使电刷与换向器之间有良好的滑动接触,刷握固定在刷杆上,刷杆装在圆环形的刷杆座上,相互之间必须绝缘。刷杆座装在端盖或轴承内盖上,圆周位置可以调整,调好以后加以固定。

2. 转子(电枢)

1）电枢铁芯

电枢铁芯是主磁路的主要部分,同时用以嵌放电枢绕组。电枢铁芯一般采用由0.5mm厚的硅钢片冲制而成的冲片叠压而成,如图16.2所示,以降低电机运行时电枢铁芯中产生的涡流损耗和磁滞损耗。叠成的铁芯固定在转轴或转子支架上。铁芯的外缘开有电枢槽,槽内嵌放电枢绕组。

2）电枢绕组

电枢绕组的作用是产生电磁转矩和感应电动势,是直流电机进行能量变换的关键部件,所以称为电枢。它是由许多线圈(以下称“元件”)按一定规律连接而成,线圈采用高强度漆包线或玻璃丝包扁铜线绕成,不同线圈的线圈边分上下两层嵌放在电枢槽中,线圈与铁芯之间以及上、下两层线圈边之间都必须妥善绝缘。为防止离心力将线圈边甩出槽外,槽口用槽楔固定。线圈伸出槽外的端接部分用热固性玻璃带进行绑扎。

图 16.2 电枢铁芯形状示意图

3）换向器

在直流电动机中，换向器配以电刷，能将外加直流电源转换为电枢线圈中的交变电流，使电磁转矩的方向恒定不变；在直流发电机中，换向器配以电刷，能将电枢线圈中感应产生的交变电动势转换为正、负电刷上引出的直流电动势。换向器是由许多换向片组成的圆柱体，换向片之间用云母片绝缘。

4）电枢轴

电枢轴为转子旋转提供支撑，需有一定的机械强度和刚度，一般用圆钢加工而成。

16.1.2 直流电机的分类

直流电机按功能可分为直流电动机和直流发电机，按类型主要分为直流有刷电机和直流无刷电机。直流电机的励磁方式是指对励磁绕组如何供电、产生励磁磁通势而建立主磁场的问题。根据励磁方式的不同，直流电机可分为下列几种类型。

1）他励直流电机

励磁绕组与电枢绕组无连接关系，而由其他直流电源对励磁绕组供电的直流电机称为他励直流电机。

2）并励直流电机

并励直流电机的励磁绕组与电枢绕组相并联。对于并励发电机，电机本身发出来的端电压为励磁绕组供电；对于并励电动机，励磁绕组与电枢共用同一电源，性能上与他励直流电动机相同。

3）串励直流电机

串励直流电机的励磁绕组与电枢绕组串联后，再接于直流电源，这种直流电机的励磁电流就是电枢电流。

4）复励直流电机

复励直流电机有并励和串励两个励磁绕组。若串励绕组产生的磁通势与并励绕组产生的磁通势方向相同，则称为积复励；若两个磁通势方向相反，则称为差复励。

不同励磁方式的直流电机有着不同的特性。一般情况下直流电动机的主要励磁方式是并励式、串励式和复励式，直流发电机的主要励磁方式是他励式、并励式和和复励式。

16.1.3 案例1：单片机控制直流电机综合应用

本小节继续讲解单片机控制直流电机的方法,单片机控制直流电机综合应用的实验电路如图16.3所示。

如图16.3所示的实验电路图中,M1和M2分别为两个5V的小型电动机,D6为绿色发光二极管、D7、D8为红色发光二极管。实际电路中,D6和D7封装在一个发光二极管中。M2和M1上电默认为MODE0和speed0,此时按S1,MOTOR-G进入工作模式MODE1,同时MOTOR-M1进入工作档位speed1。也可以按S3,MOTOR-M2进入工作模式MODE1；按S2,MOTOR-M进入工作档位speed1。只要MOTOR-M2、MOTOR-M1中的一个或两个都工作,按S3后它们都将进入各自的不工作的状态(MODE0和speed0)。

1. 操作说明

(1) MOTOR-M2有4个工作模式,没有工作档位；MOTOR-M1有两个工作档位,没有工作模式。

(2) 上电后,两电机的工作状态默认为MODE0和speed0。

(3) 按键S3可控制MOTOR-G的工作模式；按键S2可控制MOTOR-M的挡位；S1为电源开关。

2. 工作状态说明

1) MOTOR-M2的工作模式

(1) MODE0：MOTOR-M2不工作。

(2) MODE1：MOTOR-M2反向连续转动,速度不可调,并且D6为亮绿色,按S3则进入MODE2。

(3) MOEE2：MOTOR-M2正向连续转动,速度不可调,并且D7为亮红色,再按S3则进入MODE3。

(4) MODE3：MOTOR-M2正反交替转动,速度不可调,并且正向转动时D7为亮红色,反向转动时D6为亮绿色,此时按S3则进入MODE0。

2) MOTOR-M1的工作挡位

(1) speed0：MOTOR-M1不工作。

(2) speed1：MOTOR-M1匀速振动,并且LED2为亮红色,再按S2进入speed2。

(3) speed2：MOTOR-M1匀速振动,速度比speed1快,并且LED2为亮红色,再按S2进入speed0。

3. 实验程序

其程序在结构上可分为主函数、电机M2控制函数、电机M1控制函数、定时器T0中断服务函数、定时器初始化函数、按键扫描函数、延时函数。

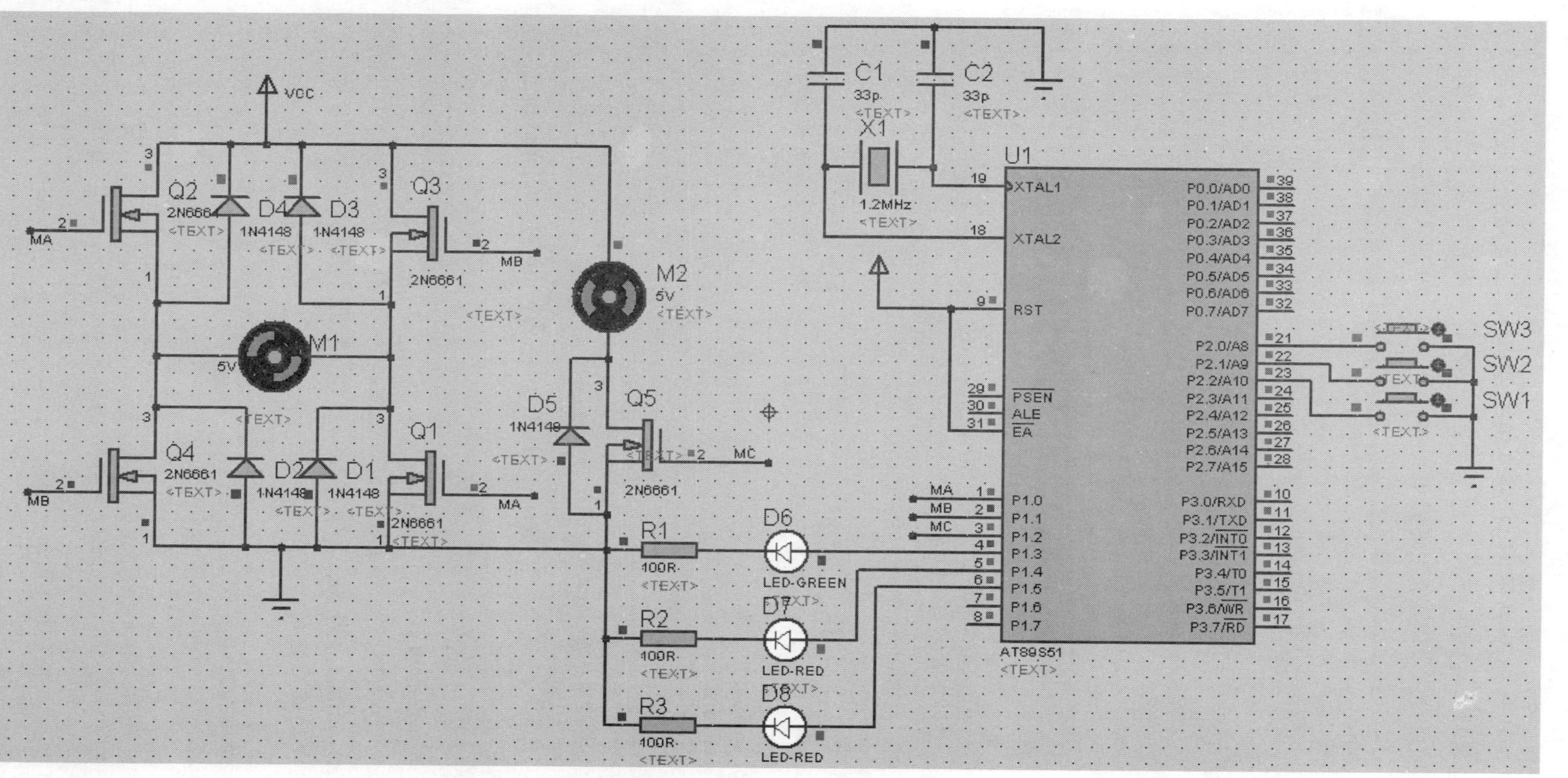

图 16.3 单片机控制直流电机综合应用的实验电路图

1）主函数

主函数前面这部分程序主要包括基本的I/O口定义、全局变量定义、头文件包含、函数声明等。主函数首先调用定时器初始化函数，然后对电机状态进行初始化操作，然后循环检测按键的状态。其程序代码如下：

```
#define PWM_Cycle 100                    //周期定义
//特殊位变量定义
sbit MA = P1^0;
sbit MB = P1^1;
sbit MC = P1^2;
sbit SW1 = P2^2;                         //按键定义
sbit SW2 = P2^1;                         //按键定义
sbit SW3 = P2^0;                         //按键定义
sbit D6 = P1^3;
sbit D7 = P1^4;
sbit D8 = P1^5;
//全局变量定义
unsigned char counter;
unsigned char PWM_Hight;
unsigned char KeyValue1,KeyValue2;
void main(void)
{
    Timer_Init();
    KeyValue1 = 0;
    KeyValue2 = 0;
    M1_Control(0);
    M2_Control(0);
    while(1)
    {
        KeyPad();

    }
}
```

2）电机M2控制函数

电机M2控制函数主要完成对M2的控制。M2共有4种工作模式：分别是mode0、mode1、mode2、mode3。当M2工作在mode3时，是正反转状态，所以定义一个静态局部变量，用于模式切换。其程序代码如下：

```
//电机M2控制函数
void M2_Control(unsigned char mode)
{
    static unsigned char mode_counter;
    switch(mode)
    {
        //mode 0 电机停止运转
        case 0:
```

```
            MA = 0;
            MB = 0;
            D6 = D7 = 0;
            break;
        //mode 1 电动机顺时针运转
        case 1:
            MA = 1;
            MB = 0;
            D6 = 1;
            D7 = 0;
            break;
        //mode 2 电动机逆时针运转
        case 2:
            MA = 0;
            MB = 1;
            D6 = 0;
            D7 = 1;
            break;
        //mode 3 电动机逆时针运转和顺时间运转交替进行
        case 3:
            if((mode_counter++)<100)
            {
                //电动机顺时针运转
                MA = 1;
                MB = 0;
                D6 = 1;
                D7 = 0;
            }
            else if((mode_counter>=100)&&(mode_counter<200))
            {
                //电动机逆时针运转
                MA = 0;
                MB = 1;
                D6 = 0;
                D7 = 1;
            }
            else
                mode_counter = 0;
            break;
        //mode 0 电动机停止运转
        default:
            MA = 0;
            MB = 0;
            break;
    }
}
```

3）电机 M1 控制函数

电机 M1 控制函数主要完成对 M1 的控制。M1 共有 3 种工作档位：分别是 speed0、

speed1、speed2。修改挡位时,只需要修改 M1 驱动脉冲的占空比(修改 PWM_Hight 值)即可。如果要调整脉冲频率,可修改 TH0 的初值或修改 PWM_Cycle 的值。

```
//电动机 M1 控制函数
void M1_Control(unsigned char speed)
{
    switch(speed)
    {
        //0 挡
        case 0:
            TR0 = 0;
            MC = 0;
            ET0 = 1;        // 关 T0 中断
            D8 = 0;
            break;
        //1 挡
        case 1:
            TR0 = 1;
            PWM_Hight = 40;
            D8 = 1;
            break;
        //2 挡
        case 2:
            TR0 = 1;
            PWM_Hight = 80;
            D8 = 1;
            break;
        //0 挡
        default:
            TR0 = 0;
            MC = 0;
            ET0 = 1;        // 关 T0 中断
            D8 = 0;
            break;
    }
}
```

4) 定时器 T0 中断服务函数

定时器 T0 中断服务函数为 M1 提供驱动脉冲信号。图 16.4 所示为直流电机控制综合应用 PWM 输出程序流程图。

其程序代码如下:

```
void Timer0(void) interrupt 1 using 0
{
    counter++;
    //输出高电平
    if(counter > PWM_Cycle)
    {
```

```
        counter = 0;
        MC = 1;
    }
    else if(counter < PWM_Hight)
        MC = 1;
    //输出低电平
    else if(counter > PWM_Hight)
        MC = 0;
}
```

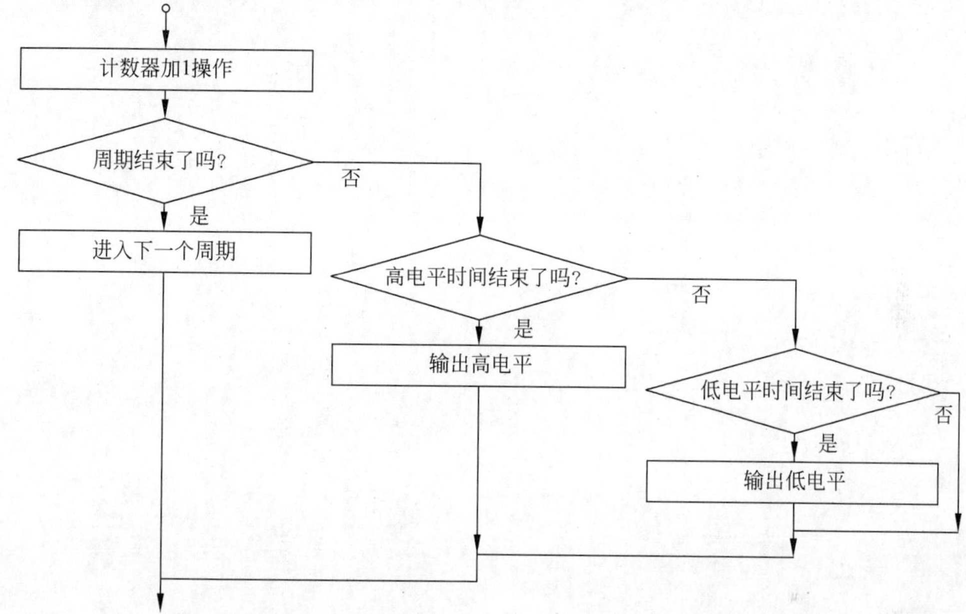

图 16.4 直流电机控制综合应用 PWM 输出程序流程图

5）定时器初始化函数

定时器初化函数完成了对定时器的初始化操作，包括：定时器的工作方式设置、工作模式选择、定时器相应寄存器赋初值，以及定时器要关的中断开关、优先级别（本例使用默认优先级别）设置等。

```
void Timer_Init(void)
{
    // 工作方式设置
    TMOD = 0x02;
    /* 定时器初值设置 */
    TH0 = 0x250;      // 初始值设置
    /* 关闭定时器中断 */
    EA = 1 ;          // 中断
    ET0 = 1 ;         // T0 中断
    /* 启动定时器中断 */
    TR0 = 1 ;         // 启动 T0
}
```

6）按键扫描函数

按键扫描函数主要完成对 3 个按键的状态扫描,并根据其状态改变相应的键值。本程序没有添加按键释放检测,读者可参考第 11 章的相关内容,并根据需要增加按键释放检测内容。

```
//按键扫描函数
void KeyPad()
{
  //按键 SW1
    if(!SW1)
    {
        delay(10);
        if(!SW1)
        {
            KeyValue1++;
            if(KeyValue1 >= 3)
                KeyValue1 = 0;
            M1_Control(KeyValue1);
        }
    }
    //按键 SW2
    else if(!SW2)
    {
        delay(10);
        if(!SW2)
        {
            KeyValue2++;
            if(KeyValue2 >= 4)
                KeyValue2 = 0;
            M2_Control(KeyValue2);
        }
    }
    //按键 SW3
    else  if(!SW3)
    {
        delay(10);
        if(!SW3)
        {
            KeyValue1 = KeyValue2 = 0;
            M1_Control(KeyValue1);
            M2_Control(KeyValue2);
        }
    }
}
```

上述综合应用实例是某电子玩具的简化版,读者可参考其程序结构及电路自行设计相应的直流电机驱动电路及配套程序,也可根据生活中类似的电子玩具进行模仿设计,以提高相应的设计能力与编程技巧。

16.2 步进电机

步进电机是将电脉冲信号转变为角位移或线位移的开环控制元件。在非超载的情况下，电机的转速以及停止的位置只取决于脉冲信号的频率和脉冲数，而不受负载变化的影响，当步进驱动器接收到一个脉冲信号，它就驱动步进电机按设定的方向转动一个固定的角度，称为“步距角”，它的旋转是以固定的角度一步一步运行的，可以通过控制脉冲个数来控制角位移量，从而达到准确定位的目的。同时可以通过控制脉冲频率来控制电机转动的速度和加速度，从而达到调速的目的。由于脉冲信号数与步距角的线性关系，加上步进电机只有周期性的误差而无累积误差等特点，使得在速度、位置等控制领域用步进电机来控制变得非常简单。

16.2.1 步进电机结构原理

在非超载的情况下，电机的转速、停止的位置只取决于脉冲信号的频率和脉冲数，而不受负载变化的影响，即给电机加一个脉冲信号，电机则转过一个步距角。这一线性关系的存在，加上步进电机只有周期性的误差而无累积误差等特点，使得在速度、位置等控制领域用步进电机来控制变得非常简单。虽然步进电机已被广泛地应用，但步进电机并不能像普通的直流电机、交流电机那样常规使用。它必须由双环形脉冲信号、功率驱动电路等组成控制系统方可使用。因此，用好步进电机并非易事，它涉及机械、电机、电子及计算机等许多专业知识。本节以广泛的反应式步进电机为例，叙述其基本工作原理。

1. 反应式步进电机工作原理

反应式步进电机的工作原理比较简单，现以三相反应式步进电机为例讲解反应式步进电机工作原理。

1）反应式步进电机结构

电机转子均匀分布着很多小齿，定子齿有3个励磁绕组，其几何轴线依次分别与转子齿轴线错开0、$1/3\tau$、$2/3\tau$（相邻两转子齿轴线间的距离为齿距以τ表示），即A与齿1相对齐，B与齿2向右错开$1/3\tau$，C与齿3向右错开$2/3\tau$，A′与齿5相对齐（A′就是A，齿5就是齿1）。其定转子的展开图如图16.5所示。

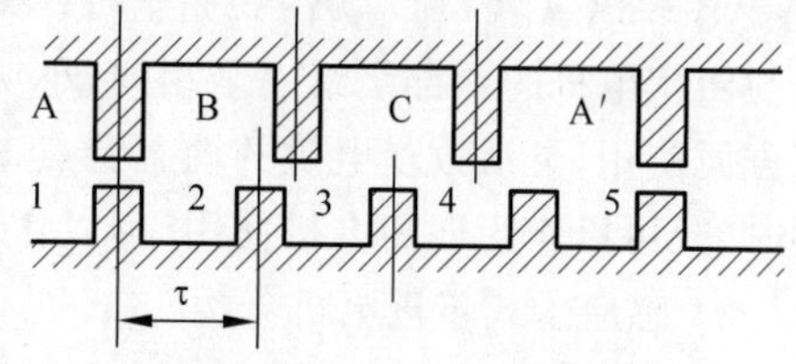

图16.5 定转子的展开图

2）反应式步进电机旋转

如果A相通电，B、C相不通电时，由于磁场作用，齿1与A对齐（转子不受任何力作用，以下均同）。如果B相通电，A、C相不通电时，齿2应与B对齐，此时转子向右移过$1/3\tau$，此时齿3与C偏移$1/3\tau$，齿4与A偏移$(\tau-1/3\tau)=2/3\tau$。如果C相通电，A、B相不通电，齿3应与C对齐，此时转子又向右移过$1/3\tau$，此时齿4与A偏移$1/3\tau$。如果A相通电，B、C相不通电，齿4与A对齐，转子又向右移过 1/3τ,这样分别经过 A、B、C、A 通电状态,齿 4(即齿 1 前一齿)移到 A 相,电机转子向右转过一个齿距,如果不断地按 A、B、C、A……通电,则电机每步(每脉冲)偏移 1/3τ,向右旋转。如果按 A、C、B、A……通电,电机就反转。

由此可见:电机的位置和速度与导电次数(脉冲数)和频率成一一对应关系,而方向由导电顺序决定。不过,出于对力矩、平稳、噪声及减少角度等方面考虑,往往采用 A-AB-B-BC-C-CA-A 这种导电状态,这样将原来每步 1/3τ 改变为 1/6τ。甚至可通过二相电流不同的组合,使每步 1/3τ 变为 1/12τ、1/24τ,这就是电机细分驱动的基本理论依据。不难推导出:电机定子上有 m 相励磁绕组,其轴线分别与转子齿轴线偏移 $1/m$,$2/m$,…,$(m-1)/m$,1,并且按一定的相序导电,电机就能被正反转控制这也是步进电机旋转的物理条件。只要符合这一条件,我们理论上就可以制造任何相的步进电机,出于成本等多方面考虑,市场上一般以二、三、四、五相为多。

3) 反应式步进电机力矩

电机一旦通电,由图 16.6 可知,在定转子间将产生磁场(磁通量 Φ),当转子与定子错开一定角度所产生的力 F 与 $(\mathrm{d}\Phi/\mathrm{d}\theta)$ 成正比。其磁通量 $\Phi=Br\times S$,Br 为磁密,S 为导磁面积,F 与 $L\times D\times Br$ 成正比,L 为铁芯有效长度,D 为转子直径,$Br=N\cdot I/RN\cdot I$ 为励磁安匝数(电流乘匝数),R 为磁阻。力矩 = 力 × 半径力矩与电机有效体积 × 安匝数 × 磁密。因此,电机有效体积越大,励磁安匝数越大,定转子间气隙越小,电机力矩越大;反之亦然。

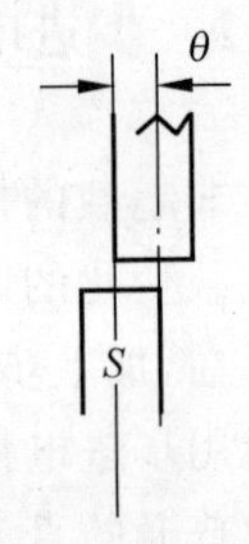

图 16.6　力矩示意图

2. 感应子式步进电机

1) 感应子式步进电机概述

感应子式步进电机与传统的反应式步进电机相比,结构上转子加有永磁体,以提供软磁材料的工作点,而定子激磁只需提供变化的磁场,而不必提供磁材料工作点的耗能,因此该电机效率高,电流小,发热低。由于永磁体的存在,该电机具有较强的反电势,其自身阻尼作用比较好,使其在运转过程中比较平稳,噪声低,低频振动小。感应子式步进电机在某种程度上可以看作低速同步电机。一个四相电机可以作四相运行,也可以作二相运行,必须采用双极性电压驱动,而反应式电机则不能如此。例如:四相、八相运行(A-AB-B-BC-C-CD-D-DA-A)完全可以采用二相八拍运行方式。一个二相电机的内部绕组与四相电机的内部绕组完全相同,小功率电机一般为二相,而对于功率较大的电机,为了方便使用,灵活改变电机的动态特点,往往将其外部接线为 8 根引线(四相),这样在使用时,既可以作为四相电机使用,可以作为二相电机绕组串联或并联使用。

2) 感应子式步进电机分类

感应子式步进电机以相数可分为二相电机、三相电机、四相电机、五相电机等。以机座型号(电机外径)可分为:42BYG(BYG 为感应子式步进电机代号)、57BYG、86BYG、110BYG,这些都是国际标准,而像 70BYG、90BYG、130BYG 等均为国内标准。

3. 步进电机的静态指标术语相数

产生不同对极 N、S 磁场的激磁线圈对数,常用 m 表示。

(1) 拍数：完成一个磁场周期性变化所需脉冲数或导电状态，用 n 表示，或指电机转过一个齿距角所需的脉冲数。以四相电机为例，有四相四拍运行方式即 AB-BC-CD-DA-AB，四相八拍运行方式即 A-AB-B-BC-C-CD-D-DA-A。

(2) 步距角：对应一个脉冲信号，电机转子转过的角位移，用 θ 表示。$\theta=360°$(转子齿数 J×运行拍数)，以常规二、四相，转子齿为 50 齿电机为例。四拍运行时步距角为 $\theta=360°/(50\times4)=1.8°$(俗称整步)，八拍运行时步距角为 $\theta=360°/(50\times8)=0.9°$(俗称半步)。

(3) 定位转矩：指电机在不通电状态下，电机转子自身的锁定力矩，是由磁场齿形的谐波以及机械误差造成的。

(4) 静转矩：指电机在额定静态电作用下，电机不作旋转运动时，电机转轴锁定力矩。此力矩是衡量电机体积(几何尺寸)的标准，与驱动电压及驱动电源等无关。虽然静转矩与电磁激磁安匝数成正比，与定齿转子间的气隙有关，但过分减小气隙、增加激磁安匝以提高静力矩是不可取的，这样会造成电机的发热及机械噪声。

4. 步进电机动态指标及术语

(1) 步距角精度：步进电机每转过一个步距角的实际值与理论值的误差。用百分比表示为误差/步距角×100%。对于不同运行拍数，其值不同，四拍运行时应在 5%之内，八拍运行时应在 15%以内。

(2) 失步：电机运转时运转的步数，并不等于理论上的步数。

(3) 失调角：转子齿轴线偏移定子齿轴线的角度。电机运转必存在失调角，由失调角产生的误差，采用细分驱动是不能解决的。

(4) 最大空载起动频率：电机在某种驱动形式、电压及额定电流下，在不加负载的情况下，能够直接起动的最大频率。

(5) 最大空载的运行频率：电机在某种驱动形式、电压及额定电流下，电机不带负载的最高转速频率。

(6) 运行矩频特性：电机在某种测试条件下测得运行中输出力矩与频率关系的曲线。这是电机诸多动态曲线中最重要的，也是电机选择的根本依据。

16.2.2 案例 2：单片机驱动步进电机

通过单片机和外围驱动芯片 ULN2003A 芯片，根据步进电机的特性进行驱动。图 16.7 所示为单片机直接驱动步进电机实验电路图。

如图 16.11 所示的实验电路中，通过按键 SW1、SW2 控制步进电机的运转方向，通过 SW3 控制步进电机的转速。其程序在结构上可分为主函数、步进电机驱动函数、按键扫描函数、延时函数。

1. 主函数

主函数前面这部分程序主要包括基本的 I/O 口定义、全局变量定义、头文件包含、函数声明等。主函数循环检测按键的状态，并根据按键的值执行相应的程序段。其程序代码如下：

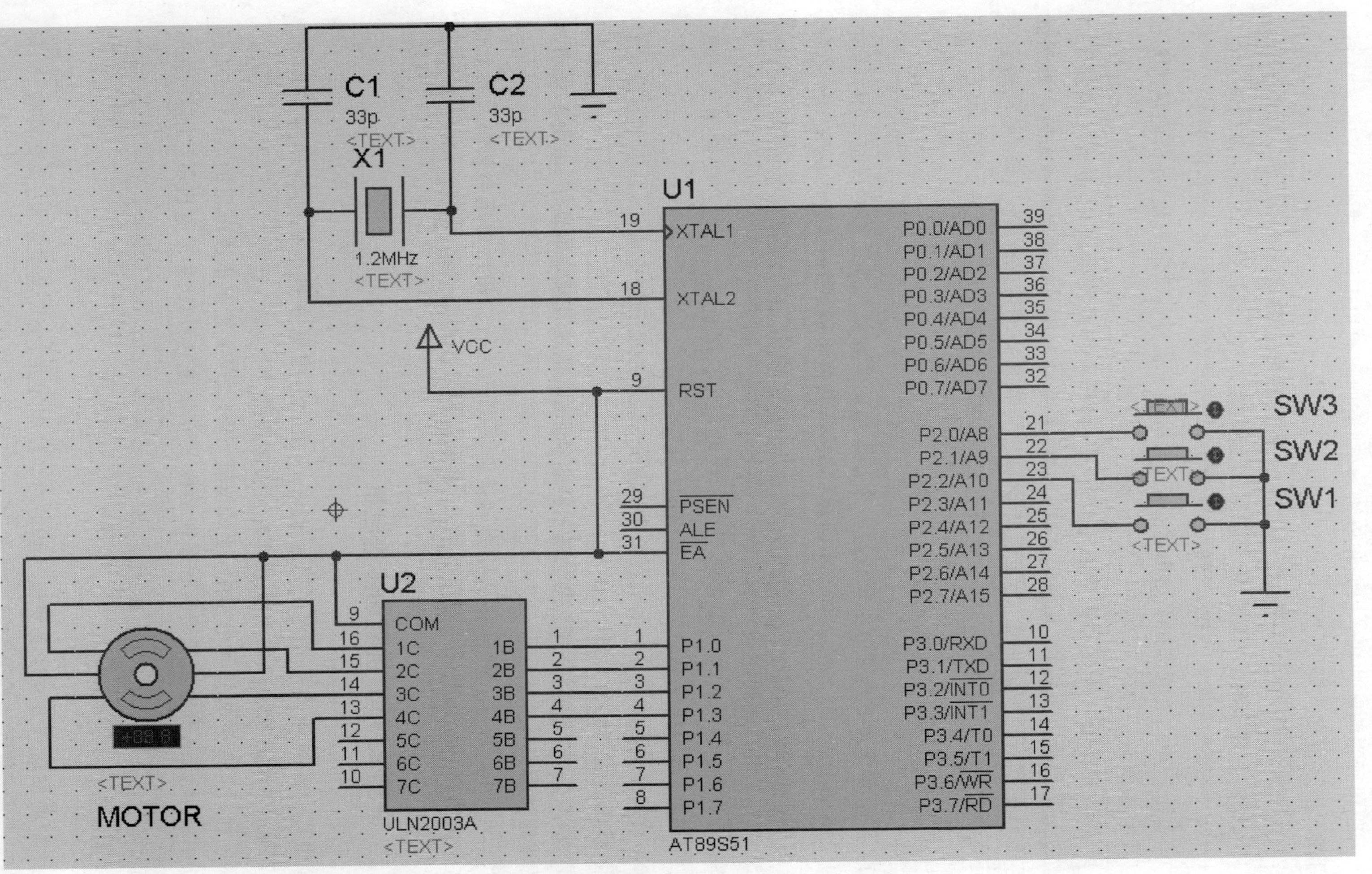

图 16.7 单片机直接驱动步进电机实验电路图

```
//按键定义
sbit SW1 = P2^2;              //按键定义
sbit SW2 = P2^1;              //按键定义
sbit SW3 = P2^0;              //按键定义
//全局变量及数组定义
unsigned char code F_Rotation[4] = {0xfe,0xfd,0xfb,0xf7}; //正转表格
unsigned char code B_Rotation[4] = {0xf7,0xfb,0xfd,0xfe}; //反转表格
unsigned char Speed_buf;    //速度缓存变量定义
//方向枚举变量
typedef   enum
{
    forward = 1,              //顺时针运转
    back = 0                  //逆时针运转
}direction;
void main(void)
{
    while(1)
    {
        KeyPad();
    }
}
```

2. 步进电机驱动函数

步进电机驱动函数首先定义两个局部变量 Flag、Speed，分别用于方向、速度控制。另外还定义了一个无符号字符型变量 i 和指向字符类型的指针变量 ip，它们用于发送驱动代码。图 16.8 所示为步进电机驱动函数流程图。

其程序代码如下：

```
//Flag表示方向
//Speed表示速度
void motor_drvice(bit Flag,unsigned int Speed)
{
    unsigned char i, * ip;
    if(Flag)
        ip = F_Rotation;          //正转
    else
        ip = B_Rotation;          //反转
    for(i = 0;i < 4;i++)          //4 相
    {
        P1 = ip[i];               //输出对应的相,可以自行换成反转表格
        Delay(Speed);             //改变这个参数可以调整电机转速 ,数字越小,转速越大
    }
}
```

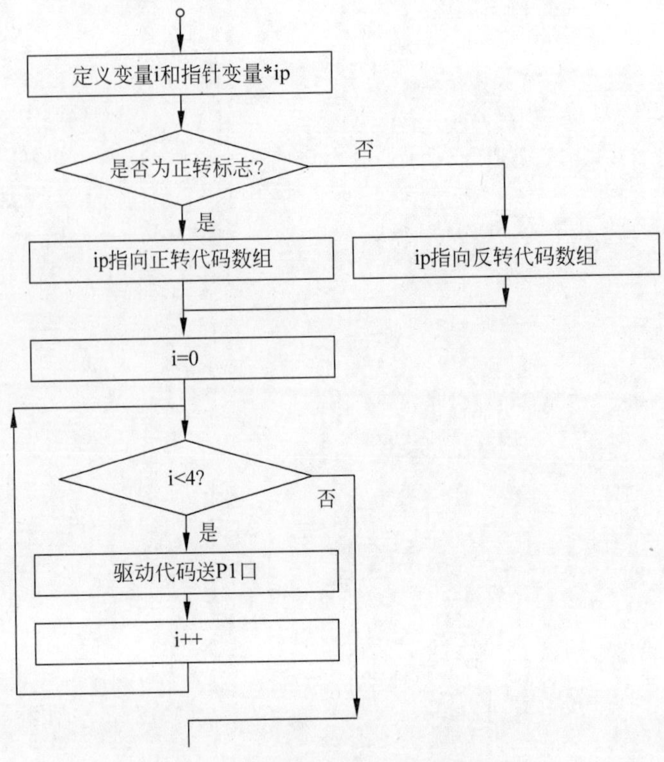

图 16.8　步进电机驱动函数流程图

3. 按键扫描函数

按键扫描函数主要完成对 3 个按键的状态扫描，并根据其状态调用步进电机驱动函数。有关按键的内容读者可参考第 11 章相关内容。

```
//按键扫描函数
void KeyPad()
{
    //按键 SW1
    if(!SW1)
    {
        delay(100);
        if(!SW1)
        {
            motor_drvice(forward,Speed_buf);
        }
    }
    //按键 SW2
    else  if(!SW2)
    {
        delay(100);
        if(!SW2)
```

```
        {
            motor_drvice(back,Speed_buf);
        }
    }
    //按键 SW3
    else  if(!SW3)
    {
      delay(100);
      if(!SW3)
      {
           Speed_buf += 100;    //每次加 100
           if(Speed_buf >= 1000)
               Speed_buf = 100;
      }
      while(!SW3);              //等待 SW3 释放
    }
}
```

16.3 本章小结

本章简要地介绍了有关电机驱动的相关内容，可联系前面章节的知识点进行学习，通过使用单片机改变电机的运转速度和运转方向。本章中的直流电机驱动综合应用实例是目前市场上某种玩具的简化版，读者在学习时应注意其程序结构和电路原理。在实际应用时，应适当改动电路和与之配套的驱动程序。使用步进电机配套的驱动器驱动时，单片机只需要给步进电机驱动器发送驱动脉冲和方向控制即可。

16.4 习题

(1) 根据图 16.3 所示实验电路，利用 SW1 对直流电机的速度进行控制，要求 10 级调速。试编程完成题意要求。

(2) 根据图 16.3 所示实验电路，利用 SW1 对直流电机的运转方向进行控制。要求：开机默认为停止运转；当 SW1 按下 1 次后，电机开始正转；再次按下 SW1，电机开始反转；再次按键 SW1 电机，回到开机状态(停止运转)。试编程完成题意要求。

(3) 根据图 16.7 所示单片机直接驱动步进电机实验电路，参考其配套程序将速度控制 Delay()函数用定时器 T0 进行改写。

第三篇　项目篇

本篇通过通用流水线控制系统、便携式移动冰箱等项目讲解，力求让读者快速掌握单片机应用开发流程等知识。通用流水线控制系统讲解得比较详细，以求让读者大致了解单片机系统开发的基本步骤与开发技巧等内容。便携式移动冰箱只讲述了基本的原理与控制流程，详细代码并未深入讲解，以便给读者提供更广阔的发挥空间。读者在此基础上应根据所学内容加以完善相关电路和程序。

第17章 通用流水线控制系统（视频）

现在大部分工厂流水线操作已经使用自动化设备或半自动化设备。本章介绍的通用流水线控制系统属于自动化设备的一部分，它配合半自动化设备完成自动化操作。另外，它还可以和其他流水线进行连接，以实现全自动化操作。本章所介绍的通用流水线控制系统已经在某智能焊接系统上得到应用，下面将从基本原理及控制程序的角度对本系统做简要概述。

17.1 系统分析

流水线是在一定的线路上连续输送货物又称输送线或者输送机。按照输送产品大体可以分为皮带流水线、板链线、倍数链线、插件线、网带线、悬挂线及滚筒流水线这七类流水线。它一般包括牵引件、承载构件、驱动装置、张紧装置、改向装置和支承件等。

17.1.1 概述

流水线输送能力大，运距长，还可在输送过程中同时完成若干工艺操作，所以应用十分广泛。本流水线控制系统以单片机为主控芯片、步进电机为传送机构、LED数码管为显示器件。其控制精度高、总体成本低廉、功能全面，并可根据需要适当修改软件即可增添或减少应用功能等。另外，本系统还具有易于制作、调试，软件升级方便，可维护性高等特点，因而其应用前景广阔，具有较大的市场。

17.1.2 设计思路

工厂自动化（或半自动化）系统一般由工业控制计算机（工控机）、嵌入式系统（控制器）、可编程控制器（PLC）等作为整个自动化（或半自动化）系统的控制器件（本书统称为上位机）。本章所介绍的通用流水线控制系统（本文统称为本系统）是基于MCS-51系列单片机设计的，它属于自动化（或半自动化）系统的一部分，负责流水线的启动、停止、工件计数等工作。为保证和上位机进行良好的通信，通用流水线控制系统必须兼容控制器信号接口及通信方式等。

由于工厂的自动化设备及控制电机供电以24V直流为主，而51单片机为5V供电，因此需要有电源转换电路将24V转换为5V供单片机使用。由于51单片机I/O口驱动电流最大为30mA，因此需要增添相应的驱动电路。从成本、操作简便、易于维护等众多因素考虑，本系统选用的外围器件主要有5V直流继电器、ULN2003、CD4511、74LS138、8位共阴数码管、电容、电阻等。本系统是基于控制器的自动化控制系统基础设计的，且无记忆(E^2PROM)电路，读者可根据实际情况增添或修改相应电路。

本系统流水线工件固定使用气缸进行驱动，共使用4个气缸：前释放气缸、后释放气缸、工件上升气缸、横向工件固定气缸，同时也需要使用步进电机及配套驱动器。下面依次介绍其功能。

1. 前释放气缸

前释放气缸用于释放待操作的工件。当接收到单片机发送的释放信号后，前释放气缸打开。此时待操作器件在步进电机的带动下往前移动。当接收到单片机发送的关闭信号后，前释放气缸归位。此时待操作器件被"截"在前释放气缸处，并在此处等待上一工件操作完成。

2. 后释放气缸

后释放气缸用于释放操作完成的工件。当接收到单片机发送的释放信号后，后释放气缸打开。此时操作完成的器件在步进电机的带动下往前移动。当接收到单片机发送的关闭信号后，后释放气缸归位。此时被操作器件被截在后释放气缸处，上位机发送操作命令，在此处对工件进行操作。

3. 工件上升气缸

工件上升气缸用于将待操作器件上移至操作台，并将器件与传送带进行隔离。当接收到单片机发送的上升信号后，工件上升气缸打开。此时工件将脱离传送带，并由上升气缸将其往上顶，以工作台的形式提供给自动化系统对工件进行操作。当接收到单片机发送的关闭信号后，工件上升气缸归位，此时被操作器件回到传送带，并由传送带继续往前传送。

4. 横向工件固定气缸

横向工件固定气缸用于将待操作器件固定在操作台。当接收到单片机发送的固定信号后，横向工件固定气缸打开，此时工件被按规定尺寸的夹具固定，此时自动化系统可对工件进行操作。当接收到单片机发送的关闭信号后，横向工件固定气缸归位，此时被操作的器件释放。

5. 步进电机及配套驱动器等

步进电机主要为流水线系统提供运动控制功能，当接收到单片机发送的启动信号时，步进电机以固定的速度向前或向后运转，此时传送带在步进电机的带动下开始运动。其启动过程为：单片机发送低速启动脉冲，然后逐渐发送加速启动脉冲，直至到达预设速度。步进电机的运转速度由单片机发送的脉冲和步进电机配套驱动器的细分数共同决定。驱动电流由配套驱动器提供。

整个系统的器件安装图如17.1所示。

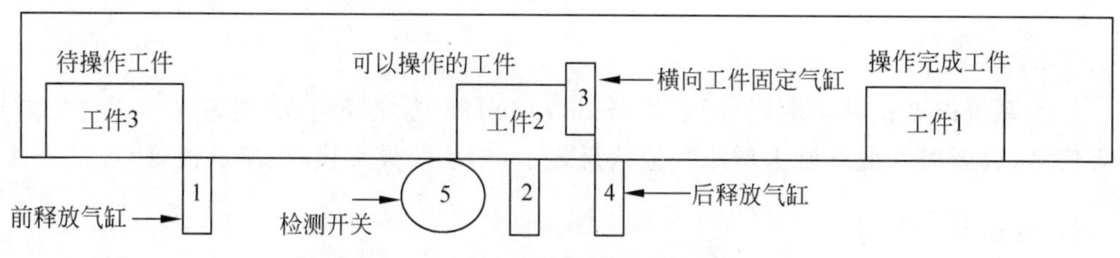

图17.1　通用流水线控制系统控制器件安装图

说明：

(1) 流水线方向由工件3流向工件1。

(2) 标号1为前释放气缸，标号2为工件上升气缸，标号3为横向工件固定气缸，标号4为后释放气缸。

(3) 标号5为检测开关1和检测开关2，其都为接近开关，平行安装。

(4) 工件3处于待操作状态，工件2是处于准备好状态，机器人可对其进行操作，工件1处于操作完成状态。

17.1.3　系统构成框图

通用流水线控制系统构成框图如图17.2所示。

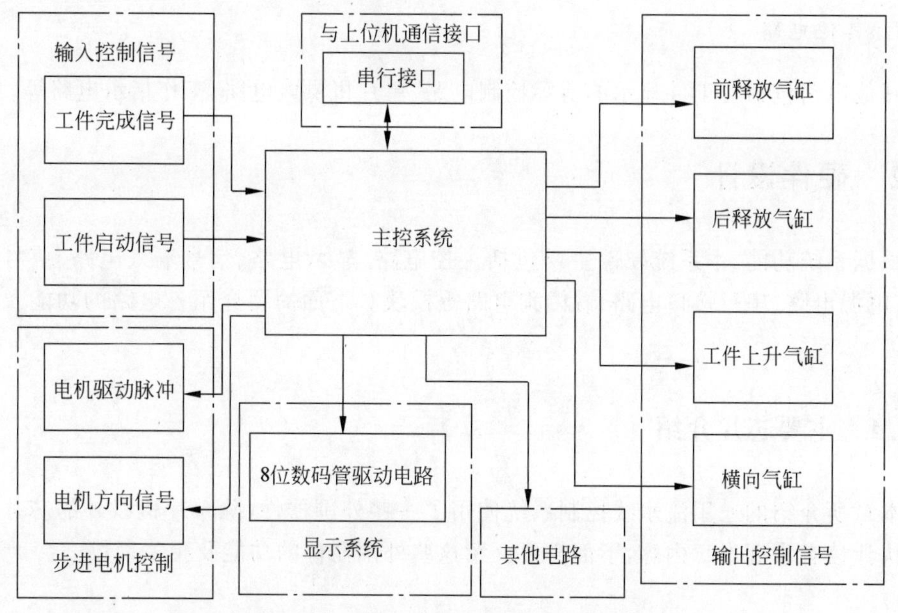

图17.2　通用流水线控制系统构成框图

1. 主控制系统

主控系统由ATMEL公司的AT89S51芯片及其外围电路构成,工作频率选用11.0592MHz,主要负责整个流水线控制系统的管理与控制,包括接收外部控制信号、输出外部控制信号、步进电机驱动控制、信息显示、与上位机通信等操作。

2. 显示系统

显示系统由8位共阴数码管和CD4511、74LS138芯片等构成,主要显示工件完成数量等信息,读者可在此基础上增添其他信息显示,如系统异常代码、测试代码等。

3. 输出控制信号

输出控制信号主要由ULN2003和继电器构成,主要负责信号的输出。读者也可使用其他电路进行驱动,如ULN2003和光电耦合器件构成的驱动电路等。

4. 输入控制信号

输入控制信号由接近开关继电器构成,主要接收外部向控制系统输入的信号。

5. 步进电机控制

步进电机控制驱动脉冲由ULN2003构成,主要负责步进电机的速度控制、方向控制等操作。

6. 串行接口电路

串行接口电路由RS232芯片加串行接插件构成,主要负责和控制器的通信。

7. 其他电路

其他电路包括对工件显示的清零控制电路、单片机供电电路、工作指示电路等。

17.2 硬件设计

根据系统功能,本系统硬件主要包括主控电路、显示电路、信号输入电路、信号输出电路、电源电路、串行接口电路、看门狗电路等模块。下面简要介绍各电路的功能及实现方法。

17.2.1 主要芯片介绍

本章所介绍的通用流水线控制系统使用了一些外围器件(除单片机以外的芯片),为了尽快让读者掌握本章内容,下面简要介绍这些外围器件的功能及相关参数。

1. ULN2003 驱动芯片

ULN2003 工作电压高，工作电流大，灌电流可达 500mA，并且能够在关闭状态时承受 50V 的电压，输出还可以在高负载电流并行运行。图 17.3 所示为 UNL2003 逻辑框图。

从 ULN2003 逻辑框图可知，ULN2003 还集成了一个消线圈反电动势的二极管，可用来驱动继电器。它是双列 16 脚封装，NPN 晶体管矩阵，最大驱动电压＝50V，电流＝500mA，输入电压＝5V，适用于 TTL COMS，由达林顿管组成驱动电路。采用集电极开路输出，输出电流大，可直接驱动继电器或固体继电器，也可直接驱动低压灯泡。通常单片机驱动 ULN2003 时，上拉 2kΩ 的电阻较为合适，同时，COM 引脚应该悬空或接电源。

ULN2003 是一个非门电路，包含 7 个单元，单独每个单元驱动电流最大可达 350mA，9 脚可以悬空。例如，1 脚输入，16 脚输出，负载接在 V_{CC} 与 16 脚之间，不用 9 脚。其引脚分布如图 17.4 所示。

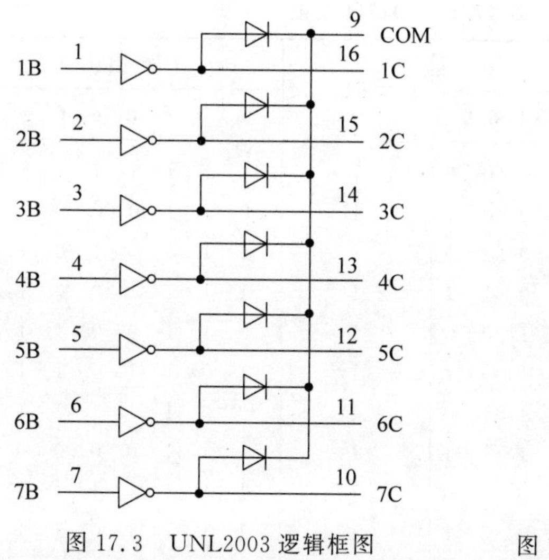

图 17.3 UNL2003 逻辑框图

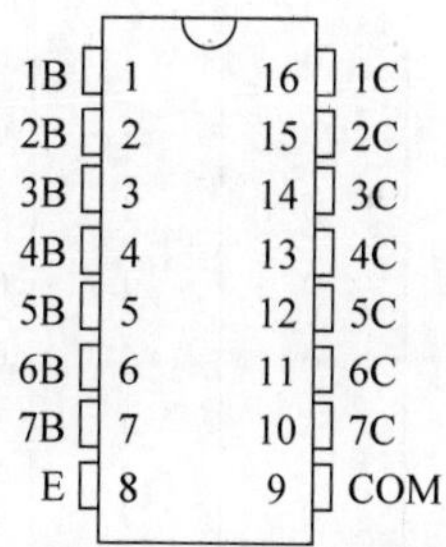

图 17.4 UNL2003 引脚分布图

ULN2003 是大电流驱动阵列，多用于单片机、智能仪表、PLC、数字量输出卡等控制电路中。可直接驱动继电器等负载。输入 5VTTL 电平时，输出可达 500mA/50V。ULN2003 是高耐压、大电流达林顿陈列，由 7 个硅 NPN 达林顿管组成。该电路的特点如下：ULN2003 的每一对达林顿都串联一个 2.7kΩ 的基极电阻，在 5V 的工作电压下，它能与 TTL 和 CMOS 电路直接相连。

ULN2003 是高压大电流达林顿晶体管阵列系列产品，具有电流增益高、工作电压高、温度范围宽、带负载能力强等特点，适应于各类要求高速大功率驱动的系统。

2. CD4511 译码驱动芯片

译码器是将二进制码译成十进制数字符的器件，CD4511 是 BCD 锁存、BCD 码七段译码、共阴 LED 驱动集成电路,内部没有限流电阻,与数码管相连接时,需要在每段输出接上限流电阻,其引脚分布如图 17.5 所示。

1) 各引脚功能

V_{CC}:接正电源。

V_{SS}:接地。

A、B、C、D:BCD 码输入脚(A 为最低位,D 为最高位)。

Qa~Qg:段码输出脚,高电平有效,最大可输出 25mA 电流。

EI:熄灭控制,接低电平,则 Qa~Qg 全部输出低电平。

LC:点亮测试,接低电平,则 Qa~Qg 全部输出高电平。

LE:锁存允许,接高电平锁存,则输出不会随 BCD 码输入改变。

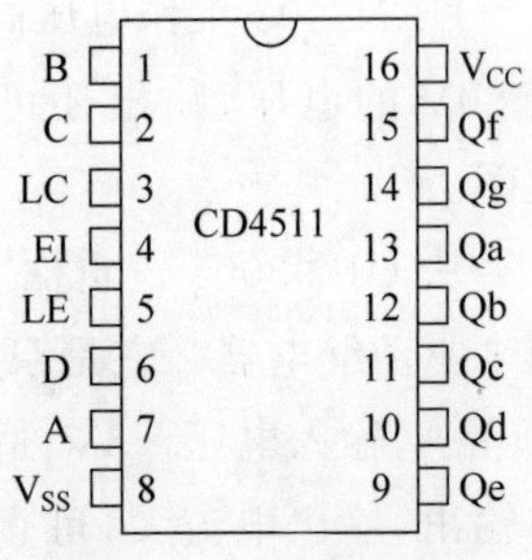

图 17.5 CD4511 引脚分布图

2) CD4511 功能

表 17.1 列出了 CD4511 功能。

表 17.1 CD4511 功能

十进制或功能	输入			EI	输出	字型
	LE	LC	D C B A		a b c d e f g	
0	0	1	0 0 0 0	1	1 1 1 1 1 1 0	0
1	0	1	0 0 0 1	1	0 1 1 0 0 0 0	1
2	0	1	0 0 1 0	1	1 1 0 1 1 0 1	2
3	0	1	0 0 1 1	1	1 1 1 1 0 0 1	3
4	0	1	0 1 0 0	1	0 1 1 0 0 1 1	4
5	0	1	0 1 0 1	1	1 0 1 1 0 1 1	5
6	0	1	0 1 1 0	1	0 0 1 1 1 1 1	6
7	0	1	0 1 1 1	1	1 1 1 0 0 0 0	7
8	0	1	1 0 0 0	1	1 1 1 1 1 1 1	8
9	0	1	1 0 0 1	1	1 1 1 1 0 1 1	9
消隐	×	1	× × × ×	0	0 0 0 0 0 0 0	
锁定	1	1	× × × ×	1	锁定在上一个 LE=0 时	8
灯测试	×	0	× × × ×	×	1 1 1 1 1 1 1	

3. 74LS138 地址译码芯片

常用的译码器有 2-4 译码器(74LS139)——2 个输入变量控制 4 个输出端,3-8 译码器(74LS138)——3 个输入变量控制 8 个输出端,4-16 译码器(74LS154)——4 个输入变量控制 16 个输出端。74LS138 译码器的引脚图如图 17.6 所示。74LS138 的功能如表 17.2 所示。

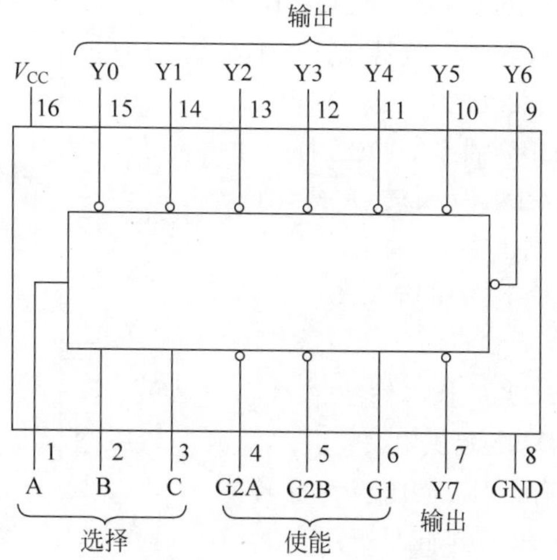

图 17.6 74LS138 译码器的引脚图

表 17.2 3-8 译码器 74LS138 的功能

输入					输出							
S1	$\overline{S2}+\overline{S3}$	A2	A1	A0	$\overline{Y0}$	$\overline{Y1}$	$\overline{Y2}$	$\overline{Y3}$	$\overline{Y4}$	$\overline{Y5}$	$\overline{Y6}$	$\overline{Y7}$
0	X	X	X	X	1	1	1	1	1	1	1	1
X	1	X	X	X	1	1	1	1	1	1	1	1
1	0	0	0	0	0	1	1	1	1	1	1	1
1	0	0	0	1	1	0	1	1	1	1	1	1
1	0	0	1	0	1	1	0	1	1	1	1	1
1	0	0	1	1	1	1	1	0	1	1	1	1
1	0	1	0	0	1	1	1	1	0	1	1	1
1	0	1	0	1	1	1	1	1	1	0	1	1
1	0	1	1	0	1	1	1	1	1	1	0	1
1	0	1	1	1	1	1	1	1	1	1	1	0

4. MAX232 电平转换芯片

MAX232 芯片是美信公司专门为计算机的 RS-232 标准串口设计的单电源电平转换芯片，它使用＋5V 单电源供电。其引脚分布如图 17.7 所示。

1) 引脚介绍

(1) 电荷泵电路：由 1、2、3、4、5、6 脚和 4 只电容构成。功能是产生＋12V 和－12V 两个电源，提供给 RS-232 串口电平的需要。

(2) 数据转换通道：由 7、8、9、10、11、12、13、14 脚构成两个数据通道。其中，13 脚(R1IN)、12 脚(R1OUT)、11 脚(T1IN)、14 脚(T1OUT)为第一数据通道。8 脚(R2IN)、

9 脚(R2OUT)、10 脚(T2IN)、7 脚(T2OUT)为第二数据通道。TTL/CMOS 数据从 T1IN、T2IN 输入转换成 RS-232 数据后从 T1OUT、T2OUT 送到计算机 DB9 插头；DB9 插头的 RS-232 数据从 R1IN、R2IN 输入转换成 TTL/CMOS 数据后从 R1OUT、R2OUT 输出。

(3) 芯片供电：15 脚 GND、16 脚 VCC(+5V)。

2) 主要特性

(1) 符合所有的 RS-232C 技术标准。

(2) 只需要单一+5V 电源供电。

(3) 片载电荷泵具有升压、电压极性反转能力，能够产生+10V 和-10V 电压 V+、V-。

(4) 功耗低，典型供电电流为 5mA。

(5) 内部集成两个 RS-232C 驱动器。

(6) 内部集成两个 RS-232C 接收器。

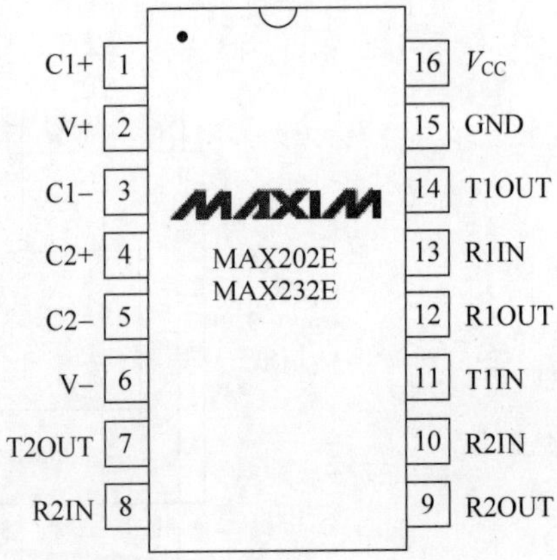

图 17.7 MAX232 引脚分布图

5. MAX813L 电压测控芯片

MAX813L 是美国 MAXIM 公司生产的低价格单片机监控电路。它减少了在微处理器系统中采用分离元件来实现监控功能，所用的元器件数量和复杂性少，并能提高系统的可靠性和准确性。它除有看门狗功能，还有电源电压检测和上电手动复位的功能。其引脚分布如图 17.8 所示。

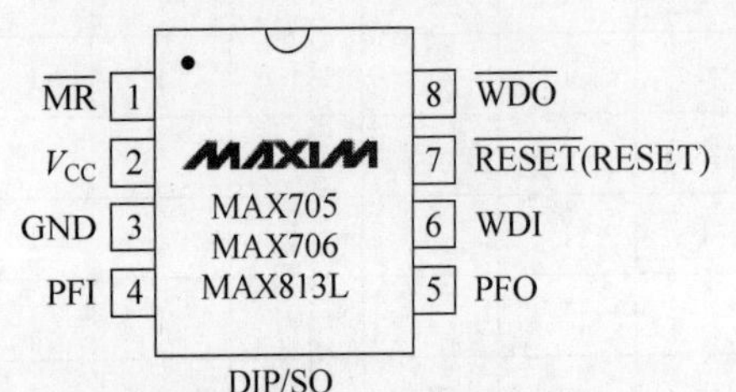

图 17.8 MAX813L 引脚分布图

1) MAX813L 引脚描述

(1) MR：手工复位输入端。可连接复位按钮。

(2) VCC：+5V 电源。

(3) GND：电源地。

(4) PFI：电源检测输入端。可将需要检测的电源连接于此，不用时接地或电源。

(5) PFO：电源检测输出端。被检测电源正常时，输出高电平，否则输出低电平。

(6) WDI："看门狗"输入端，俗称"喂狗"信号。

(7) RESET：复位输出端。高电平有效，可输出 200ms 的正脉冲。当电源 V_{CC} 低于 4.65V 时，RESET 保持高电平。

(8) WDO："看门狗"输出端。当"喂狗"信号在 1.6s 内不能及时送入时，该引脚即产生 1 个低电平信号。

2) 复位信号

复位信号用于启动或者重新启动 MPU/MCU，令其进入或者返回到预知的循环程序并顺序执行。一旦 MPU/MCU 处于未知状态，如程序"跑飞"或进入死循环，就需要将系统复位。

对于 MAX705 和 MAX706 而言，在上电期间只要 V_{CC} 大于 1.0V，就能保证输出电压不高于 0.4V 的低电平。在 V_{CC} 上升期间 RESET 维持低电平直到电源电压升至复位门限(4.65V 或 4.40V)以上。在超过此门限后，内部定时器大约再维持 200ms 后释放 RESET，使其返回高电平。无论何时，只要电源电压降低到复位门限以下(即电源跌落)，RESET 引脚电压就会变低。如果在已经开始的复位脉冲期间出现电源跌落，复位脉冲至少再维持 140ms。在掉电期间，一旦电源电压 V_{CC} 降到复位门限以下，只要 V_{CC} 不低于 1.0V，就能使 RESET 维持电压不高于 0.4V 的低电平。

MAX705 和 MAX706 提供的复位信号为低电平 RESET，而 MAX813L 提供的复位信号为高电平 RESET，三者的其他功能完全相同。有些单片机，如 INTEL 的 80C51 系列，需要高电平有效的复位信号。

3) 看门狗定时器

MAX705/706/813L 片内看门狗定时器用于 * MPU/MCU 的活动。如果在 1.6s 内 WDI 端没有接收到来自 MPU/MCU 的触发信号，并且 WDI 处于非高阻态，则 WDO 输出变低。只要复位信号有效或 WDI 输入高阻，则看门狗定时器功能被禁止，且保持清零和不计时状态。复位信号的产生会被禁止定时器，可一旦复位信号撤销并且 WDI 输入端检测到短至 50ns 的低电平或高电平跳变，定时器将开始 1.6s 的计时，即 WDI 端的跳变会清零定时器，并启动一次新的计时周期。

一旦电源电压 V_{CC} 降至复位门限以下，WDO 端也将变低并保持低电平。只要 V_{CC} 升至门限以上，WDO 就会立刻变高，不存在延时。典型的应用中是将 WDO 端连接到 MPU/MCU 的非屏蔽中断(NMI)端。当 V_{CC} 下降到低于复位门限时，即使看门狗定时器还没有完成计时周期，WDO 端也将输出低电平。通常这将触发一次非屏蔽中断，但是 RESET 如果同时变低，则复位功能优先权高于非屏蔽中断。

如果将 WDI 脚悬空，WDO 脚可以用作电源跌落检测器的一个输出端。由于悬空的 WDI 将禁止内部定时器工作，所以只有当 V_{CC} 下降到低于复位门限时，WDO 脚才会变低，从而起到电源跌落检测的作用。

4) 手动复位

低电平有效的手动复位输入端(MR)可被片内 250mA 的上拉电流源拉到高电平，并可以被外接 CMOS/TTL 逻辑电路或一端接地的按钮开关拉成低电平。不需要采用外部去抖动电路，理由是最小为 140ms 的复位时间足以消除机械开关的抖动。简单地将 MR 端连接到 WDO 端就可以使看门狗定时器超时产生复位脉冲。当需要高电平有效的复位信号时，应该选用 MAX813L。

5) 电源电压监视

MAX705/MAX706/MAX813L 片内带有一个辅助比较器，它具有独立的同相输入端(PFI)和输出端(PFO)，其反相输入端内部连接一个 1.25V 的参考电压源。为了建立一个电源故障预警电路，可以在 PFI 脚上连接一个电阻分压支路，该支路连接的 * 点通常在稳压电源集成电路之前。通过调节电阻值，合理地选择分压比，以使稳压器 +5V 输出端电压下降之前，PFI 端的电压刚好下降到 1.25V 以下。其典型应用电路如图 17.9 所示。

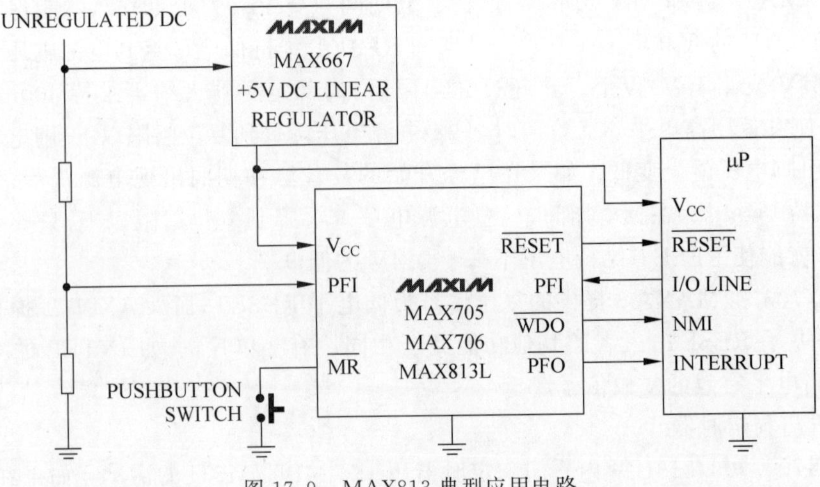

图 17.9　MAX813 典型应用电路

17.2.2　主控电路

主控电路由 AT89S51 构成，使用 11.0592 晶振，负责整个流水线控制系统的管理与控制。读者可根据实际需要增添 ISP 电路，以方便程序升级。其电路如图 17.10 所示。

其各 I/O 口接口功能描述如表 17.3 所示。

表 17.3　各 I/O 接口功能描述

I/O 口	I/O 方向	网络标号	功 能 描 述
P1.0	输出	F_cycle	前气缸释放信号，用于控制前释放气缸开启或关闭
P1.1	输出	B_cycle	后气缸释放信号，用于控制后释放气缸开启或关闭
P1.2	输出	Up_cycle	工件上升气缸释放信号，用于控制工件上升气缸开启或关闭
P1.3	输出	H_cycle	横向气缸释放信号，用于控制横向气缸开启或关闭
P1.4	输出	PU_out	PWM 输出口，用于控制步进电机转速
P1.5	输出	Direct	方向输出口，用于控制步进电机方向
P1.6	输入	Start	流水线启动信号，用于启动流水线
P1.7	输入	Finish	工件完成信号，用于通知流水线系统已完成一个工件
P2.0	输出	Disp_A	数码管驱动信号 A，用于驱动数码管显示
P2.1	输出	Disp_B	数码管驱动信号 B，用于驱动数码管显示
P2.2	输出	Disp_C	数码管驱动信号 C，用于驱动数码管显示
P2.3	输出	Disp_D	数码管驱动信号 D，用于驱动数码管显示
P2.4	输出	Disp_1	数码片选信号 1，用于驱动数码管显示
P2.5	输出	Disp_2	数码片选信号 2，用于驱动数码管显示
P2.6	输出	Disp_3	数码片选信号 3，用于驱动数码管显示
P2.7	输出	Disp_dp	数码管小数点控制信号，用于驱动数码管显示
P3.0	输出	RXD P3.0	串行接口发送信号，用于串口通信
P3.1	输入	TXD P3.1	串行接口接收信号，用于串口通信
P3.2	输入	Check1	工件检测信号 1，用于工件检测

续表

I/O 口	I/O 方向	网络标号	功能描述
P3.3	输入	Check2	工件检测信号2，用于工件检测
P3.4	输入	OK	工件到位信号，用于向控制器发送准备完成信号
P3.5	输入	Clear	工件计数清零信号，用于清零工件计数值
P3.6	输出	WatchDog	看门狗信号，用于控制看门狗
P3.7	待确定	保留	备用
P0.0～P0.7	待确定	保留	备用

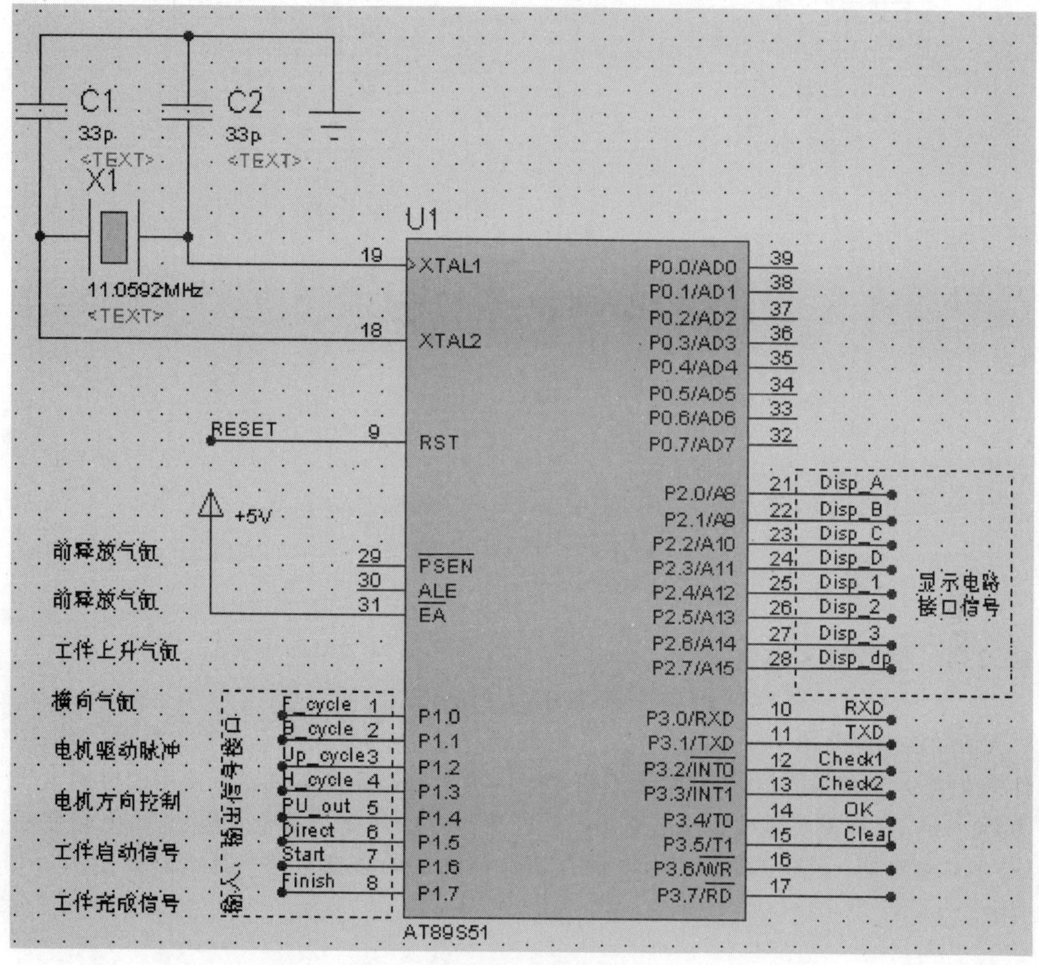

图 17.10 主控电路

17.2.3 显示电路

显示电路由8位数码管及CD4511、74LS138等构成，主要完成工件计数信息的显示，另外可利用其显示系统运行代码及故障检修代码等。其电路如图17.11所示。

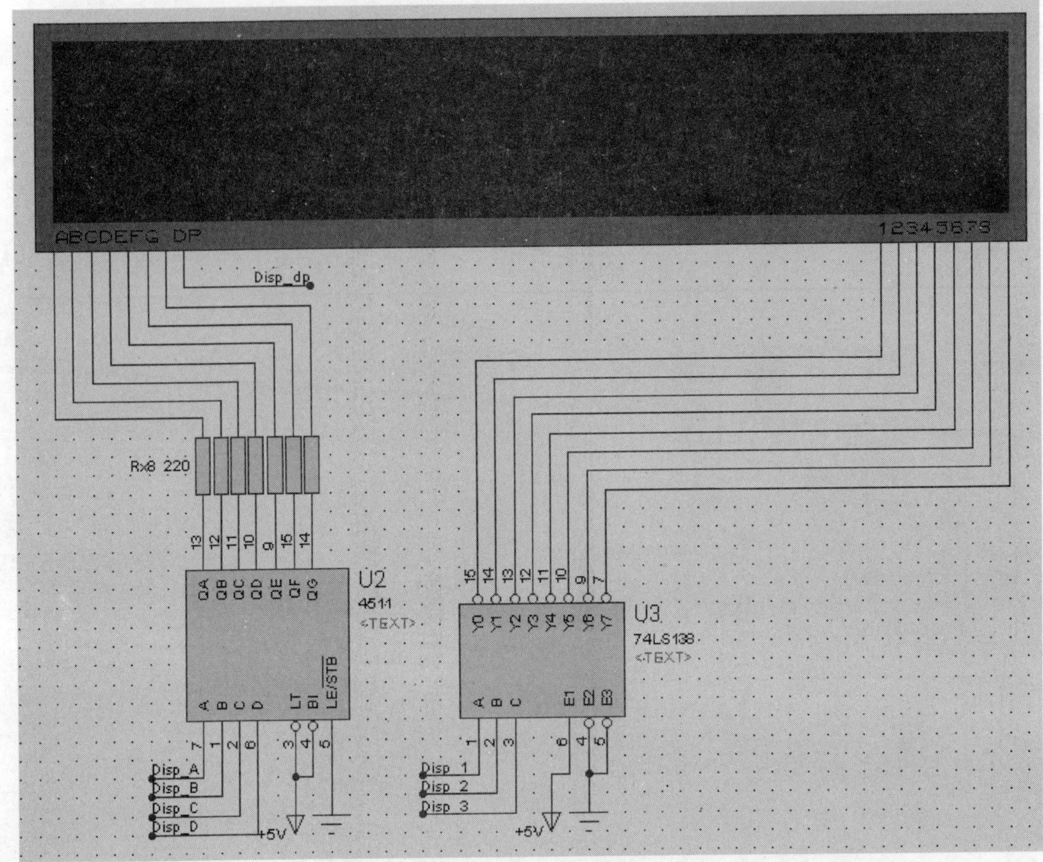

图 17.11 显示电路

17.2.4 信号输入电路

信号输入电路用于向主控电路输入控制信号,这类信号主要有流水线启动信号、工件完成信号、工件检测信号、计数清零信号等。由于控制器及步进电机使用的电源电压为 DC 24V,所以需要通过转换电路将其转换为单片机所支持的电平电压,本电路使用 DC 24V 继电器,读者也可使用光电耦合器件等构成的转换电路。其电路如图 17.12 所示。

17.2.5 信号输出电路

信号输出电路用于单片机向外输入控制信号,主要包括气缸控制信号、工件到位信号、步进电机控制信号等。其电路如图 17.13 所示。

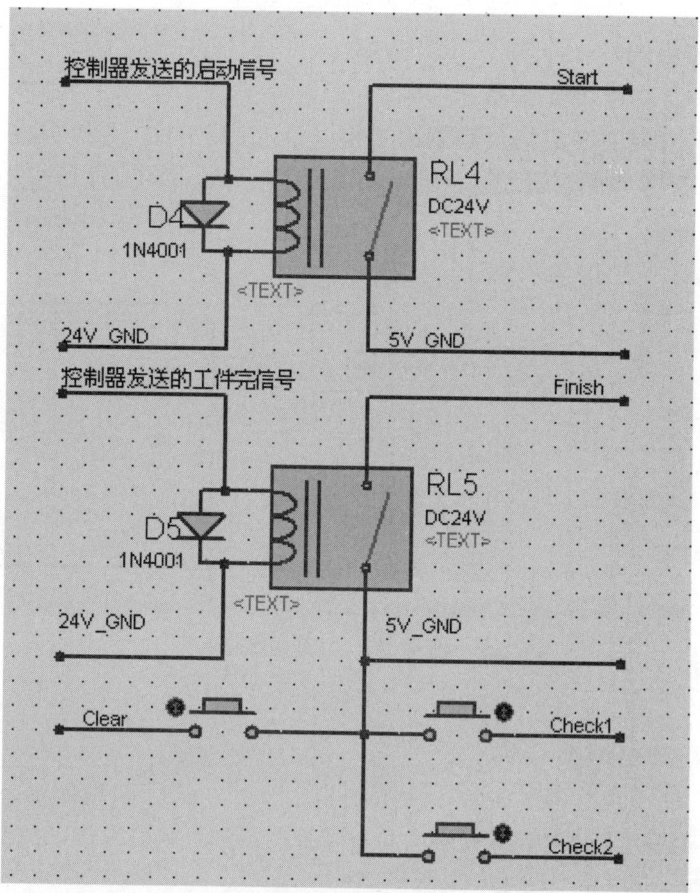

图 17.12　输入电路

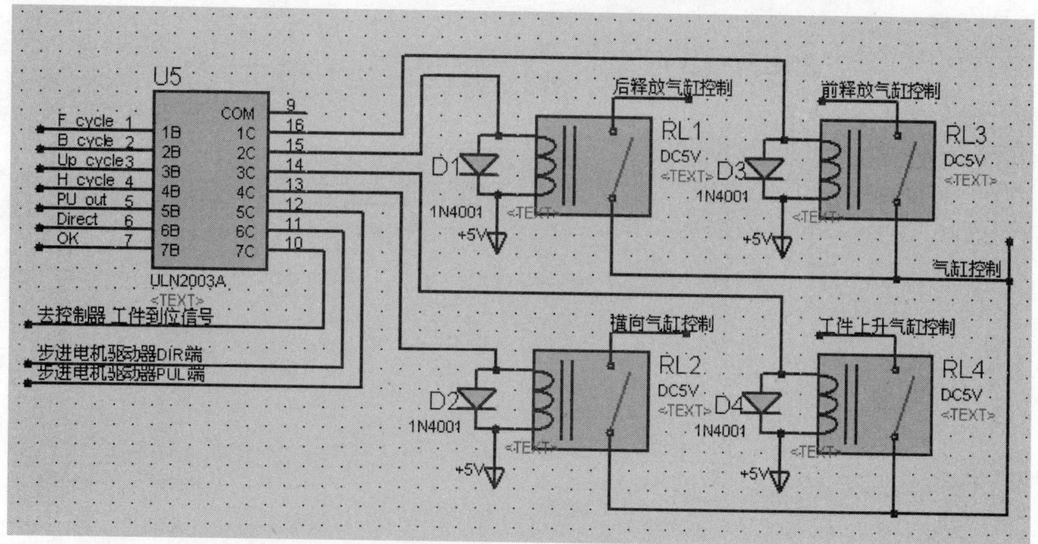

图 17.13　输出电路

17.2.6 电源电路

电源电路用于给单片机提供稳定的工作电路，由 LM7805 芯片构成的经典电源电路，其输入端为 24V 电压(控制器、步进电机等工作电压)。其电路如图 17.14 所示。

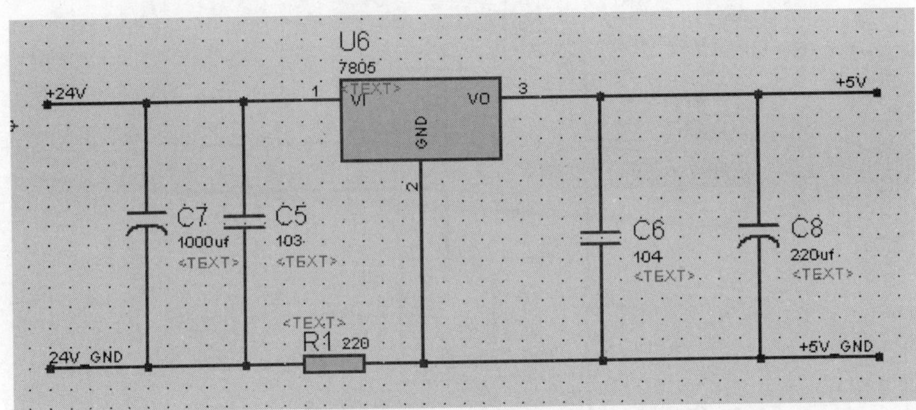

图 17.14 电源电路

17.2.7 串行接口电路

串行接口电路用于本控制系统与上位机或控制器进行通信操作，由 MAX232 芯片及其外围器件构成，其电路如图 17.15 所示。

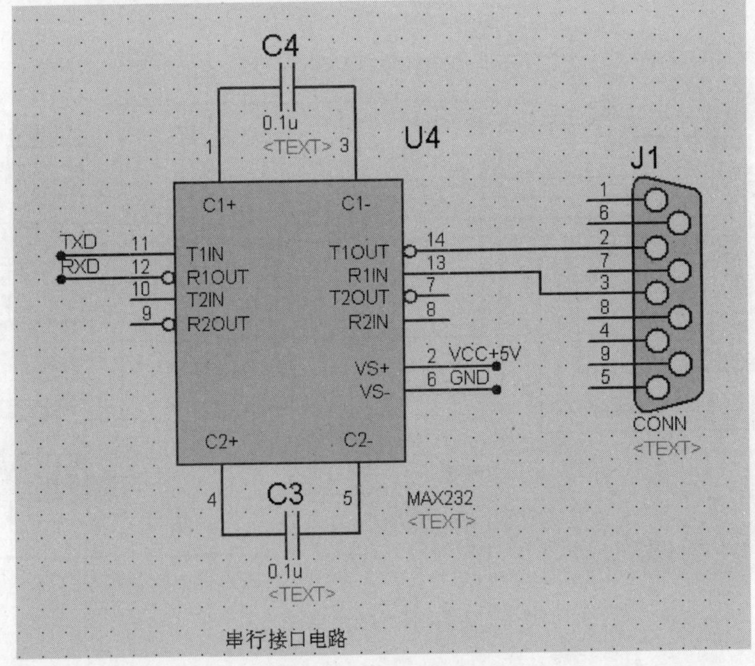

图 17.15 串行接口电路

17.2.8 看门狗电路

看门狗电路由 MAX813 芯片及其外围器件构成，为了防止由于程序“跑飞”和电源的故障引起的工作不正常，本系统设计了看门狗电路。MAX813L 为看门狗监控芯片，可为 CPU 提供上电复位、掉电复位、手动复位等功能，其电路如图 17.16 所示。

在上电期间，当电源电压超过其复位门限后，MAX813L 产生一个至少 140ms 脉宽的复位脉冲。当掉电或电源波动下降到低于复位门限 1.25V 后，也产生复位脉冲，确保任何情况下系统正常工作。当程序“跑飞”时，WDO 输出由高电平变为低电平，并保持 140ms 以上，MAX813L 产生复位信号，同时看门狗定时器清 0。该电路还有上电使单片机自动复位功能，一上电，将自动产生 200ms 的复位脉冲。

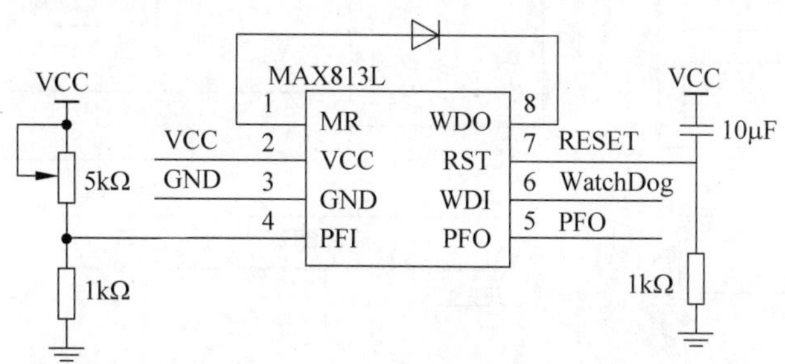

图 17.16 看门狗电路

17.3 程序设计

视频讲解

根据系统功能，本系统软件主要包括主函数、定时器 T1 中断服务函数、定时器 T0 中断服务函数、串行接口函数、看门狗函数。下面简要介绍各模块函数的功能及实现方法。

17.3.1 程序流程图

通用流水线控制系统的程序操作流程是：等待启动信号、等待工件进入操作区、等待工件完全就位、操作完成，图 17.17 所示为通用流水线控制系统程序流程图。

(1) 系统首先对各种资源进行初始化操作，如定时器中断配置、初值等。然后等待控制器发送启动信号，当检测到启动信号时，清零工件完全准备好信号(OK 信号)、关闭横向气缸、关闭工件上升气缸、延时(工件释放需要时间)、打开后释放气缸(释放在工件区的工件)、延时、打开前释放气缸(释放待操作工件)。

(2) 等待工件进入操作区，当工件已经进入操作区时，清除释放标志、关前释放气缸、关后释放气缸。

(3) 等待工件完成进入操作区，当工件已经完全进入操作区时，执行锁定工件操作，并向控制器发送工件完全到位信号。

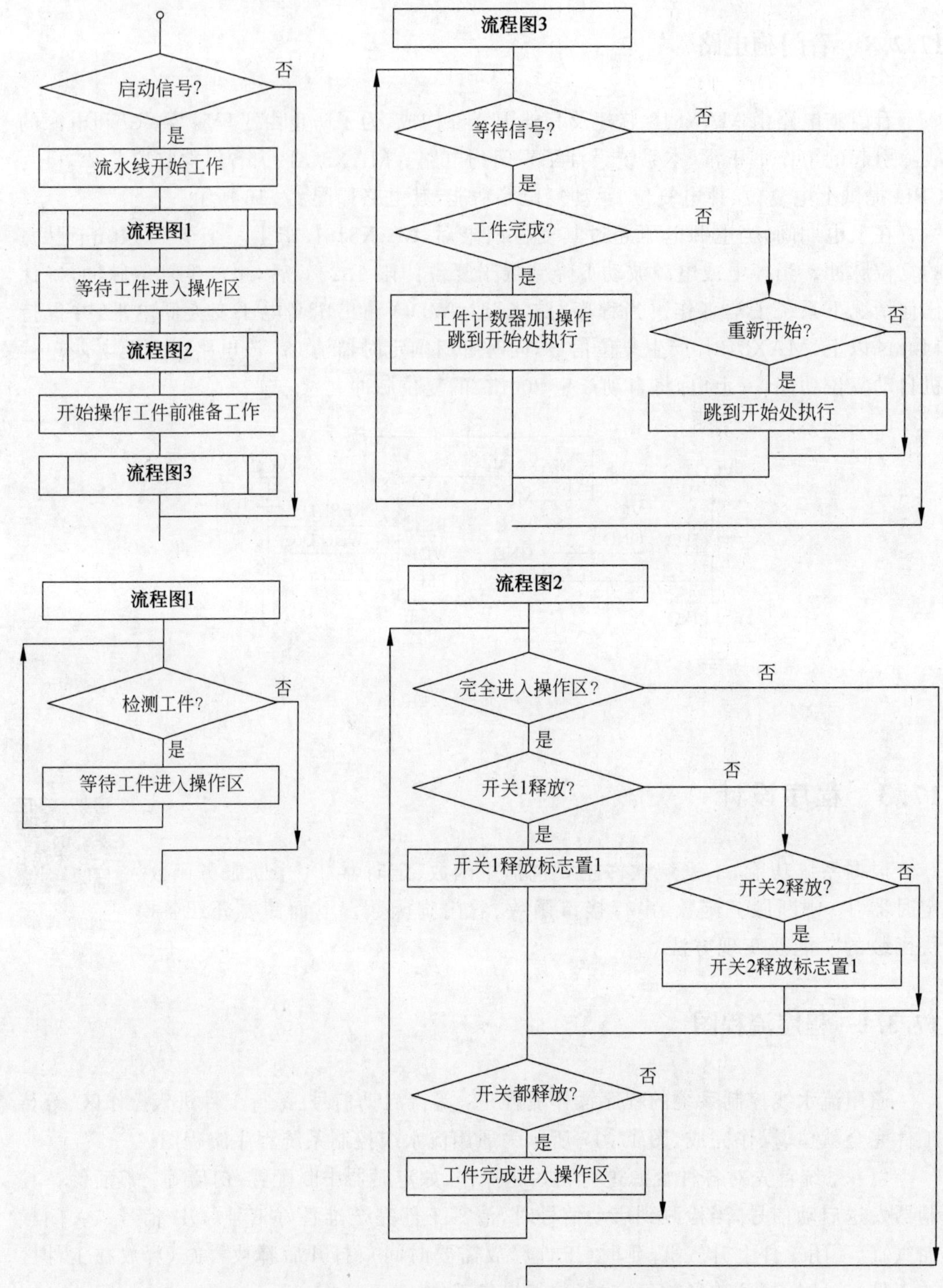

图 17.17　通用流水线控制系统程序流程图

(4) 等待工件完成信号,或重新开始信号。若是工件完成信号,则工件计数器加 1 操作。

(5) 定时器 T1 中断服务程序用于数码管动态显示。

（6）定时器 T0 中断服务程序用于步进电机控制。

本流水线控制系统在程序结构上可分为主函数、初始化函数、定时器 T0 服务函数、定时器 T1 服务函数、串行接口通信函数、看门狗函数、其他函数等。下面简要描述部分程序的功能及核心代码。

17.3.2 主函数

主函数首先调用初始化函数，然后按照控制流程对流水线进行控制。其程序代码如下：

```
void main(void)
{
    Initin();                               //初始化操作
    Serial_ini( )                           //串口初始化操作
//等待起始信号
//根据实际情况调整延时参数及修改相应程序以实现所需功能
    if(START == 1)
    {
lable1:
        OK = 0;                             //关闭 OK 信号
        H_cycle = 0;                        //关横向气缸
        Up_cycle = 0;                       //关上升气缸
        delay();                            //等待工件完全释放
        B_cycle = 1;                        //打开后释放气缸
        delay();                            //延时
        F_cycle = 1;                        //打开前释放气缸
        while(Check1&&check2);              //等待工件检测信号
        //已经检测到工件进入操作区
        Check1_flage = Check2_flage = 0;    //清按检释放标志
        F_cycle = 0;                        //关前释放气缸
        B_cycle = 0;                        //关后释放气缸
        //等待工件完成进入操作区
        //当两个接近开关都由闭合到释放时，可认为工件已经完全进入目标区
        while(1)
        {
            if(!Check1)
                Check1_flage = 1;
            else if(!Check2)
                Check2_falge = 1;
            if(Check1_falge&&Check2_falge)
                break;
        }
        //在工件区将工件锁定，并向控制器发送可操作信号
        Up_cycle = 1;                       //打开上升气缸
        delay();                            //等待工件完全上升
        H_cycle = 1;                        //打开横向气缸，锁死夹具，固定工件至指定区域
        OK = 1;                             //发送 OK 信号
```

```
        while(1)
        {
            if(Finish)
                Work_conter++, goto lable1;
            else if(START)
                goto lable1;
        }
    }
}
```

17.3.3 定时器 T1 中断服务函数

定时器 T1 中断服务函数主要刷新显示数据位，根据条件每次刷新一位，用于 8 位数码管显示。

```
void Timer1 (void) interrupt 3 using 1
{
    //1ms 刷新 1 次
    TH1 = (65536 - 1000)/256;
    TL1 = (65536 - 1000) % 256;
    switch(Disply_temp++)
    {
        case 0:
            LED_Date = LED_Code_buf[0];        //显示高位
            break;
        case 1:
            LED_Date = LED_Code_buf[1];
            break;
        case 2:
            LED_Date = LED_Code_buf[2];
            break;
        case 3:
            LED_Date = LED_Code_buf[3];
            break;
        case 4:
            LED_Date = LED_Code_buf[4];
            break;
        case 5:
            LED_Date = LED_Code_buf[5];
            break;
        case 6:
            LED_Date = LED_Code_buf[6];
            break;
        case 7:
            LED_Date = LED_Code_buf[7];        //显示低位
            break;
        default:
```

```
            Disply_temp = 0;
            break;
        }
}
```

17.3.4 定时器 T0 中断服务函数

与定时器相关的函数主要有初始化函数、定时器服务函数等。初始化函数为定时器的启动做准备，定时器服务函数处理定时器溢出后的任务及清除溢出标志，为下一次溢出检测做准备。

```
void Timer0 (void) interrupt 1 using 1
{
    //周期为 2μs,根据需要进行调整
    TH0 = (65536 - 100)/256;
    TL0 = (65536 - 100) % 256;
    PU_out = !PU_out;       //PWM 输出
}
```

17.3.5 串行接口函数

串行接口函数主要向上位机发送系统运行状态及工件情况。另外，还接收上位机发送的测试代码等。

1. 串口初始化函数

串口初始化函数主要设定串口的工作方式，并通过设定定时器 T0 的工作方式和初值来设定串口通信的波特率。

```
void Serial_ini( )              //串口波特率设置
{
    SCON   = 0x50;             // 串口工作在模式 1
    TMOD  |= 0x20;             // timer 1 工作在模式 2, 为串口提供波特率
    TH1    = 0xF3;             // TH1 初值,产生 2400 波特率(晶振频率为 11.0592MHz)
    TR1    = 1;                // 启动定时器 T1
    TI     = 1;                // 置发送标志为 1
}
```

2. 字符串发送函数

字符串发送函数主要将字符串通过串口发送至 PC，它用到了字符串长度计算函数 strlen()，所以需要在头文件中包含 string. h，否则编译出错。

```
void kal_trace_string(unsigned char str[])
{
    uc i = 0;
    EA = 0;          //暂时停止其他中断
    ES = 0;          //close ES interrupt
    //发送字符串
    while((i++< strlen(str))) //
    {
        SBUF = str[i];
        while(!TI);
        TI = 0;
    }
    EA = 1;          //恢复中断
}
```

3. 数字发送函数

数字发送函数主要将数字通过串口发送至PC,因为发送的是ASCII码,所以需要将数字转换为ASCII码后再发送,否则PC将接收到数值所对应的字符信息。当发送的数字范围在0～9时,将此数字加0x30,即将其转换为对应的ASCII码,当数值在10～15时需要将此数值除10后的值加0x41即可。读者可参考ASCII码表进行本程序的编写。

```
void kal_trace_Number(unsigned char Number)
{
    EA = 0;        //暂时停止其他中断
    ES = 0;        //close ES interrupt
    //发送数字
    //因为发送的是 ASCII 值
    //小于 10 时加 0x30,读者可参考 ASCII 码表
    if(Number <= 9)
    {
        Number = Number + 0x30;
    }
    //大于 10,显示大小字母
    else
    {
        Number % = 10;
        Number += 0x41;
    }
    SBUF = Number;
    while(!TI);
    TI = 0;
    EA = 1;        //恢复中断
}
```

17.3.6 看门狗函数

硬件看门狗是指一些集成化的专用看门狗电路，它实际上是一个特殊的定时器，当定时时间到，发出溢出脉冲。从实现角度看，该方式是一种软件与片外专用电路相结合的技术，硬件电路连接好以后，在程序中适当地插入一些看门狗复位的指令，即"喂狗"指令，保证程序正常运行时看门狗不溢出；而当程序运行异常时，看门狗超时发出溢出脉冲，通过单片机的 RESET 引脚使单片机复位。

```
void WatchDog()
{
    P3.7 = !P3.7;
}
```

17.4 小结

本章以工厂通用流水线控制系统为例，全面介绍了单片机系统设计的基本方法以及单片机外围器件的使用、单片机和其他外设的接口电路、隔离电路等内容。单片机系统开发流程与实现方法是本章的重点和难点。

第18章 便携式移动冰箱(视频)

视频讲解

本章介绍便携式移动冰箱的前景、基本原理、硬件架构及各单元实现方法、软件架构及各模块软件功能与程序流程等内容。另外,还将介绍半导体制冷片的工作原理、充电状态检测、电池剩余电量检测等具体功能的实现方法。

18.1 概述

随着大众生活水平的不断提高以及家用电器的逐渐普及,很多朋友会选择在天气晴朗的时间去郊游或野炊。在郊游的时候,我们通常想喝杯冰饮或是吃根雪糕,在炎热的天气,这种想法尤为突出。在野炊的时候需要准备许多新鲜食材,这些新鲜食材放在炎热的天气中很容易坏掉。另外,很多药物都需要在低温下才能保存,例如,患有糖尿病的朋友如果想要进行短途旅行或是工作需要外出,怎么携带每天必需的胰岛素成了一个大问题,哺乳期的妈妈在上班期间的挤出的母乳要如何安全地带回家喂宝宝。因此,本章介绍的便携式移动冰箱系统应用前景广阔。

18.2 硬件设计

便携式移动冰箱的硬件为整个系统提供可操作的基础环境及各功能实现的必要条件。

18.2.1 硬件架构

便携式移动冰箱的硬件架构由主控单元、电源管理、温度控制、人机交互、报警电路构成。图 18.1 所示为便携式移动冰箱硬件架构图。下面依次介绍每个硬件功能模块的原理及核心电路图。

18.2.2 主控单元

主控单元由 AT89S51、AT24C04、Debug 接口及其各自的外围电

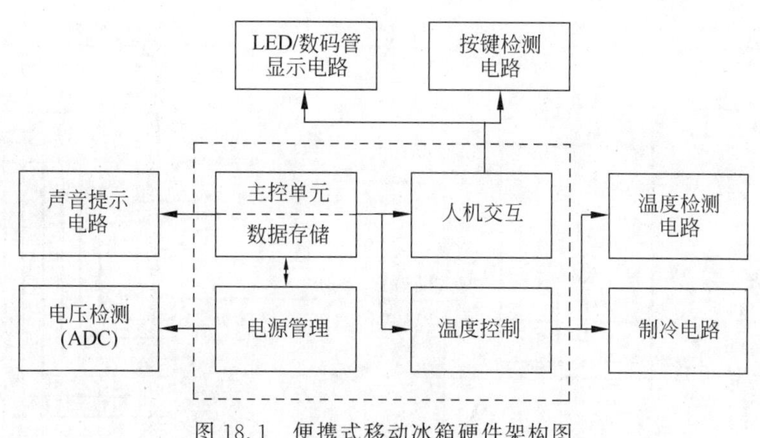

图 18.1　便携式移动冰箱硬件架构图

路构成。AT89S51 负责数据运算和结果处理等，AT24C04 用于数据和参数的存储，Debug 接口由 AT89S51 的 RXD、TXD 引脚及 J4 组成，用于系统调试时接收命令或数据以及输出调试日志。图 18.2 所示为主控单元电路原理图。

18.2.3　电源管理

电源管理由 TP4054、ADC0832 及外围电路构成。外接 5V 电源经 J3 输入后分别到达 D1 的阳极和 U5 的第 4 脚(V_{CC})、R12 的第 1 脚。外接 5V 经 D1 后到 PMOS 管 Q5 的 S 极。在有外电的情况下，Q5 的 G 极的电压为：R11×(5V/(R11＋R12))＝100×(5V/110)≈4.54V，S 极的电压约为 4.3V，D 极的电压为锂电池电压，最高约为 4.2V。G 极的电压高于 S 极的电压，且 D 极的电压比 S 极低，因此 Q5 截止且其反向二极管也截止，锂电池由 TP4054 对其进行充电且锂电池不对系统放电。同时 ADC0832 用于电池电压检测和输入端电压检测。当外接 5V 电源撤离后，Q5 的 D 极的电压大于 S 极的电压，且 G 极的电压由 R11 下拉至地，因此 Q5 导通且反向二极管导通，由锂电池给系统供电。二极管 D1 用于保护外部 5V 反接或内部锂电池向 J3 放电。D2 用于充电状态显示。电源管理是系统的能源控制中心，它直接影响产品的充电和续航时间。图 18.3 所示为电源管理电路原理图。

1. TP4054 描述

TP4054 是一款完整的单节锂电池，采用恒定电流/恒定电压线性充电器。其 SOT 封装与较少的外部元件数目使得 TP4054 成为便携式应用的理想选择。TP4054 可以适合 USB 电源和适配器电源工作。由于采用了内部 PMOSFET 架构，加上防倒充电路，所以不需要外部检测电阻器和隔离二极管。热反馈可对充电电流进行调节，以便在大功率操作或高环境温度条件下对芯片温度加以限制。充电电压固定于 4.2V，而充电电流可通过一个电阻器进行外部设置。当充电电流在达到最终浮充电压之后降至设定值的 1/10 时，TP4054 将自动终止充电循环。当输入电压(交流适配器或 USB 电源)为 0 时，TP4054 自动进入低电流状态，将电池漏电流降至 2μA 以下。也可将 TP4054 置于停机

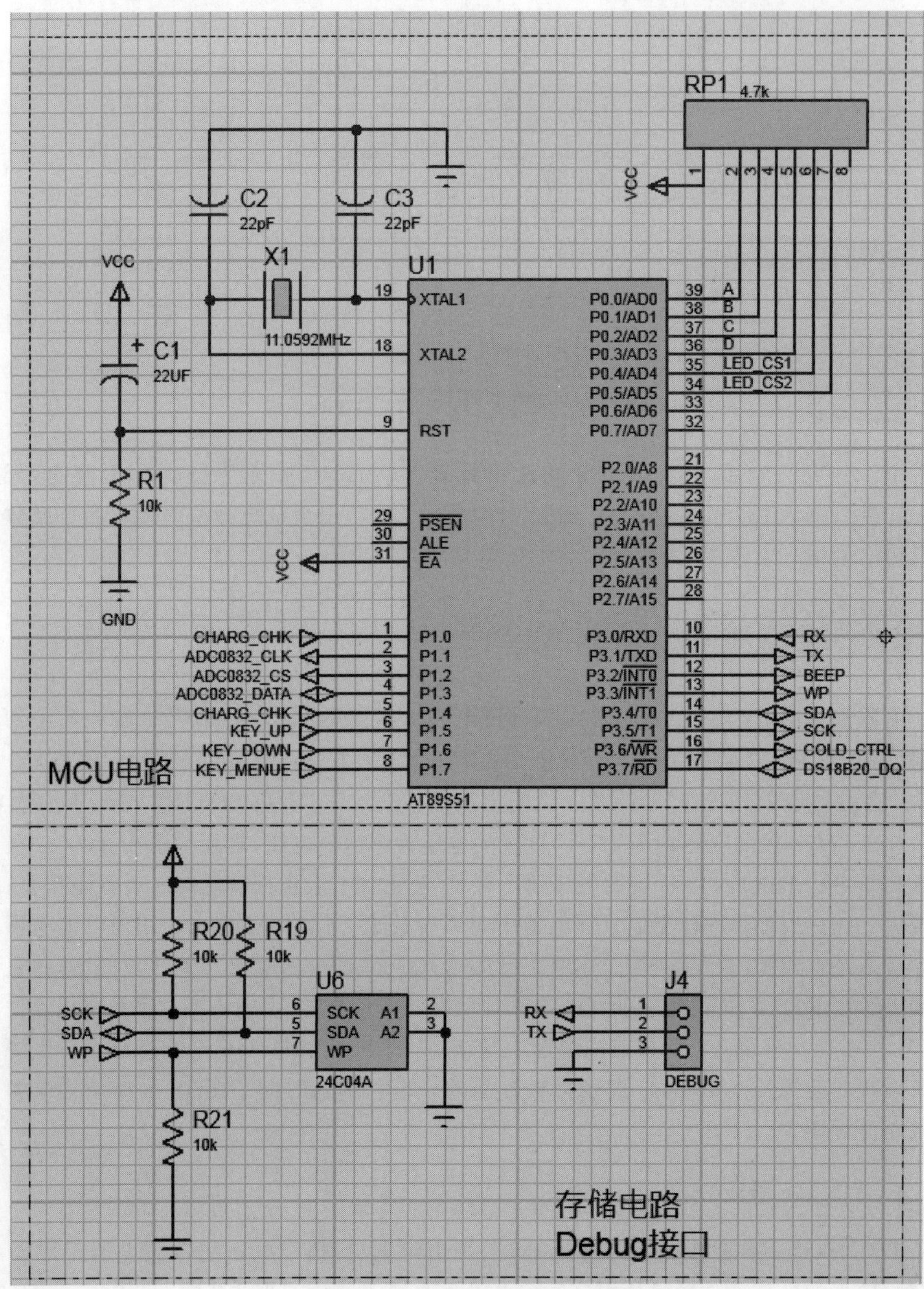

图 18.2　主控单元电路原理图

模式,将供电电流降至 45μA。TP4054 的其他特点包括充电电流监控器、欠压闭锁、自动再充电和一个用于指示充电结束和输入电压接入的状态引脚。

2. TP4054 的充电电流设定

充电电流是采用一个连接在 PROG 引脚与地之间的电阻器来设定的。设定电阻器

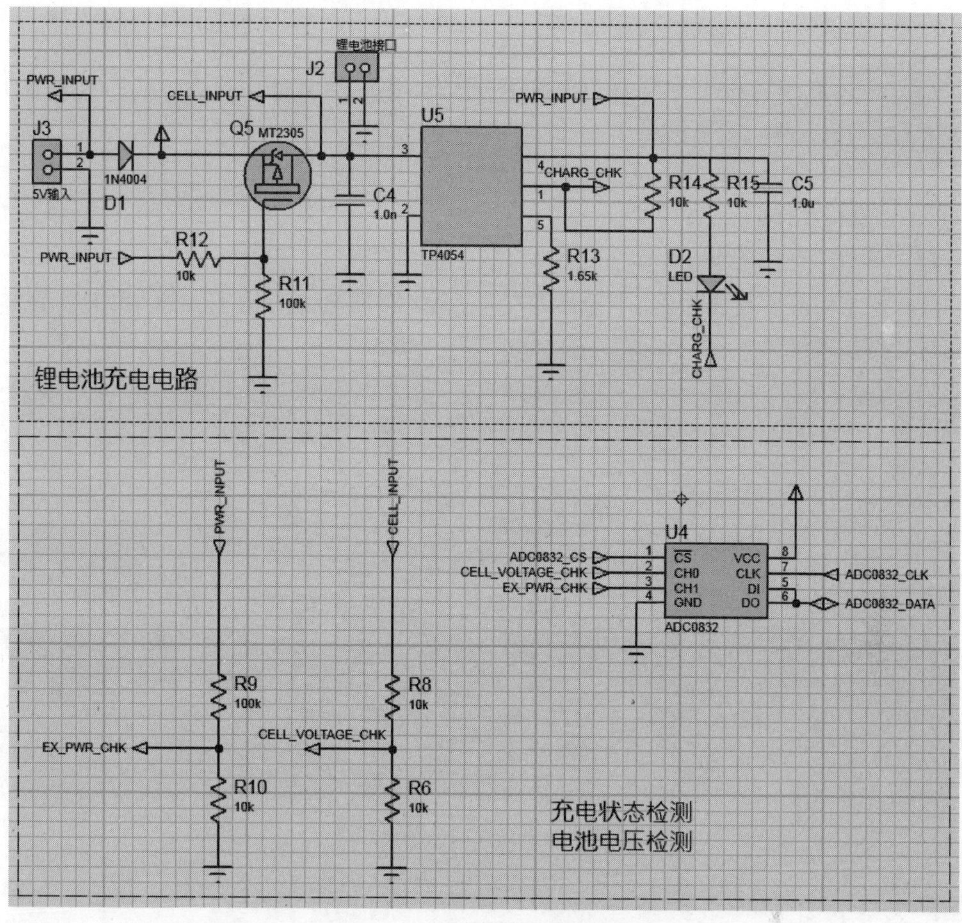

图 18.3　电源管理电路原理图

和充电电流采用下列公式来计算，根据需要的充电电流来确定电阻器阻值。

1）公式一

$$R_{\mathrm{PROG}}=\frac{1000}{I_{\mathrm{BAT}}}\times\left(1.2-\frac{4}{3}I_{\mathrm{BAT}}\right)\quad(I_{\mathrm{RAT}}>0.15\mathrm{A})$$

2）公式二

$$R_{\mathrm{PROG}}=\frac{1000}{I_{\mathrm{BAT}}}\quad(I_{\mathrm{BAT}}\leqslant 0.15\mathrm{A})$$

【例 19-1】 当需要设置充电电流 $I_{\mathrm{BAT}}=0.4\mathrm{A}$ 时，采用公式一计算得：

$$R_{\mathrm{PROG}}=\frac{1000}{0.4}\times\left(1.2-\frac{4}{3}\times 0.4\right)\Omega=1666\Omega$$

即 $R_{\mathrm{PROG}}=1.66\mathrm{k}\Omega$。

【例 19-2】 当需要设置充电电流为 $I_{\mathrm{BAT}}=0.1\mathrm{A}$ 时，采用公式二计算得：

$$R_{\mathrm{PROG}}=\frac{1000}{I_{\mathrm{BAT}}}=\frac{1000}{0.1}\Omega=10000\Omega$$

即 $R_{\mathrm{PROG}}=10\mathrm{k}\Omega$。

3. ADC0832 芯片概述

ADC0832 是美国国家半导体公司生产的一种 8 位分辨率、双通道 A/D 转换芯片。详情请参考 14.4 节的相关内容。

18.2.4 温度控制

温度控制由温度检测电路、半导体制冷片、风扇驱动电路等构成。图 18.4 所示为温度控制电路原理图。

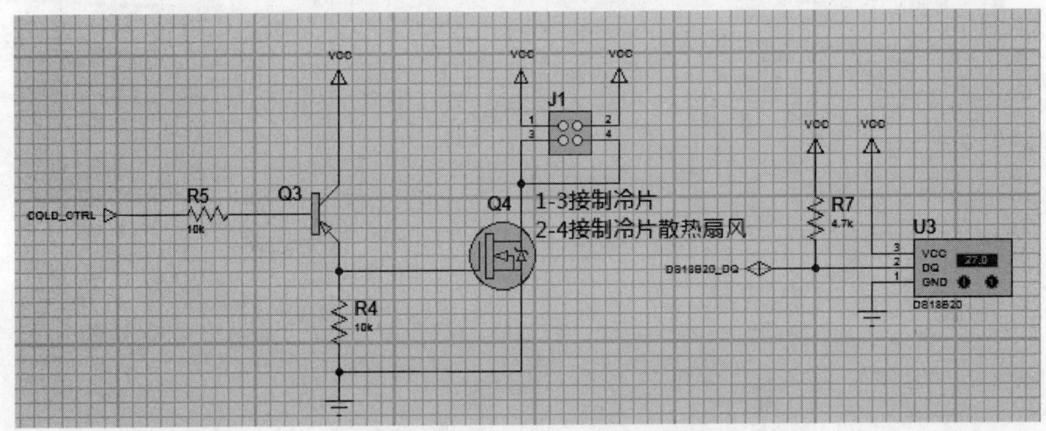

图 18.4 温度控制电路原理图

1. 温度检测

温度检测是使用单总线芯片 DS18B20 来完成的。DS18B20 数字温度计是 DALLAS 公司生产的 1-Wire,即单总线器件,具有线路简单、体积小的特点。因此用它来组成的测温系统,其线路简单,在一根通信线上可以挂载多个这样的数字温度计,十分方便。

它的输入/输出采用数字量,以单总线技术接收主机发送的命令,根据 DS18B20 内部的协议进行相应的处理,将转换的温度以串口发送给主机。主机按照通信协议用一个 I/O 口模拟 DS18B20 的时序,发送命令(初始化命令、ROM 命令、功能命令)给 DS18B20,就可读取温度值。详见 14.5.1 节。

2. 半导体制冷片介绍

半导体制冷片也称为热电制冷片,是一种热泵。它的优点是没有滑动部件,应用在一些空间受到限制、可靠性要求高、无制冷剂污染的场合。利用半导体材料的 Peltier 效应,当直流电通过两种不同半导体材料串联成的电偶时,在电偶的两端即可分别吸收热量和放出热量,可以实现制冷的目的。它是一种产生负热阻的制冷技术,其特点是无运动部件,可靠性也比较高。

3. 半导体制冷片制冷原理

在原理上,半导体制冷片是一个热传递的工具。当一块N型半导体材料和一块P型半导体材料组成的热电偶对中有电流通过时,两端之间就会产生热量转移,热量就会从一端转移到另一端,从而产生温差形成冷热端。但是半导体自身存在电阻,当电流经过半导体时就会产生热量,从而会影响热传递。而且两个极板之间的热量也会通过空气和半导体材料自身进行逆向热传递。当冷、热端的温度达到一定温差,这两种方式的热传递的能量相等时,就会达到一个平衡点,正逆向热传递相互抵消。此时,冷热端的温度就不会继续发生变化。为了达到更低的温度,可以采取散热等方式降低热端的温度来实现。

风扇以及散热片的作用主要是为制冷片的热端散热。通常半导体制冷片冷热端的温差可以达到40～65℃,如果通过主动散热的方式来降低热端温度,那么冷端温度也会相应地下降,从而达到更低的温度。

当一块N型半导体材料和一块P型半导体材料组成电偶对时,在这个电路中接通直流电流后,就能产生能量的转移,电流由N型元件流向P型元件的接头吸收热量,成为冷端;由P型元件流向N型元件的接头释放热量,成为热端。吸收和释放热量的大小是通过电流的大小以及半导体材料N、P的元件对数来决定的。

4. 半导体制冷片主要规格参数

制冷片是一种热量搬运的电子器件,工作时会在器件两端维持一个温差。热面的热量被不断地移除时,热量就从冷面持续地被抽运出来。抽运的速率跟器件的功率有关。功率越大,抽运速率越快,为了良好地平衡制冷效果与成本,就需要选择规格合适的制冷片。

(1) 外形尺寸:通常规格的制冷片为正方形,也有长方形、环形、多级器件的宝塔形等。

(2) 最大制冷量:保持制冷片热面温度为27℃(或50℃)时,可从冷面抽运热量的最大值。实际使用时,制冷量通常远小于该数值。一般用最大制冷量来比较不同规格制冷片的制冷能力。

(3) 最大温差电压:维持制冷片两端温差大小的能力与加在制冷片上的直流电压成正比,达到最大温差时的电压称为最大温差电压,施加的电压超过该电压后,温差将会减小。测定最大制冷量时,使用最大温差电压,器件使用时的电压应该小于该电压,通常使用的电压范围是最大电压的70%～80%,当需要的温差较小时,可以使用更小的电压。此时所能获得的最大温差、最大制冷量也相应较小。该参数表明了制冷片工作时使用的电压范围。

(4) 最大温差电流:是确定制冷片功率的重要指标,有时用电阻值替代表示,是冷热面温度均为27℃时(温差为0℃)在最大温差电压下的电流值,制冷片工作时的电流通常小于该值,实际工作电流还会随着温差增加而增加、热面温度升高而减小。该数值可以比较直观地代表制冷片的功率大小,也表明了制冷片工作时的电流范围。

5. 半导体制冷片选型方法

下面讲述一种近似的、较为简易的选型方案,以方便对制冷片的应用缺乏实际经验的设计者能够快速地开展工作。

(1) 为了选择制冷片规格,要首先确定需要的制冷量,即需要移除的热量,如果不能确切地测量或计算,也可以通过温升等外部状况推算和估计,将估算值标记为Q_c,如果冷面温度与环境温度的差值小于30℃,属于常规制冷应用,直接用$1.5\times Q_c$与制冷片规格表中27℃时的最大制冷量比较,找到数值相近的规格(±5W),再参照希望采用的电流、电压,即可选择一款合适的制冷片。

(2) 对于制冷温差为30～60℃的非常规制冷应用,需要选用$2.5\times Q_c$甚至更高制冷量的规格,因为制冷片的特性是随着温差增加,抽运热的能力呈线性下降。

(3) 选择制冷片时,还应充分地考虑到散热条件的制约,散热条件直接影响制冷片热面的温度,制冷片工作时需要不断地从热面移除抽运出来的热量和制冷片工作时消耗功率而产生的热量,总散热量的数值等于$Q_c+U\times I$,$U\times I$是输入到器件的功率,如果散热不充分,热量就会倒流回冷端,使冷端温度升高,所以在散热条件受制约时,选择功率较小的制冷片,制冷效果反而有可能改善。

(4) 作为选择时的一种方案是以较多数量的小功率制冷片代替较少数量的大功率制冷片,获得相同的制冷量,目的在于增加热源面积,降低散热功率密度。少数大功率制冷片常常需要水冷散热,例如12715(制冷功率为134W)制冷片在12V下工作,当电流为9A时,根据$T_h=50℃$的特性图,Q_c约为10W,散热量$Q_h=12\times 9+10=118W$,所以散热负荷很大,风冷散热时,对散热器要求很高。解决的方案可以使用2片12708(制冷功率为77W)替代或采用水冷散热。

6. 半导体制冷片冷热面识别方法

找一节干电池,把制冷片的红线接在干电池的正极上,黑线安装在干电池的负极上,用手捏住制冷片的两面,如果感觉一面微热一面微冷,则说明制冷片良好,且微热的一面为热面,微冷的一面为冷面。

18.2.5 人机交互

人机交互由LED数码管电路、按键输入电路构成。LED数码管电路用于显示当前温度值、预设温度值、电池电量信息、故障码、模式配置值等功能。按键输入电路用于接收用户的输入信息,通过3个按键的组合输入来查看或操作便携式移动冰箱的各项功能或状态信息。图18.5所示为人机交互电路原理图。

1. LED数码管驱动电路

LED数码管驱动电路由2位共阳极数码管、74LS47数码管译码器驱动器构成。74LS47用于将BCD码转换成数码块中的数字,通过它来进行解码,可以直接把数字转换为数码管的数字,从而简化了程序,节约了单片机的I/O开销。

74LS47译码器的逻辑功能是将每个输入的二进制代码译成对应的输出的高、低电平信号。译码为编码的逆过程。它将编码时赋予代码的含义“翻译”过来。实现译码的逻辑电路称为译码器。译码器输出与输入代码有唯一的对应关系。74LS47是输出为低

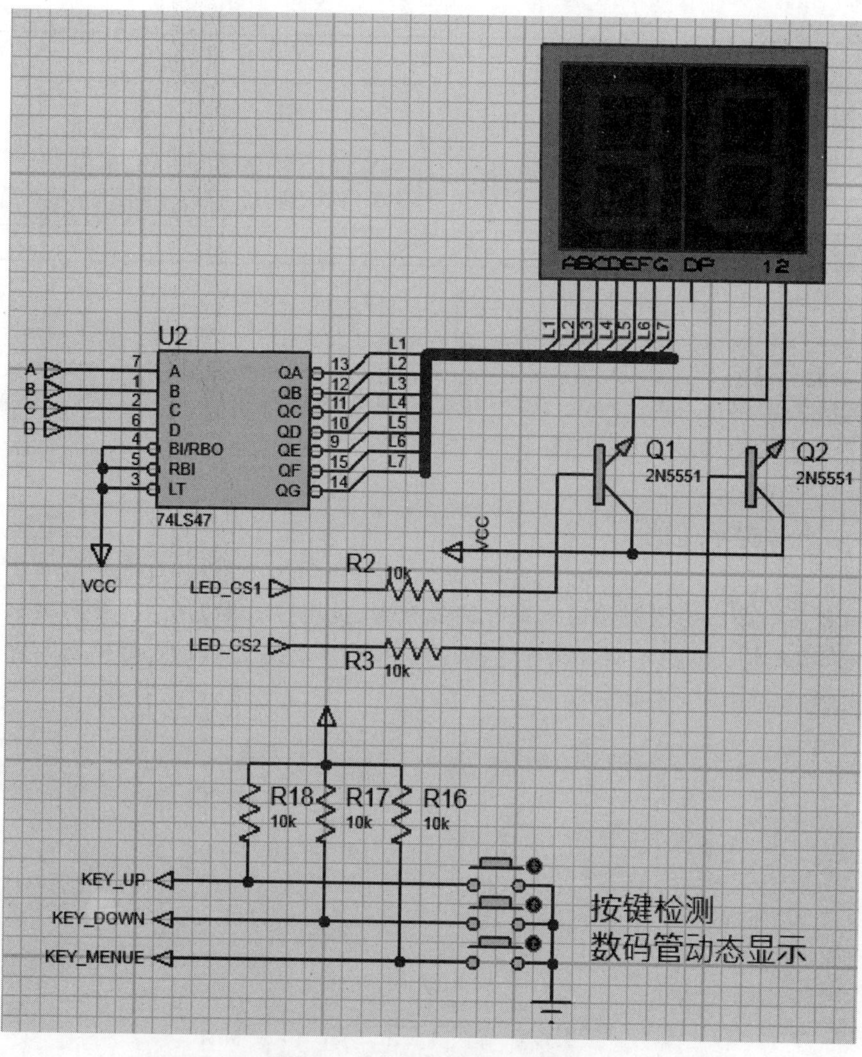

图 18.5　人机交互电路原理图

电平有效的7段共阳极数码管字形译码器，它在这里与数码管搭配使用。表18.1列出了74LS47的真值表，表示出了它与数码管之间的关系。

表 18.1　74LS47 真值表

$\overline{LT}$	$\overline{RBI}$	$\overline{BI}/\overline{RBO}$	D C B A	a b c d e f g	说明
0	X	1	X X X X	0 0 0 0 0 0 0	试灯
X	X	0	X X X X	1 1 1 1 1 1 1	熄灭
1	0	0	0 0 0 0	1 1 1 1 1 1 1	灭零
1	1	1	0 0 0 0	0 0 0 0 0 0 1	0
1	X	1	0 0 0 1	1 0 0 1 1 1 1	1
1	X	1	0 0 1 0	0 0 1 0 0 1 0	2
1	X	1	0 0 1 1	0 0 0 0 1 1 0	3
1	X	1	0 1 0 0	1 0 0 1 1 0 0	4

续表

$\overline{LT}$	$\overline{RBI}$	$\overline{BI/RBO}$	D C B A	a b c d e f g	说明
1	X	1	0 1 0 1	0 1 0 0 1 0 0	5
1	X	1	0 1 1 0	1 1 0 0 0 0 0	6
1	X	1	0 1 1 1	0 0 0 1 1 1 1	7
1	X	1	1 0 0 0	0 0 0 0 0 0 0	8
1	X	1	1 0 0 1	0 0 0 1 1 0 0	9

2. 按键检测电路

按键检测电路由 SW1、SW2、SW3 共 3 个独立的按键构成。SW1 定义为菜单键、SW2 定义为上翻按键、SW3 定义为下翻按键。

18.2.6 声音提示电路

声音提示电路由蜂鸣器构成。系统完成充电、低电以及异常时,将发出提示声。当三极管 Q6 基极输入高电平时,Q6 导通,蜂鸣器发声;反之 Q6 截止,蜂鸣器不发声。图 18.6 所示为声音提示电路原理图。

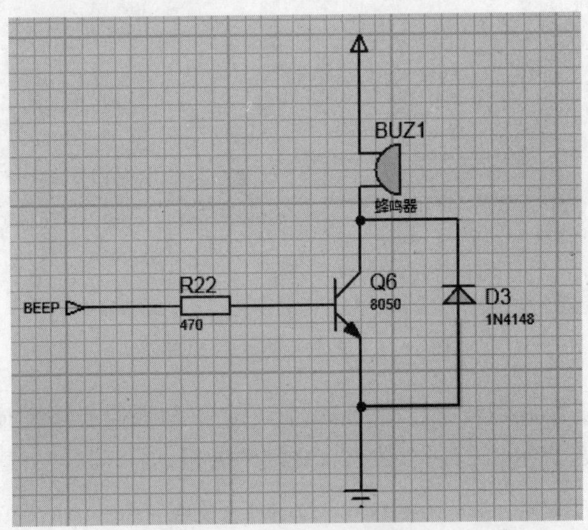

图 18.6 声音提示电路原理图

18.2.7 电路打样及器件采购

在实际的硬件电路设计与制作过程中还会遇到许多难题,尤其是电路设计工具和器件选型。器件选型不仅需要参考大量的电路和器件数据手册,还需要综合考虑产品成本与制作工艺,可以利用立创 EDA 工具(WWW. LCEDA. CN)和立创商城(WWW. SZLCSC. COM)来快速解决这些难题。

立创商城可以快速查找相关器件的数据手册、封装以及价格。使用立创 EDA 工具可以在线免费设计硬件电路。

18.3 软件设计

软件系统是便携式移动冰箱的灵魂，所有的数据运算和处理、系统控制、结果显示等都是由软件系统完成的。硬件功能的协同工作也是由软件系统来实现的。硬件和软件的正常工作才使得便携式移动冰箱能实现其应有的功能。

18.3.1 软件架构

便携式移动冰箱的软件系统由温度调控、人机交互、电源管理、告警等模块构成。软件架构如图 18.7 所示。

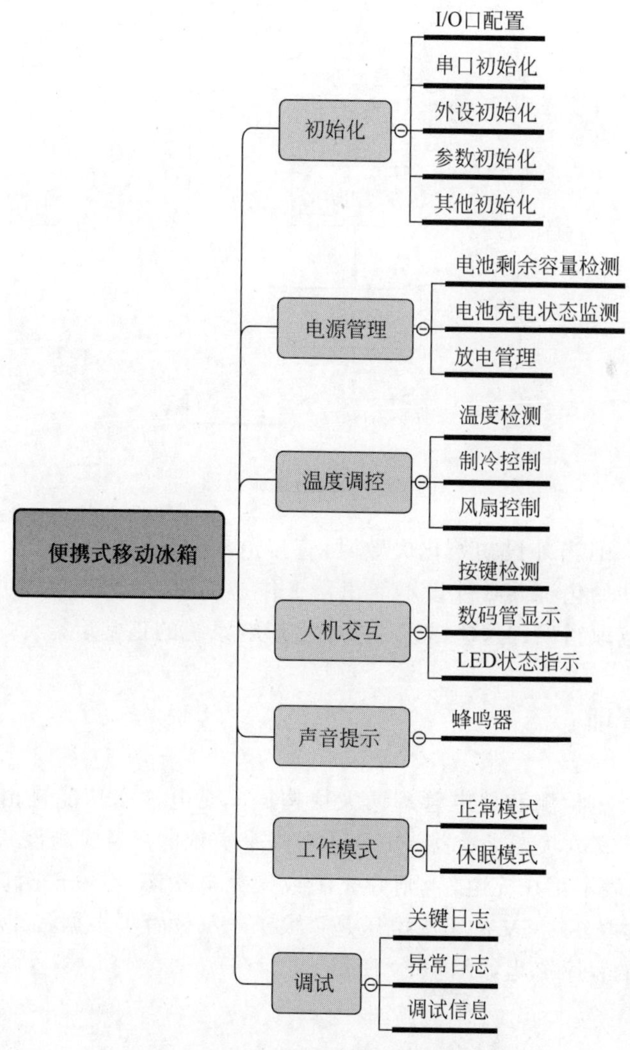

图 18.7 便携式移动冰箱软件架构图

视频讲解

18.3.2 系统初始化

系统初始化程序包含 I/O 口配置、串口初始化、外设初始化、参数初始化、其他初始化等。其主要功能是给系统软件提供最佳的运行环境，以保证其能正确地运行。图 18.8 所示为初始化流程图。

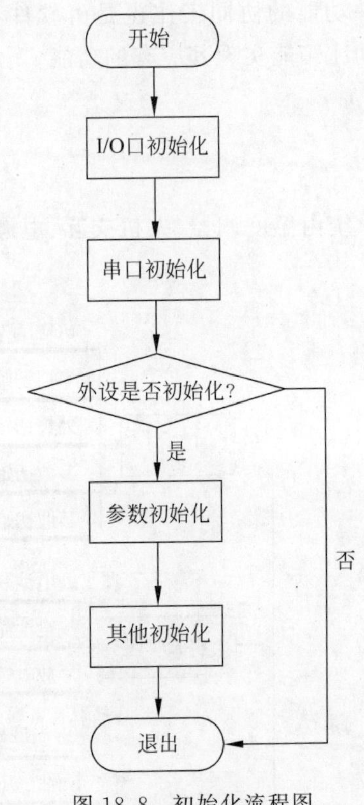

图 18.8 初始化流程图

由图 18.8 可知，当外设初始化失败时，直接退出程序，并返回初始化失败。这是因为外设不能正确初始化将导致外设不能正常工作。例如：AT24C04 初始化失败将可能导致存储的参数读取错误。这些错误的参数会影响系统的正常运行。

18.3.3 电源管理

电源管理由充电检测和放电管理两大块构成。充电检测功能是由单片机通过 I/O 口检测 TP4054 的充电状态指示器($\overline{CHRG}$)引脚来实现的；当检测该状态指示器的 I/O 串口为低电平时，表示正在充电，否则为充满或无充电状态。区分充满和无充电状态是通过 ADC0832 读取外接 5V 的引脚电压是否大于 4V(读者可根据具体项目设定该值)判断的。电源管理的程序流程如图 18.9 所示。

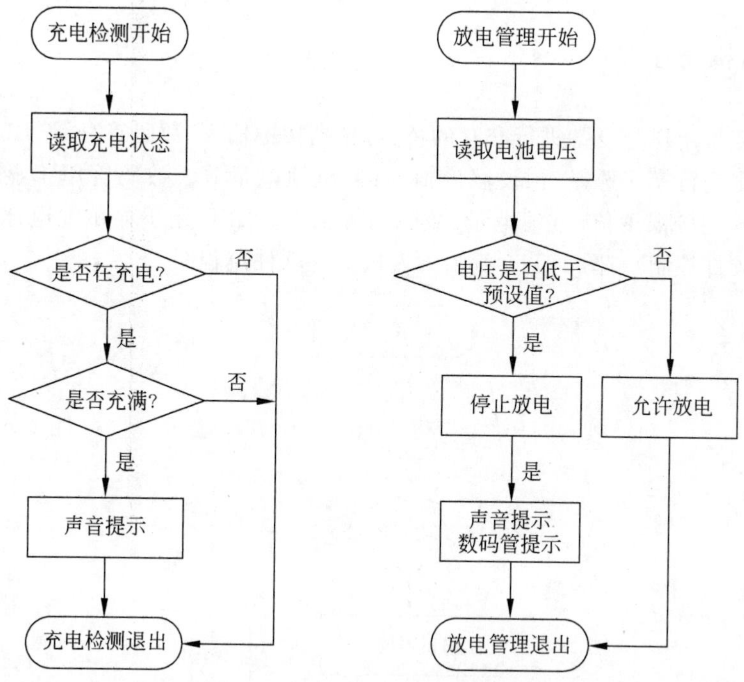

图 18.9 电源管理的程序流程图

18.3.4 温度调控

温度调控模块是本系统的重要模块，能否正确地使便携式移动冰箱的温度达到用户设定的值是本产品成功的关键因素。由于温度的调控存在一定的滞后性，因此在启动制冷后应增加适当的延时（该时间值应根据具体产品实测），再将读取的温度值与预设值进行比较，以避免频繁地开关制冷器而导致其性能下降和能耗增加。图 18.10 所示为温度调控软件流程图。

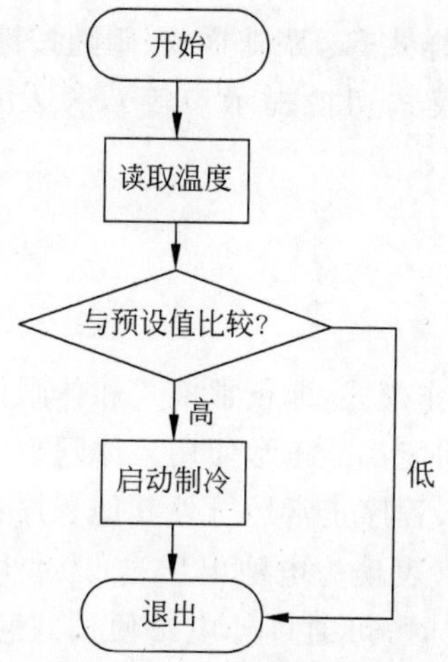

图 18.10 温度调控软件流程图

18.3.5　人机交互

人机交互是用户与设备进行交互的桥梁,包括按键输入、数码管显示、LED显示。用户可通过按键进行模式选择、预设温度值、查看电池电量等。数码管用于显示当前温度值以及用户设定的温度值、电池电量、故障码等信息。LED用于显示锂电池的充电状态(该LED由硬件控制)。图18.11所示为人机交互软件流程图。

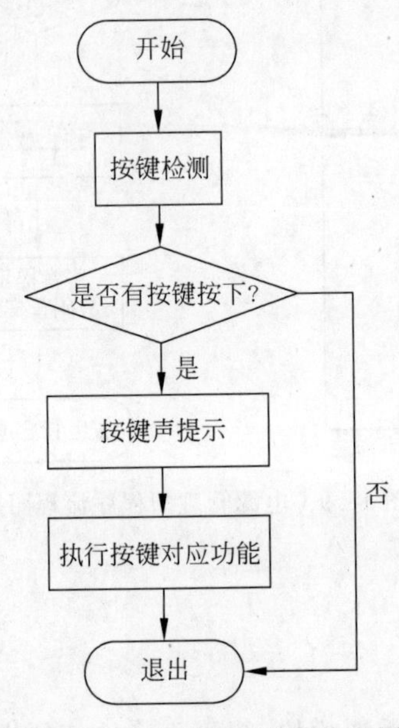

图18.11　人机交互软件流程图

18.3.6　声音提示

声音提示是通过单片机I/O口输出高低电平以控制小功率三极管8050驱动蜂鸣器实现的。本系统的声音提示的样式有:跟随样式(跟随按键按下时的发声),短促发声(用于通知,例如充电完成、工作模式切换提示声等),长发声(报警时使用,例如电池低电等)。

18.3.7　工作模式

便携式移动冰箱有两种工作模式,即正常模式和休眠模式。正常模式下可以制冷且数码管能正常显示,系统所有功能都能正常使用。休眠模式下系统不能制冷且数码管不显示、充电检测程序和按键输入程序正常运行外其他程序都不工作。工作模式向休眠模式转换的条件是电池电力不足(表现为电池电压过低)或用户通过按钮操作。由于电池低电而导致系统进入休眠模式时,可通过外电给便携式移动冰箱充电来切换为正常模式,若系统电池电量充足时,用户通过按键进入休眠模式后依然可通过按键切换为正常模式。系统刚上电时默认为休眠模式。图 18.12 所示为工作模式程序流程图。

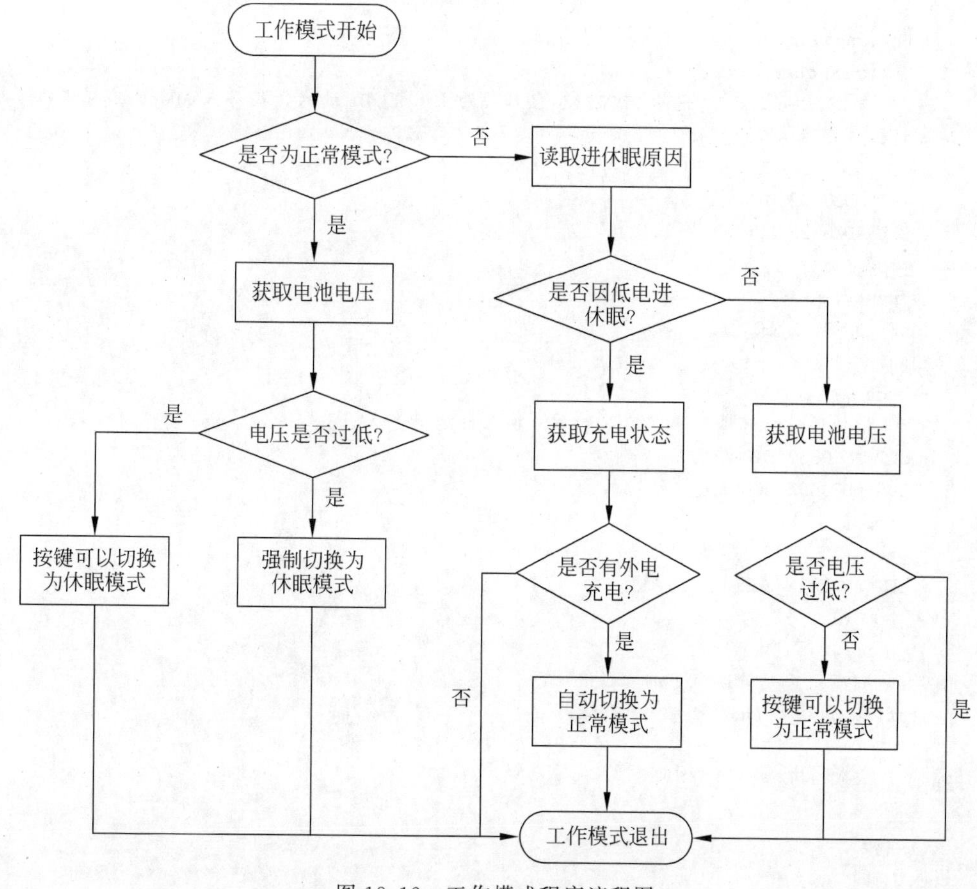

图 18.12　工作模式程序流程图

18.4　外设接口驱动

本节介绍部分外设接口驱动程序以方便读者在项目开发时参考。

18.4.1　ADC0832 数据读取

ADC0832 的工作时序是：当 CS 由高变低时，选中 ADC0832 芯片。在时钟的上升沿，DI 端的数据移入 ADC0832 内部的多路地址移位寄存器。在第一个时钟期内，DI 为高，表示启动位，紧接着输入两位配置位。当输入启动位和配置位后，选通输入模拟通道，转换开始。转换开始后，经过一个时钟周期延迟，以使选定的通道稳定。ADC0832 接着在第 4 个时钟下降沿输出转换数据。数据输出时，先输出最高位(D7～D0)；输出完转换结果后，又以最低位开始重新输出一遍数据(D7～D0)，两次发送的最低位共用。当片选 CS 为高时，内部所有寄存器清 0，输出变为高阻态。ADC0832 读取通道 ADC 值的接口定义如下：

```
unsigned char ReadAdc0832ByChannel(unsigned char Channel)
{
    unsigned char Index = 0;
    unsigned char RetData = 0;
    /* 当 CS 由高变低时,选中 ADC0832.在时钟的上升沿,DI 端的数据移入 ADC0832 内部的多路
地址移位寄存器 */
    CLS_ADC0832_CS();           //芯片使能
    SET_ADC0832_DIDO();
    CLS_ADC0832_SCK();
    _nop_();
    _nop_();
    SET_ADC0832_SCK();
    _nop_();
    _nop_();
    /* 模拟通道的选择及单端输入和差分输入的选择 */
    SET_ADC0832_DIDO();
    CLS_ADC0832_SCK();
    _nop_();
    _nop_();
    SET_ADC0832_SCK();
    _nop_();
    _nop_();
    /* 判断是否是读通道 1 的 ADC 值 */
    if(ADC0832_CHANNEL1 == Channel)
    {
        SET_ADC0832_DIDO();
    }
    else
    {
        CLS_ADC0832_DIDO();
    }
    CLS_ADC0832_SCK();
    _nop_();
    _nop_();
    SET_ADC0832_SCK();
    _nop_();
    _nop_();
    CLS_ADC0832_SCK();
    _nop_();
    _nop_();
    SET_ADC0832_DIDO();         //设置为输入,准备读取数据
    SET_ADC0832_SCK();
    _nop_();
    _nop_();
    /* 从 DIDO 口串行读数据 ADC 数据 D7~D0 */
    for(Index = 1; Index <= 8; Index++)
    {
        if( READ_ADC0832_DIDO() == 1 )
        {
            RetData |= 0x01;
```

```
        }
        SET_ADC0832_SCK();
        CLS_ADC0832_SCK();
        RetData = RetData << 1;        //左移一位
    }
    SET_ADC0832_CS();                  //芯片不再使能
    return RetData;
}
```

18.4.2 数码管驱动

两位 LED 数码管是通过 74LS47 来驱动的。其共有两个接口,分别是数码管显示驱动和数码管显示缓存内容设置。

1. 数码管驱动结构体定义

数码管驱动的结构体包含显示缓存、当前显示位数记录等。tsTwoDigtalLedDrv 的定义如下:

```
typedef struct _TwoDigtalLedDrv
{
    unsigned char  Show;       //显示缓存
    unsigned char  Pos;        //显示位数记录
}tsTwoDigtalLedDrv;
static tsTwoDigtalLedDrv gTwoDIgital = {0,0};
```

2. 数码管显示驱动接口

两位数码管的数据总线是共用的,通过控制不同的公共端来决定要显示哪一位。要"同时"显示两位数码管就得利用人眼视频暂留的原理。视觉暂留(Persistence of Vision)现象是光对视网膜所产生的视觉在光停止作用后,仍保留一段时间的现象。视觉暂留的时间为 0.1~0.4s,因此该接口的调用间隔建议小于 0.2s。其接口定义如下:

```
void TwoDigitalShow(void)
{
    unsigned char Temp;
    unsigned char Temp1;
    if(0 == gTwoDIgital.Pos)
    {
        gTwoDIgital.Pos = 1;
        Temp = (gTwoDIgital.Show % 10) & 0x0f;
        SET_DIGITAL0();
        CLS_DIGITAL1();
    }
```

```
    else
    {
        gTwoDIgital.Pos = 0;
        Temp = (gTwoDIgital.Show/10) & 0x0f;
        SET_DIGITAL1();
        CLS_DIGITAL0();
    }
    /*读取原I/O口高4位的值*/
    Temp1 = (DIGITAL_DATA_PIN & 0xf0);
    /*合并高4位和低4位输出*/
    DIGITAL_DATA_PIN = Temp | Temp1;
}
```

3. 数码管显存设置

数码管显存设置是用于设置数码管即将要显示的内容,其接口定义如下:

```
char SetDigitalBuf(unsigned char Data)
{
    if(Data > 99)
    {
        return -1;
    }
    gTwoDIgital.Show = Data;
    return 0;
}
```

18.4.3 DS18B20温度读取

DS18B20是单总线器件,它的输入/输出采用数字量,以单总线技术,接收主机发送的命令,根据DS18B20内部协议进行相应的处理,将转换的温度以串口发送给主机。主机按照通信协议用一个I/O口模拟DS18B20的时序,发送命令(初始化命令、ROM命令、功能命令)给DS18B20,即可完成相应操作。它的接口类型属于单总线。参考代码见本书14.5.1节。

18.4.4 AT24C04读写

AT24C04是基于I^2C-BUS的串行E^2PROM,其内部有4Kbit的存储单元。遵循二线制协议,由于其具有接口方便、体积小、数据掉电不丢失等特点,在仪器仪表及工业自动化控制中获得大量的应用。它的接口类型属于I^2C串行总线。参考代码见本书14.5.2节。

18.5 小结

本章介绍便携式移动冰箱的市场前景及使用场合,及其基本原理及其软硬件设计方法。硬件设计为读者提供了硬件架构,并简要介绍了各个硬件模块的功能和相关电路。软件设计为读者提供了软件架构图及关键模块的设计思路与程序流程图。尽管如此,依然没有提供全部的电路图和系统全套代码,这留给读者一定的项目设计空间。读者应能根据所学内容和具体项目的要求完成便携式移动冰箱的软硬件设计与制作,并能根据实际情况适当增减相关电路。建议读者在设计该项目时,从基本功能开始,在已经验证其基本功能的情况下逐渐扩展相应功能,直至完成所有功能设计。

附录

附录包括 ASCII 字符集、8051 指令表和 Keil C51 常用库函数原型，可扫描下方二维码获取。

参考文献

[1] 刘华东. 单片机原理与应用[M]. 2版. 北京：北京电子工业出版社，2006.

[2] 谭浩强. C程序设计[M]. 3版. 北京：清华大学出版社，2005.

[3] 熊筱芳，郭学提. 基于89C51单片机的数字电容表设计[J]. 自动化技术与应用：经验交流，2008，27(10)：94-97.

[4] 郭学提. 51单片机控制三相电机星形启动程序设计[J]. 电子制作：制作天地，2008，2(13)：13-14.

[5] 郭学提，郭学鸿. 参赛时的审题与准备[J]. 电子制作：竞赛园地，2008，8(17)：48.

图书资源支持

感谢您一直以来对清华大学出版社图书的支持和爱护。为了配合本书的使用，本书提供配套的资源，有需求的读者请扫描下方的“书圈”微信公众号二维码，在图书专区下载，也可以拨打电话或发送电子邮件咨询。

如果您在使用本书的过程中遇到了什么问题，或者有相关图书出版计划，也请您发邮件告诉我们，以便我们更好地为您服务。

我们的联系方式：

地　　址：北京市海淀区双清路学研大厦 A 座 701

邮　　编：100084

电　　话：010-83470236　010-83470237

资源下载：http://www.tup.com.cn

客服邮箱：tupjsj@vip.163.com

QQ：2301891038（请写明您的单位和姓名）

教学资源 · 教学样书 · 新书信息

人工智能科学与技术
人工智能|电子通信|自动控制

资料下载 · 样书申请

书圈

用微信扫一扫右边的二维码，即可关注清华大学出版社公众号。